Peter Kunz · Günter Frietsch

Mikrobizide Stoffe in biologischen Kläranlagen

Immissionen und Prozeßstabilität

Mit 30 Abbildungen

Springer-Verlag Berlin Heidelberg GmbH 1986

Dipl.-Ing. Peter Kunz
Fraunhofer-Institut für Systemtechnik
und Innovationsforschung Karlsruhe

Günter Frietsch
Institut für Ingenieurbiologie
und Biotechnologie des Abwassers
Universität Karlsruhe

Herausgeber
Umweltbundesamt
Bismarckplatz 1
1000 Berlin 33
Tel.: 030/8 90 31
Telex: 183 756

Der Herausgeber übernimmt keine Gewähr für die Richtigkeit, die Genauigkeit und Vollständigkeit der Angaben sowie für die Beachtung privater Rechte Dritter. Die in der Studie geäußerten Ansichten und Meinungen müssen nicht mit denen des Herausgebers übereinstimmen.

ISBN 978-3-540-16426-5   ISBN 978-3-662-08743-5 (eBook)
DOI 10.1007/978-3-662-08743-5

CIP-Kurztitelaufnahme der Deutschen Bibliotek:
Kunz, P.:
Mikrobizide Stoffe in biologischen Kläranlagen:
Immissionen u. Prozeßstabilität / P. Kunz ; G. Frietsch. -
Berlin ; Heidelberg ; NewYork ; Tokyo ; Springer, 1986.

NE: Frietsch, G.

Das Werk ist urheberrechtlich geschützt. Die dadurch begründeten Rechte, insbesondere die der Übersetzung, des Nachdrucks, der Entnahme von Abbildungen, der Funksendung, der Wiedergabe auf photomechanischem oder ähnlichem Wege und der Speicherung in Datenverarbeitungsanlagen bleiben, auch bei nur auszugsweiser Verwertung, vorbehalten.

Die Vergütungsansprüche des § 54, Abs. 2 UrhG werden durch die »Verwertungsgesellschaft Wort«, München, wahrgenommen.

© Springer-Verlag Berlin Heidelberg 1986
Ursprünglich erschienen bei Springer-Verlag Berlin Heidelberg New York 1986
Die Wiedergabe von Gebrauchsnamen, Handelsnamen, Warenbezeichnungen usw. in diesem Werk berechtigt auch ohne besondere Kennzeichnung nicht zu der Annahme, daß solche Namen im Sinne der Warenzeichen- und Markenschutz-Gesetzgebung als frei zu betrachten wären und daher von jedermann benutzt werden dürften.

Vorwort

In zunehmendem Maße reagieren biologisch-technische Systeme - nicht zuletzt durch die Optimierung und Belastung bis an die Grenzen ihrer Stabilität - zunehmend sensibler auf die Zufuhr anthropogener Schadstoffe. Zu den biologisch-technischen Systemen zählen Kläranlagen, aber auch Vorfluter und Seen; dies umso mehr, je stärker sie technisch verändert wurden. Von den Schadstoffen sind besonders diejenigen interessant, die einen allgemeinen, jeden Menschen betreffenden Zielkonflikt widerspiegeln, wie beispielsweise die mikrobiziden Stoffe. Während viele Substanzen als "Chemie" und "Gift" von der Allgemeinheit abgelehnt werden, weil sie nur eng begrenzt als Wertstoffe benötigt werden, stellen Desinfektionsmittel und Konservierungsstoffe Substanzen dar, die aus unserem heutigen (technisierten) Leben nicht mehr wegzudenken sind und allgemein akzeptiert werden, obwohl sie in ähnlicher Weise biozid sind wie die gemeinhin abgelehnten Pestizide.

Dieses Dilemma des "Vorne-wirken-Müssens" (sprich: im Krankenhaus oder in verderblichen Lebensmitteln) und "Hinten-nicht-wirken-Sollens" (sprich: in der kommunalen Kläranlage) eröffnet breiten Raum zur Erforschung akzeptabler Kompromisse. Insbesondere die erforderliche Vertiefung des Wissens um die Zusammenhänge, möglichen Effekte und systemspezifischen Hemmnisse erfordert die Zusammenarbeit verschiedenster Fachdisziplinen. In Zukunft wird man - die hier vorgelegten Untersuchungsergebnisse zeigen erste Beispiele auf - immer mehr den Gesamtzusammenhang sehen müssen. D.h., der Typ der Kläranlage oder die Länge des Abwassersammlers, die Zusammensetzung des Abwassers und mögliche Industrieabwasserzuflüsse determinieren wie in einem Regelkreis (Feedback) die Art und Einsatzmenge mikrobizider, aber auch anderer Stoffe.

Insbesondere akkumulierbare/persistente mikrobizide Stoffe inclusive längerfristige Wirkstoffabspalter sind in Zukunft durch abwasserverträgliche Wirkstoffe zu ersetzen. In einer Vielzahl von Gesprächen, die im Rahmen dieser

Untersuchung geführt wurden, konnte festgestellt werden, daß die Probleme beim Desinfektionsmitteleinsatz fast ausschließlich anwendungsspezifisch und in den seltensten Fällen auch umweltspezifisch betrachtet werden; ähnlich wird auch in der Siedlungswasserwirtschaft die Frage möglicher Beeinträchtigungen der Funktionstüchtigkeit von Kläranlagen bislang eher als unabwendbare Randbedingung, denn als Aufgabe zur Minimierung und Vermeidung angesehen.

Es schien deshalb angebracht, die Ergebnisse der Untersuchung, die gesammelten Erfahrungen und die Wege dahin zusammengefaßt, aber doch etwas breiter angelegt, wiederzugeben, um dem Nicht-Chemiker die abwassertechnologischen und dem Nicht-Siedlungswasserwirtschaftler die chemischen, biochemischen und biologischen Hintergründe zugänglich zu machen, ohne lediglich auf das Fachschrifttum zu verweisen. In den zahlreichen persönlichen Gesprächen sind wir bereits auf reges Interesse gestoßen. Der Bedarf vieler Nichtspezialisten, die mit diesen Fragen administrativ, legislativ oder in anderer Weise betraut sind, sich über manches Grundsätzliche ohne vertieftes Studium der Fachliteratur zu informieren, machte eine derartig umfassende Darstellung erforderlich. Der Fachspezialist wird manches zu allgemein oder nicht erwähnenswert finden, der Nichtspezialist manches zu detailliert und zu speziell; dem jeweiligen Leser mag das Inhaltsverzeichnis Auswahlhilfe sein, wobei die häufigen Querverweise die Suche nach den Detailinformationen erleichtern sollen.

Die Untersuchungsergebnisse zeigen auf, an welchen Stellen gezielt Informationen beschafft werden müssen, um die Auswirkungen mikrobizider Stoffe auf die Umwelt quantitativ ermitteln, bzw. schon heute entsprechende Vorsorgemaßnahmen einzuleiten zu können. Die bisherigen Überwachungsergebnisse von Kläranlagenabläufen sind zu spärlich, um die tatsächliche Wirkung generell beschreiben zu können, da mikrobizide Stoffe infolge des weiten Gebrauchs kontinuierlich, aufgestockt durch punktuelle Belastungen, den Kläranlagen zufließen. In Anbetracht der geringen Kenntnisse über die Vorgänge zwischen der Anwendung mikrobizider Stoffe und ihrer Einleitung in biologische Kläranlagen wurde ein Wirkungsmodell aufgestellt, das es in nachfolgenden Untersuchungen zu verifizieren gilt.

Allen Fachleuten der betreffenden Industriezweige, Mitarbeitern in Behörden, Kommunen und Verbänden, die durch ihre Bereitschaft zu ausführlichen Gesprächen, umfangreicher Informationsvermittlung und Stellungnahmen zu Entwürfen dieses Berichtes wesentlich zum Gelingen dieser Studie beigetragen haben, sei an dieser Stelle herzlich gedankt. Herrn Bestmann (Schülke & Mayr, Hamburg),

Herrn Genth (Bayer, Uerdingen), Herrn W. Rieber (Wöllner-Werke, Ludwigshafen), Herrn H-J. Rödger (Lysoform, Berlin), Herrn und Frau J. und H. Fink, Freiburg und Frau L. Knöfler, Karlsruhe sowie Herrn W. Fabig (Fraunhofer-Institut für Umweltchemie und Ökotoxikologie, Schmallenberg-Grafschaft) sei darüber hinaus für ihr persönliches Engagement gedankt. Dank gilt auch unseren Mitarbeiterinnen I. Becker, S. Gutsche, C. Raber und C. Sommavilla, die sich mit viel Einsatz und Ausdauer der Manuskripte und Korrekturen zu diesem Bericht angenommen haben.

Karlsruhe, im Januar 1986 H. Krupp

Abkürzungsverzeichnis

AAS	Atomabsorptionsspektrometer
ATV	Abwassertechnische Vereinigung
BB	Belebungsbecken
BDMDAC	Benzyl-dimethyl-dodecylammoniumchlorid
BF	Bioakkumulationsfaktor
BGA	Bundesgesundheitsamt
BOD	Biochemical oxygen demand (engl.), s. BSB
BPI	Bundesverband der Pharmazeutischen Industrie
B_R	Raumbelastung (kg BSB_5/m^3, d)
$BSB_{(5)}$	Biochemischer Sauerstoffbedarf (in fünf Tagen; mg O_2/l)
BSeuchG	Bundesseuchengesetz
B_{TS}	Schlammbelastung (kg BSB_5/kg TS,d)
ChemG	Chemikaliengesetz
CIP	Cleaning in place (engl.): geschlossenes Reinigungsverfahren
CKW	Chlorierte Kohlenwasserstoffe
COD	Chemical oxygen demand (engl.), s. CSB
CSB	Chemischer Sauerstoffbedarf (mg O_2/l)
DGHM	Deutsche Gesellschaft für Hygiene und Mikrobiologie
DMDSAC	s. DSDMAC
DOC	Dissolved organic carbon (engl.): gelöster organischer Kohlenstoff (mg C/l)
DSDMAC	Distearyl-dimethyl-ammoniumchlorid
EC	Effectiv concentration (engl.): wirksame Konzentration (erfaßt nicht die Letalität eines Stoffes, sondern andere Parameter, z.B. Schwimmunfähigkeit bei Daphnien; Angabe in mg X/l)
EDTA	Ethylendiamintetraacetat
EGW	Einwohnergleichwert (durchschnittlicher Abwasseranfall pro Einwohner und Tag, gemessen als BSB_5)
GC-MS	Gaschromatograph - Massenspektrometer (kombinierte Analyse)

HPLC	High pressure liquid chromatography (engl.): Hochdruck-Flüssigkeitschromatographie
k.A.	Keine Angaben
KW	Kohlenwasserstoffe
LC	Letalkonzentration (Fußzahlen geben an, wieviel Prozent der getesteten Organismen abgetötet wurden; Angabe in mg X/l)
LD	Letaldosis (Fußzahlen geben an, wieviel Prozent der getesteten Organismen abgetötet wurden; Angabe in mg X/l)
LGA	Landesgewerbeanstalt
LMBG	Lebensmittel- und Bedarfsgegenständegesetz
MHK	Minimale Hemmkonzentration (mg X/l)
NEL	No effect level (engl.): noch unschädliche Konzentration (mg X/l)
NOEC	No observed effect concentration (engl.): noch unschädliche Konzentration (meist über längere Zeiträume; Angabe in mg X/l)
NTA, NTE	Nitrilotriacetat, Nitrilotriessigsäure
OECD	Organisation for Economic Cooperation and Development (engl.): Organisation für wirtschaftliche Zusammenarbeit und Entwicklung
O/W	Öl/Wasser-Emulsionen
QAV	Quaternäre Ammoniumverbindung
TAED	Tetraacetylethylendiamin
TAGU	Tetraacetylglycoluril
TBTF	Tributylzinnfluorid
TBTO	Tributylzinnoxid
TBTS	Tributylzinnsulfid
TCC	Trichlorcarbanilid
TDBA	Tetradecyl-dimethyl-benzylammoniumchlorid
TGK	Toxische Grenzkonzentration (Konzentration, bei der gerade eine Schädigung stattfindet; Angabe in mg X/l)
TOC	Total organic carbon (engl.): Gesamtkohlenstoff (mg C/l)
TOD	Total oxygen demand (engl.): Gesamtsauerstoffbedarf (mg O_2/l)
TS	Trockensubstanz (g/l oder kg/m^3)
TTC-Test	Bestimmung der Dehydrogenasenaktivität mittels 2,3,5-Triphenyltetrazoliumchlorid zur Ermittlung der Toxizität von Abwässern
TWVO	Trinkwasserverordnung
VQ	Verteilungskoeffizient (Verteilung eines Stoffes zwischen zwei verschiedenen Flüsssigkeitsphasen, z.B. Öl/Wasser)
WHG	Wasserhaushaltsgesetz
W/O	Wasser/Öl-Emulsionen
WS	Wasserlöslichkeit (g X/l)

Inhaltsverzeichnis

1. Problemstellung, Ziele und Methodik der Untersuchung	1
1.1 Beeinträchtigung der Funktionstüchtigkeit von Kläranlagen und deren Folgen	2
1.2 Schadstoffe im Abwasser - Erläuterungen zur Auswahl mikrobizider Stoffe	5
1.3 Vorbemerkungen zur Methode und gewählten Bearbeitungsweise	10
2. Mikrobizide Stoffe und deren Wirkungsweisen	14
2.1 Einteilung der mikrobiziden Stoffe und deren Einsatzbedingungen	15
2.1.1 Übersicht über die Stoffklassen	15
2.1.2 Allgemeine Bedingungen der Wirkung mikrobizider Stoffe unter Berücksichtigung der Wirkstofformulierungen	16
2.1.3 Nachweisverfahren der Wirkung mikrobizider Stoffe auf Mikroorganismen	35
2.1.4 Rechtliche Bestimmungen beim Einsatz mikrobizider Stoffe	38
2.1.5 Kriterien zur Beurteilung des Verhaltens mikrobizider Stoffe in der Umwelt	40
2.2 Wirkungsweise und Einsatzbereiche mikrobizider Stoffgruppen sowie Auswirkungen und Vorkommen in aquatischen Systemen	44
2.2.1 Aldehyde	44
2.2.2 Phenole	48
2.2.3 Tenside	57
2.2.4 Halogene	64
2.2.5 Per-Verbindungen	70
2.2.6 Alkohole	73
2.2.7 Schwermetallverbindungen	78
2.2.8 Säuren und Alkalien	83
2.2.9 Heterocyclen und Dithiocarbamate	92

2.3 Einschätzung der Entwicklung bzgl. Wirkstoffspektrum, Einsatzkonzentrationen und Anwendungsgebiete mikrobizider Stoffe   96

3. Verwendungsbereich und Einsatzbedingungen von Desinfektionsmitteln
und Konservierungsstoffen und deren Abwasserrelevanz   98
3.1 Produktion und Verbrauch mikrobizider Stoffe   99
3.2 Desinfektionsmittel   106
3.3 Konservierungsstoffe   110
   3.3.1 Lebensmittelkonservierungsstoffe   110
   3.3.2 Arzneimittel und Kosmetika   111
   3.3.3 Konservierung chemisch-technischer Produkte   113
3.4 Sonstige mikrobizide Stoffe   119
   3.4.1 Wasserbehandlungsmittel   119
   3.4.2 Schleimbekämpfungsmittel   120
   3.4.3 Chemietoiletten und Toilettenreiniger   121
   3.4.4 Waschhilfsmittel und Waschmittel   122
3.5 Abwasserrelevanz mikrobizider Stoffe in verschiedenen Einsatzbereichen   123
3.6 Beispiele zur Anwendung mikrobizider Stoffe in unterschiedlichen Bereichen   129
   3.6.1 Gesundheitswesen   130
   3.6.2 Haushalte und Schwimmbäder   135
   3.6.3 Fäkalien und Chemietoiletten   137
   3.6.4 Wäschereien und Chemisch-Reinigungen   138
   3.6.5 Lebensmittelindustrie   140
   3.6.6 Zellstoff- und Papierherstellung   154

4. Beeinträchtigung der Funktionstüchtigkeit von Kläranlagen am
Beispiel mikrobizider Stoffe   161
4.1 Zusammenfassung biotechnologischer Grundlagen im Hinblick auf
mögliche Beeinträchtigungen von Kläranlagen   162
   4.1.1 Biologische Merkmale gängiger Abwasserreinigungsverfahren   162
   4.1.2 Belebtschlamm- und Tropfkörperbiocoenosen   165
   4.1.3 Verhalten der Biocoenosen bei Veränderung von biologischen, physikalischen und chemischen Parametern   169
   4.1.4 Bilanzierung der Auswirkungen von Störfaktoren auf Kläranlagen   177

4.2 Allgemeine Erfassungsmöglichkeiten von Beeinträchtigungen   178
   4.2.1 Definition und Beispiele bestimmungsgemäß eingeleiteter Substanzen   180
   4.2.2 Meß- und Analysenverfahren zur Warnung vor und zum Nachweis von Beeinträchtigungen   186
   4.2.3 Indikatoren für mögliche Beeinträchtigungen   193
4.3 Erläuterung verschiedener Fallbeispiele   199
   4.3.1 Wirkungsgrad und Ablaufschwankungen kommunaler Kläranlagen   200
   4.3.2 Fallbeispiele   202
   4.3.3 Ergebnisse aus den Fallbeispielen   205
4.4 Inaktivierung mikrobizider Stoffe im Abwasser   208
   4.4.1 Physikalische und chemische Mechanismen   209
   4.4.2 Biologischer Abbau mikrobizider Stoffe   217
   4.4.3 Toxizitätsschwellen   227
4.5 Abschätzung der Relevanz mikrobizider Stoffe hinsichtlich einer Beeinträchtigung der Funktionstüchtigkeit kommunaler Kläranlagen   233
   4.5.1 Wirkungsmodell mikrobizider Stoffe im Abwasser   234
   4.5.2 Bedeutung mikrobizider Stoffe für Beeinträchtigungen und Abschätzung von Schaden-Eintritts-Wahrscheinlichkeiten   240

5. Ansatzpunkte zur Vermeidung von Beeinträchtigungen biologischer Abwasserreinigungsanlagen durch Stoffimporte   248
   5.1 Reaktionsmöglichkeiten in Kläranlagen   249
   5.2 Vorsorgestrategien   253
   5.3 Forschungs- und Entwicklungsbedarf   257
   5.4 Administrative Möglichkeiten   263

6. Zusammenfassung   267

Hinweise für ein Meß- und Auswertungskonzept für biologische Kläranlagen zur kontinuierlichen Überwachung der Betriebsergebnisse   275

Hinweise zur Aufstellung einer Checkliste   276

Fallbeispiele   279

Literaturverzeichnis   304

Sachverzeichnis   320

1 Problemstellung, Ziele und Methodik der Untersuchung

In der Bundesrepublik Deutschland werden derzeit gut 2/3 aller kommunalen Abwässer vollbiologisch behandelt (GILLES, 1983), wobei nach heutigem technologischem Stand mit einem durchschnittlichen Reinigungsgrad von 90 %, gemessen als BSB_5-Reduktion, zu rechnen ist. Ziel der Bundesregierung im Jahr 1971 (UMWELTPROGRAMM, 1971) war es, daß bis 1985/90 annähernd 90 % aller kommunalen Abwässer vollbiologisch gereinigt werden sollen, um die Gewässergüte der Vorfluter zu verbessern und die Trinkwasserversorgung langfristig sicherzustellen, da die biologische Selbstreinigungskraft der Gewässer allein nicht mehr ausreicht.

Dieses Ziel kann allerdings nur dann erreicht werden, wenn die Reinigungsleistung biologischer Kläranlagen nicht durch die Einleitung von Substanzen gefährdet wird, die die Stoffwechseltätigkeit der Bakterien als Reinigungsträger bzw. als Nitrifikanten und die Protozoen als wichtige Organismen für die Entnahme von Schwebestoffen (kolloidalen Stoffen und freischwimmenden Bakterien) negativ beeinflussen oder gar ihre Entwicklung unterbinden. Je nach dem Grad der Beeinträchtigung der Funktionstüchtigkeit von Kläranlagen steht zu befürchten, daß nicht nur die Eliminierung leicht abbaubarer Substanzen wesentlich beinflußt wird, sondern auch die Verminderung schwer oder nicht abbaubarer Stoffe, die sonst an Belebtschlammflocken oder Tropfkörperrasen sorbiert und damit aus dem Abwasser entfernt werden.

Ziel dieser Untersuchung war es, Hintergründe für Beeinträchtigungen der Funktionstüchtigkeit von Kläranlagen durch Stoffimporte zu analysieren und für das Beispiel mikrobizider Stoffe anhand von Literaturstudien und Expertengesprächen die Möglichkeiten einer Beeinträchtigung der biologischen Abwasserreinigung durch diese Stoffgruppe abzuschätzen. Außerdem war es Aufgabe aufzuzeigen, wo Ansatzpunkte zur Vermeidung von Beeinträchtigungen und zur Minimierung der Folgen zu sehen sind. Dabei war von vornherein klar, daß die Erfassung und Bewertung des Einflusses spezifischer chemischer Verbindungen auf die Veränderung der Biocoenose einer Abwasserreinigungsanlage anhand des sichtbaren Schadensausmaßes schwierig ist und Detailuntersuchungen vorbehalten bleiben muß. Schließlich ist auch das Spektrum schädigender Stoffe so groß, daß die meßtechnische Erfassung - zumal bei den hier auftretenden niedrigen Konzentrationen - nur gezielt nach systematischer Vorauswahl erfolgen kann.

Von zentraler Bedeutung ist hierbei die Frage der Quantifizierung von Beeinträchtigungen. In Anbetracht der bisherigen technischen Schwierigkeiten und fehlenden finanziellen Möglichkeiten, die Belastungen im Zulauf und die Restverschmutzung im Ablauf von Kläranlagen ständig quantitativ zu erfassen (dabei sei dahingestellt, welche Parameter zugrunde gelegt werden sollten), ist es unmöglich, den momentanen Wirkungsgrad und dessen Ganglinie exakt zu bestimmen und somit eine Aussage darüber zu machen, inwieweit die Reinigungsleistung bei Einleitung bestimmter Stoffe vermindert wird. Dabei ist außerdem zu berücksichtigen, daß die Biocoenose in einer Kläranlage sich an permanente Einleitungen adaptieren und daß auch das Ausbleiben bestimmter (Schad-)Stoffeinleitungen die Reinigungsleistung einer adaptierten biologischen Stufe herabsenken kann. Es wird deshalb im nachstehenden Abschnitt auf die möglichen Ursachen von Beeinträchtigungen eingegangen und für die vorliegende Untersuchung eingegrenzt, was unter einer Beeinträchtigung der Funktionstüchtigkeit von Kläranlagen zu verstehen ist.

1.1 Beeinträchtigung der Funktionstüchtigkeit von Kläranlagen und deren Folgen

Jede noch so modern und gut ausgerüstete bzw. betreute Kläranlage weist zeitweilig auftretende Störungen im Betrieb auf. Als Einflußfaktoren auf die Funktion einer Abwasserreinigungsanlage sind zu nennen:
- tägliche, monatliche und jahreszeitliche Schwankungen der Zulaufwassermenge und Zulauffracht sowie der Witterungseinflüsse,
- Stoßbelastungen durch Regenwasser- und Schmelzwasserzufluß,
- Stoßbelastungen durch abbaubare, nicht- oder schwerabbaubare Abwasserinhaltsstoffe,
- Einleitung von akut-toxischen oder chronisch-toxischen Abwasserinhaltsstoffen,

aber auch
- Wartung und allgemeiner Zustand einer Kläranlage,
- Ausbildungsstand und Können des Bedienungspersonals
sowie
- Ausfälle von maschinentechnischen und elektrotechnischen Anlagenteilen.

Hinzu kommt als Einflußgröße in jedem Fall die Art des biologischen Behandlungsverfahrens, weil die oben genannten Faktoren sich - zum Teil wenigstens - unterschiedlich stark auswirken, je nachdem ob es sich beispielsweise um eine hochbelastete oder nitrifizierende Belebungsanlage oder um einen Festbettreaktor handelt (vgl. hierzu Abschnitte 4.1, 4.3 und 4.5).

Gegenstand dieser Untersuchung sind allein die Stoffeinleitungen, die eine Schädigung der in der biologischen Stufe für den Abbau der organischen Substanzen und Nitrifikation benötigten Mikroorganismen bewirken. Hierbei ist zu unterscheiden zwischen Stoffeinleitungen,
- die meist in hoher Konzentration einer Kläranlage infolge von Störfällen, respektive nach einer erforderlichen, aber nicht erfolgten oder unzureichenden Vorbehandlung in einer Abwasserbehandlungsanlage in erhöhter Konzentration zufließen und
- die quasi-kontinuierlich (ohne Veränderung seitens des Verursachers) in meist geringeren Konzentrationen in die Kanalisation abgelassen und dort weiter verdünnt werden.

Daraus ergibt sich bereits ein entsprechendes Konzentrations- und Wirksamkeitsgefälle im Hinblick auf mögliche Beeinträchtigungen der Funktionstüchtigkeit von Kläranlagen, wobei zu berücksichtigen ist, daß sich aus verschiedenen Quellen (z.B. biotischen Ursprungs oder durch Metabolisierung) gleiche oder ähnlich wirksame, antagonistisch oder synergistisch wirkende Stoffgruppen im Abwasser wiederfinden können und bei permanenten Einleitungen eine Adaptation der Mikroorganismenpopulation stattfinden kann (vgl. hierzu Abschnitt 4.4).

Folgen von Beeinträchtigungen der Kläranlagenfunktion können erheblich sein und werden sich nie gänzlich ausschließen lassen. Aus der Sicht des Gewässerschutzes und der Trinkwasserversorgung ist es aber unerläßlich, die Rate und das Ausmaß von Beeinträchtigungen zu minimieren, weil durch sie nicht nur antimikrobielle oder biozid wirkende Substanzen weitgehend unvermindert in die Gewässer gelangen, sondern auch über Tage und Wochen die Verminderung der organischen Fracht und damit auch der sonstigen adsorbierbaren oder assimilierbaren Stoffe (wie Schwermetalle oder organische Halogenverbindungen) zumindest stark eingeschränkt ist. Als sichtbares Zeichen starker Beeinträchtigungen sind die Fälle von Fischsterben in Vorflutern unterhalb von geklärten Abwassereinleitungen zu sehen.

Schließlich ist auch zu sehen, daß verschiedene Organismen chemische Stoffe wie z.B. Alkaloide oder Antibiotika ausscheiden. So wirken zum Teil viele natürlich ausgeschiedene Stoffe chemotaktisch auf andere Organismen. Obschon viele dieser Stoffe nicht akut-toxisch wirken, beeinträchtigen sie die Selbstregulationsfunktionen des aquatischen Systems und verändern damit seine Struktur.

Die Stoffimporte in die Gewässer bestimmen unter Berücksichtigung ihrer Dispersivität, der Verdünnung und von Selbstreinigungseffekten den chemischen Gewässerzustand. Sie rufen kausal biologische Effekte auf die Organismen hervor und beeinflussen die Lebensgemeinschaft (STUMM, SCHWARZENBACH, 1979). Abbildung 1 zeigt, wie eine Lebensgemeinschaft (hier Kieselalgen) durch eine Schadstoffeinleitung gestört werden kann, ohne daß nach außen hin eine Störung bemerkbar wird. Im unbeeinträchtigten Vergleichsgewässer wurden beispielsweise 24 verschiedene Kieselalgen mit je 4-8 Individuen gefunden; während die Anzahl der Arten durch die Verunreinigung zurückging, nahm die Anzahl einzelner, "toleranterer" Algen aber infolge fehlender Konkurrenz (Überlebens-Wettbewerb) zu. Diese Verschiebung in der Häufigkeitsverteilung der Arten wird allgemein als Folge von Gewässerbeeinträchtigungen auch bei

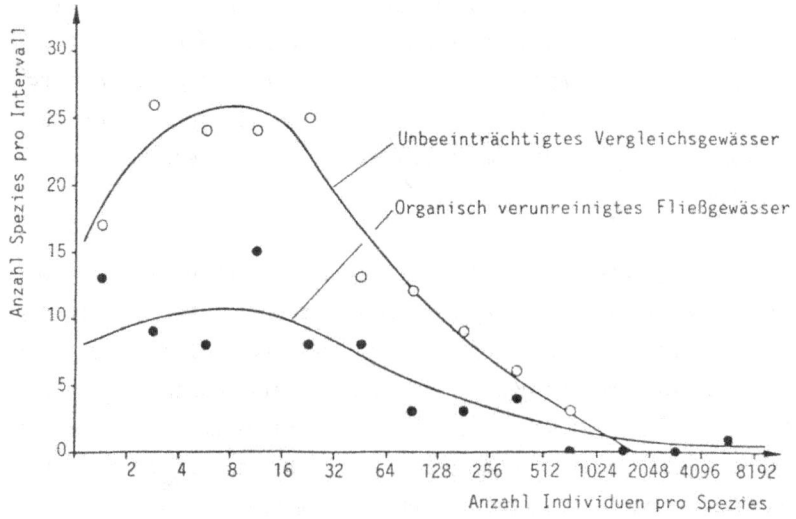

Abb. 1: Verschiebung in der Häufigkeitsverteilung von Kieselalgen durch subtile organische Verunreinigungen (PATRICK et al., 1954)

Protozoen, Fischen etc. beobachtet, d.h. die Diversität der Biocoenose wird geschmälert (STUMM, SCHWARZENBACH, 1979).

Obwohl das aquatische Ökosystem durch gänzlich verschiedene Ursachen (Immissionen von abbaubaren oder nichtabbaubaren Abwasserkomponenten, Einwirkung von Hemm- oder Giftstoffen, Wärmeschocks etc.) beeinträchtigt werden kann, haben diese anthropogenen Einwirkungen einige gemeinsame Auswirkungen: die Organisation des Ökosystems und die Diversität werden herabgesetzt, die Struktur des Beziehungsgefüges wird vereinfacht, z.B. durch das Verschwinden einzelner Arten, entweder durch toxische Effekte oder durch wettbewerbsmäßige Verdrängung durch tolerantere Arten, durch Beeinträchtigung von Regelmechanismen (wie etwa durch die Störung chemotaktischer Signale), durch Unterbrechung homöostatischer Mechanismen und durch Beschleunigung der Nährstoffkreisläufe (Eutrophierung). Wenn der Gradient physiologischer Streßbedingungen als eine Folge ungünstiger physikalisch-chemischer Bedingungen zunimmt, verändert sich die Art der Lebensgemeinschaft graduell von einer vornehmlich physiologisch akkommodierten Gemeinschaft zu einer hauptsächlich durch die momentanen externen, physikalisch-chemischen Faktoren kontrollierten Biocoenose (SANDERS, 1968).

1.2 Schadstoffe im Abwasser – Erläuterungen zur Auswahl mikrobizider Stoffe

Auf die Schadstoffe im Abwasser und vor allem auf deren Erfassungsmöglichkeiten wird in Abschnitt 4.2 detaillierter eingegangen. Ganz allgemein soll hier zuerst auf die Schadstoffproblematik und auf die Problematik der toxikologischen Wertung abgehoben werden. Eine ganz wesentliche Bedeutung für die Schadwirkung eines Stoffes haben die sogenannten sekundären Umweltbedingungen: Temperatur, Sauerstoffgehalt, Karbonathärte, pH-Wert und die Anwesenheit organischer und anorganischer Begleitstoffe, die selbst für das gleiche System unterschiedliche Auswirkungen hervorrufen können. Manche Stoffe wirken sich in einem durch Schadstoffe vorbelasteten und dadurch adaptierten Milieu trotz akut-toxischer Konzentrationen kaum aus, manche Stoffe, die in den "normalerweise" anzutreffenden Konzentrationen als kaum schädigend gelten, können eben bei Anwesenheit anderer Stoffe, die ihre Aufnahme in den Organismus erst ermöglichen - beispielsweise durch Tenside - ihre Wirkung entfalten und zum potentiellen Schadstoff werden. Insofern ist es durchaus möglich, daß die biologische Reinigungsanlage nicht oder nicht merkbar gestört wird, der Vorfluter aber sehr wohl.

Im Grunde ergibt sich für jede toxikologische Bewertung von Stoffen eine Vielzahl von Bewertungskriterien, weil nahezu jeder Fall anders gelagert ist. Dies wird in den einzelnen Verordnungen - z.B. Trinkwasserverordnung (TWVO, 1976) oder EG-Gewässerschutzrichtlinie (EG, 1976) - bereits in den unterschiedlichen Zielsetzungen und Schadstoffeinschätzungen deutlich. Ganz allgemein zählen Stoffe, die die Gesundheit von Mensch und Tier gefährden,- wie Pestizide, toxische Konzentrationen selbst von essentiellen Spurenelementen, kanzerogene oder radioaktive Substanzen - zu den wichtigsten Schadstoffgruppen. Darüber hinaus gibt es aber auch Stoffe, die nur auf bestimmte Organismen (in Abhängigkeit der Konzentration) schädlich wirken, allgemein aber nur "unerwünscht" sind, wenn es sich beispielsweise um die Trinkwasseraufbereitung (hier: Ligninsulfonsäuren, Tenside, Säuren, Laugen oder auch nur suspendierte Teilchen) oder um die Eutrophierung von Seen durch Phosphate handelt. Andererseits werden viele "Schadstoffe" zuerst einmal in unterschiedlichen Produktionsprozessen als "Wertstoffe" benötigt. Entsprechend der begrifflichen Abgrenzung in Abbildung 2 werden Stoffe, die die Funktionstüchtigkeit von Kläranlagen beeinträchtigen können, als Schadstoffe bezeichnet, wobei diese Bezeichnung noch nichts aussagt über den Grad der Hemmung respektive Beeinträchtigung.

Derart ausgeprägte Zielkonflikte - Wertstoff-Hemmstoff-Schadstoff - finden sich bei vielen chemischen Verbindungen, besonders deutlich aber bei den mikrobiziden Stoffen. Sie sind einerseits für die Allgemeinheit von größter Bedeutung, da sie die Abtötung von Mikroorganismen zuverlässig bewirken sol-

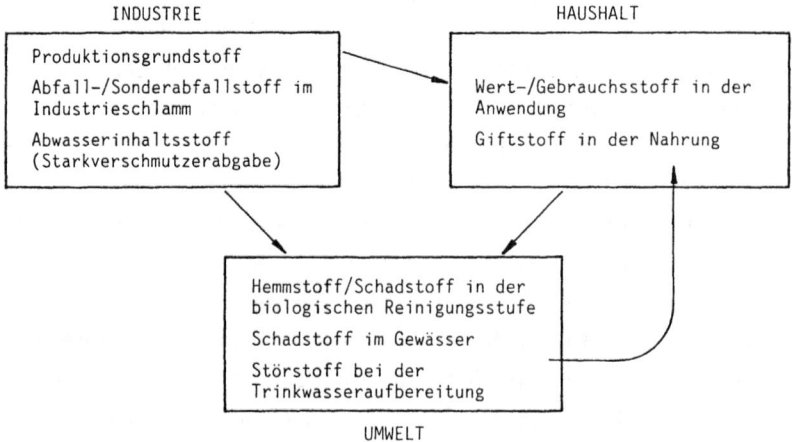

Abb. 2: Das "Wertstoff-Schadstoff"-System

len (und müssen), andererseits aber genau diese Funktion in biologischen Kläranlagen nicht mehr entfalten sollen. Da mikrobizide Stoffe in Trink-, Oberflächen- und Abwässern im µg/l-Bereich nachgewiesen werden konnten (DFG, 1982) und ein zunehmender Verbrauch von Desinfektionsmitteln, Desinfektionsreinigern und chemisch-technischen Konservierungsmitteln festzustellen ist, die u.a. dann Schleimbekämpfungsmittel, Fraßschutzmittel, Verrottungsschutz- oder Schimmelverhütungsmittel heißen, ist zu vermuten, daß Mikrobizide (eigentlich Mikrobiozide = definitionsgemäß Wirkstoffe in Desinfektionsmitteln und Konservierungsstoffe, die aufgrund ihrer antimikrobiellen Wirksamkeit Mikroorganismen abtöten, in der Entwicklung hemmen oder inaktivieren) auch die Leistungsfähigkeit biologischer Kläranlagen beeinträchtigen bzw. beeinträchtigt haben (FA III/6, 1982).

Der wesentliche Unterschied zwischen Desinfektions- und Konservierungsmitteln liegt in ihrer Wirkung. Erstere werden zur Bekämpfung von pathogenen Mikroorganismen und für die mikrobielle Dekontamination verwendet. Sie wirken nach relativ kurzer Zeit mikrobenabtötend oder inaktivieren diese irreversibel (EGGENSPERGER, 1973; FA III/6, 1982). Konservierungsmittel sollen Materialien bzw. Produkte (z.B. Kühlwasser, Lebensmittel) in ihrem gegenwärtigen Zustand erhalten, indem sie diese vor Verderb durch mikrobiellen Angriff schützen. Dieser Schutz kann auch durch eine reversible Hemmung der Vermehrungsfähigkeit und Stoffwechseltätigkeit der Mikroorganismen erreicht werden (= Mikrobiostase), was vor allem bei den Konservierungsstoffen im engeren Sinne der Fall ist (FA III/6, 1982; AEBI et al, 1978). Somit soll im folgenden der hier verwendete Begriff "Mikrobizide" sowohl mikrobenabtötende Stoffe (= mikrobizide Stoffe im engeren Sinne) als auch reversibel hemmend wirkende Stoffe (= mikrobiostatisch wirkende Stoffe) umfassen.

Mikrobizide kommen in verschiedenen Bereichen zur Anwendung (vgl. Tabelle 1 und Kapitel 3): Konservierungsstoffe werden vor allem in der Nahrungs- und Genußmittelindustrie, in Pharmaprodukten und Kosmetika, in der Papier-, Textil-, Leder- und Metallindustrie eingesetzt; Desinfektionsmittel werden in größeren Mengen hauptsächlich zur Anlagen-, Flächen- und Gerätedesinfektion, in Krankenhäusern, in lebensmittelverarbeitenden Betrieben und in Badeanstalten angewendet. Weiterhin werden zur Wasserbehandlung, zur Schleimbekämpfung und in Chemietoiletten mikrobizide Stoffe eingesetzt. Da Spül-, Wasch- und Reinigungsmittel ebenfalls Desinfektionsmittelkomponenten enthalten können, gehören Waschanlagen, Wäschereien und nicht zuletzt auch die Haushaltungen zu den Anwendern mikrobizider Stoffe.

Aufgrund der Vielschichtigkeit potentiell hemmender Stoffeinleitungen (vgl. hierzu die Ausführungen zu den Wassergefährdenden Stoffen (LÜHR, 1983), die Untersuchung zu den Haushaltschemikalien (LGA Nürnberg, 1985) oder das geplante Vorhaben zu abwasserrelevanten Chemikalien aus Gewerbebetrieben (FhG-ISI, 1984)) erschien es sinnvoll, eine Stoffmenge wie die mikroziden Stof-

Tabelle 1: Einordnung und Zuordnung der Einsatzbereiche mikrobizider Stoffe
- pathogene Keime -

Einsatzziel	Kontakt mit/zu Mensch/ Tier	mikrobizide Stoffe				
		geschlossene Räume, Materialien, Gegenstände, Produktionsmittel	Produkte und Konsumgüter			
			Lebens-/ Futtermittel	Arzneimittel-Körperpflegemittel	Haushaltsprodukte	Gebrauchsgüter
Hemmung ↑	für den/ im Kontakt	Raumluftverbesserer, Klimaanlagen	Nahrungs- u. Genußmittel allgemein - Obst, Gemüsekonserven - Feinkostwaren - Brot-, Backwaren - Citrusfrüchte und Bananen - Obstmuttersäfte - Sauerkonserven - Getränke	Arzneimittel u. Kosmetika allgemein, alle wasserhaltigen Ausgangs- und Endprodukte: - Lösungen - Emulsionen Seifen, Haarwaschmittel, Schaumbäder, Puder, Öle, Deos, Cremes	Lebensmittelverpackung, Feuchttücher	Leihhandtücher, Textilien, Kunststoffdispersionen im Lebensmittelbereich
	möglicher /wahrscheinlicher Kontakt	Flächendesinfektion - in Produktionsstätten der Lebensmittelverarbeitung, Arzneimittel und Kosmetikaherstellung Schwimmbäder: Wasser Saunen: Einrichtung, Dispersions- und Leimfarben, Baustoffe, Kühlschmierstoffe	Pflanzenbehandlung		Wasch-, Reinigungs- und Geschirrspülmittel, Klebstoffe, Leime, Schwimmbadchemikalien, Verpackungspapier, Textilweichmacher, -imprägniermittel, Poliermittel	Zelte, Leder, Pelze, Kunststoffe im Sanitärbereich, Gummi, Fußmatten, Papier, Holzschutzmittel, Bläuegrundierung, Dichtungsmasse
↓ Vernichtung	ohne/geringer Kontakt	Kühlwasser, geschlossene oder teilweise geschlossene Wasserkreisläufe, Kühlmittel, Suspensionen, Wachsemulsionen, Tensidlösungen, Schleimbekämpfungsmittel, Lacke, Farbstoffteige, -pasten, fungizide Ausrüstungen, Tierkörperbeseitigungsanstalten insgesamt, Tierkörperverwertung: Hautleim, Borsten, Chemietoiletten	Saatgutbehandlung		Pinkelsteine	Treibstoffe

Fortsetzung Tabelle 1: Einordnung und Zuordnung der Einsatzbereiche mikrobizider Stoffe - techn. schädliche Mikroorganismen -

Einsatzziel	Kontakt mit/zu Mensch/ Tier	mikrobizide Stoffe				
		geschlossene Räume, Materialien, Gegenstände, Produktionsmittel	Produkte und Konsumgüter			
			Lebens-/ Futtermittel	Arzneimittel Körperpflegemittel	Haushaltsprodukte	Gebrauchsgüter
Hemmung ↑	für den/ im Kontakt	Verbandsstoffe, Zellstoffe, Textilien, Wäschedesinfektion	Brot, Backwaren, Feinkostartikel, Wasser, Fischwaren, Fettprodukte, Milcherzeugnisse	Hände-, Hautdesinfektionsmittel, Desinfizia für Mund, Rachen, Ophtalmica, Antiseptica,- mykohka, Blut, Plasma Impfstoffe	Babyfläschchen	Kontaktlinsen
	möglicher /wahrscheinlicher Kontakt	Flächendesinfektion - in Krankenhäusern, Alten-, Jugendpflege etc. - in Massentierhaltungen, Schwimmbädern, Saunen - Fußpilzprophylaxe			WC-Sanitärreiniger, Fußbodenreiniger, Waschmittel	
↓ Vernichtung	ohne/ geringer Kontakt	Raumdesinfektion, Instrumentendesinfektion, Desinfektion von Ausscheidungen, Tierkörperverwertung: - Federn, Häute				

fe auszuwählen. Diese Stoffgruppe ist funktionell und deshalb meist lokal eingrenzbar oder kann zumindest einem Anwendungsbereich zugeordnet werden. Dieselben Mikroorganismenstämme, die gegenüber mikrobiziden Stoffen empfindlich sind - hauptsächlich gramnegative Bakterien - werden für die biologische Behandlung des Abwassers benötigt.

Schließlich weiß man auch, daß mikrobizide Stoffe ständig infolge ihres allgemeinen Gebrauchs ins Abwasser gelangen, wobei die meist geringen Konzentrationen durch punktuell erhöhte Einleitungen bspw. aus Krankenhäusern und der Industrie aufgestockt sein können. Von besonderer Bedeutung sind die mikrobiziden Stoffe auch insofern, weil sie das breite Spektrum der Schadmechanismen für Mikroorganismen abdecken.

1.3 Vorbemerkungen zur Methode und gewählten Bearbeitungsweise

Am Beispiel mikrobizider Stoffe wird erläutert, wie sich diese Wirkstoffe in der aquatischen Umwelt verhalten (Kapitel 2), wodurch und in welchen Mengen sie ins Abwasser gelangen können (Kapitel 3) und wie sie sich auf die biologische Abwasserbehandlung auswirken (Kapitel 4). Die in Desinfektions- und Konservierungsmitteln verwendeten Wirkstoffe sind keine chemisch einheitliche Stoffgruppe. Man kennt derzeit mehr als 200 verschiedene mikrobizide Stoffe, von denen ca. 20-30 regelmäßig zur Konservierung und Desinfektion eingesetzt werden. Einige dieser Verbindungen - Formaldehyd, Phenole, tensidische Wirkstoffe, Halogene und Schwermetalle - werden hauptsächlich in der chemischen Industrie als wichtige Grundstoffe zur Herstellung von Lösungsmitteln, Kunststoffen, Farbstoffen, Katalysatoren, waschaktiven Substanzen, Arzneimitteln, Pestiziden u.a. in großen Mengen verwendet (s. Abschnitt 2.2). Die chemische Ähnlichkeit bzw. Identität vieler mikrobizider Stoffe mit umweltrelevanten Chemikalien, die bei der Produktion oder Verwendung der o.a. Produkte vorwiegend (auch) ins Abwasser gelangen, rechtfertigen die Untersuchung der Beeinträchtigung der Leistungsfähigkeit von Kläranlagen am Beispiel dieser Stoffgruppe.

Unsere Überlegung war es, von der unbestrittenen Notwendigkeit einer Desinfektion und Konservierung ausgehend, die mikrobiziden Wirkstoffe und Formulierungen unter Berücksichtigung ihrer Anwendungsgebiete und Verwendungsmengen zu untersuchen, um über ihren Weg ins Abwasser und ihre mögliche physikalische, chemische und biologische Inaktivierung die Frage nach möglichen Beeinträchtigungen der Funktionstüchtigkeit von Kläranlagen zu beantworten bzw. zu problematisieren, um aus den sich daraus ergebenden, offenen Fragen Schwerpunkte analytischer Folgearbeiten abzuleiten. Der Umfang des Themas - einerseits die Komplexität mikrobizider Wirkungen, andererseits die Reaktionsmechanismen biologischer Systeme - machte es notwendig, Entwicklungen und Problemfelder zu generalisieren, was naturgemäß Einzelaspekten vielfach nicht gerecht werden kann. Deshalb und auch um den Bericht lesbar und übersichtlich zu gestalten, sind Schwerpunkte im Hauptteil zusammengefaßt, im Anhang aber noch etwas ausführlicher dargestellt.

Auf der Emissionsseite wurde der Schwerpunkt auf eine Differenzierung (human-)pathogener Mikroorganismen und technisch-schädlicher Organismen gelegt (vgl. Tabelle 1), da hier unterschiedliche Anwendungs- und Wirkungserfordernisse existieren, wobei eine eindeutige Zuordnung nicht immer möglich ist und teilweise, wie die Definition mikrobizid - mikrobiostatisch auch deutlich macht, die Übergänge fließend sind. Immissionsseitig liegt der Schwerpunkt auf Kläranlagen mit dem Belebungsverfahren als biologischer Stufe, nicht ohne aber auch auf Tropfkörperverfahren aus der Gruppe der Festbettreaktoren einzugehen, wo dies angebracht erschien. Anaerobe Abwasserreinigunsverfahren wurden nicht behandelt, da sie im kommunalen Bereich nicht und auch im industriellen Bereich nur als Vorstufe bei hochbelasteten Abwässern mit anschließender aerober Stufe eingesetzt werden. Die anaerobe Schlammstabilisierung auf Kläranlagen ist zwar auch ein wichtiger Teil im Kläranlagenbetrieb, hat aber kaum (evtl. bei erhöhten Schwermetallgehalten) Auswirkungen auf die Funktionstüchtigkeit der biologischen Abwasserreinigung, fallweise wird die anaerobe Schlammstabilisierung in diesem Bericht dann angesprochen.

Die hier vorgelegte Untersuchung war bewußt ohne analytische Detailuntersuchungen angelegt. Auftraggeber und Forschungsnehmer waren sich darüber einig, daß zunächst - in Anbetracht der bisherigen analytischen Möglichkeiten und spärlich vorhandenen Untersuchungsergebnisse auf der Basis von Literatur- und Fallstudien und in Expertengesprächen eine Abschätzung von Beeinträchtigungen der Funktionstüchtigkeit von Kläranlagen durch mikrobizide Stoffe möglich ist, so daß sich Folgeuntersuchungen mit analytischem Charakter auf Schwerpunkte mikrobizider Wirksubstanzen bzw. Desinfektionsmittelformulierungen konzentrieren können.

Die Vorstudie "Mikrobizide Wirkstoffe als belastende Verbindungen im Wasser" des Fachausschusses FA III/6 (1982) der Fachgruppe Wasserchemie war Anlaß für diese Untersuchung. Sie ermöglichte einen guten Einstieg in die Gesamtproblematik. In dieser Vorstudie stellte der Fachausschuß fest, daß infolge des Gefährdungspotentials mikrobizider Stoffe mit einer Beeinträchtigung der Funktionstüchtigkeit von Kläranlagen zu rechnen sei, was anhand von ausgewählten Modellsubstanzen zu überprüfen wäre. Im Hinblick auf eine Beeinträchtigung der Funktionstüchtigkeit von Kläranlagen stellen mikrobizide Stoffe - wie oben erläutert - bereits eine Gruppe mit Modellsubstanzcharakter dar. Wenn man allerdings davon ausgeht, daß Modellsubstanzen stellvertretend für eine größere Gruppe ähnlich wirkender, ähnlich eingesetzter und ähnlich (häufig) vorkommender Verbindungen stehen sollen, kommen mikrobizide Stoffe oder gar nur einige ihrer Vertreter nur noch relativiert in Betracht, weil eben etliche antimikrobiell wirkende Verbindungen zu anderen als antimikrobiellen Zwecken z.T. häufiger und lokal in größeren Mengen eingesetzt werden. Außerdem werden bspw. im Gewerbe eine Vielzahl von Stoffen verwendet, die die Funktionstüchtigkeit von Kläranlagen ebenfalls beeinträchtigen können, aber ursprünglich nicht mikrobizid eingesetzt werden. Trotzdem stellt die Gruppe der mikrobiziden Stoffe eine der interessantesten Störstoffgruppen für Kläranlagen überhaupt dar, weil es sich um Verbindungen handelt, die gezielt eingesetzt werden, um Mikroorganismen - also Viren, Hefen, Pilze und Bakterien, die als Reinigungsträger in Kläranlagen benötigt werden - abzutöten.

Ein großes Problem für die ökotoxikologische Einordnung mikrobizider Stoffe ist die Verfügbarkeit von Untersuchungsdaten, insbesondere im Bereich technisch schädlicher Mikroorganismen und den hierbei eingesetzten Mikrobiziden. So stellen die vom FA III/6 für die mikrobiziden Stoffe ausgewählten Modellsubstanzen (Pentachlorphenol, Formaldehyd, Benzalkoniumchlorid und Tributylzinnoxid), die sich an der hierzu dokumentierten Literatur orientiert haben, wichtige antimikrobiell wirkende Verbindungen dar, ihre Bedeutung für Kläranlagen ist aber recht unterschiedlich zu bewerten: PCP ist nur ein Vertreter aus der großen Gruppe der chlorierten Phenole mit sehr stark rückläufigem Trend; Formaldehyd ist im Abwasser aufgrund verschiedener Inaktivierungsreaktionen instabil; Tributylzinnoxid ist in seiner praktischen Anwendung relativ weniger bedeutend als die Vielzahl anderer technisch benötigter Mikrobizide, wie bspw. die heterocyclischen Verbindungen oder Dithiocarbamate. In der vorliegenden Studie wurde deshalb bewußt auf die Auswahl einzelner Modellsubstanzen verzichtet, weil dies von vornherein zu einer begrenzten Betrachtungsweise und Beurteilung geführt hätte.

Deshalb wurden auch nicht so sehr aus der Fachliteratur, denn umso mehr in Gesprächen mit Herstellern und Anwendern mikrobizider Stoffe sowie in Gesprächen mit Fachleuten aus der Mikrobiologie die Schwerpunkte der Verwendung mikrobizider Stoffe, ihre Einsatzspektren, teilweise Mengen und mögliche ökotoxikologische Gefährdung ermittelt. In Zusammenarbeit mit Vertretern der Aufsichtsbehörden und Landesuntersuchungsanstalten, Kläranlagenbetreibern und Klärwärtern konnten Fallbeispiele von Beeinträchtigungen durch Mikrobizide und andere Hemm-/Schadstoffe die wesentlich zur Einschätzung der Problematik beigetragen haben zusammengestellt bzw. in der Literatur wiedergegebene Beispiele vertieft werden. Da die gewählte Vorgehensweise eine breite Unterstützung seitens der Industrie und der Überwachungsbehörden fand, konnten eine Reihe von Detail-Informationen und Analysenergebnisse in diesen Bericht einfließen. Eine große Anzahl von persönlichen Mitteilungen mußte vertraulich behandelt werden; sie waren jedoch hilfreich für die Einschätzung und Bewertung der Ergebnisse, die entsprechend gekennzeichnet hier wiedergegeben sind.

2 Mikrobizide Stoffe und deren Wirkungsweisen

Seit der Entdeckung der Übertragungswege des Kindbettfiebers durch Semmelweis im Jahre 1847 und der Wundinfektionserreger durch Koch 1878, sowie durch die Untersuchungen von Lister, Anderson und Pasteur über die Fäulnis- und Gärungsvorgänge (1865) wurden die Forschungsarbeiten über die Hintergründe infektiöser Krankheiten und über die Bekämpfung von Fäulniserregern - initiiert auch durch die Hamburger Cholera-Epidemie 1882 - mittels Antiseptika und zur allgemeinen Abtötung von Mikroorganismen durch Desinfizientia - beide Begriffe werden heute meist synonym verwandt - entscheidend beeinflußt. War man früher davon ausgegangen, daß - aufgrund des penetranten Geruchs der Fäulniserscheinungen - giftige Stoffe in die Luft aufsteigen und in Form eines Miasmas andere, zuvor nicht Betroffene infizieren würden (deshalb der Einsatz von Weihrauch, der antiseptische Eigenschaften hat; von Essig; das Besprühen der Zimmerwände mit Kalk oder das Verbrennen von Wacholder zur Luftverbesserung; s. auch Mal-aria = schlechte Luft), konnten nun - entweder thermisch oder chemisch - Überträgermedien desinfiziert werden, sofern man geeignete keimtötende Wirkstoffe in ausreichender Konzentration über eine entsprechende Anwendungsdauer einsetzte.

Die Desinfektionsmittel und Konservierungsstoffe sind heute nicht mehr aus dem täglichen Leben wegzudenken. Allerdings genügt es nicht, eine einmal gefundene Ursache und deren Bekämpfungsmethode gefunden zu haben; die Adaptationsfähigkeit der Mikroorganismen zwingt zu einem möglichst breiten Wirkstoffspektrum mit unterschiedlichen Angriffspunkten oder Wirkungsweisen, um die gewünschte Minderung der Infektionsgefahr durch Desinfektionsmaßnahmen und die Eingrenzung unerwünschter bzw. schädlicher Mikroorganismen im technischen Bereich auch in Zukunft zu gewährleisten.

Auf die Notwendigkeit zur chemischen Desinfektion und zum Einsatz von Konservierungsstoffen wird in den nachstehenden Kapiteln 2 und 3 (wegen der Erläuterung ihrer Abwasserrelevanz) zum Teil sehr ausführlich eingegangen; insgesamt gesehen kann aber hier der medizinische oder lebensmitteltechnische Aspekt jeweils nur am Rande gestreift werden (hier sei auf die einschlägige Fachliteratur verwiesen). Es bleibt zu wünschen, daß im Sinne einer Entlastung der Umwelt die Bemühungen z.B. um die Erforschung der Infektionswege im Krankenhaus (Stichwort: Hospitalismus) mit dem Ziel fortgesetzt werden, den Desinfektionsmitteleinsatz nur auf das Notwendige zu beschränken und Desinfektionsmittel einzusetzen, die im heutigen Klärsystem biologisch abbaubar sind, wenn sie nicht schon zuvor inaktiviert wurden.

2.1 Einteilung der mikrobiziden Stoffe und deren Einsatzbedingungen

Für die chemische Desinfektion und Konservierung stehen mehr als 200 verschiedene mikrobizide Stoffe zur Verfügung. Diese sind - ohne Anspruch auf Vollständigkeit - in Abschnitt 2.1.1 übersichtlich, vorwiegend nach chemischen Strukturmerkmalen geordnet, aufgeführt. In den nachfolgenden Abschnitten werden die Kriterien der Stoffauswahl (Abschn. 2.1.2), die Prüfungsverfahren zum Nachweis der mikrobiziden Wirkung von Desinfektionsmitteln und Konservierungsstoffen (Abschn. 2.1.3) und die gesetzlichen Grundlagen ihres Einsatzes (Abschn. 2.1.4) erläutert. Diesen anwendungsbezogenen Ausführungen folgt im Hinblick auf die spätere Abschätzung der Relevanz mikrobizider Stoffe (Kap. 4) eine allgemeine Erläuterung jener Kriterien, nach denen die Umweltrelevanz chemischer Stoffe beurteilt wird (Abschn. 2.1.5).

2.1.1 Übersicht über die Stoffklassen

Der Bestandsaufnahme wird eine Übersicht über die Verbindungsklassen der Mikrobizide vorangestellt. Zur besseren Orientierung wurden die mikrobiziden Stoffe in neun große Stoffklassen (s. dazu Abb. 3) zusammengefaßt. Diese Einteilung wird in Abschnitt 2.2 beibehalten. Die Zuordnung erfolgte sowohl nach strukturellen als auch nach wirkungsbezogenen Gesichtspunkten. Dadurch sind teilweise auch chemisch nichtverwandte, aber ähnlich reagierende Stoffe in einer Stoffklasse vertreten (z.B. formaldehydabspaltende Heterocyclen und Harnstoffderivate unter Aldehyde; Säuren, Ester und Amide zusammen in einer großen Gruppe). Die für den Zweck dieser Studie vereinfachte Einteilung weicht etwas von der Systematik anderer Autoren ab. An Stellen, in denen chemisch nichtverwandte Verbindungen einer Stoffklasse zugeordnet werden, wird im Text (Abschn. 2.2) darauf eingegangen.

pathogener Keime	Überwiegend eingesetzt zur Bekämpfung	technisch schädlicher Keime
	Stoffklassen	
	1. Aldehyde	
◀◀◀◀◀◀◀	– freie Aldehyde	▶
	– Aldehydabspalter	▶▶▶▶
◀◀◀◀◀	2. Phenole	▶▶▶▶
◀◀◀	3. Tenside	▶▶▶▶▶▶
◀◀◀	4. Halogene	▶▶▶▶▶▶
◀◀◀	5. Peroxide	▶▶▶
◀◀◀◀◀◀	6. Alkohole	▶
◀	7. Schwermetallverbindungen	▶▶▶
	8. Säuren und Alkalien	▶▶▶▶▶▶▶
	9. Heterocyclen	▶▶▶▶
	Dithiocarbamate	▶▶▶▶

Abb. 3: Mikrobizide Stoffklassen und ihre Anwendungsschwerpunkte

In Tafel 1 sind die mikrobiziden Stoffe mit ihren Strukturformeln aufgelistet. Die einzelnen Stoffklassen mit ihren bevorzugten Einsatzbereichen sind in Abbildung 3 wiedergegeben, wobei qualitativ angedeutet ist, welche Stoffklassen in welchen Anwendungsschwerpunkten bevorzugt eingesetzt werden. Die Einsatzbereiche werden in Kapitel 3 ausführlich erörtert.

2.1.2 Allgemeine Bedingungen der Wirkung mikrobizider Stoffe unter Berücksichtigung der Wirkstofformulierungen

Chemische Desinfektions- und Konservierungsmittel töten oder hemmen Mikroorganismen durch teilweise sehr spezifische Reaktionen mit Bestandteilen der Mikrobenzelle, wie z.B. mit verschiedenen Membransystemen, Proteinen und En-

Tafel 1

STOFF-KLASSEN	VERBINDUNGEN	STRUKTUR
1 Aldehyde Freie Aldehyde	Formaldehyd	$H_2C=O$
	Glyoxal	$OHC-CHO$
	Glutardialdehyd	$\overset{O}{\underset{H}{\,}}C-(CH_2)_3-C\overset{O}{\underset{H}{\,}}$
	Glyoxalsäureester	$\overset{O}{\underset{H}{\,}}C-C\overset{O}{\underset{OR}{\,}}$
	Paraformaldehyd (Polyoxymethylenglykole)	$HOH_2C-(CH_2O)_n-CH_2OH$ n=6-100
	Chloracetaldehyd	ClH_2C-CHO
	2-Ethylhexanal	$H_3C-(CH_2)_3-CH(C_2H_5)-CHO$
	Succindialdehyd	$OHC-CH_2-CH_2-CHO$
	Benzaldehyd	⌬–CHO
	Zimtaldehyd	⌬–CH=CH-CHO
Aldehyd- abspalter	Methylolharnstoff	$H_2N-CO-NH-CH_2OH$
	Dimethylolharnstoff	$HOCH_2-NH-CO-NH-CH_2OH$
	Imidazolidinylharnstoff	(Strukturformel)
	Diazolidinylharnstoff	(Strukturformel)
	Hexamethylentetramin	(Strukturformel)
	1-(3-Chloroallyl)-3,5,7-triaza-1- azonia-adamantan-chlorid (cis-I.)	(Strukturformel) Cl⁻
	Monomethyloldimethylhydantoin	$C_6H_{10}N_2O_3$ (Strukturformel)
	1,3,5-Tris-(2-hydroxyethyl)- 1,3,5-hexahydrotriazin	(Strukturformel)

Fortsetzung Tafel 1

STOFF-KLASSEN		VERBINDUNGEN	STRUKTUR
2	Phenole	Phenol (Hydroxybenzol)	
2.1	Alkylphenole Kresole (Methylphenole)	o-Kresol m-Kresol p-Kresol	
		Thymol Isothymol	
		2,6-Di-tert.-butyl-4-methylphenol (Butylhydroxytoluol, BHT) 2,6-Di-isobutyl-4-methylphenol	$R_1=R_2=C(CH_3)_3$ $R_1=R_2=CH_2-CH(CH_3)_2$
	Sonstige	p-Tert.-butylphenol	
		4-Ethylphenol	
		4-Nonylphenol	
	Xylenole (Dimethylphenole)	2,4-Dimethylphenol 2,5-Dimethylphenol 3,4-Dimethylphenol	
2.2	Arylphenole	Diphenyl (Phenylbenzol)	
		2-Phenylphenol	
		2-Benzylphenol 4-Benzylphenol	$R_1=-CH_2-$, $R_2=H$ $R_2=-CH_2-$, $R_1=H$
		2-Benzyl-4-methylphenol	
2.3	Halogenierte Phenole	Monochlorphenole	
		Dichlorphenole	
		Trichlorphenole	

Fortsetzung Tafel 1

STOFF-KLASSEN	VERBINDUNGEN	STRUKTUR
2.3.1 Alkylphenole Kresole	Tetrachlorphenole	
	Pentachlorphenol (PCP)	
	4-Chlor-2-methylphenol 4-Chlor-3-methylphenol 6-Chlor-3-methylphenol	
	4,6-Dichlor-2-methylphenol	
	3,4,5,6-Tetrabrom-2-methylphenol 2,3,4,5-Tetrabrom-6-methylphenol	
Thymole	4-Cl-2-isopropyl-5-methylphenol 6-Cl-2-isopropyl-5-methylphenol	
Thymolähnliche	2-Cl-3-isopropyl-6-methylphenol 4-Cl-6-isopropyl-3-methylphenol 4-Cl-3-isopropyl-3-methylphenol 4-Cl-5-isopropyl-2-methylphenol	methyl : $-CH_3$ Isopropyl : $-HC{<}^{CH_3}_{CH_3}$ Chlor : $-Cl$
Xylenole	4-Chlor-3,5-dimethylphenol 2,4-Dichlor-3,5-dimethylphenol	
	4-Brom-2,6-dimethylphenol	
Sonstige	4-Tert.-butyl-2-chlorphenol 4-Isobutyl-2-chlorphenol	$R = -C(CH_3)_3$ $R = CH_2-CH(CH_3)_2$
2.3.2 Arylphenole	2-Cyclopentyl-4-chlorphenol	
Diphenyl-derivate	2-Benzyl-4-chlorphenol (Chlorophen)	
	2,2'-Dihydroxy-5,5'-dichlordi-phenylmethan (Dichlorophen)	

Fortsetzung Tafel 1

STOFF-KLASSEN	VERBINDUNGEN	STRUKTUR
	2,2'-Dihydroxy-3,5,3',5',-tetra-chlordiphenylmethan(Tetrachlor.)	
	2,2'-Dihydroxy-3,3',5,5',6,6'-hexachlordiphenylmethan	
	2,2'-Dihydroxy-5,5'-dichlor-3,3'-dibromdiphenylmethan (Bromchlor.) 2,2'-Dihydroxy-5,5'-dichlor-3,3'-difluordiphenylmethan (Fluoroph.)	$R_1=R_2=Br$ $R_1=R_2=F$
	2'-Hydroxy-2,4,4'-trichlordi-phenylether (Irgasan, Triclosan)	
	5,5'-Dibrom-2,2'-dihydroxybenzil	
	2,2'-Dihydroxy-5,5'-dichlordi-phenylsulfid (Fentichlor) 2,2'-Dihydroxy-3,3',5,5'-tetrachlordiphenylsulfid	$R_1=R_2=H$ $R_1=R_2=Cl$
2.3.3 Naphthalin-derivate	2,3-Dichlor-1,4-naphthochinon (Dichlon)	
	Naphthol	
3 Tenside 3.1 Kationische Tenside 3.1.1 Quaternäre Ammoniumver-bindungen (QAV) Benzalkonium-chloride	Benzyl-dimethyl-dodecylammonium-chlorid (BDMDAC) Benzyl-dimethyl-cetylammonium-chlorid	$R=C_{12}H_{25}$ $R=C_{16}H_{33}$
	Didecyl-dimethyl-ammoniumchlorid (DDDMAC) Dimethyl-distearyl-ammonium-chlorid (DMDSAC)	$R_1=R_2=n\text{-}C_{10}H_{21}$ $R_1=R_2=n\text{-}C_{18}H_{37}$
	Benzyl-bis-(2-hydroxyethyl)-dodecylammoniumchlorid	$R_1=R_2=-C_2H_4OH$
	Cetyl-trimethyl-ammoniumbromid (CTAB)	

Fortsetzung Tafel 1

STOFF-KLASSEN	VERBINDUNGEN	STRUKTUR
3.1.2 Quaternäre Phosphoniumverbindungen	Dodecyl-triphenyl-phosphoniumbromid	$R_1=R_2=R_3=$ ⟨phenyl⟩; $\left[H_{25}C_{12}-\overset{R_1}{\underset{R_3}{P^+}}-R_2\right]Br^-$
3.1.3 Guanidine	1,6-bis-(4-chlorphenyldiguanidino)-hexan (Chlorhexidin)	$Cl-C_6H_4-NH-\overset{NH}{\underset{H}{C}}-NH-(CH_2)_6-NH-\overset{NH}{\underset{H}{C}}-NH-C_6H_4-Cl$
	Oligohexamethylenbiguanide (Diguanidine)	$\underset{HN}{H_2N}\rangle C-N(R)-(CH_2)_m-NH-C\langle\underset{NH}{NH_2}$ $R=C_8-C_{18}$ $m=2-6$
3.2 Amphotenside Echte Ampholyte	Alkylpolyaminoessigsäuren	$R+NH-CH_2-\overset{O}{\overset{\|}{C}}+_n NH-CH_2-COO^-$
	Alkylaminopropionate	$R-\overset{H}{\underset{H}{N^+}}-CH_2-CH_2-COO^\ominus$
	Alkyliminopropionate	$R-\overset{CH_2-CH_2-COO}{\underset{CH_2-CH_2-COOH}{N^+-H}}$
	Dodecyl-di(aminoethyl)-glycin (Tego 51)	$C_{12}H_{25}-NH-CH_2CH_2-NH-CH_2CH_2-NH-CH_2COO^-$ $\cdots H^+\cdots$
Betaine	Alkylbetain	$R-\overset{CH_3}{\underset{CH_3}{N^+}}-CH_2-COO^\ominus$
	Alkylamidobetain	$R-\overset{O}{\overset{\|}{C}}-NH-CH_2-CH_2-CH_2-\overset{CH_3}{\underset{CH_3}{N^+}}-CH_2-COO^\ominus$
4 Halogene 4.1 Chlor und Chlorabspalter	Chlor	Cl_2
	Natriumhypochlorit	$NaOCl$
	Chlordioxid	ClO_2
	Chlorkalk (Calciumchloridhypochlorit)	$[3Ca(OCl)Cl\cdot Ca(OH)_2]\cdot 5H_2O$
	Anorganische Chloramine	$NH_2Cl \quad NHCl_2$
	N-Chlor-p-toluolsulfonsäureamid-salz (Chloramin T)	$[H_3C-C_6H_4-SO_2-\overset{-}{N}-Cl]Na^+$
	N-Chlor-p-benzolsulfonsäureamid-salz (Chloramin B)	$C_6H_5-SO_2-N\langle\underset{Cl}{Na}$
	Dichlorisocyanursäure	(structure: dichlorisocyanurate ring)
	Trichlorisocyanursäure	(structure: trichlorisocyanurate ring)

Fortsetzung Tafel 1

STOFF-KLASSEN	VERBINDUNGEN	STRUKTUR
4.2 Jod und Jodophore	Iod, Iodid	J_2 J^-
	Polyvinyl-Pyrrolidon-Iod-Komplex	(Polyvinylpyrrolidon-Iod-Komplex Struktur)
5 Peroxide	Wasserstoffperoxid	H_2O_2
	Peressigsäure	$H_3C-C\underset{OOH}{\overset{O}{\diagup}}$
	Natrium Perborat	$NaBO_2 \cdot H_2O_2 \cdot 3H_2O$
	Kaliumpersulfat	$K_2S_2O_8$
	Dibenzoylperoxid	$C_6H_5-\underset{O}{\overset{\|}{C}}-O-O-\underset{O}{\overset{\|}{C}}-C_6H_5$
	Ozon	$O=O=O$ $\underset{O-O}{\overset{O}{\triangle}}$
6. Alkohole	Ethanol	H_3C-CH_2OH
	1-Propanol (n-Propanol)	$H_3C-(CH_2)_2OH$
	2-Propanol (Isopropanol)	$H_3C-\underset{OH}{\overset{H}{\underset{\|}{C}}}-CH_3$
	2-Ethylhexanol	$H_9C_4-CH(C_2H_5)-CH_2OH$
	Ethylenglykol	HOH_2C-CH_2OH
	1,2-Propylenglykol	$H_3C-CHOH-CH_2OH$
	Triethylenglykol	$HOH_2C-CH_2-O-CH_2-CH_2-O-CH_2-CH_2OH$
	Ethylenglykolmonobutylether	$HOH_2C-CH_2-O-(CH_2)_3-CH_3$
	2-Phenoxyethanol (Ethylenglykolphenylether)	$C_6H_5-O-CH_2-CH_2OH$
	Benzylalkohol	$C_6H_5-CH_2OH$
Halogenierte Alkohole	2-Chlorethanol	ClH_2C-CH_2OH
	Trichlorisobutylalkohol (Chlorbutanol)	$H_3C-\underset{OH}{\overset{CH_3}{\underset{\|}{\overset{\|}{C}}}}-CCl_3$
	3,5-Dichlorbenzylalkohol	(3,5-Dichlorbenzylalkohol: Cl-C$_6$H$_3$(Cl)-CH$_2$OH)
	3-(4-Chlorophenoxy)-1,2-propandiol (Chlorphenesin)	$Cl-C_6H_4-O-CH_2-\underset{}{\overset{OH}{\underset{\|}{CH}}}-CH_2-OH$

Fortsetzung Tafel 1

STOFF-KLASSEN	VERBINDUNGEN	STRUKTUR
	2-Brom-2-nitropropan-1,3-diol	$HOH_2C-\underset{\underset{NO_2}{\vert}}{\overset{\overset{Br}{\vert}}{C}}-CH_2OH$
	5-Brom-5-nitro-1,3-dioxan	Br, NO$_2$ an 1,3-Dioxan
7 Schwermetallverbindungen 7.1 Metallionen	Silbernitrat (Höllenstein)	$AgNO_3$
	Quecksilbersalze	$HgCl_2$ HgJ_2
7.2 Organometallverbindungen	Silberacetat	$H_3C-COOAg$
	Silbercitrat	$H_2C-COOAg$ $HO-C-COOH$ $H_2C-COOH$
Quecksilberverbindungen	Phenylquecksilberacetat	C$_6$H$_5$–Hg–O–CO–CH$_3$
	Phenylquecksilberchlorid	C$_6$H$_5$–HgCl
	Phenylquecksilberborat	C$_6$H$_5$–Hg–O–B(OH)$_2$
	Phenylquecksilbernitrat	C$_6$H$_5$–Hg–O–NO$_2$
	Ethylmercurithiosalicylat (Thiomersal)	2-(COONa)-C$_6$H$_4$-S–Hg–C$_2$H$_5$
	Natriumtimerfonat (Timerfon)	$H_5C_2-Hg-S-C_6H_4-SO_3Na$
Zinnverbindungen	Bis-Tributylzinnoxid (TBTO)	$(C_4H_9)_3-Sn-O-Sn-(C_4H_9)_3$
	Tributylzinnacetat (TBTA)	R=OOC–CH$_3$
	Tributylzinnchlorid (TBTC)	R=Cl
	Tributylzinnfluorid (TBTF)	R=F
	Tributylzinnbenzoat (TBTB)	R=OOC–C$_6$H$_5$
	Tributylzinnlaureat (TBTL)	R=OOC–C$_{11}$H$_{23}$
	Tributylzinnoleat (TBTOL)	R=OOC–C$_{17}$H$_{33}$
		$(C_4H_9)_3SnR$
	Triphenylzinnacetat (TPTA)	$(C_6H_5)_3SnOOC-CH_3$
	Triphenylzinnchlorid TPTC)	$(C_6H_5)_3SnCl$

Fortsetzung Tafel 1

STOFF-KLASSEN		VERBINDUNGEN	STRUKTUR
8	Säuren und Alkalien		
8.1	Alkan- und Alkenmonocarbonsäuren	Ameisensäure	HCOOH
		Essigsäure	$H_3C-COOH$
		Propionsäure	H_3C-CH_2-COOH
		Milchsäure	$CH_3-CH(OH)-COOH$
		Sorbinsäure	$H_3C-CH=CH-CH=CH-COOH$
		Glyoxylsäure	OHC−COOH
	Halogenierte Alkanmonocarbonsäuren	Monochloressigsäure	$ClH_2C-COOH$
		Dichloressigsäure	$Cl_2HC-COOH$
		Trichloressigsäure	$Cl_3C-COOH$
		Monobromessigsäure	$BrH_2C-COOH$
		Monojodessigsäure	$JH_2C-COOH$
8.2	Cyclische Carbonsäuren	Benzoesäure	C$_6$H$_5$−COOH
		Salicylsäure (2-Hydroxybenzoesäure)	2-HO-C$_6$H$_4$-COOH
		Dehydracetsäure	(Strukturformel)
8.3	Carbonsäure-Ester	Glyoxylsäureester	OHC−COOR
		p-Hydroxybenzoesäureester (PHB-Ester)	HO−C$_6$H$_4$−COOR, R = CH_3, R = C_2H_5, R = C_3H_7, R = $CH_2-C_6H_5$
		Pyrokohlensäurediethylester	$H_5C_2-O-\underset{\underset{O}{\|}}{C}-O-\underset{\underset{O}{\|}}{C}-O-C_2H_5$
		ß-Propiolacton	$\begin{array}{l} H_2C-C=O \\ \ \ \|\ \ \ \ \ \| \\ H_2C-O \end{array}$
8.4	Carbonsäure-Amide	Chloracetamid	$ClH_2C-\underset{\underset{O}{\|}}{C}-NH_2$
		N-Methylolchloracetamid	$ClH_2C-\underset{\underset{O}{\|}}{C}-NH-CH_2OH$
		3,4,4'-Trichlorcarbanilid	(Strukturformel)

Fortsetzung Tafel 1

STOFF-KLASSEN		VERBINDUNGEN	STRUKTUR
	Salicylanilide	Salicylanilid	(structure)
		4',5-Dibromsalicylanilid	(structure)
		3,4',5-Tribromsalicylanilid	(structure)
		4,3',4'-Trichlorsalicylanilid	(structure)
		Tetrachlorsalicylanilid (TCSA)	(structure)
	Benzamidine	4,4'-Diaminodiphenoxypropan (Propamidin)	(structure)
		1,6-Di-(4-amidino-phenoxy)-n-hexan (Hexamidin)	(structure)
8.5	Anorganische Säuren	Salpetersäure	HNO_3
		Phosphorsäure	H_3PO_4
		Schwefelsäure	H_2SO_4
		Borsäure	$B(OH)_3$
		Dinatriumtetraborat (Borax)	$Na_2B_4O_7$
		Sulfite	$CaSO_3$, Na_2SO_3, K_2SO_3
		Bisulfite	$KHSO_3$, $NaHSO_3$
		Pyrosulfite	$K_2S_2O_4$, $Na_2S_2O_4$
8.6	Alkalien	Natronlauge	NaOH
		Kalilauge	KOH
		Soda	Na_2CO_3
		Natriumsilikat	Na_2SiO_3

Fortsetzung Tafel 1

STOFF-KLASSEN		VERBINDUNGEN	STRUKTUR
9	Heterocyclen und Dithiocarbamate		
9.1	Heterocyclen Pyridinderivate	1-Hydroxypyridin-2-on	
		Natrium-2-pyridinthiol-1-oxid (Pyrion-Na)	
		Zink-bis-(2-pyridinthiol-1-oxid) (Zink-Pyrithion)	
		1-Hydroxy-4-methyl-6-(2,4,4-trimethylpentyl)-2-pyridon-ethanolaminsalz (Piroctonolamin)	
	Oxazolidine	4,4-Dimethyl-1,3-oxazolidin	
	Isothiazoline	2-Methyl-4-isothiazolin-3-on	
		5-Chlor-2-methyl-4-isothiazolin-3-on	
		1,2-Benzisothiazol-3-on	
	Dioxane	6-Acetoxy-2,4-dimethyl-1,3-dioxan (Dimethoxan)	
	Thiodiazinthione	Tetrahydro-1,3,5-thiodiazin-2-thione	R: $-CH_2-CH_2-CH_2-OCH_3$ R: $-CH_3$
	Chinoline	8-Hydroxychinolin	
		5-Chlor-7-brom-8-hydroxychinolin	
	Phthalimide	N-(Trichlormethylthio)-4-cyclohexen-1,2-dicarboximid (Folpet)	
	Benzimidazole	2-Methoxycarbonylaminobenzimidazol	
		2-(4-Thiazolyl)-benzimidazol (Thiabendazol)	

Fortsetzung Tafel 1

STOFF-KLASSEN	VERBINDUNGEN	STRUKTUR
Mercaptobenz-thiazole	Mercaptobenzthiazole	$R = CH_2\text{-}S\text{-}CN$ Cl-benzothiazol-S-R $R = Zn\text{-}S\text{-}CS\text{-}N(CH_3)_2$
9.2 Dithiocarbamate	Tetramethylthiuram-disulfid (Thiram)	$(H_3C)_2N\text{-}C(=S)\text{-}S\text{-}S\text{-}C(=S)\text{-}N(CH_3)_2$
	Zink-ethylen-bis-thiocarbaminat (Zineb)	$^-S\text{-}C(=S)\text{-}NH\text{-}CH_2\text{-}CH_2\text{-}NH\text{-}C(=S)\text{-}S^-\quad Zn^{2+}$
	Zinkdithiocarbamat (Ziram)	$(H_3C)_2N\text{-}C(=S)\text{-}S\text{-}Zn\text{-}S\text{-}C(=S)\text{-}N(CH_3)_2$

zymen (genaue Wirkungsweise der einzelnen Verbindungen: Abschn. 2.2). Je nach der Art der wirksamen Agenzien greifen diese entweder an der Oberfläche der Mikroorganismen an oder durchdringen diese und wirken im Zellinnern. Die Zellwand, die z.B. bei grampositiven Bakterien sehr dick und mehrschichtig ist, wirkt als Durchtrittssperre für einige vorwiegend große Molekülarten. Kleine hydrophile Moleküle (Molekulargewicht kleiner als ca. 500) können die Membran durch wassergefüllte Poren passieren, während hydrophobe Verbindungen sich im Lipidteil der Membran lösen und diese entsprechend ihres Verteilungskoeffizienten in Richtung der wäßrigen Phase - also zum Cytoplasma hin - verlassen (HAHN, 1981).

Die beabsichtigte mikrobizide Wirkung bei der chemischen Desinfektion und Konservierung ist von einer Reihe von stoffspezifischen und mikrobiologischen Einflußgrößen abhängig (Abb. 4 und Tab. 2). Eine Gewichtung der beeinflussenden Faktoren zeigt, daß der Einwirkungszeit, der Wirkstoffkonzentration und dem Wirkungsspektrum eine zentrale Bedeutung zukommt. Einwirkungszeit und Einsatzkonzentration sind direkt voneinander abhängig (Tab. 2); das Wirkungsspektrum eines antimikrobiellen Wirkstoffes ist zwar auch stoffspezifischer Natur (Phenole wirken z.B. nicht gegen Sporen), die genaue Betrachtung der wirksamen Konzentrationen auf verschiedene Mikroorganismen zeigt jedoch, daß auch das Wirkungsspektrum zeit- und konzentrationsabhängig ist (Abschn. 2.2).

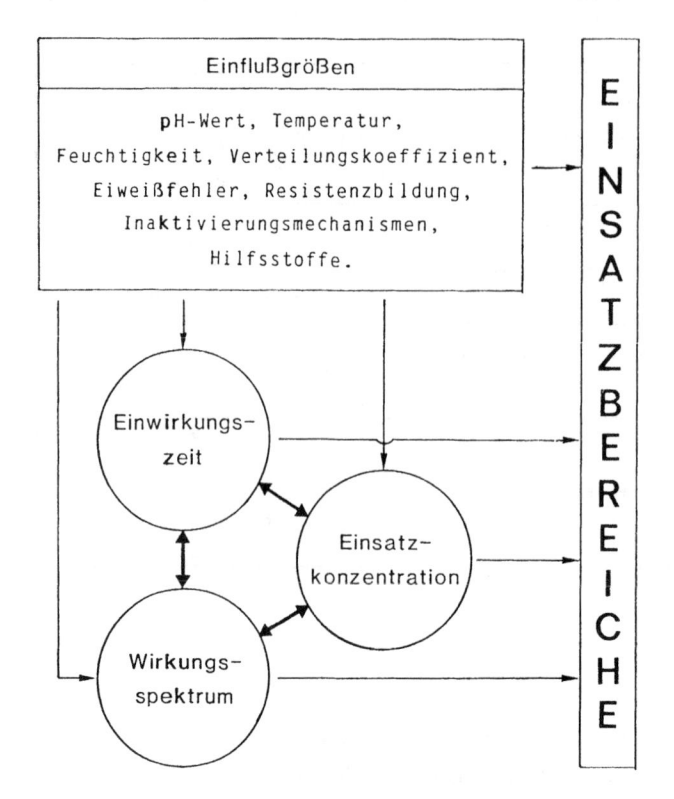

Abb. 4: Beeinflussung der antimikrobiellen Wirkung von Desinfektionsmitteln und Konservierungsstoffen durch verschiedene Faktoren

Andere Einflußgrößen wie Eiweißfehler, Verteilungskoeffizient, pH-Wert, Temperatur etc. beeinflussen nicht nur die Auswahl der Einwirkungszeiten und Einsatzkonzentrationen, sondern bestimmen auch die möglichen Einsatzbereiche (z.B. Flächendesinfektion, Desinfektion von Ausscheidungen; Konservierung von Cremes, Salben, Wasser etc.).

a. Einwirkungszeit, Einsatzkonzentration und Wirkungsspektrum
Der Unterschied zwischen abtötender und hemmender Wirkung ist meist quantitativer Natur: der größte Teil der Wirkstoffe wirkt nur in hohen Konzentrationen keimtötend (Desinfektion) und in etwa 5 - 10mal niedrigeren Konzentrationen in der Regel nur noch mikrobiostatisch (Konservierung). Da nicht alle Mikroorganismenarten gleich empfindlich auf einen mikrobiziden Wirkstoff reagieren, ist die zur Abtötung oder Hemmung erforderliche Einsatzkonzentration vom stoffspezifischen Wirkungsspektrum abhängig. Bei der Konservierung ist zu beachten, daß die Konzentration des Wirkstoffes selbst nach zeitbedingter Abnahme immer noch höher liegt als die minimale Hemmkonzentration (MHK) für

Tabelle 2: Wirkungsbedingungen der chemischen Desinfektion und Konservierung

PARAMETER	DESINFEKTION	KONSERVIERUNG
a. Einwirkungszeit, Einsatzkonzentration und Wirkungsspektrum	Längere Einwirkungszeiten begünstigen den Desinfektionserfolg; kürzere Einwirkungszeiten können durch höhere Wirkstoffkonzentrationen kompensiert werden (s. Abschn. 3.5.3). Einsatzkonzentrationen meist auf kurzfristige Wirkung ausgelegt (s. Abschn. 3.5.3); Einfluß des Wirkungsspektrums: manche Wirkstoffe benötigen zur Abtötung von verschiedenen Mikroorganismen unterschiedliche Einwirkungszeiten oder höhere Einsatzkonzentrationen (z.B. QAV: deutliche Wirkungsunterschiede gegenüber grampositiven und gramnegativen Bakterien; s. Abschn. 2.2.3). Einsatzkonzentrationen sind wirkstoffspezifisch und abhängig von Milieu ("Eiweißfehler") bzw. Einsatzbereich.	Langfristige Konservierung benötigt relativ hohe Wirkstoffkonzentrationen, um Wirkstoffverluste (Reaktionen mit Produktbestandteilen) auszugleichen. Statischer Zustand über längere Zeiträume kaum realisierbar: 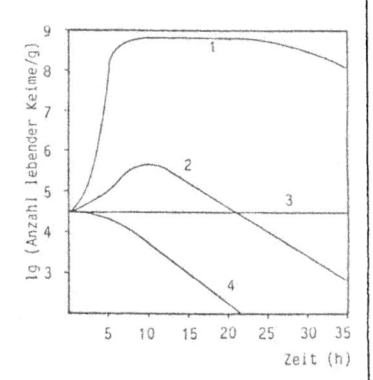 *[Diagramm: lg (Anzahl lebender Keime/g) vs. Zeit (h), Kurven 1–4]* Einfluß der Wirkstoffkonzentration auf den zeitlichen Keimzahlverlauf (1 ohne Konservierungsstoff, 2 letale Stimulation, 3 mikrobistatische Konzentration, 4 mikrobizide Konzentration) Verwendung von Depotwirkstoffen, da Konzentrationsabfall des Wirkstoffes über längere Zeiträume berücksichtigt werden muß.
b. pH-Wert	Unspezifische Desinfektion durch direkte Einwirkung des pH-Wertes auf Mikroorganismen (s. Abschn. 2.2.8 und 3.6.5); Viele Desinfektionswirkstoffe wirken nur in begrenzten pH-Bereichen (s. Phenole).	Säuren dissoziieren in Abhängigkeit vom pH-Wert; da meist nur der undissoziierte Säureanteil mikrobizid wirksam ist, korreliert die Wirksamkeit direkt mit dem pH-Wert (Lebensmittelkonservierung, s. Abschn. 2.2.8 und 3.2.1).
c. Temperatur	Temperaturerhöhung beschleunigt Desinfektionsvorgang: Phenol, Formalin: Verdoppelung der Abtötungsgeschwindigkeit bei einer Temperaturerhöhung um 10°C (zwischen 4-22°C); Peressigsäure: mikrobizide Wirkung im Bereich von 4-37°C temperaturunabhängig (SCHLIESSER, WIEST, 1979); PVP-Iod: bei niederen Temperaturen besser wirksam als andere Wirkstoffe (WALLHÄUßER, 1984).	Kühlung unterstützt Konservierung, da manche Wirkstoffe instabil bei höheren Temperaturen (z.B. PHB-Ester, Adamantanchlorid) sind. Temperaturerhöhung begünstigt Löslichkeit (z.B. PHB-Ester) und erhöht den Verteilungskoeffizienten (s.u.), weshalb Wirkstoffe dann in die Ölphase abwandern.
d. Feuchtigkeit	Wassergehalt des Desinfektionsmittels (z.B. alkohol. Präparate, Abschn. 2.2.6) oder des zu desinfizierenden Mediums (z.B. Raumdesinfektion, Abschn. 3.3.4) sind ausschlaggebend für die Wirksamkeit.	

Fortsetzung Tabelle 2

PARAMETER	DESINFEKTION	KONSERVIERUNG
e. Verteilungskoeffizient	Der Verteilungskoeffizient (VQ, s. Text) ist ein Maß für die Beweglichkeit eines Moleküls innerhalb der zweiphasigen (hydrophil/lipophil) Membran von Mikroorganismen und bestimmt die Wirkungsgeschwindigkeit.	Konservierungsmittel in wäßrig-öligen Emulsionen (Kühlschmiermittel, Cremes, Salben) müssen vorwiegend in der wäßrigen Phase verfügbar sein, da sich in dieser der mikrobiologische Verderb abspielt. VQ durch Zusatzstoffe beeinflußbar: die Abwanderung von bspw. PHB-Estern in die Ölphase kann durch Zugabe von bestimmten Alkoholen und Glykolen reduziert werden. Nichtionogene Verbindungen erhöhen den VQ und schwächen dadurch die Wirkung von Konservierungsmitteln.
f. Eiweißfehler	Betrifft v.a. Oxidationsmittel (Peroxide, Halogene) QAV und teilweise noch Aldehyde ("Chlorzehrung"). Wird in Desinfektionsreinigern teilweise durch erhöhte Wirkstoffkonzentrationen ausgeglichen (s. Abschn. 3.5.3). Vor der Desinfektion organisch stark verschmutzter Gegenstände und Flächen (v.a. Lebensmittelverarbeitung) ist daher stets eine Reinigung vorzunehmen; im klinischen Bereich wird aus hygienischen Gründen anders verfahren (Abschn. 3.6).	Vor allem PHB-Ester und Formaldehyd bzw. -abspalter.
g. Resistenz	Bei QAV, Organoquecksilberverbindungen, Phenolen (Enterobakterium, Pseudomonas); Beim Einsatz in unterschwelligen Konzentrationen begünstigt.	s. "Desinfektion". Bei unterschwelligen Konzentrationen, bedingt durch Konzentrationsabfall nach sehr langen Lagerzeiten.
h. Inaktivierungsmechanismen	QAV unverträglich mit Aniontensiden (Komplexbildung; "Seifenfehler"); Schmutzstoffe verhindern den Kontakt des Desinfektionsmittels mit der Mikrobenzelle. s.a. "Eiweißfehler".	Verträglichkeit des Konservierungsmittels mit Produkt- und Verpackungsbestandteilen müssen beachtet werden (chemische Reaktionen, Adsorptionseffekte).
i. Hilfsstoffe	<u>Stabilisatoren</u> zur Stabilisierung von z.B. Persäuren und Wasserstoffperoxid (s. Abschn. 2.2.5) - aber auch von miteinander schlecht verträglichen Wirkstoffkombinationen; verhindern weitere chemische Reaktionen (Methanol verhindert z.B. Polymerisation des Formaldehyds). <u>Korrosionsinhibitoren</u> zur Verbesserung der Materialverträglichkeit. <u>Netzmittel</u>, <u>Emulgatoren</u> als Kontaktvermittler der mikrobiziden Wirkung.	<u>Stabilisatoren</u> zur Stabilisierung von O/W- und W/O-Emulsionen (s. Text) oder von Lebensmitteln (s. Abschn. 3.2.1). <u>Netzmittel</u>, <u>Emulgatoren</u>.

die möglichen Verderborganismen. Hohe Einsatzkonzentrationen und lange Einwirkungszeiten können in manchen Fällen bestehende Wirkungsschwächen kompensieren; inwieweit dies auch in der Praxis gehandhabt wird, entscheiden die Herstellungsverfahren (Hygiene), die Wirtschaftlichkeit (Preis des Wirkstoffes), die spezifischen Anforderungen der Einsatzbereiche und u.U. toxikologische Aspekte (z.B. im Falle mehrfach chlorierter Phenole).

b. pH-Wert
Der pH-Wert beeinflußt die Dissoziation von Säuren und damit auch ihre antimikrobielle Wirkung (Abschn. 2.2.8). Beim Einsatz von Säuren - vor allem zur Konservierung von Lebensmitteln (Abschn. 3.2.1) - muß daher das zu konservierende Medium auf einen für jede Säureart spezifischen Mindest-pH-Wert eingestellt werden. Bei der Reinigung lebensmittelverarbeitender Produktionsanlagen mittels Säuren oder Laugen wird aufgrund der starken pH-Absenkung bzw. -Anhebung eine Desinfektion erzielt (Abschn. 2.2.8 und 3.6.5). Nicht alle Desinfektions- und Konservierungsmittel wirken bei allen pH-Werten gleich gut, so daß die Auswahl geeigneter Wirkstoffe immer vom pH-Bereich des Einsatzgebietes determiniert wird.

c. Temperatur
Die Temperatur kann die Wirksamkeit eines Desinfektionsmittels erheblich beeinflussen: eine Temperaturerhöhung beschleunigt in der Regel die antimikrobielle Wirksamkeit. Die bessere Desinfektionswirkung bei erhöhten Temperaturen beruht meist entweder auf veränderten Eigenschaften des Wirkstoffes (z.B. seiner Löslichkeit) oder auf einem veränderten Verhalten der Mikroorganismen (erhöhter Stoffumsatz und daher verstärkte Wirkstoffaufnahme). Bei der Konservierung kann die mikrobiostatische Wirkung einiger Konservierungsstoffe durch erhöhte Lagertemperaturen negativ beeinflußt werden, da zum einen manche Depotwirkstoffe instabil sind und zum anderen erhöhte Temperaturen zwischen 20 - 40°C ideale Wachstumsbedingungen für Mikroorganismen sind. Eine vorangehende Sterilisation der zu konservierenden Produkte bei 121°C unterstützt jedoch den Einsatz chemischer Konservierungsstoffe durch die thermische Verminderung der Ausgangskeimzahl.

d. Feuchtigkeit
Die Anwesenheit von Wasser als Lösungs- und Transportmittel ist eine wichtige Voraussetzung für die Wirksamkeit chemischer Desinfektionsmittel, da die biologisch-chemischen Prozesse, in die die antimikrobiellen Wirkstoffe eingreifen sollen, stets in einer wäßrigen Phase ablaufen. Aus diesem Grund wirkt

z.B. 70 %iger Ethanol besser bakterizid als 96 %iger (Abschn. 2.2.6), wobei bei höheren Alkoholen das Wirkungsmaximum bei noch niedrigeren Konzentrationen liegt. Der Feuchtigkeitsgehalt kann auch die Reaktivität eines Wirkstoffes beeinflussen: bei der Verwendung von Formaldehyd zur Raumdesinfektion durch Vernebeln wird eine optimale Wirkung nur bei einer bestimmten Luftfeuchtigkeit erreicht (Abschn. 3.2); bei zu trockener Luft kommt es zur Polymerisation.

e. Verteilungskoeffizient

Der Verteilungskoeffizient (VQ) gibt an, in welchem Verhältnis sich Stoffe verteilen, die in zwei sich berührenden Flüssigkeiten löslich sind:

$$VQ = \frac{\text{Konzentration in Flüssigkeit 1}}{\text{Konzentration in Flüssigkeit 2}}$$

Der VQ spielt vor allem bei der Konservierung wäßrig-öliger Emulsionen im pharmazeutischen, kosmetischen und technischen Bereich eine große Rolle, da er als wirkstoffspezifische Größe maßgebend für die Verfügbarkeit eines Wirkstoffes innerhalb zweier Flüssigkeitsphasen ist. Wie eingangs dieses Kapitels erwähnt, ist der VQ eines mikrobiziden Wirkstoffes beim Eindringen in die Mikroorganismenzelle mitausschlaggebend für den Desinfektions- bzw. Konservierungserfolg, da die zu passierenden Membranen aus hydrophilen und lipophilen Schichten aufgebaut sind.

f. Eiweißfehler

Die meisten oxidativ wirkenden Mikrobizide denaturieren nicht nur die Proteine der Mikrobenzellen, sondern reagieren auch mit Proteinen und anderen organischen Verunreinigungen des umgebenden Milieus. Durch diese unspezifischen Reaktionen kann die zur Keimabtötung bzw. -hemmung verfügbare Wirkstoffkonzentration erheblich vermindert werden. Für die entsprechenden Einsatzbereiche werden daher die erforderlichen Wirkstoffkonzentrationen und Einwirkungszeiten von Desinfektionsmitteln unter Serum-, Albumin- oder Hefeextraktzusätzen ermittelt; bei der Konservierung wird durch den Konservierungsbelastungstest die Wirksamkeit des Konservierungsmittels im Endprodukt bestimmt (Abschn. 2.1.3).

g. Resistenzbildung

Die Resistenz von bestimmten Mikroorganismen (häufig Pseudomonaden) gegen einen bestimmten antimikrobiellen Wirkstoff ist entweder auf morphologische/

physiologische Unterschiede (Pilze, Viren, Bakterien) oder auf eine Adaptation an den Wirkstoff zurückzuführen. Die adaptive Resistenzbildung wird durch niedrige, bakteriostatische Konzentrationen begünstigt, so daß vor allem gegenüber Konservierungsstoffen gewisse Resistenzsteigerungen beobachtet werden können. Die regelmäßige Verwendung unterkonzentrierter Desinfektionslösungen (um mindestens eine Zehnerpotenz) kann auch bei Desinfektionswirkstoffen zu einer Resistenzsteigerung führen. In diesem Falle ist die Resistenzentwicklung umso unwahrscheinlicher, je unspezifischer die Art der Zellzerstörung durch den Wirkstoff ist. Eine Verminderung der Empfindlichkeit der Mikroorganismen wird vorwiegend gegenüber Phenolen, QAV und Amphotensiden, jedoch kaum gegenüber Halogenen, Oxidationsmitteln und Aldehyden beobachtet (MROZEK, 1967).

h. Inaktivierungsmechanismen

Die meisten mikrobiziden Wirkstoffe sind mit anderen chemischen Verbindungen verschiedenster Art unverträglich, so daß sie in deren Gegenwart ihre Wirksamkeit einbüßen. Ein Paradebeispiel aus dem Bereich der Desinfektion ist die inaktivierend wirkende Komplexbildung von anionischen Tensiden mit den mikrobizid wirksamen QAV (kationische Tenside). Diese Komplexierung kann z.B. dann eintreten, wenn eine Fläche, die zuvor mit einem anionischen Reinigungsmittel abgezogen wurde, anschließend mit einem kationischen Desinfektionsmittel behandelt wird. Bei der Konservierung müssen mögliche Reaktionen mit dem Produkt oder den Verpackungsmaterialien berücksichtigt werden: PHB-Ester, QAV und Phenylquecksilberverbindungen werden z.B. leicht an hochmolekulare Trägerstoffe (Polyethylenglykole, Carboxymethylcellulose u.a.) oder an Kunststoffmaterialien (Polyethylen, PVC u.a.) gebunden.

i. Hilfsstoffe

In die Formulierungen von Desinfektions- und Konservierungsmitteln werden Hilfsstoffe eingearbeitet, die die mikrobizide Wirksamkeit unterstützen bzw. ermöglichen. Im wesentlichen sind dies:
- Stabilisatoren,
- Korrosionsinhibitoren,
- Netzmittel und Emulgatoren.

Stabilisatoren schützen chemisch labile Wirkstoffe vor einem vorzeitigen Zerfall und erhöhen so ihre Lagerstabilität, wie dies z.B. von einigen als Desinfektionsmittel verwendeten Per-Verbindungen bekannt ist (s. Abschn. 2.2.5) oder hemmen weitere chemische Reaktionen wie z.B. die Polymerisation eines Wirkstoffes (Tab. 2). Mittels Stabilisatoren ist es auch möglich, Stoffe zu kombinieren, die miteinander nicht gut verträglich sind. So findet man in der Desinfektionsmittelliste der DGHM (1982) Kombinationen von Amphotensiden mit nichtionischen waschaktiven Substanzen oder Phenolen mit Nonionics (nichtionischen Tensiden) und QAV, obwohl diese eigentlich miteinander unverträglich sind.

Korrosionsinhibitoren verbessern die Materialverträglichkeit mancher aggressiver Desinfektionswirkstoffe (z.B. QAV), indem sie die korrosiven Einwirkungen von mikrobiziden Wirkstoffen auf die zu behandelnden Materialien vermindern.

Die bedeutendsten Hilfsstoffe für die Formulierung von Desinfektionsmitteln sind Netzmittel und Emulgatoren (DIN 53 900):
- Netzmittel setzen die Oberflächenspannung des Wassers und anderer Flüssigkeiten herab und schaffen einen Kontakt zwischen flüssiger und fester Phase, so daß die Flüssigkeiten besser in die Poren und Oberflächenstrukturen fester Körper eindringen können;
- Emulgatoren sind spezielle Netzmittel, die die Dispersion einer Flüssigkeit als feine Tröpfchen in einer anderen Flüssigkeit ermöglichen (z.B. QAV, Amphotenside wie z.B. Tego 51, sowie verschiedene anionische und nichtionische Verbindungen; RÖMPP, 1981).

Mittels tensidischer Hilfsstoffe wird das Eindringen der mikrobiziden Stoffe in die Mikrobenzelle erleichtert bzw. zum Teil sogar erst ermöglicht. Die vielfältigen tensidischen Hilfsstoffe sind für die Funktion von Flächendesinfektionsmitteln unerläßliche Netzmittel und besitzen zum Teil zusätzlich bakterizide, algizide und fungizide Wirksamkeit (SWIDERSKY, 1984), so daß zwischen tensidischen Hilfsstoffen und antimikrobiellen Wirkstoffen nicht immer klar zu unterscheiden ist. Nichtionische und anionische waschaktive Substanzen sind allgemein als reinigungsaktive Substanzen bekannt; inwieweit die in den Desinfektionsmittellisten als kationaktive Verbindungen bzw. waschaktive Substanzen und spezielle Netzmittel aufgeführten Verbindungen selbst auch noch mikrobizid wirksam sind, ist nicht bekannt. Da bestimmte mikrobizide Wirkstoffe auch als Emulgatoren verwendet werden, wie dies z.B. bei einigen Amphotensiden (Tego 51, Alkylaminopropionate) der Fall ist (RÖMPP, 1981), können tensidische mikrobizide Stoffe auch als Hilfsstoffe ausgewiesen werden, so daß der tatsächliche Wirkstoffgehalt im fertigen Präparat durchaus höher sein kann, als er in den Firmenprospekten oder in der Roten Liste (BPI, 1984) angegeben ist.

Der Einsatz tensidischer Hilfsstoffe wird auch bei der chemischen Konservierung praktiziert. Hier muß jedoch neben der Verträglichkeit des Hilfsstoffes mit dem antimikrobiellen Wirkstoff auch die Produktverträglichkeit mitberücksichtigt werden, wodurch die Anwendung dieser Hilfsstoffe stark eingeschränkt wird. Es bestehen jedoch viele kosmetische Produkte hauptsächlich aus tensidischen Komponenten, wie z.B. Shampoos, Badepräparate, Waschlotionen etc., so daß sich hier zusätzliche Kontaktvermittler für die zugegebenen Konservierungsmittel erübrigen.

2.1.3 Nachweisverfahren der Wirkung mikrobizider Stoffe auf Mikroorganismen

Wesentliches Kriterium für die Einsetzbarkeit von antimikrobiell wirkenden Stoffen ist der Nachweis ihrer Wirkung. Während im technischen Anwendungsbereich mikrobizider Stoffe keine genormten Prüfungsrichtlinien zur vergleichenden Beurteilung fertig formulierter Produkte existieren, sieht man einmal ab vom veterinärmedizinischen und landwirtschaftlichen Bereich, die im Übergangsbereich zwischen pathogen und technisch-schädlich anzusiedeln sind, gibt es bereits seit 1958 seitens der Deutschen Gesellschaft für Hygiene und Mikrobiologie (DGHM) entsprechende Richtlinien (DGHM, 1973). Diese werden laufend nach den neuesten Erkenntnissen ergänzt; eine Neufassung ist derzeit in Bearbeitung (DGHM, 1981). Die nach den Richtlinien der DGHM geprüften und als geeignet befundenen Desinfektionsmittel werden in eine Liste aufgenommen; zur Zeit liegt die VI. Liste vor (DGHM, 1982). Die Anforderungen für die Aufnahme in die VII. Liste (DGHM, 1984a) beziehen sich im wesentlichen auf den oben erwähnten neugefaßten Teilabschnitt der Prüfungsrichtlinien der DGHM. Vom Bundesgesundheitsamt (BGA) wird ebenfalls eine Liste herausgegeben, in der die geprüften und anerkannten Desinfektionsmittel und -verfahren für Entseuchungen gemäß § 10c des Bundesseuchengesetzes zusammengestellt sind (BGA, 1981); die genaue Prüfmethodik ist jedoch bisher nicht für alle Indikationsgebiete publiziert worden (GROSSGEBAUER, 1981).

Die Listen der DGHM und des BGA enthalten Desinfektionsmittel und -verfahren für verschiedene Einsatzbereiche, die schwerpunktmäßig in Kliniken, pharmazeutischen, kosmetischen und lebensmittelverarbeitenden Betrieben aber auch in Haushaltungen verwendet werden. Daneben existieren noch Desinfektionsmittellisten der Deutschen Veterinärmedizinischen Gesellschaft (DVG, 1984) und der Deutschen Landwirtschafts-Gesellschaft (DLG, 1984), die den spezifischen Hygieneanforderungen der Tierhaltung bzw. von Melkanlagen Rechnung tragen. Die diesen speziellen Listen zugrunde liegenden Prüfungsvorschriften (DVG, 1984a; DLG, 1983) weichen daher auch von denen der DGHM und des BGA - vor allem in praxisnahen Tests - ab.

Die Prüfung der Wirksamkeit eines Desinfektionsmittels gliedert sich in den o.g. Prüfungsrichtlinien in Vor- und Hauptversuche: die Vorversuche sind in-vitro-Tests zur Aufstellung von wirkstoffspezifischen Normwerten, die eine Beurteilung der Mindestwirksamkeit der einzelnen Desinfektionsmittel und -verfahren erlauben. Zu den Vorprüfungen gehören:

1. Verdünnungstest - ein Suspensionstest zur Ermittlung der minimalen Hemmkonzentration (MHK) des Desinfektionsmittels, wobei noch nicht zwischen mikrobiziden und mikrobiostatischen Konzentrationen unterschieden werden kann; Testung evtl. schon in Anwesenheit von Eiweiß (z.B. Albumin).
2. Inaktivierungsversuche - Inaktivierungsmittel dienen zur Aufhebung der Desinfektionswirkung in den Subkulturen und verhindern somit eine Abtötung durch Wirkstoffrückstände; für jeden Wirkstoff muß demzufolge ein entsprechendes Inaktivierungsmittel existieren (DGHM, 1981; DVG, 1984a)
3. Qualitativer Suspensionsversuch - zur Bestimmung der mikrobiziden Konzentration (sog. Endpunktmethode).
4. Quantitativer Suspensionsversuch - zur Ermittlung der zahlenmäßigen Keimreduktion in Abhängigkeit von der Wirkstoffkonzentration.
5. Keimträgerversuch - zur Ermittlung der Wirksamkeit einer Desinfektionslösung auf einen mit Mikroorganismen kontaminierten Keimträger im Hinblick auf den zukünftigen Einsatzbereich des Desinfektionsmittels.

Bei den Suspensionsversuchen sind die Testkeime allseitig vom Desinfektionsmittel umgeben, so daß günstige, aber praxisfremde Bedingungen vorliegen. Mit dem Keimträgerversuch werden bereits erhöhte Anforderungen an das Präparat gestellt. In den DLG-Prüfungsrichtlinien (1983) werden in den Vorversuchen auch die reinigende Wirksamkeit und das korrosive Verhalten der Desinfektionsmittel bzw. -reiniger getestet. Die DVG-Richtlinie (1984a) prüft die Desinfektionsmittel nicht nur auf ihre Wirksamkeit gegen Bakterien, Pilze und Viren, sondern auch gegen parasitäre Dauerformen (Spulwurmeier und Oocysten von Sporozoen).

In den Hauptversuchen erfolgt die Prüfung der Desinfektionsmittel unter praxisnahen Bedingungen. Hier dienen modellhaft kontaminierte Flächen, verschiedene Materialien (Wäschestücke, Ausscheidungen etc.) oder auch die Hände (künstliche oder von Testpersonen) als Keimträger. Diese werden dann wie später in der Praxis desinfiziert und anschließend die Wirksamkeit des Desinfektionsvorganges überprüft.

Wie sehr die Testbedingungen die Auswahl und Einsatzkonzentration von Wirkstoffen beeinflussen, zeigt ein Vergleich mit den v.a. in den Beneluxländern und in Abwandlung auch in Großbritannien angewandten Prüfungsrichtlinien. In dem sog. 5-5-5-Suspensionstest (AFNOR, 1981) sollen unter definierten Bedingungen fünf bestimmte Teststämme innerhalb von fünf Minuten durch das zu testende Desinfektionsmittel um fünf Zehnerpotenzen reduziert werden. Die in diesem Prüfverfahren vorgeschriebene hohe Eiweißbelastung und sehr kurze Einwirkungszeit führen in der Praxis jedoch zu unnötig hohen Einsatzkonzentrationen. Ferner ist bekannt, daß Phenole im Suspensionstest besser wirken als Aldehyde, so daß Phenole als Wirkstoffe bevorzugt in Frage kommen, obwohl Aldehyde im praxisnahen Flächenversuch besser abschneiden. In diesem Schnelltest schneiden vor allem Aldehyde als Desinfektionswirkstoffe schlechter ab (BESTMANN, 1983), es sei denn, sie werden unverhältnismäßig hoch konzentriert. Inzwischen wird dieser Test jedoch überarbeitet und bereits in Frankreich nicht mehr in seiner ursprünglichen Form angewendet.

Die Wirksamkeit von Konservierungsstoffen wird mittels eines Konservierungsbelastungstestes überprüft; es existieren aber für die verschiedenen technischen Einsatzbereiche keine allgemeingültigen Richtlinien. Generell orientiert man sich an den in den verschiedenen Pharmakopöen (Arzneibücher verschiedener Staaten) vorgeschlagenen Richtlinien zur Prüfung pharmazeutischer Produkte. Der Konservierungsbelastungstest ist ein Praxistest, in dem die Überprüfung der Verträglichkeit der Konservierungsstoffe mit den zu konservierenden Zubereitungen und Materialien von zentraler Bedeutung ist. Jedoch werden auch zwecks der Vergleichbarkeit der einzelnen Wirkstoffe z.B. MHK-Werte mit Hilfe von Suspensionsversuchen bestimmt (WALLHÄUSSER, 1984).

Der Konservierungsbelastungstest soll für die geprüften Produkte den Nachweis einer ausreichenden Konservierung erbringen. Was unter einer ausreichenden Konservierung zu verstehen ist, ist für die verschiedenen Kategorien pharmazeutischer Präparate in einigen Pharmakopöen festgelegt (WALLHÄUSSER, 1984). Das Konservierungsziel für Kosmetika und viele technische Produkte orientiert sich in etwa an den Anforderungen an pharmazeutische Produkte der Kategorie III, die die Höchstzahl der lebensfähigen aeroben Keime auf 1000/g oder ml begrenzen und zusätzlich die Abwesenheit bestimmter Mikroorganismen fordern (STEFFENS, 1979). Eine Richtlinie zur Überprüfung der Wirksamkeit von Konservierungsstoffen in Lebensmitteln existiert nicht; es wird lediglich das Konservierungsziel formuliert und der Einsatz des Konservierungsmittels entsprechend in der Praxis überprüft. Sowohl der Konservierungsbelastungstest als auch die verschiedenen Richtlinien zur Überprüfung der Wirksamkeit von Desinfektionsmitteln enthalten keine Tests zum Nachweis human- bzw. ökotoxischer Eigenschaften und zur Abbaubarkeit.

2.1.4 Rechtliche Bestimmungen beim Einsatz mikrobizider Stoffe

Reinigungs- und Desinfektionsmittel sind als handelsübliche Formulierungen aufgrund ihrer Inhaltsstoffe entsprechend den gültigen Bestimmungen (WHG, 1976) als "wassergefährdende Stoffe" einzuordnen, obwohl manche Wirkstoffe in den entsprechenden Listen (vgl. LÜHR, 1983) explizit nicht aufgeführt werden. In Tabelle 3 sind die für die Produktion und Verwendung mikrobizider Stoffe wichtigsten Regularien, die in der Bundesrepublik gelten, im Überblick dargestellt: im Vordergrund steht - faßt man einmal alle Zielsetzungen der genannten Richtlinien zusammen - der Schutz von Menschen (und Tieren) vor Seuchen (pathogenen Mikroorganismen) und vor toxischen Effekten durch u.a. mikrobizide Stoffe. Letzteres bezieht alle Anwendungsfälle mit ein, auch die im Bereich technisch-schädlicher Mikroorganismen. Wie Tabelle 3 zeigt, werden in bestimmten Bereichen Art und Menge von zusetzbaren (aber auch enthaltenen) Stoffen geregelt, und zwar im wesentlichen zum Schutz des Menschen, weniger zum Schutz der Umwelt. Allein das Umweltchemikaliengesetz - wie das ChemG (1980) auch genannt wird - orientiert sich auch an Schädigungen von Mikroorganismen, wenn ihnen eine Funktion (wie bspw. der Abwasserreinigung zum Schutz vor Eutrophierung und zum Erhalt der Selbstreinigungskraft oder zur Erleichterung der Trinkwasseraufbereitung) zugesprochen wird.

Eine Verpflichtung zum Einsatz mikrobizider Stoffe erwächst aus der Verpflichtung zur Vermeidung von übertragbaren Krankheiten bei Mensch und Tier; in der Regel wird das Desinfektionsverfahren nicht vorgeschrieben (nur zur Abtötung von Sporen der Milzbrand-, Gasbrand, Gasödem- und Wundstarrkrampferreger sind thermische Verfahren vorgeschrieben), so daß es dem Anwender obliegt, welches Präparat mit welchen Wirkstoffen zum Einsatz kommt.

Aus Sicht des Umweltschutzes sind die Höchstmengenregelungen von Zusatzstoffen in bestimmten Anwendungsbereichen unbefriedigend, weil z.B. in der Kosme-

Tabelle 3: Wesentliche administrative Regelungen in der Bundesrepublik im Hinblick auf die Herstellung und Verwendung mikrobizider Stoffe

Administrative Regelungen	mikrobizide Stoffe		Mikrobizide enthaltende Produkte	
	Herst.[1]	Gebrauch	Anwendung	Konsum
Waschmittelgesetz (1975)	x			
Wasserhaushaltsgesetz (1976)	x			
Arbeitsstoffverordnung (1980)	x			
Chemikaliengesetz (1980)	x			
BGA-Richtlinie: Erkennung, Verhütung und Bekämpfung von Krankenhausinfektionen (1980)			x	
Desinfektionsmittelliste BGA (1982)			(x)	
Gesetz über den Verkehr mit Lebensmitteln, Tabakwaren, kosmetischen Mitteln und sonstigen Bedarfsgegenständen (LMBG, 1974)		x	x	x
- Zusatzstoff-Zulassungs-VO (1981)		x	x	x
- Trinkwasser-VO (1975)		x		x
- Trinkwasser-Behandlungs-VO (1959)		x		
- Pflanzenschutzmittel-Höchstmengen-VO (1982)		x	x	x
- Kosmetik-VO (1977, 1982)		x		x
- diverse EG-Richtlinien (z.B. Geflügel)		x		x
- Empfehlungen des BGA zur Lebensmittelverpackung				
11. Empfehlung: Kunststoffe			x	
36. Empfehlung: Papiererzeugnisse			x	
Arzneimittelgesetz (1976)		x		x
Futtermittelgesetz (1977)		x		x
- Futtermittelbehandlungs-VO (1977)		x		
Bundesseuchengesetz (1979)	(x)		x	

[1] im wesentlichen nur Inlandsproduktion geregelt, für Export in Länder außerhalb der EG gelten die Schutzbedingungen des Exportlandes.

tikverordnung (1977) statt des Begriffs "enthalten" "verwendet" steht, so daß Höchstmengen, die zum Zweck der Konservierung begrenzt sind, zu anderen Funktionen im Produkt überschritten werden dürfen (bspw. Hexachlorophen als Konservierungsmittel weniger als 0,1%, in Seifen aber durchaus bis 1% enthalten). Ähnliches gilt bei der Kombination von Ameisensäure mit anderen Konservierungsstoffen nach Zusatzstoffzulassungsverordnung (1981) im Lebensmittelbereich. Im Waschmittelgesetz (1979) sind in seiner derzeitigen Fassung Kationtenside, die in Weichspülern und Desinfektionsmitteln eingesetzt werden, nicht berücksichtigt, weil Kationtenside weder reinigend wirken noch zur Reinigung bestimmt sind (seien).

Allgemein gilt, daß zum Schutze des Menschen durchaus problematische Desinfektionsmittel oder Konservierungsstoffe auf Bundes- und Landesebene verboten werden können, wenn zu befürchten steht, daß trotz bestimmungsgemäßer Verwendung Schädigungen beim Menschen (z.B. durch Allergien von Reinigungs- und Pflegepersonal in Kliniken) festzustellen sind. Ein Verbot oder die Beschränkung von Stoffen oder Formulierungen, die die Funktion von Mikroorganismen beeinträchtigen, ist nach derzeitigem Recht nicht möglich, allenfalls nach dem Chemikaliengesetz können die Auflagen zur Prüfung und Kennzeichnungspflicht verschärft werden.

2.1.5 Kriterien zur Beurteilung des Verhaltens antimikrobieller Stoffe in der Umwelt

Die Umweltrelevanz eines Stoffes wird durch seine Produktionshöhe, Anwendungsmuster, Persistenz, Dispersionstendenz, Umwandlungen unter biotischen und abiotischen Bedingungen und seinem ökotoxikologischen Verhalten bestimmt (KORTE, 1980). Die Einordnung potentieller Schadstoffe nach diesen Kriterien bildet die Basis zur Beurteilung ihrer Umweltverträglichkeit. Für eine Beurteilung mikrobizider Stoffe hinsichtlich ihres Beeinträchtigungsvermögens von Kläranlagen spielen dieselben Kriterien eine Rolle, so daß diese hier kurz erläutert werden:

- Die jährliche <u>Produktionshöhe</u> einer bestimmten Substanz ist ein Indiz für die mögliche regionale und globale Belastung. Hierzu ist auch die Kenntnis von Neben- und Zwischenprodukten, Produktionsabfällen und Verunreinigungen von Wichtigkeit, da eine chemische Verwandtschaft mit dem Endprodukt die Möglichkeit eines ähnlichen Umweltverhaltens nahelegt. Die Erfassung von jährlichen Wachstumsraten dient zur Abschätzung zukünftiger Umweltbelastungen. Neben den Produktionszahlen ist auch das Produktionverfahren mit seinen möglichen Schadstoffemissionsquellen von Bedeutung, da schon hier die ersten Ansatzpunkte zur Vermeidung von Umweltschädigungen zu finden sind. Da jedoch die mikrobiziden Stoffe in den Produktionsstatistiken nur summarisch zusammengefaßt sind und bei Handelsprodukten die Wirkstoffanteile kaum bekannt sind, sind nur grobe Abschätzungen möglich (Abschn. 3.1).

- Der Begriff Anwendungsmuster beinhaltet die quantitative Erfassung der Einsatzbereiche von Einzelchemikalien im Endverbrauch (KORTE,1980). Unter diesem Punkt werden Emissionsquellen eines bestimmten Schadstoffes erfaßt, indem die Art des Einsatzes und der Weg in die Umwelt verfolgt werden. Einsatzgebiete und Anwendungsmuster mikrobizider Stoffe werden in Kapitel 3 eingehender erläutert.

- Unter Persistenz versteht man allgemein die Stabilität von Chemikalien in der Umwelt bzw. die Geschwindigkeit ihrer Mineralisierung. Sie ist ein Maß für die Abbaubarkeit und erstreckt sich nicht nur auf die als umweltrelevant befundene Chemikalie, sondern auch auf deren Abbauprodukte. So wird z.B. Bromophos, ein relativ gering persistentes Insektizid, unter verschiedenen Umweltbedingungen in ein persistentes Halogenphenol umgewandelt (KORTE,1980). Die Persistenz steht in engem Zusammenhang mit biotischen und abiotischen Umwandlungen. Sie stellt keine absolute Größe dar, sondern kann nur im Vergleich mit anderen Stoffen ermittelt werden. Hinweise auf eine mögliche Persistenz organischer Chemikalien können unter Umständen aus Strukturmerkmalen erschlossen werden. Fragen der Persistenz mikrobizider Stoffe werden im Rahmen der Wirkungsbeschreibung einzelner mikrobizider Stoffgruppen in Abschnitt 4.4.2 erläutert.

- Mit der Dispersionstendenz läßt sich die Verbreitung eines Stoffes in der Umwelt beschreiben. Sie ist ein Kriterium für die potentielle Umweltbelastung außerhalb des Anwendungsortes. Die Dispersion wird durch physikalische, chemische und biologische Mechanismen bewirkt. Zu ihrer Abschätzung werden Daten wie Wasser- oder Fettlöslichkeit, Dampfdruck, Schmelz- und Siedepunkt, Dichte, Viskosität, Molekülmasse, etc. herangezogen. Ebenfalls zur Dispersion gehört das Phänomen der Akkumulation (Anreicherung) von Stoffen in Kompartimenten der belebten und unbelebten Umwelt. Eine abiotische Akkumulation findet z.B. in den Sedimenten von Gewässern statt. Eine Akkumulation im Belebtschlamm einer Kläranlage kann sowohl durch physikalisch-chemische Mechanismen (Adsorption) als auch durch aktive oder passive Inkorporation (Absorption) stattfinden. Zur Beschreibung der Bioakkumulation organischer Fremdstoffe können für wasserlebende Organismen unter definierten Bedingungen Bioakkumulationsfaktoren (BF) ermittelt werden. Der Bioakkumulationsfaktor ist der Quotient aus der Konzentration eines bestimmten Stoffes im Organismus und der Konzentration im umgebenden Medium nach einer festgelegten Expositionsdauer. Eine Möglichkeit der Abschätzung der Bioakkumulation bietet der n-Octanol/Wasser-Verteilungskoeffizient und die Wasserlöslichkeit (WS). Für verschiedene nichtionisierte Substanzen wurde ein linearer Zusammenhang zwischen dem Logarithmus des Bioakkumulationsfaktors und dem Logarithmus des n-Octanol/Wasser-Verteilungskoeffizienten ermittelt. Dagegen stehen log BF und log WS in einem reziproken Verhältnis zueinander, das heißt, je fettlöslicher (wasserunlöslicher) eine nichtionisierte Substanz ist, umso leichter akkumulierbar ist sie (GEYER et al., 1982). Es wird angenommen, daß die Bioakkumulation ionisierter organischer Substanzen durch ihren pK-Wert (= negativer dekadischer Logarithmus der Gleichgewichtskonstante einer Verbindung) sowie durch den pH-Wert, die Temperatur und die Salinität des Wassers bestimmt wird. Die Problematik der Akkumulation mikrobizider Stoffe wird in Abschnitt 4.4.3 erörtert.

- Die <u>abiotischen Reaktionen</u> der Umweltchemikalien umfassen photochemische Prozesse, die im Zusammenhang mit den mikrobiziden Stoffen jedoch von untergeordneter Bedeutung sind. Unter den nicht-photochemischen Prozessen sind vor allem die Sedimentation in Gewässern, die Hydrolyse und Oxidation organischer Verbindungen zu erwähnen. <u>Biotische Umwandlungen</u> sind enzymkatalysierte Reaktionen, deren Endprodukte entweder eine geringere Toxizität aufweisen als ihre Ausgangsprodukte (Detoxifikation), deren Zwischen- oder Endprodukte aber auch toxischer sein können als ihre Ausgangsprodukte (Aktivierung). Auf die biologische Abbaubarkeit mikrobizider Stoffe wird ausführlich in Abschnitt 4.4.2 eingegangen.

- Um das <u>ökotoxikologische Verhalten</u> eines Stoffes erfassen zu können, müssen Toxizitätsuntersuchungen an einzelnen Organismen durchgeführt werden. Bei Bakterien, Pilzen, Protozoen und Algen wird die Atmung oder Fortpflanzung unter Schadstoffeinfluß gemessen. Ermittelt wird meistens die toxische Grenzkonzentration (TGK), das heißt die niedrigste Konzentration, bei der die Atmung oder Zellvermehrung gerade noch gehemmt wird. Für höhere Organismen werden Letalkonzentrationen (LC) für Wassertiere bzw. Letaldosen (LD) für Landtiere bestimmt. Dabei werden jene Mengen ermittelt, die nach einer vereinbarten Zeit 50 % (LC_{50}, LD_{50}) bzw. 100 % (LC_{100}, LD_{100}) der Testorganismen abtöten. Wird statt der Letalität ein anderer Parameter bestimmt (Reproduktionsrate, Schwimmunfähigkeit), so spricht man von der effektiven Konzentration (EC_{50}, EC_{100}). Mit LT_{50}- und LT_{100}-Werten wird diejenige Zeit angegeben, die bei einer bestimmten Stoffkonzentration zum Tode von 50 % bzw. 100 % der Testorganismen führt. Als "no effect level" (NEL) oder "no observed effect concentration" (NOEC) wird diejenige Stoffkonzentration bezeichnet, die über einen längeren Zeitraum verabreicht zu keiner sichtbaren Schädigung der Testorganismen führt (vgl. Abschn. 4.2.3 und 4.4.3).*

Je nach Einwirkungsdauer unterscheidet man verschiedene Stufen der Toxizität:
- akute Toxizität   - wenige Minuten bis 96 Stunden
- subakute Toxizität   - 28 Tage
- subchronische Toxizität - 90 Tage
- chronische Toxizität   - mindestens 6 Monate

Die akute Toxizität beschreibt die Giftigkeit einer Substanz nach einmaliger Verabreichung. In Versuchen mit subakuten bis chronischen Stoffkonzentrationen werden Wirkungen geringerer Dosen auf einzelne Organismen über längere Zeiträume (bezogen auf das mögliche Lebensalter der Testorganismen, z.B. Fische, Ratten etc.) erfaßt. Diese autökologischen (den Einzelorganismus betreffende) Daten lassen nur bedingt Rückschlüsse auf synökologische (kleine Biocoenosen oder komplexe Ökosysteme betreffende) Wirkungen zu, so daß die Ökotoxizität - will man das Verhalten eines Schadstoffes vollständig erfassen - anhand von Modellökosystemen überprüft werden muß.

Biologische Teste zur Abschätzung möglicher Beeinträchtigungen biologischer Kläranlagen durch antimikrobiell wirkende Substanzen beschränken sich im wesentlichen auf die Untersuchung von Bakterien und Protozoen ("Belebtschlammbiocoenosen"). Testergebnisse, die anhand höherer Organismen gewonnen wurden, lassen sich wegen der grundsätzlichen morphologischen und physiologischen Unterschiede nicht auf Mikroorganismen übertragen. Wie die Ausführungen in Kapitel 4 zeigen, ist aber auch die Abschätzung und Erfassung von Schadensmöglichkeiten allein anhand von Versuchen mit Bakterien- bzw. Protozoenreinkulturen nicht möglich. Gerade die beträchtlich kurzen Generationszeiten und die hohe stoffwechselphysiologische Vielfalt der Mikroorganismen führen unter Schadstoffeinfluß innerhalb des Ökosystems "Kläranlage" zu vergleichsweise raschen und tiefgreifenden Veränderungen, so daß hier Untersuchungen zur Ökologie der Belebtschlamm- und Tropfkörperbiocoenosen unumgänglich sind. Hilfreich zur Abschätzung aber auch Erklärung der Wirkungen antimikrobiell

---

*Aus der nochmaligen Verdünnung 1:100 leitet sich die sichere Konzentration (safe level) ab, die dem ADI-Wert (acceptable daily intake) zugrunde liegt, der die höchste duldbare tägliche Aufnahme in der Gesamtnahrung angibt.

wirkender Stoffe sind relative Größen wie bspw. Persistenz und Akkumulierbarkeit, sowie die Kenntnis des Verteilungskoeffizienten und der Wasserlöslichkeit der Stoffe. Eine genaue Vorhersage der Wirkungen auf biologische Klärsysteme anhand dieser Größen wird jedoch kaum bzw. nur in unbefriedigendem Maße möglich sein, da in jeder Kläranlage aufgrund ihrer spezifischen Abwasserzusammensetzung und Betriebsweise unterschiedliche Randbedingungen vorherrschen, die die schädigenden Wirkungen antimikrobieller Wirkstoffe beeinflussen.

2.2 Wirkungsweise und Einsatzbereiche mikrobizider Stoffgruppen sowie Auswirkungen und Vorkommen in aquatischen Systemen

Nachdem in Kapitel 2.1.2 die Einflußgrößen erläutert wurden, die sich auf den Einsatz von mikrobiziden Stoffen auswirken, werden in diesem Kapitel die spezifischen Wirkungsmechanismen, Wirkungsspektren und bevorzugten Einsatzbereiche (mit Querverweisen zu den Abschnitten 3.2 und 3.3) der einzelnen Stoffgruppen beschrieben. Im Anschluß daran wird auf die Auswirkungen und das Vorkommen der Wirkstoffe in aquatischen Systemen eingegangen. Mit Bezug auf Kapitel 2.1.1 (Übersicht über die Verbindungsklassen) werden einleitend zu jedem Abschnitt die einzelnen Stoffgruppen näher beschrieben, wichtige Verbindungen hervorgehoben und gegebenenfalls Zuordnungsprobleme erörtert.

Die Kenntnisse über die einzelnen Stoffgruppen wurden übersichtlich in Tafeln in verallgemeinerter Form zusammengestellt. Zu den einzelnen Verbindungen, Einsatzbereichen, Wirkungsmechanismen, Wirkungsspektren, Wirkungskonzentrationen, Verträglichkeiten, sowie zur Ökotoxikologie, dem Vorkommen und dem Verhalten in der Kläranlage wurden die Angaben aus der Fachliteratur (insbesondere DFG, 1982; EGGENSPERGER, 1973 und 1983; EHRHART, RUSCHIG, 1972; FA III/6, 1982; HAHN, 1981; PAULI, FRANKE,1971; SCHWEINSBERG et al., 1982; WALLHÄUSSER, 1981 und 1984) zusammengefaßt. Ergänzende Hinweise zu den einzelnen Stoffgruppen, die für eine tabellarische Erfassung zu umfangreich waren, werden im Text behandelt.

2.2.1 Aldehyde

Von den mikrobizid wirksamen Aldehyden werden hauptsächlich Formaldehyd, Glyoxal und Glutaraldehyd sowie formaldehydabspaltende Depotstoffe wie Hexamethylentetramin, Hexahydrotriazin, Hydantoinderivate, einige Harnstoffderivate (Imidazolidinyl-,Thio- und Methylolharnstoffverbindungen) und ein Adamantanchlorid-Derivat verwendet (Tafel 2). Da in den Präparatelisten (DGHM, 1982) die aldehydischen Wirkstoffe in den meisten Fällen nicht genau angegeben werden ("Aldehyde", "niedere und höhere Aldehyde", "aktive Aldehydgruppen" etc.), ist nicht bekannt, inwieweit Aldehyde wie Zimtaldehyd und Succindialdehyd noch verwendet werden. Benzaldehyd wird nur noch selten und Ethylhexanal wegen Geruchsbeeinträchtigung gar nicht mehr eingesetzt (BESTMANN, 1983).

Wirkungsmechanismus:
Aldehyde reagieren rasch mit freien Amino- und Säureamidgruppen der Zellwandproteine zu N-Methylolverbindungen, die ihrerseits wieder intra- und intermolekular mit weiteren Amino- und Amidgruppen unter Ausbildung von Methylengruppen irreversibel reagieren (EGGENSPERGER, 1973). Diese Reaktion wird im sauren Milieu erschwert, da dann die Aminofunktionen der Proteine in einer reaktionsträgeren Form (protonisiert) vorliegen, so daß die Aldehydmoleküle in die Zelle eindringen müssen, um reaktionsfähigere Partner zu finden (HAHN, 1981). Die Bedingungen zur Freisetzung des Formaldehyds aus Aldehyd-Depotverbindungen sind unterschiedlich. Hexamethylentetramin spaltet Formaldehyd im sauren Bereich ab, Dimethyloldimethylhydantoin (DMDM-Hydantoin) vorzugsweise im basischen Bereich; Adamantanchlorid wirkt über einen breiten pH-Bereich, was auf die mikrobizide Wirkung der Allylseitenkette und eines quaternären N-Atoms zurückzuführen ist.

Antimikrobielle Wirkung:
Die Aldehyde wirken praktisch gegen alle Mikroorganismen und Sporen; Viren werden selektiv abgetötet. Die mikrobizide Wirkung der einzelnen Verbindungen auf die verschiedenen Organismenarten unterscheidet sich teilweise in den zur Abtötung erforderlichen Konzentrationen und der Geschwindigkeit der Abtötungsvorgänge (Tafel 2). So gilt z.B. eine 2 %ige stabilisierte Glutaraldehydlösung als etwa 10mal so wirksam wie eine 4 %ige Formaldehydlösung. Sehr langsam wirken vor allem Formaldehydabspalter, weshalb diese praktisch nie (von zwei Präparaten abgesehen) als Desinfektionswirkstoffe verwendet werden.

Einsatzbereiche:
Von den Aldehyden werden nur Formaldehyd und seine Depotwirkstoffe als Konservierungsmittel eingesetzt (Tab. 4). In der Konservierung von Kosmetika (Haarwaschmittel, Schaumbäder etc.; Abschn. 3.3.2) dominiert Formaldehyd,

Tafel 2

Aldehyde

*++ : gute Wirksamkeit   (+) : selektiv wirksam
 + : mäßig wirksam   - : unwirksam

VERBINDUNGEN	EINSATZBEREICHE	
Formaldehyd	Desinfektion: Hände: -	Konservierung: Lebensmittel: -
Glyoxal	Haut: -	Arzneimittel: +
Glutaraldehyd	Flächen: +	Kosmetika: +
Benzaldehyd	Raum: +	Techn. Produkte: +
Succindialdehyd	Instrumente: +	
Hydantoinderivate	Wäsche: +	Sonstige: Formaldehyd ist Ausgangsstoff zur Her-
Hexamethylentetramin	Wasser: -	stellung von Kunststoffen, Düngemitteln, Farb-
Adamantanchlorid	Ausscheidungen: -	und Gerbstoffen; ferner u. a. auch in der Tex-
Harnstoffderivate		til-, Papier- und Spanplattenverarbeitung
Hexahydrotriazin	Lebensmittelindustrie: Brauereibetriebe, Molkerei, Fleischverarbeitung	

WIRKUNGSMECHANISMUS

Koagulation der Zellwandproteine durch Ausbildung stabiler Methylenbrücken mit freien Aminogruppen (Lysin-Seitenkettenrest) und Säureamidgruppen; dadurch Störung des osmotischen Gleichgewichts; bei Viren v.a. Reaktion mit Nucleinsäuren; Wirkungsmechanismus ist konzentrationsabhängig

WIRKUNGSSPEKTRUM*

Bakterien:
grampositive: Sporen: ++
                vegetative: ++
              Mykobakterien: ++
gramnegative: ++

Pilze: +
Viren: +

MIKROBIZIDE WIRKKONZENTRATIONEN

Bakterizid: Formaldehyd   31.25 - 62,5 µg/ml (72 h, 20°C)
            Glutaraldehyd, Glyoxal   1 - 2 %   (10 min)
Bakteriostat.: Dowicil 200   200 - 1.000 µg/ml (72 h, 37°C)
Fungizid: Formaldehyd   250 - 500 µg/ml (72 h, 20°C)
          Glyoxal   4 %   (10 min, 22°C, pH 3)
Fungistat.: Dowicil 200   3.000 µg/ml (72 h, 37°C)
            Hexahydrotriazin 625 - 1.250 µg/ml (5 d, pH 8,8)

VERTRÄGLICHKEIT

unverträglich mit: - NH_3, H_2O_2, Iod
                   - Proteinen
kombinierbar mit: - Anionics, Cationics,
                     Nonionics, Amphotensiden
                   - Alkoholen, Phenolen, Alkalien, Chloracetamid, Isothiazolin, Organozinne

ÖKOTOXIKOLOGIE

- allergen; cancerogene Wirkung des Formaldehyds umstritten
- keine Akkumulation im Menschen; nicht persistent
- toxische Grenzkonzentrationen für Bakterien, Algen und Protozoen: 0,3 - 130 mg/l
- Pseudomonas putida: NOEC 43 mg Formaldehyd (37%)/l

VORKOMMEN IM WASSER

- Abwasser: bis zu 5 mg HCHO/l (WELS, 1984)
- Krankenhausabwasser: bis zu 28 mg HCHO/l
  (BOTZENHART, JOBST, 1981)
- Regenwasser: 0,1 - 1 mg HCHO/l (RÖDGER, 1982)
- Oberflächenwasser: mehr als 1 mg HCHO/l

VERHALTEN IN DER KLÄRANLAGE

- Umwandlung der Aldehyde durch Mikroorganismen in metabolisierbare Verbindungen: Formaldehyd zu Ameisensäure, Glyoxal zu Glyoxylsäure und Glutaraldehyd zu Glutardisäure (Jentsch, 1977)
- Inaktivierung durch Reaktionen mit Abwasserinhaltsstoffen
- Störung der Schlammfaulung ab 100 mg HCHO/l
- Tolerable Klärschlammkonzentration: 0.005 % HCHO (= 50 mg HCHO/l) (BESTMANN, 1983)
- Schnelle Adaptation des Belebtschlammes im Sapromatversuch an sehr hohe Konzentrationen (bis zu 500 mg HCHO/l); schneller Abbau (240 mg HCHO/l um 85 % innerhalb von 1.5 Tagen)

BEMERKUNGEN

- pH-Optimum: 4 - 9; Beeinflussung durch das Milieu (Eiweißfehler; bei Formaldehyd weniger ausgeprägt
- Nicht alle Aldehyde sind mit den unter "Verträglichkeit" aufgeführten Stoffen kombinierbar
- Reaktionsgeschwindigkeit: Glutaraldehyd: sehr schnell; HCHO: langsam; HCHO-Abspalter: sehr langsam

Tabelle 4: Einsatzbereiche mikrobizider Aldehyde

WIRKSTOFF	KONSERVIERUNG				DESINFEKTION										
	Lebensmittel	Arzneimittel	Kosmetika	Chem.-techn. Produkte	Hände	Haut	Flächen	Raum	Instrumente	Wäsche	Ausscheidungen	Sonstige	Molkereien	Brauereien	Fleischverarbeitung
Formaldehyd		X	X	X	x^1	X	X	X	X			x^2	X		
Glyoxal						X	X					x^2			
Glutardialdehyd							X		X	X		x^2			
Hexahydrotriazin			X	X											
Hexamethylentetramin			X	X	(X)										
Adamantanchlorid			X	X											
Hydantoinderivate			X												

[1] Fußpilzprophylaxe
[2] Chemikalientoiletten

häufig kombiniert mit Brom-nitropropan-diol, Brom-nitro-dioxan, Adamantan-Derivaten, Chloracetamid und Isothiazolin-Derivaten. Unter den chemisch-technischen Produkten werden vor allem flüssige Waschrohstoffe durch Formaldehyd konserviert (Abschn. 3.3.3). Formaldehydabspalter (Hexahydrotriazin, Hexamethylentetramin, Adamantanchlorid, verschiedene Harnstoffderivate) werden vorwiegend zur Konservierung von Kosmetika und einigen chemisch-technischen Produkten (Waschrohstoffe, Kühlschmiermittel) verwendet. Imidazolidinylharnstoffe werden wegen mangelnder Wirkung gegen Pilze mit anderen Wirkstoffen (PHB-Ester, Isothiazoline, Sorbinsäure, pH unter 5,0) kombiniert.

Aldehydische Wirkstoffe dominieren in Formulierungen von Flächen- und Instrumentendesinfektionsmitteln. Beim Gesamtverbrauch von Flächendesinfektionsmitteln beträgt der Anteil an aldehydischen Produkten ca. 80 %, wobei vorwiegend Formaldehyd, Glyoxal und Glutaraldeyd (ca. 90 % der insgesamt als Mikrobizide eingesetzten Aldehyde) verwendet werden (BESTMANN, 1983). Aldehyde werden oft alleine oder in Kombination mit anderen Wirkstoffen - vorwiegend kationaktive Verbindungen und Alkohole - eingesetzt. Die Konzentrationen in den Präparaten liegen für Formaldehyd und Glyoxal zwischen 2,0 und 9,0 %; bei Kombinationen, in denen Alkohol der Hauptträger der Desinfektionswirkung ist, liegt der aldehydische Wirkstoffzusatz unter 0,1 % (Glyoxal), bzw. 0,05 % (Formaldehyd) (BPI, 1984). Aldehyde werden aufgrund ihrer potentiell allergenen Wirkung nicht zur Hände- und Hautdesinfektion eingesetzt (ausgenommen einige Präparate gegen Hautpilzerkrankungen). Formaldehyd kann zur Raumdesinfektion mittels Verdampfen bzw. Vernebeln (Abschn. 3.2) und eingeschränkt zur Anlagendesinfektion lebensmittelverarbeitender Betriebe (Brauereien; Abschn. 3.6.5) sowie pharmazeutischer und kosmetischer Produktionsanlagen verwendet werden. Ihr hoher Eiweißfehler macht sie für die Desinfektion von Ausscheidungen untauglich.

Auswirkungen mikrobizider Aldehyde in aquatischen Systemen:
Toxische Angaben zu Aldehyden beschränken sich fast ausschließlich auf Formaldehyd und seine Wirkung auf den Menschen. Dies vor allem auch deshalb, weil Formaldehyd als krebsverdächtig eingestuft ist (FORMALDEHYD-BERICHT, 1984). Auf niedere Wasserorganismen wirkt Formaldehyd bereits ab 0,3 mg/l toxisch; für Wirbellose (Daphnien etc.) liegen die LD_{50}-Werte zwischen 50 und 600 mg HCHO/l (SCHWEINSBERG et al., 1982). Vergleichbare Zahlen für andere Aldehyde fehlen; die schnellere mikrobizide Wirksamkeit von Glutaraldehyd läßt jedoch ein toxikologisch ungünstigeres Verhalten vermuten. Im Abwasser findet eine rasche Inaktivierung durch Umsetzung mit organischen Abwasserinhaltsstoffen statt. Natur und Verhalten der gebildeten Umsetzungsprodukte - ob toxisch oder leicht metabolisierbar - sind nicht bekannt.

2.2.2 Phenole

Das Phenol (Hydroxybenzol) leitet sich vom aromatischen Benzol ab und ist die Ausgangsverbindung einer Vielzahl von mikrobizid wirksamen Derivaten, die durch Substitution der am Phenolkern befindlichen H-Atome durch Halogene, Alkylreste, Arylreste oder funktionelle Gruppen gewonnen werden (Tafel 1). Man unterscheidet im wesentlichen einkernige Derivate (Kresole, Xylenole, Thymole), zweikernige (Diphenyle, Diphenylalkane), die noch ein- bis mehrfach halogeniert sein können und kondensierte Phenole vom Typ der Naphthole. Die Abkömmlinge der Hydroxybenzoesäure (PHB-Ester, Salicylanilide) werden bei den Carbonsäuren behandelt (Abschn. 2.2.8). Eine so vielfältige Verbindungsklasse wie die Phenole läßt sich nicht pauschal abhandeln, da z.T. zu große Unterschiede in den Wirkungen einzelner Derivate bestehen. Im folgenden werden daher allgemeine Kennzeichen dieser Stoffgruppe hervorgehoben, und wo es möglich ist, Gesetzmäßigkeiten bzw. Unterschiede in ihren Wirkungen aufgezeigt; relevante Derivate werden vorgestellt. In den Tafeln 3 und 4 sind die wesentlichsten Informationen zu den Phenolderivaten zusammengefaßt.

Wirkungsmechanismus:
Nach einer reversiblen Adsorption an der Bakterienoberfläche diffundieren die lipophilen Phenolmoleküle schnell durch die biologische Membran und bewirken dabei eine Zerstörung der Zellwandfeinstruktur. Das Ausmaß ihrer bakteriziden Wirkung korreliert mit dem Fällungsvermögen für Proteine (HAHN, 1981). Phenole wirken auch als Enzymgifte und hemmen in bakteriostatischen Konzentrationen die zur Vermehrung erforderliche Synthese von Stoffwechselprodukten. Die unterschiedliche Wirksamkeit der verschiedenen Phenole ist vor allem auf den durch die Substituenten veränderten Verteilungskoeffizienten zurückzuführen.

Antimikrobielle Wirkung:
Phenole wirken gut gegen Bakterien; Sporen werden nicht abgetötet. Die Wirksamkeit gegen Pilze hängt von der Art und Anzahl der Substituenten am Phenolkern ab, so daß in einigen Fällen sehr hohe Konzentrationen fungizid sind. Viren werden selektiv abgetötet - vorwiegend behüllte Viren und Hepatitis-B-Viren (HAHN, 1981). Die mikrobizide Wirkung der Phenolderivate ist stark von ihrer chemischen Struktur und den getesteten Mikroorganismen abhängig, so daß eine allgemeingültige Rangfolge der mikroboziden Wirkung der Phenole sich nicht erstellen läßt; die auf der Basis von Phenolkoeffizienten erstellten Rangfolgen beziehen sich immer auf einen bestimmten Testorganismus. Die angegebenen Wirkkonzentrationen für einige nichthalogenierte (Tafel 3) und halogenierte (Tafel 4) Phenole zeigen, in welchen Konzentrationsbereichen sie ihre Wirksamkeit entfalten. Die starke Streuung kommt dadurch zustande, daß die mikrobiziden Konzentrationen für verschiedene Bakterien- und Pilzarten zusammengefaßt wurden. Die antimikrobielle Wirkung wird durch lipophile Gruppen am Phenolkern erhöht.

Einsatzbereiche:
Phenole werden hauptsächlich zur Grobdesinfektion (Wäsche, Fußböden, Instrumente, Ausscheidungen etc.) und zur Konservierung vorwiegend chemisch-techni-

Tafel 3

Nichthalogenierte Phenole

*++ : gute Wirksamkeit (+) : selektiv wirksam
 + : mäßig wirksam − : unwirksam

VERBINDUNGEN	EINSATZBEREICHE		
Phenol	Desinfektion: Hände:	+	Konservierung: Lebensmittel: +
Kresole	Haut:	+	Arzneimittel: +
Xylenole	Flächen:	+	Kosmetika: +
Thymole	Raum:	−	Techn. Produkte: +
Diphenyl	Instrumente:	+	
o-Phenylphenol	Wäsche:	+	Sonstige: Zur Herstellung von Kunstharzen, Farb-
Benzylphenol	Wasser:	−	stoffen, Weichmachern, Arzneimitteln, synthet.
Naphthole	Ausscheidungen:	+	Gerbstoffen, Schmierölen, Lösungsmitteln;
			Zwischenprodukt bei der Nylon- und Perlon-
	Lebensmittelindustrie:	---	herstellung

WIRKUNGSMECHANISMUS	WIRKUNGSSPEKTRUM*
Bakterizidie: Proteinkoagulation; Zerstörung der Zellwandfein-	Bakterien: | Pilze: +
struktur; Gift der oxidativen Phosphorylierung;	grampositive: Sporen: − | Viren: (+)
schnell wirksam	vegetative: ++
Bakteriostase: Hemmung der für Vermehrungsvorgänge benötigten	Mykobakterien: ++
Synthese von Stoffwechselprodukten	gramnegative: ++

MIKROBIZIDE WIRKKONZENTRATIONEN	VERTRÄGLICHKEIT
Bakterizid: Phenol 10.000 - 16.000 µg/ml (10 min)	unverträglich mit: - Ölen, Fetten, Glycerin
Kresole 4.000 - 8.000 µg/ml (10 min)	- Proteinen
Xylenol 2.000 - 4.000 µg/ml (10 min)	- Nonionics, QAV
Fungizid: Phenol 6.000 - 12.000 µg/ml	kombinierbar mit: - Alkoholen, Iodophoren,
Kresole 5.000 µg/ml	Aldehyden
Thymol 330 - 500 µg/ml	- Anionics

ÖKOTOXIKOLOGIE	VORKOMMEN IM WASSER
- akkumulierbar (fettlöslich; als Phenolate gut wasserlöslich)	- Kläranlagenzuläufe: bis zu ca. 6 mg/l
- Pseudomonas: Vermehrungshemmung ab 80 - 350 mg/l	- Gesamtphenole Krankenhausabwasser:
- Goldorfe: LC_{50} = 1,9 - 50 mg/l (48 h)	bis zu 5 mg/l (BOTZENHART, JOBST, 1981)
- Mensch: Phenol und Kresole leicht durch Haut resorbierbar	- Abwässer Lungenheilstätten: bis zu 700 µg/l

VERHALTEN IN DER KLÄRANLAGE

- Nach Adaptation abbaubar; Geschwindigkeit von Art und Stellung der Substituenten am Phenolkern abhängig
  (z.B. p-Kresol leicht, Benzylphenol schwer abbaubar); hauptsächlich von Pseudomonaden abgebaut
- Unter anaeroben Bedingungen nicht abbaubar
- Belebtschlammtoxizität: 0,002% (= 20 mg/l) o-Phenylphenol werden noch toleriert (BESTMANN, 1983)

BEMERKUNGEN

- Je lipophiler die Derivate, desto stärker i.a. ihre antiseptische Wirkung
- Bei den einfachen Alkylphenolen steigt die Desinfektionswirkung mit Verlängerung des Alkylrestes (bis zur
  n-Heptylkette); bakterientötende Wirkung von Naphtholen stärker als bei Phenol (RÖMPP, 1966)
- Primäre kurzkettige Alkylphenole sind wirksamer als ihre sekundären oder tertiären Isomere.
- Reihenfolge bezüglich fungizider Wirkung: Phenol < Kresol < Thymol < Chlorthymol
- pH-Optimum: 2 - 4; bakterizide Wirkung nimmt im alkalischen Milieu ab; Ausnahme: o-Phenylphenol (8 - 12)
- Resistenzausbildung möglich
- Hohe Wirksamkeit auch bei organischer Belastung (als Phenolate)

Tafel 4

Halogenierte Phenole

VERBINDUNGEN	EINSATZBEREICHE			
Chlorphenole	Desinfektion: Hände:	+	Konservierung: Lebensmittel:	-
Chlor-, Bromkresole	Haut:	+	Arzneimittel:	+
Chlorxylenole	Flächen:	+	Kosmetika:	+
Chlorthymole	Raum:	-	Techn. Produkte:	+
Bis-Phenole	Instrumente:	+		
	Wäsche:	+	Sonstige: Zwischenprodukte bei Arzneimittel-	
	Wasser:	-	und Farbstoffsynthese	
	Ausscheidungen:	+		
			Lebensmittelindustrie:	---

WIRKUNGSMECHANISMUS UND WIRKUNGSSPEKTRUM

Siehe Tafel 3

Bis-Phenole (z.B. Chlorophene) mit OH-Gruppen in 2,2'-Stellung können eisenhaltige Enzymsysteme inaktivieren

MIKROBIZIDE WIRKKONZENTRATIONEN			VERTRÄGLICHKEIT	
Bakterizid:	o-Chlorphenol	3.300 - 4.200 µg/ml	unverträglich mit:	- Proteinen
	p-Chlorphenol	3.100 - 4.000 µg/ml		- Nonionics, QAV
	2,4-Dichlorphenol	900 - 1.260 µg/ml	kombinierbar mit:	- Anionics
	2,4,6-Trichlorphenol	520 - 640 µg/ml		
Bakteriostatisch (MHK, 72 h):				
	p-Chlor-m-kresol	625 - 1.250 µg/ml		
	p-Chlor-m-xylenol	250 - 1.000 µg/ml		
	2,4-Dichlorxylenol	10 - 1.000 µg/ml		
	Triclosan	0,1 - 10 µg/ml		
Fungizid:	o-Chlorphenol	5.000 µg/ml (1 min)		
	p-Chlorphenol	3.300 µg/ml (1 min)		
	2,4-Dichlorphenol	1.430 µg/ml (1 min)		

ÖKOTOXIKOLOGIE

- akkumulierbar (fettlöslich; als Phenolate gut wasserlöslich)
- Pseudomonas: Vermehrungshemmung ab 12 - 170 mg/l
- Goldorfe: LC_{50} = 0,3 - 8,0 mg/l (48 h)

VORKOMMEN IM WASSER

- Kläranlagenzuläufe: bis zu ca. 1 mg/l
- Gesamtphenole Krankenhausabwasser:
  bis zu 5 mg/l (BOTZENHART, JOBST, 1981)
- Abwässer Lungenheilstätten: bis zu 2.700 µg/l

VERHALTEN IN DER KLÄRANLAGE

- Chlorierte Phenole beeinflussen Belebtschlammflora und werden hauptsächlich von Pseudomonaden abgebaut
- Unter anaeroben Bedingungen nicht abbaubar
- Belebtschlammtoxizität: 0,002% (= 20 mg/l) p-Chlor-m-kresol werden noch toleriert (BESTMANN, 1983)
- Höher chlorierte Phenole (p-Chlor-m-kresol, p-Chlorxylenol, Tri- und Tetrachlorphenole) sind sehr persistent bzw. abbaustabil

BEMERKUNGEN

- Halogensubstitution erhöht mikrobizide Wirkung (I>Br>Cl); Halogene in p-Stellung wirksamer als in o-Stellung; Mehrfachhalogenierung, zusätzliche Einführung aliphatischer oder aromatischer Gruppen steigert ebenfalls die Wirksamkeit; bei chlorierten Bis-Phenolen sind Verbindungen mit den OH-Gruppen in o-Stellung (2,2'-) wirksamer als die p-Isomeren (4,4'-).
- Halogenierte Phenole wirken auch noch im alkalischen pH-Bereich (Chlorkresol: 8-11; Chlorxylenol: weiter Bereich; Chlorophene: bakterizid 5-6, bakteriostatisch 8) - im Gegensatz zu den nichthalogenierten Phenolen.

Tabelle 5: Einsatzbereiche mikrobizider Phenole

WIRKSTOFF	KONSERVIERUNG				DESINFEKTION									
	Lebensmittel	Arzneimittel	Kosmetika	Chem.-techn. Produkte	Hände	Haut	Flächen	Raum	Instrumente	Wäsche	Ausscheidungen	Sonstige	Molkereien	Brauereien	Fleischverarbeitung
Kresole		X			X	X									
Xylenole						X									
Thymole					X										
Diphenyl	X[1]														
o-Phenylphenol	X[1]		X	X	X	X	X		X	X	X				
Benzylphenol				X	X	X	X		X	X					
Phenol	X						X								
ß-Naphthol				X								X[2]			
Monochlorphenole					X	X									
Dichlorphenole					X	X									
Trichlorphenole				X[3]	X										
Tetrachlorphenole					X	X			X	X	X				
Chlorkresole	X	X	X		X	X	X		X	X	X				
Chlorxylenole	X	X	X		X	X	X			X	X				
Chlorthymole	X	X			X										
2-Benzylchlorphenol		X			X	X	X		X	X	X				
2,3,4,5-Tetrabrom-o-kresol		X			X										
3,4,5,6-Tetrabrom-o-kresol		X			X	X									
Bromchlorophen		X			X	X									
Hexachlorophen		X			X	X									
Triclosan		X													

[1] Citrusfrüchte (Schale)
[2] WC-Beckensteine
[3] Häute, Leder, Gerbbrühe

scher Produkte eingesetzt (Tab. 5). Am Gesamtverbrauch von Flächendesinfektionsmitteln beträgt der Anteil an phenolischen Präparaten ca. 15 % (BESTMANN, 1983). Phenol selbst spielt als Desinfektionsmittel inzwischen eine untergeordnete Rolle, da es durch wirksamere Derivate ersetzt wurde; große Bedeutung kommt ihm allerdings als Grundstoff in der chemischen Industrie zur Herstellung von Kunstharzen, Farbstoffen, Weichmachern u.a. zu. Gegen die Verwendung von Phenolen als Raum- oder Wasserdesinfektionsmittel sprechen sowohl ihre geschmacks- und geruchsbeeinträchtigende Wirkung als auch ihre toxikologische Bedenklichkeit. Aus demselben Grund finden sie praktisch keine Verwendung in der Lebensmittelindustrie zur Desinfektion von Gerätschaften und Anlagenteilen.

NICHTHALOGENIERTE PHENOLE:

O-Phenylphenol und Diphenyl werden zur Oberflächenbehandlung von Citrusfrüchten gegen Schimmelbefall eingesetzt. Unter den nichthalogenierten Phenolen findet neben o-Phenylphenol noch Benzylphenol breite Anwendung bei der Konservierung chemisch-technischer Produkte (Kühlschmierstoffe) und bei der Grob- und Feindesinfektion. ß-Naphthol wird verschiedentlich zur Konservierung von Leim, Dextrin, Tinten und Tapeten eingesetzt (RÖMPP, 1966), kann aber auch in WC-Beckensteinen als mikrobizider Wirkstoff enthalten sein (Abschn. 3.4.3).

HALOGENIERTE PHENOLE:

Zur Konservierung von Injektionspräparaten in Mehrfachentnahmebehältern werden Chlorkresole verwendet; Chlorphenole und -thymole werden als spezielle antiseptische Wirkstoffe - in Dermatika, Mundwässern - eingesetzt. Im kosmetischen Bereich werden von den Phenolen vor allem die Diphenylalkane (2-Benzylchlorphenol, Bromchlorophen) und die z.T. mehrfach halogenierten Kresole und Xylenole verwendet; Hexachlorophen und Fentichlor werden kaum noch verwendet. Bei der Konservierung von Kosmetika kommt den Phenolen mengenmäßig keine allzu große Bedeutung zu, da auf diesem Sektor Kombinationen mit Formaldehyd dominieren (Abschnitt 3.3). Im chemisch-technischen Bereich werden Trichlorphenole (allerdings zunehmend seltener wegen der Gefahr der Dioxinbildung), Chlorkresole und -xylenole als Konservierungsmittel in der Lederverarbeitung - Leder, Häute, Gerbbrühe - eingesetzt; p-Chlor-m-kresol wird daneben auch zur Konservierung von Kühlschmierstoffen (Bohr- und Schneidöle), Leimen und Klebstoffen verwendet.

Eine Spezifikation der in Desinfektionsmitteln verwendeten Phenole ist nicht immer möglich, da bei Wirkstoffangaben meist nur Gruppenbezeichnungen wie "Alkyl-, Aryl- und halogenierte Phenole" verwendet werden (DGHM, 1982). In der Roten Liste des Bundesverbandes der Pharmazeutischen Industrie (BPI, 1984) sind verschiedene phenolhaltige Desinfektionsmittel mit genauer Wirkstoffbezeichnung und -zusammensetzung aufgelistet. Dieser Zusammenstellung ist zu entnehmen, daß von den halogenierten Phenolen v.a. Chlorkresole, Chlorxylenole und 2-Benzyl-4-chlorphenol sowohl zur Grob- als auch zur Feindesinfektion verwendet werden. Daraus ist aber nicht ersichtlich, welche Wirkstoffe mengenmäßig am häufigsten eingesetzt werden. Bei der Feindesinfektion (Hände, Haut) werden auch Tetrabromkresole und Bromchlorophen verwendet. Eine Desinfektionsmittelformulierung enthält noch 2,3,4,6-Tetrachlorphenol als Wirkstoff, das in der Bundesrepublik jedoch nicht mehr hergestellt werden soll.

Die Einsatzkonzentrationen in verschiedenen Einsatzbereichen sind für die einzelnen Verbindungen z.T sehr unterschiedlich:
- im kosmetischen Bereich meist bei 0,1 - 0,3 %, in einigen Fällen können sie bis zu 2 % (2,4-Dichlorxylenol und Triclosan in Seifen) betragen,
- bei chemisch-technischen Produkten (p-Chlor-m-kresol und o-Phenylphenol zur Konservierung von Kühlschmierstoffen, Häuten und Leder) 0,1-1,0 %ig,
- zur Bekämpfung pathogener Keime werden unterschiedliche Konzentrationen verwendet (z.B. Chlorkresol: 2,0 - 13,5 %, o-Phenylphenol: 6,0 - 14,0 %); z.T. hängen die Einsatzkonzentrationen von den verschiedenen Einsatzbereichen, Einwirkungszeiten und angestrebtem Wirkungsgrad ab (z.B. Chlorkresol bei der Flächendesinfektion - 6 h Einwirkungszeit, 1,5 %ige Gebrauchsverdünnung - zwischen 300 und 2.000 mg/l im Wischwasser, bei kürzeren Einwirkungszeiten z.T. mehr als doppelt so viel).

Auswirkung mikrobizider Phenole in aquatischen Systemen:
Tabelle 6 gibt eine Übersicht über die in der recherchierten Literatur gefundenen Angaben zu insgesamt 36 Einzelverbindungen. Sie zeigen, daß Phenol und Pentachlorphenol mit Abstand die am besten untersuchten Verbindungen sind. Gut erfaßt ist das Vorkommen der Phenole in verschiedenen aquatischen Systemen und ihre akute Toxizität gegenüber Mikroorganismen und Fischen. Angaben zur chronischen Toxizität und zum Verhalten in Kläranlagen und in der Biosphäre sind spärlich.

Tabelle 6: Phenole - Untersuchungsschwerpunkte in der Literatur

VERBINDUNG	VORKOMMEN				TOXIZITÄT																Verhalten in Kläranlage	Biologischer Abbau	Abiotische Umwandlungen	Bioakkumulation	Geoakkumulation	Ökosysteme	Summe dokumentierter Parameter
	Trinkwasser	Oberflächenwasser	Abwasser	Kläranlage	Mikroorganismen		Niedere Wasserorganismen		Wasserlebende Wirbeltiere		Algen		Höhere Wasserpflanzen		Landlebende Wirbeltiere		Mensch										
					a	c	a	c	a	c	a	c	a	c	a	c	a	c								
Phenol	x	x	x	x	x	x	x	-	x	x	x	x	-	x	x	x	x	x	x	-	x	x	-	20			
2-Nitrophenol	-	-	-	-	x	-	x	-	x	-	x	-	-	-	-	-	-	-	x	x	-	-	-	-			6
o-Kresol	-	x	-	x	x	x	-	-	x	-	-	x	-	x	-	-	-	-	-	-	-	-	-	-			7
m-Kresol	-	x	-	-	x	x	-	-	x	-	-	x	-	x	-	-	-	-	-	-	-	-	-	-			6
p-Kresol	x	x	x	x	x	-	-	-	x	-	-	x	-	x	-	-	-	-	-	x	-	-	-	-			8
2,6-Di-tert.butyl-4-methylphenol	-	x	-	x	-	-	-	-	-	-	-	-	-	-	-	-	-	-	-	-	-	-	-	-			2
4-Ethylphenol	x	x	-	x	-	-	-	-	-	-	-	-	-	-	-	-	-	-	-	-	-	-	-	-			3
4-Nonylphenol	-	-	-	-	-	x	-	-	-	-	-	-	-	-	-	-	-	-	-	-	-	x	-	-			2
3,4-Dimethylphenol	x	x	-	-	-	-	-	-	x	-	-	x	-	-	-	-	-	-	-	-	-	-	-	-			4
2,4-Dimethylphenol	-	x	x	x	-	-	-	-	x	-	-	x	-	-	-	-	-	-	-	-	-	-	-	-			5
2-Phenylphenol	x	x	x	x	x	-	-	-	x	-	-	-	-	-	x	x	-	-	x	x	-	-	-	-			10
2-Benzylphenol	x	x	x	x	x	-	-	-	-	-	-	-	-	-	-	-	-	-	-	-	-	-	-	-			6
4-Benzylphenol	x	x	x	x	-	-	-	-	-	-	-	-	-	-	-	-	-	-	-	-	-	-	-	-			4
2-Benzyl-4-methylphenol	-	x	x	-	-	-	-	-	-	-	-	-	-	-	-	-	-	-	-	-	-	-	-	-			2
2-Chlorphenol	-	x	x	x	x	-	x	-	x	-	x	-	-	-	-	-	-	-	x	x	x	-	-	-			10
4-Chlorphenol	-	x	x	x	x	-	-	-	x	-	-	-	-	-	-	-	-	-	x	x	x	-	-	-			8
2,4-Dichlorphenol	x	x	x	x	x	x	-	-	x	-	x	-	-	-	-	-	-	x	-	-	-	-	-	-			9
2,6-Dichlorphenol	x	x	x	x	x	-	-	-	x	-	-	-	-	-	-	-	-	-	-	-	-	-	-	-			6
2,3,5-Trichlorphenol	x	x	x	x	x	-	-	-	x	-	-	-	-	-	-	-	-	-	-	-	-	-	-	-			6
2,3,6-Trichlorphenol	x	x	x	x	x	-	-	-	x	-	-	-	-	-	-	-	-	-	-	-	-	-	-	-			6
2,4,5-Trichlorphenol	x	x	x	x	x	x	-	-	x	-	-	-	-	-	-	-	-	-	-	-	-	-	-	-			7
2,4,6-Trichlorphenol	x	x	x	x	x	-	-	-	x	-	-	-	-	-	-	-	-	-	-	-	-	x	x	x			9
2,3,4,5-Tetrachlorphenol	x	x	x	x	x	-	-	-	x	-	-	-	-	-	-	-	-	-	-	-	-	-	-	-			6
2,3,4,6-Tetrachlorphenol	x	x	x	x	x	-	-	-	x	-	-	-	-	-	-	-	-	-	-	x	-	-	-	-			7
2,3,5,6-Tetrachlorphenol	-	-	-	-	x	-	-	-	x	-	-	-	-	-	-	-	-	-	-	-	-	-	-	-			2
Pentachlorphenol	x	x	x	x	x	-	x	x	x	x	x	-	-	x	-	x	-	x	x	x	x	x	x	x			19
4-Chlor-2-methylphenol	-	-	x	-	x	-	-	-	x	-	-	-	-	-	-	-	-	-	-	-	-	-	-	-			3
4-Chlor-3-methylphenol	-	x	x	x	x	-	-	-	x	-	-	-	-	x	-	-	-	-	-	x	-	-	-	-			7
6-Chlor-3-methylphenol	x	x	x	x	x	-	-	-	x	-	-	-	-	-	-	-	-	-	-	-	-	-	-	-			6
6-Chlor-2-isopropyl-5-methylphenol	-	x	x	x	-	-	-	-	-	-	-	-	-	-	-	-	-	-	-	-	-	-	-	-			3
2,4-Dichlor-3,5-dimethylphenol	x	x	x	x	x	-	-	-	x	-	-	-	-	-	-	-	-	-	-	-	-	-	-	-			6
4-Tert.-butyl-2-chlorphenol	-	x	x	x	x	-	-	-	x	-	-	-	-	-	-	-	-	-	-	-	-	-	-	-			5
2-Cyclopentyl-4-chlorphenol	x	x	x	-	x	-	-	-	x	-	-	-	-	-	-	-	-	-	-	-	-	-	-	-			5
2-Benzyl-4-chlorphenol	-	-	-	-	x	-	-	-	x	-	-	-	-	-	x	-	x	-	-	-	-	-	-	-			4
Dichlorophen	-	-	-	-	-	-	-	-	-	-	-	-	-	-	x	-	-	x	-	-	-	-	-	-			2
Hexachlorophen	-	x	x	x	-	-	-	-	-	-	-	-	-	x	-	x	x	-	x	x	-	-	-	-			8
Insgesamt: 36 Substanzen	19	30	26	26	26	5	5	1	28	2	5	3	1	6	7	2	3	5	7	10	3	4	3	2	4		

a - akute Toxizität
c - chronische Toxizität

Untersuchungen an Fischen (Goldorfen) zeigten, daß mit zunehmender Chlorsubstitution die Toxizität der Phenole ebenfalls zunimmt, d.h. daß die Letalkonzentrationen niedriger werden und die Spanne zwischen LC_0 und LC_{100} kleiner wird (Abb. 5). Ebenso wirken Arylphenole auf Goldorfen toxischer als Alkylphenole, und deren chlorierte Derivate sind wiederum toxischer als die unchlorierten. Eine Gegenüberstellung von Vorkommen und toxischer Wirkung zeigt, daß bestimmte Abwässer Phenolkomponenten in Konzentrationen enthalten, die für Goldorfen bereits akut toxisch wirken (z.B. 2-Methyl-4-chlorphenol)

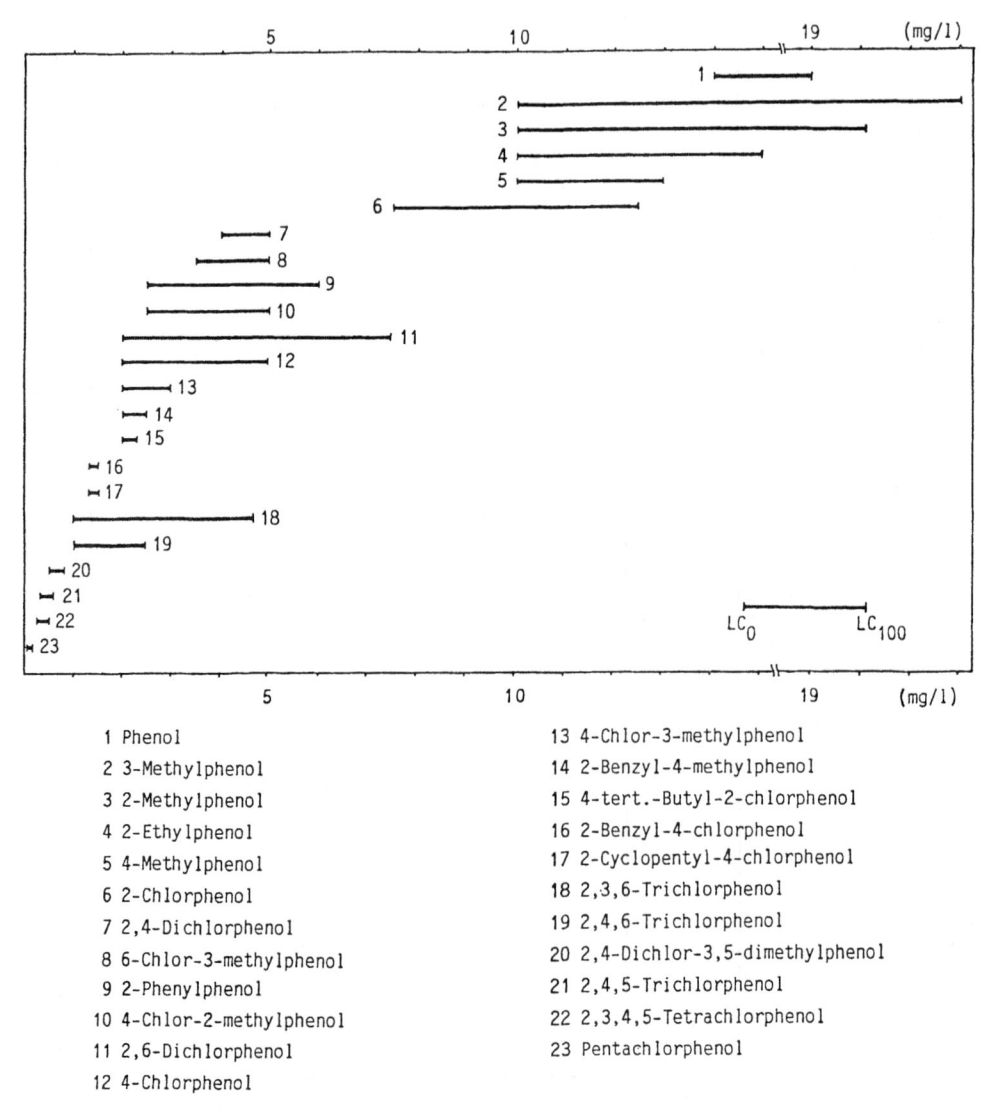

1 Phenol
2 3-Methylphenol
3 2-Methylphenol
4 2-Ethylphenol
5 4-Methylphenol
6 2-Chlorphenol
7 2,4-Dichlorphenol
8 6-Chlor-3-methylphenol
9 2-Phenylphenol
10 4-Chlor-2-methylphenol
11 2,6-Dichlorphenol
12 4-Chlorphenol
13 4-Chlor-3-methylphenol
14 2-Benzyl-4-methylphenol
15 4-tert.-Butyl-2-chlorphenol
16 2-Benzyl-4-chlorphenol
17 2-Cyclopentyl-4-chlorphenol
18 2,3,6-Trichlorphenol
19 2,4,6-Trichlorphenol
20 2,4-Dichlor-3,5-dimethylphenol
21 2,4,5-Trichlorphenol
22 2,3,4,5-Tetrachlorphenol
23 Pentachlorphenol

Abb. 5: Akute Toxizität von Phenolen gegenüber Fischen (Goldorfen) (DFG, 1982)

oder schon so nahe an der toxischen Grenzkonzentration liegen, daß zumindest eine chronische Wirkung vermutet werden kann (z.B. 2-Cyclopentyl-4-chlorphenol). Für 2- und 4-Benzylphenol wurden in Kläranlagenzuläufen Konzentrationen im mg/l-Bereich gemessen. Toxizitätsdaten zu diesen beiden Verbindungen lagen in der recherchierten Literatur nicht vor.

Der Einfluß auf ein natürliches Ökosystem wurde anhand von 2,4,6-Trichlorphenol und Pentachlorphenol untersucht (SCHAUERTE et al., 1982). Beide Verbindungen bewirkten in der Organismensukzession eines stehenden Gewässers einen Rückgang des Phyto- und Zooplanktons und eine verstärkte Entwicklung von Verschmutzungsindikatoren (Flagellaten und andere Mikroorganismen) innerhalb weniger Tage. Das gestörte Gleichgewicht zwischen auto- und heterotrophen Organismen führte sekundär zu einer Abnahme der Sauerstoffkonzentration im Wasser. Es wurde für 2,4,6-Trichlorphenol und Pentachlorphenol gezeigt, daß sowohl die Wasserlöslichkeit als auch der n-Octanol/Wasser-Verteilungskoeffizient nützliche Indikatoren für eine potentielle Bioakkumulation eines Stoffes sind (GEYER et al., 1981). Der Bioakkumulationsfaktor beträgt für 2,4,6-Trichlorphenol 51 (65), für Pentachlorphenol 1250 (437); die in Klammern angegebenen Werte wurden mit Hilfe der Wasserlöslichkeit der Stoffe rechnerisch ermittelt. Für die Beurteilung der Wirkung phenolischer Wirkstoffe im Abwasser ist dies deshalb von Bedeutung, da in biologischen Klärsystemen die Gefahr einer Anreicherung der Phenole im Belebtschlamm besteht.

2.2.3 Tenside

Tenside sind Stoffe, die in ihrem Molekül je eine hydrophobe Alkylkette und eine hydrophile Gruppe vereinen. Aufgrund ihrer Struktur reichern sich Tenside bevorzugt an Grenzflächen ihrer Lösungen an. Sie wirken emulgierend und setzen die Oberflächenspannung des Wassers herab. Entsprechend ihrer Lösungsform in Wasser unterscheidet man zwischen ionogenen und nichtionogenen Tensiden. Die ionogenen Verbindungen können entweder anionischer Natur sein (Aniontenside, Anionics), indem sie eine Carboxylat-, Sulfat- oder Sulfonatgruppe als hydrophilen Teil enthalten, oder sie sind kationisch (Kationtenside, Cationics), was durch eine quaternäre Ammonium-, Sulfonium- oder Phosphoniumstruktur bewirkt wird. Amphotere Tenside (Amphotenside) enthalten sowohl eine anionische als auch eine kationische Struktur. Die nichtionogenen Tenside (Niotenside, Nonionics) besitzen als hydrophilen Teil eine Polyethoxylatgruppe. Sie lösen sich durch Anlagerung von Wasser an den polaren Sauerstoff, die ionogenen durch Dissoziation.

Wirkungsmechanismus:
Tenside reichern sich zwischen den lipidhaltigen Zellmembranen lebender Organismen und dem angrenzenden wäßrigen Medium an, wodurch die normalen Funktionen der Zellmembran aufgehoben werden. Wegen dieser toxischen Wirkung vor allem auf Mikroorganismen werden Tenside nicht nur als Waschmittelrohstoff, sondern auch als Desinfektionsmittel eingesetzt. Verwendung als Mikrobizide finden vor allem kationische und amphotere Tenside, wohingegen anionische und nichtionogene keine oder nur sehr geringe bakterizide Wirkung zeigen. Quaternäre Ammoniumverbindungen (QAV) und Amphotenside sind in der Lage, Proteine zu fällen, wobei sich die negativ geladenen Proteinpartikel an das quaternäre N-Atom anlagern. QAV können auch in die Bakterienzelle eindringen und inaktivieren dort Enzyme der Atmung und der Glykolyse. Bei pH-Werten unterhalb des isoelektrischen Bereichs - also in saurem Milieu - liegen die Amphotenside als mikrobizid wirksame Kationen vor; sie erreichen jedoch nur in Ausnahmefällen die Effizienz von QAV (PLOOG, 1982).

Von den K A T I O N I S C H E N   T E N S I D E N sind vor allem die quaternären Ammoniumverbindungen (QAV, engl.: Quats) als Desinfektionsmittel von praktischer Bedeutung. Die wirksamsten und wirtschaftlich bedeutendsten Vertreter dieser Stoffklasse sind die Benzalkoniumchloride. Sie wirken nur dann mikrobizid, wenn der am N-Atom gebundene Alkylrest eine Kettenlänge von 8 - 18 C-Atome aufweist, wobei die optimale Kettenlänge - in Abhängigkeit von den benutzten Testorganismen - zwischen C_{12} und C_{16} liegt. Da die Biguanide kationisch sind, werden in diesem Abschnitt die strukturell verwandten, nichtkationischen Guanidine (Chlorhexidin) als eine den QAV ähnliche Stoffklasse miterfaßt.

Antimikrobielle Wirkung:
Quaternäre Verbindungen wirken nicht gegen Sporen und Mykobakterien (z.B. Tbc) und nur selektiv gegen Viren. Sie zeigen eine schwächere Wirkung gegen gramnegative Keime (v.a. Pseudomonas aeruginosa, Proteus vulgaris) als gegen grampositive. Chlorhexidin wirkt vor allem bakteriostatisch und erst bei 500- bis 2.000fachen Konzentrationen bakterizid. Die kationischen Verbindungen sind über einen weiten pH-Bereich wirksam; ihr Optimum liegt im alkalischen, bei Chlorhexidin im neutralen Milieu. Die in Tafel 5 aufgeführten allgemeinen Kennzeichen dieser Verbindungsgruppe und die angegebenen Konzentrationsbereiche ihrer mikrobiziden Wirkung dürfen nicht darüber hinwegtäuschen, daß innerhalb der einzelnen Verbindungen - QAV und Guanidine - trotzdem z.T. erhebliche Unterschiede sowohl in ihrer Wirksamkeit gegen verschiedene Testorganismen als auch in ihrer Belastbarkeit durch Proteine und Seifen bestehen.

Tafel 5

Kationische Tenside		* ++ : gute Wirksamkeit (+) : selektiv wirksam + : mäßig wirksam - : unwirksam
VERBINDUNGEN	**EINSATZBEREICHE**	
Benzalkoniumchloride Dialkyldimethylammonium- chloride Alkyltrimethylammonium- chloride Phosphoniumbromide Guanidine	Desinfektion: Hände: + Haut: + Flächen: + Raum: - Instrumente: + Wäsche: + Wasser: - Ausscheidungen: -	Konservierung: Lebensmittel: - Arzneimittel: + Kosmetika: + Techn. Produkte: + Sonstige: Weichspüler; Hilfsstoff bei der Erdölförderung Lebensmittelindustrie: Molkerei, Brauerei, Schlachthof, Fleischverarbeitung
WIRKUNGSMECHANISMUS		**WIRKUNGSSPEKTRUM***
Störung der Permeabilität der Cytoplasmamembran; nach dem Ein- dringen in die Zelle Eiweißfällung und Enzymhemmung Quaternäre Ammoniumverbindungen: langsame Reaktion Chlorhexidin: schnelle Reaktion		Bakterien: | Pilze: + grampositive: Sporen: - | Viren: (+) vegetative: ++ Mykobakterien: - gramnegative: (+)
MIKROBIZIDE WIRKKONZENTRATIONEN		**VERTRÄGLICHKEIT**
Bakterizid: QAV 50 - 100 µg/ml (gram +) QAV 100 - 200 µg/ml (gram -) Benzalkon B 8 - 20 µg/ml (gram +, 1 h) Benzalkon B 20 - 100 µg/ml (gram -, 1 h) Chlorhexidin 25 - 400 µg/ml (24 h, 25°C) Fungizid: Benzalkon B 20 - 200 µg/ml (1 h) Chlorhexidin 20 - 400 µg/ml (24 h, 25°C) Bakteriostat.: QAV 1 - 10 µg/ml (Staphylokokken) Chlorhexidin 0,5 - 60 µg/ml (72 h, 37°C)		unverträglich mit: - Anionics, Seifen, hartem Wasser - Proteinen, Gummi - Hypochloriten, Perchloraten Salpetersäure, Eisen kombinierbar mit: - Alkoholen, Aldehyden - Nonionics
ÖKOTOXIKOLOGIE		**VORKOMMEN IM WASSER**
- Daphnien: LC_{50} = ca. 0,1 mg DDDMAC/l (48 h) - Forellen: LC_{50} = ca. 2,1 mg DDDMAC/l (96 h) - Algen: 0,2 mg QAV/l entwicklungshemmend - Chlorhexidin: mutagene Potenz		- Abwasser (BRD): QAV: 1,5 - 8,0 mg DSBAS/l, davon ca. 50 - 100 % DMDSAC (Weichspüler) - Kläranlagenablauf: 0,15 - 0,3 mg QAV/l (TOPPING, WATERS, 1982)
VERHALTEN IN DER KLÄRANLAGE		

- Anreicherung im Belebtschlamm
 - Eliminierung in Kläranlagen: Gesamt-QAV um 87 - 96 %; DMDSAC (Weichspüler) um 95 - 98 % (TOPPING, WATERS, 1982)
 - Benzalkoniumchloride von den QAV am schlechtesten abbaubar; Tetradecyl-dimethyl-benzylammoniumchlorid wird
   z.B. zu 40 - 75 % abgebaut (FENGER u.a., 1973)
 - DMDSAC (Weichspüler) hemmt Nitrifikation; BDMDAC (ein Benzalkoniumchlorid) bewirkt Nitritzunahme und Beein-
   flussung der Nitrifikation ab 16 mg/l (GERIKE u.a., 1978)		

BEMERKUNGEN		
- Wirkung abhängig von der Kettenlänge des Alkylrestes am Zentralatom; optimale Kettenlänge: 12 - 16 C-Atome - Eiweißfehler (starke Beeinträchtigung der Mikrobizidie durch Milieu); Bildung von unlöslichen Komplexsalzen mit Aniontensiden; Resistenzbildung möglich (v.a. Pseudomonaden, Enterobakterien); korrosive Wirkung		

Einsatzbereiche:

Kationische Tenside werden zur Konservierung diverser Arzneimittel, Kosmetika und chemisch-technischer Produkte eingesetzt (Tab. 7). Ihr Einsatz im Kosmetikbereich beschränkt sich im wesentlichen auf die Konservierung von Make-ups, Eye-liners und Deosprays (Abschn. 3.3.2). Im chemisch-technischen Bereich werden Kationtenside Kleinschwimmbädern und Kühlwasserkreisläufen als Algizide in Konzentrationen von 5 - 20 mg/l zugesetzt. Mikrobizide QAV, die mit den Weichspülmitteln strukturell verwandt sind (vgl. DMDSAC, Abschn. 2.1.1), werden in Weichspülmittel eingearbeitet (Benzalkoniumchlorid 1:5.000 bis 1:10.000), wo sie bei der Nachbehandlung vor allem der bei niederen Temperaturen gewaschenen Textilien desinfizierend wirken.

Eine dominierende Stellung kommt den kationischen Tensiden in der Hände- und Flächendesinfektion zu. Hier werden hauptsächlich QAV meist in Kombination mit anderen Wirkstoffen (Aldehyde, Alkohole) eingesetzt. Die Wirkstoffkonzentrationen liegen zwischen 6 - 13 %, je nachdem ob die QAV einziger Wirkstoff sind (10 - 13 %) oder in Wirkstoffkombinationen vorliegen. Hände- und

Tabelle 7: Einsatzbereiche mikrobizider Tenside

WIRKSTOFF	KONSERVIERUNG			DESINFEKTION									
	Lebensmittel	Arzneimittel	Kosmetika	Chem.-techn. Produkte	Hände	Haut	Flächen	Raum	Instrumente	Wäsche	Ausscheidungen	Sonstige	Molkereien	Brauereien	Fleischverarbeitung
Quaternäre Ammoniumverbindungen (QAV)		X	X	X	X	X	X		X	(X)		X[1]	X	X	X
Quaternäre Phosphoniumverbindungen		X			X	X									
Amphotenside					X	X	X		(X)	X			X	X	X
Chlorhexidin		X	X	X	X	X	(X)		(X)						

[1]Kühlwasser, Chemikalientoiletten

Hautdesinfektionsmittel auf alkoholischer Basis enthalten z.T. QAV-Zusätze bis zu 0,5 %. Bei der Flächen- und Instrumentendesinfektion beträgt die durchschnittliche Anwendungskonzentration 1 - 3 %, was einer Wirkstoffkonzentration von 0,06 - 0,39% (= 600 - 3.900 mg/l) entspricht. Quaternäre Phosphoniumverbindungen werden selten verwendet. Ihr Einsatz zur Instrumenten- und Wäschedesinfektion ist nur auf einige wenige Präparate beschränkt.

Auswirkungen mikrobizider QAV in aquatischen Systemen:
QAV werden noch in Kläranlagenabläufen nachgewiesen (TOPPING, WATERS, 1982). Spezifische Analysen ergaben einen hohen Anteil der in Weichspülmitteln verwendeten QAV (DSDMAC). Vergleichsmessungen in den Abläufen der Kläranlagen zeigten für DSDMAC Eliminierungsraten von 95 - 98 %; die Eliminierung der gesamten Kationtenside - gemessen als disulphinblauaktive Substanz - lag zwischen 87 und 96 %. Der Restgehalt schwer abbaubarer QAV betrug bei den überprüften Kläranlagen 0,15 - 0,3 mg/l. In diesem Konzentrationsbereich sind einige im Wasser lebende Organismen z.T. schon akut gefährdet: toxische Effekte bei Daphnien werden bereits bei 0,1 mg/l beobachtet; für Goldorfen liegen die toxisch wirksamen Konzentrationen zwischen 3,5 und 8 mg/l (FA III/6, 1982; FISCHER, GODE, 1977). Das Benzalkoniumchlorid BDMDAC wirkt ab 0,2 mg/l hemmend auf Algen. Ein Handelsprodukt auf der Basis von Benzalkoniumchlorid (10 %) wirkt auf die Kriechbewegung der Blaualge Phormidium nach 3 h Einwirkungszeit in einer Konzentration von 1 µg/l hemmend, bei 0,1 µg/l noch zu 52 % (BENECKE, ZULLEI, 1977). Abbautests (Closed Bottle Test, modifizierter OECD-Screening-Test) zeigen für Benzalkon A (Benzalkoniumchlorid mit ca. 50 % C_{12}-Alkylresten) eine starke Hemmung der biologischen Abbaubarkeit in nichtadaptierten Systemen; erst nach ausreichender Voradaptation wurden gute Abbauergebnisse - gemessen als BSB bzw. DOC-Abnahme - erzielt; der Nachweis einer "ultimate biodegradation" wurde für QAV bisher noch nicht erbracht.

Die A M P H O T E R E N   T E N S I D E werden in zwei Gruppen unterteilt: in echte amphotere Tenside und in Betaine (Abb. 6). Die echten Amphotenside werden im sauren Milieu am Stickstoffatom protonisiert und verhalten sich wie Kationtenside. Im alkalischen Bereich wird das Proton abgespalten, wodurch der anionische Charakter des Carboxylations zur Geltung kommt. Bei den Betainen ist die positive Ladung unabhängig vom pH-Wert an das Stickstoffatom fixiert. Sie liegen auch im stark alkalischen Bereich als Zwitterionen vor. Im sauren Milieu sind sie kationisch. In der Praxis werden fast ausschließlich Amphotenside mit quaternärem Stickstoffatom und einer Carboxylgruppe

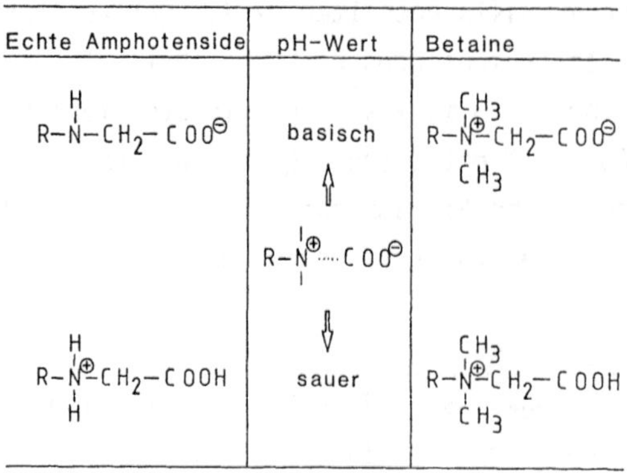

Echte Amphotenside	pH-Wert	Betaine
$R-\overset{H}{\underset{H}{N}}-CH_2-COO^{\ominus}$	basisch ⇑ $R-\overset{\|}{\underset{\|}{N^{\oplus}}}\cdots COO^{\ominus}$ ⇓ sauer	$R-\overset{CH_3}{\underset{CH_3}{N^{\oplus}}}-CH_2-COO^{\ominus}$
$R-\overset{H}{\underset{H}{N^{\oplus}}}CH_2-COOH$		$R-\overset{CH_3}{\underset{CH_3}{N^{\oplus}}}CH_2-COOH$

Abb. 6: Chemische Struktur der Amphotenside (PLOOG, 1982)

hergestellt, während z.B. den Sulfobetainen (quaternäres N-Atom + Sulfonatgruppe) keine Bedeutung zukommt (PLOOG, 1982). Die echten Amphotenside sind demnach Alkylaminocarbonsäuren, denen nach heutiger Auffassung auch die sogenannten Imidazolinium-Betaine (= Hydroxyethyl-alkylamidoethyl-glycinate bzw. -aminopropionate) zugezählt werden (PLOOG, 1982).

Antimikrobielle Wirkung:
Im Gegensatz zu den QAV wirken Amphotenside auch gegen Mykobakterien (Tbc). Sie sind z.T. noch in Gegenwart von Eiweiß, Blut, Serum, Eiter und Fett wirksam und werden in ihrer antimikrobiellen Wirkung kaum durch hartes Wasser beeinträchtigt. Ihre Verträglichkeit mit anderen Tensidkomponenten - Anion-, Kation-, Niotensiden - ist vom pH-Wert abhängig: im isoelektrischen Bereich sind sie meist gut verträglich mit anderen Tensiden während bei niedrigeren pH-Werten eine Unverträglichkeit mit Aniontensiden besteht (PLOOG, 1982). Die meisten Bakterien werden bei Anwendungskonzentrationen von 1,0 % (ca. 1.000 - 1.500 µg/ml Wirkstoffkonzentration) innerhalb von 10 Minuten abgetötet; ihre antimikrobielle Wirkung ist schwächer als die der QAV (Tafel 6).

Einsatzbereiche:
Die zusätzlich gute Reinigungswirkung eröffnet den Amphotensiden ein weites Anwendungsfeld. Sie finden immer mehr Verwendung in Wasch-, Reinigungs- und Geschirrspülmitteln. Einer intensiven Verbreitung stehen jedoch noch relativ hohe Herstellungskosten entgegen. Amphotenside werden nicht als Konservierungsstoffe eingesetzt. Ihr Einsatz in Desinfektionsmitteln beschränkt sich im wesentlichen auf die Hände- und Hautdesinfektion (aufgrund ihrer hautfreundlichen Eigenschaften kombiniert mit Alkoholen) und die Flächendesinfektion. Zur Instrumenten- und Wäschedesinfektion existieren nur wenige Präpara-

Tafel 6

Amphotenside

* ++ : gute Wirksamkeit   (+) : selektiv wirksam
  + : mäßig wirksam   − : unwirksam

VERBINDUNGEN	EINSATZBEREICHE	
Alkylaminocarbonsäuren (Tego) Betaine	Desinfektion: Hände: + Haut: + Flächen: + Raum: − Instrumente: + Wäsche: + Wasser: − Ausscheidungen: −	Konservierung: --- Lebensmittelindustrie: Molkerei, Brauerei, Schlachthof, Fleischverarbeitung Sonstige: Kosmetikrohstoff, Emulgatoren, diverse Waschmittel, Hilfsstoff bei der Erdölförderung und bei der Kunststoffherstellung

WIRKUNGSMECHANISMUS	WIRKUNGSSPEKTRUM*	
Wie kationische Tenside durch Permeabilitätsänderungen und Proteinzerstörung; antimikrobielle Effekte vor allem im sauren Bereich beobachtbar, da Amphotenside dann in der kationischen Form vorliegen; die Wirksamkeit von QAV wird jedoch nur in Ausnahmefällen erreicht (PLOOG, 1982); langsam wirksam	Bakterien: grampositive: Sporen: − vegetative: ++ Mykobakterien: + gramnegative: (+)	Pilze: + Viren: (+)

MIKROBIZIDE WIRKKONZENTRATIONEN	VERTRÄGLICHKEIT
Tego 103 S (enth. 15% Dodecyl-di(aminoethyl)-glycin), 1%ig: Bakterizid: 1 - 3 min (grampositive Bakterien) 1 - 3 min (gramnegative Bakterien) 15 min (Proteus vulgaris) 60 min (Mycobacterium tberculosis) Fungizid: 15 min	unverträglich mit: − Nonionics, Anionics (bei pH-Werten unter dem iso-elektrischen Bereich) − korrosiv gegen Eisen, Zink, Kupfer, Messing − s.a. "Kationische Tenside" kombinierbar mit: − Alkoholen, Aldehyden − Anionics, Cationics, Nonionics (PLOOG, 1982)

ÖKOTOXIKOLOGIE

- Fische: LC_{50} = 3,2 mg Tego/l; Wirbellose: LC_{50} = 8 - 600 mg Sulfobetain/l (SCHWEINSBERG u.a., 1982)
- Grünalge (Chlamydomonas reinhardi): Wachstumshemmung durch Sulfobetaine (3-Alkyldimethylammonium)-1-propan-sulfonat) in Abhängigkeit vom Alkylrest (C_{12} - C_{16}): 8 - 676 mg/l (ERNST u.a., 1983)

VORKOMMEN IM WASSER   Keine Daten

VERHALTEN IN DER KLÄRANLAGE

- Untersuchungen an Laborbelebtschlammanlagen ergaben für verschiedene Amphotenside (Tego) nach ca. ein- bis fünfwöchiger Adaptation eine 98 %ige Abbaurate (OECD-Confirmatory-Test) bzw. eine Kohlenstoffabbaurate von 71 - 77 % (Coupled-Units-Test) (AUGUSTIN, 1980)

BEMERKUNGEN

- Wirksamer pH-Bereich: 3 - 10 (Optimum: 5 - 9)
- Geringe Resistenzausbildung
- Geringerer Eiweißfehler als QAV
- Im Gegensatz zu den QAV hat die Wasserhärte wenig Einfluß auf die mikrobizide Wirkung der Amphotenside
- Amphotenside adsorbieren gut an Oberflächen (an Glas besser als an Metall)
- Verträglichkeit mit anderen Tensiden meist abhängig vom pH des Milieus; scheinbar widersprüchliche Aussagen sind auf Unterschiede einzelner Verbindungen zurückzuführen

te (DGHM, 1982; BGA, 1982). In der Lebensmittelindustrie werden sie häufig eingesetzt. Der Wirkstoffanteil in den Desinfektionsmitteln liegt bei 10 - 15 %, wenn das Amphotensid der einzige Wirkstoff ist (BPI, 1984). Bei Wirkstoffkombinationen ist der Amphotensidanteil entsprechend niedriger (z.B. 0,3 % bei Kombinationen mit alkoholhaltigen Desinfektionssprays).

Auswirkungen mikrobizider Amphotenside in aquatischen Systemen:
Angaben zur Wirkung amphoterer Tenside in aquatischen Systemen sind spärlich. Es ist zu vermuten, daß die toxische Wirkung dieser Stoffgruppe auf wasserlebende Organismen der von Kationtensiden ähnlich ist. Ein biologischer Primärabbau konnte in Laborbelebtschlammanlagen nachgewiesen werden (Abschn. 4.4.2).

2.2.4 Halogene

Von den Halogenen sind Chlor (Tafel 7) und Iod (Tafel 8) sowie deren Abspalter von Bedeutung. Die wichtigsten Verbindungen in der Praxis sind das molekulare Chlor (Cl_2), Chlordioxid (ClO_2), Natriumhypochlorit (NaOCl), die organischen Chloramine (N-Chlorarylsulfonamide) und die Halane (Chlorisocyanursäuren); Iod wird sowohl in seiner molekularen Form (I_2) als auch in gebundener Form - meist in Polyvinylpyrrolidon, Polyethoxyethanol-Derivaten oder in quaternären Verbindungen - angewendet. Brom und Fluor sind als aktive Halogene bedeutungslos.

Wirkungsmechanismus:
Halogene sind starke Oxidationsmittel, die aufgrund ihres hohen Redoxpotentials Redox-Vorgänge innerhalb des Stoffwechsels stören und mit Proteinen (Zellbausteine, Enzyme) und Nucleinsäuren zu N-Halogenverbindungen reagieren. Alle Chlorverbindungen bilden in wäßriger Lösung unterchlorige Säure (HClO), die die eigentliche antimikrobielle Wirksubstanz darstellt. Über ihre Wirkungsweise existieren mehrere Theorien (ROESKE, 1980):
 a) Desinfektion durch Abspaltung atomaren Sauerstoffs, der stark oxidierend wirkt;
 b) Desinfektion durch direkte Schadwirkung der unterchlorigen Säure (Zusammenhang zwischen Abtötungsgeschwindigkeit und pH-Wert);
 c) Desinfektion durch Bildung toxischer, organischer Verbindungen in der Zelle;
 d) Desinfektion durch ein erhöhtes Redoxpotential.

Tafel 7

Chlor und Chlorabspalter

*++ : gute Wirksamkeit   (+) : selektiv wirksam
+ : mäßig wirksam   − : unwirksam

VERBINDUNGEN	EINSATZBEREICHE	
Chlor Chlordioxid Natriumhypochlorit Chloramine Chlorisocyanursäuren	Desinfektion: Hände: + Haut: + Flächen: + Raum: − Instrumente: − Wäsche: + Wasser: + Ausscheidungen: +	Konservierung: Lebensmittel: − Arzneimittel: − Kosmetika: − Techn. Produkte: − Sonstige: Zur Herstellung von Lösungsmitteln, PVC, Bleichmitteln (Textil-, Cellulose- und Papierindustrie), Chloraromaten und sonst. organ. Produkten (z.B. Aerosoltreibmittel)
	Lebensmittelindustrie: Molkereien, Brauereien, Fleischverarbeitung	

WIRKUNGSMECHANISMUS	WIRKUNGSSPEKTRUM*	
Oxidieren Struktur- und Enzymproteine sowie Nucleinsäuren zu N-Halogenverbindungen; Störung der Redoxvorgänge des Stoffwechsels; alle Halogene sind schnell wirksam	Bakterien: grampositive: Sporen: ++ vegetative: ++ Mykobakterien: + gramnegative: ++	Pilze: + Viren: ++

MIKROBIZIDE WIRKKONZENTRATIONEN	VERTRÄGLICHKEIT
Wirkung des frei verfügbaren Chlors: Bakterizid: Staphylococcus aureus 0,8 µg/ml (pH 7,2; 25°C; 0,5 min) Streptococcus faecalis 0,5 µg/ml (pH 7,5; 20°C; 2,0 min) Mycobacterium tuberc. 50,0 µg/ml (pH 8,4; 55°C; 1-3 min) Escherichia coli 0,055 µg/ml (pH 7,0; 20°C; 1.0 min) Fungizid: Aspergillus niger 100 µg/ml (pH 10; 20°C; 30 - 60 min) Rhodotorula flava 100 µg/ml (pH 10; 20°C; 5 min) Viruzid: Polioviren 0,2 - 0,3 µg/ml (pH 7; 25°C; 2-10 min)	unverträglich mit: − Proteinen − Sulfiden, Thiosulfaten − Eisensalzen − Zucker, Fruchtsäuren kombinierbar mit: Keine Daten VORKOMMEN IM WASSER − Verfügbares Gesamtchlor in Krankenhausabwasser zwischen 0,1 - 1,0 mg/l nachgewiesen (BOTZENHART, JOBST, 1981)

ÖKOTOXIKOLOGIE	VERHALTEN IN KLÄRANLAGEN
− Pseudomonas putida (NOEC, 30 min): Trichlorisocyanursäure: 2,0 mg/l Na-Trichlorisocyanurat: 0,7 mg/l − Niedere Wasserorganismen (LC_{50}): 0,1 - 25 mg Cl_2/l − Fische (LC_{50}): 0,05 - 0,6 mg Cl_2/l − Isocyanursäurederivate sind für Wasserorganismen schon ab 0,05 mg/l tödlich (SCHWEINSBERG u.a., 1982)	− Wird im Abwasser leicht zu Cl^- reduziert bzw. reagiert mit organ. Verbindungen − Abbau von Isocyanursäure hydrolytisch; sehr langsam: im Coupled-Units-Test nur 10 - 12 % abbaubar

BEMERKUNGEN

- pH-Optimum: Chlor und Natriumhypochlorit zwischen pH 4 - 7; Chlordioxid ist weitgehend pH-unabhängig; Di- und Trichlorisocyanursäure zwischen pH 6 - 10; bakterizide Wirkung, solange freies Cl_2 nachweisbar
- Chlorzehrung: Reaktionen mit Aminosäuren, Proteinen und anderen Abwasserinhaltsstoffen zu Haloformen, Chlorphenolen, Chloressigsäuren und Chloraminen (bei Chlorung mit Cl_2), sowie zu Chlorit, Chlorat und Chinonen (bei Chlorung mit Chlordioxid)
- Chlordioxid als Alternative zu Chlor, wenn das zu desinfizierende Wasser Phenole oder Huminstoffe enthält

Tafel 8

Iod und Iodophore

*++ : gute Wirksamkeit   (+) : selektiv wirksam
+ : mäßig wirksam   − : unwirksam

VERBINDUNGEN

Iod
Polyvinylpyrrolidon-Iod
(= PVP-Iod)

EINSATZBEREICHE

Desinfektion:
- Hände: +
- Haut: +
- Flächen: +
- Raum: −
- Instrumente: +
- Wäsche: −
- Wasser: +
- Ausscheidungen: −

Konservierung: ---

Lebensmittelindustrie: Brauerei

Sonstige: Findet Verwendung als Futtermittel-additiv, Katalysator, Röntgenkontrastmittel, Farbgrundstoff und Stabilisator

WIRKUNGSMECHANISMUS

Wie Chlor und seine Verbindungen durch Proteinoxidation und Störung der Redoxvorgänge des Stoffwechsels; schnell wirksam

WIRKUNGSSPEKTRUM*

Bakterien:
grampositive: Sporen: ++
            vegetative: ++
            Mykobakterien: +
gramnegative: ++

Pilze: +
Viren: +

MIKROBIZIDE WIRKKONZENTRATIONEN

Bakterizid:
- Staphylococcus aureus 50 µg/ml (wäßrige I-Lsg., 10 min)
- Mykobakterien 625 µg/ml (wäßrige I-Lsg., 5 min)
- Escherichia coli 2 − 33 µg/ml (wäßrige I-Lsg., 1−10 min)
- Bacillussporen 40 − 280 µg/ml (wäßrige I-Lsg., 2−5 min)
  2 %ige alkohol. Lsg. (1−5 h)

VERTRÄGLICHKEIT

unverträglich mit:
- Alkalien
- Proteinen
- Silber, Thiosulfaten

kombinierbar mit:
- Alkoholen, Phenolen
- WAS
- Säuren

VORKOMMEN IM WASSER

- Nach ihrem Einsatz zur Anlagendesinfektion in Brauereien passieren Iodophore die meisten Rückhaltevorrichtungen (Adsorptive, Filter) und gelangen ins Abwasser (DILLY, 1983)

ÖKOTOXIKOLOGIE   Keine Daten

VERHALTEN IN DER KLÄRANLAGE   Keine Daten

BEMERKUNGEN

- pH-Optimum: 2,5 − 4,0; pH-unabhängig bei höheren Iodkonzentrationen
- Bakterizide und bakteriostatische Konzentrationen sind nahezu gleich
- Starke Beeinflussung durch Milieu (Eiweißfehler)
- Iod färbt stark, daher eingeschränkte Verwendungsmöglichkeiten

Die Wirkung der Chlorverbindungen ist stark pH-abhängig: im sauren bis neutralen Bereich ist die unterchlorige Säure nahezu undissoziiert und kann ihre volle Wirksamkeit entfalten, während sie bei basischen pH-Werten zu Protonen (H^+) und den unwirksamen Hypochlorit-Ionen (ClO^-) zerfällt (Abb. 7); lediglich Chlordioxid, Di- und Trichlorisocyanursäure sind in ihrer keimtötenden Wirkung weitgehend pH-unabhängig. Auch die Iodverbindungen haben ihr pH-Optimum im sauren Bereich, weshalb sie z.B. bei der Tankreinigung und -desinfektion in Brauereien mit Säuren kombiniert werden (Abschn. 3.6.5). Die Keimtötungsgeschwindigkeit des Chlors nimmt mit steigender Temperatur zu, während Iod besonders bei niederen Temperaturen besser wirkt als andere Wirkstoffe.

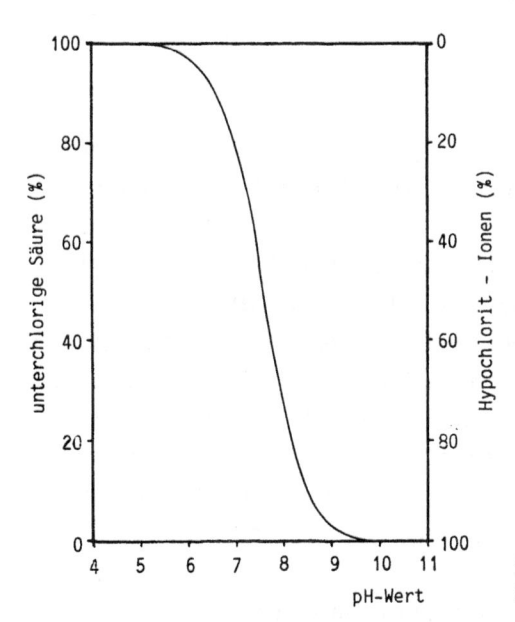

Abb. 7: Dissoziation der unterchlorigen Säure bei 20°C (ROESKE, 1980)

Antimikrobielle Wirkung:
Chlor besitzt ein breites Wirkungsspektrum, nur gegen Mykobakterien, Pseudomonaden, Bacillussporen und Pilze reichen die gebräuchlichen Chlorkonzentrationen von 0,3 - 0,6 µg/ml zu einer vollständigen Abtötung nicht aus (Tafel 7). Halogene reagieren allgemein sehr rasch, wobei Chlorabspalter im Vergleich zur Hypochloritlösung Chlor wesentlich langsamer freisetzen. Die keimtötenden Wirkkonzentrationen von frei verfügbarem Chlor in Form von Chlorgas, Chlordioxid oder unterchloriger Säure hängen sowohl von physikalisch-chemischen Faktoren (Temperatur, Zeit, pH-Wert) als auch von den Testorganismen ab. Chlordioxid hat die 2 1/2fache Oxidationswirkung von Chlor.

Seine verstärkte mikrobizide Wirkung bei höheren pH-Werten ist nicht auf eine chemische Veränderung im Molekül (Dissoziation o.ä.), sondern auf eine erhöhte Empfindlichkeit der Mikroorganismen zurückzuführen (HOFF, GELDREICH, 1981).

Freies Iod wirkt stärker als Chlor. Die angegebenen Wirkkonzentrationen streuen stark in Abhängigkeit von den getesteten Organismen (Tafel 8); über ihre sporozide Wirkung liegen widersprüchliche Ergebnisse vor. Da Halogene generell mit Eiweißen und anderen organischen Verunreinigungen reagieren, wird ihre Desinfektionswirkung in Anwesenheit organischer Verschmutzungen beeinträchtigt, weshalb gerade z.B. in den Bereichen der Lebensmittelindustrie eine Reinigung der Desinfektion vorausgehen muß (Abschn. 3.6.5).

Einsatzbereiche:
Im chemisch-technischen Bereich (vorwiegend Kühlwasserkreisläufen) werden Chlor, Hypochlorit, Chlordioxid und vereinzelt noch Chloramine als Mikrobizide mit konservierendem Charakter eingesetzt (Abschn. 3.4.1). Chlor und Chlordioxid werden neben der Kühlwasserbehandlung ausschließlich zur Desinfektion von Trink-, Bade- und Abwasser eingesetzt (Tab. 8). Natriumhypochlorit (= Chlorbleichlauge) findet breite Anwendung in der Lebensmittelindustrie zur Desinfektion der Produktionsanlagen (Abschn. 3.6.5). Vielfältig eingesetzt werden Chloramine vom Typ der N-Arylsulfonsäureamide. Neben ihrem Einsatz in der Lebensmittelindustrie und der Wasserdesinfektion finden sie Verwendung in Hände- und Flächendesinfektionsmitteln. Aufgrund ihres breiten Wirkungsspektrums werden sie trotz ihres Eiweißfehlers auch zur Desinfektion von Ausscheidungen herangezogen. Bei chemothermischen Waschverfahren werden neben Chloraminen noch Halane (Di- und Trichlorisocyanursäure) als chlorabspaltende Wirkstoffe eingesetzt. Die beiden Cyanursäurederivate werden in Molkereien zur Anlagendesinfektion verwendet; daneben sind sie auch in alkalischen Reinigungsspülern für den Haushalt enthalten; zur Toilettendesinfektion sind sie mit Detergentien kombiniert.

Bromid wird verschiedentlich Natriumhypochloritlösungen zur Wirksamkeitssteigerung beigemischt (Abschn. 3.6.5); daneben wird es auch zur Schwimmbadwasserdesinfektion verwendet (SCHWEINSBERG et al., 1982). Iod und Iodophore werden vor allem zur Hände- und Hautdesinfektion, zur präoperativen Desinfektion und vereinzelt auch noch in Flächendesinfektionsmitteln (ohne Reinigerzusätze) verwendet. Trink- und Badewasser wird mit Iod selten desinfiziert. In den Händedesinfektionsmitteln können Iodophore sowohl als einziger Wirk-

Tabelle 8: Einsatzbereiche mikrobizider Halogene

WIRKSTOFF	KONSERVIERUNG				DESINFEKTION										
	Lebensmittel	Arzneimittel	Kosmetika	Chem.-techn. Produkte	Hände	Haut	Flächen	Raum	Instrumente	Wäsche	Ausscheidungen	Sonstige	Molkereien	Brauereien	Fleischverarbeitung
Chlor												X[1]			
Chlordioxid												X[1]			
Natriumhypochlorit					X							X[1]	X	X	X
Chloramin B						X									
Chloramin T	X[2]				X	X			X	X			X	X	X
Di-,Trichlorisocyanursäure										X		X[3]	X		
Brom												X[4]			
Iod					X	X	X		X			X[5]	X		
PVP-Iod (Iodophor)					X	X	X						X		

[1] Trink-, Brauch-, Kühl-, Abwasser

[2] Obst- und Salatdesinfektion

[3] Toilettendesinfektion; alkalische Reinigungsmittel

[4] Badewasser

[5] Bade- und Trinkwasser

stoff als auch in Kombination mit Alkohol, Phenol oder Tensiden verwendet werden. Die iodophorhaltigen Präparate auf PVP-Basis enthalten meist 5 - 15 % PVP-Iod, was 0,5 - 1,5 % wirksamem Iod entspricht.

<u>Auswirkungen mikrobizider Halogenverbindungen in aquatischen Systemen:</u>
In der "Studie über den Einfluß von Kühlwasserbehandlungsmitteln auf die

Gewässer" (WUNDERLICH, 1978) werden die Wirkungen der als Kühlwassermikrobizide verwendeten Chlorverbindungen in Gewässern beschrieben: danach wirken bereits niedrige freie Chlorrestkonzentrationen schädlich auf die Fischbrut (TGK: 0,05 mg/l), Fische (TGK: 0,1 mg/l) und verschiedene Wirbellose (Wasserflöhe, Rädertiere, Bachflohkrebse). Die Einleitung von chlorbehandeltem Kühlwasser in die Vorfluter führt zur Fischarmut, da viele Fische bereits ab 0,01 mg Chlor/l mit Ausweichreaktionen reagieren. Mikrobiologische Prozesse im Vorfluter werden durch kurzzeitige Konzentrationen unter 3 µg/l nicht beeinträchtigt.

Bei organisch belastetem Wasser entstehen chlorierte Verbindungen (Chloramine, chlorierte Aromaten, Haloforme), die ihrerseits wieder toxisch wirken. In Kläranlagen ist kein freies Chlor nachweisbar, da dieses sich bereits im Abwassersammler mit den im Überschuß vorliegenden organischen Abwasserinhaltsstoffen chemisch umsetzt. Bei phenol- oder huminstoffhaltigen Abwässern können durch das Einleiten chlorhaltigen Wassers chlorierte aromatische Verbindungen entstehen. Außerdem reagiert Chlor mit Ammonium zu Chloraminen, die ihrerseits bakteriostatisch wirken. Von Trichlorisocyanurat ist bekannt, daß der nach der Chlorabspaltung verbleibende Rest nur sehr langsam hydrolytisch in CO_2 + H_2O gespalten wird.

2.2.5 Per-Verbindungen

Peroxide sind Verbindungen mit einer O-O-Struktur, die in wäßriger Lösung aktiven atomaren Sauerstoff abspalten. Mikrobizid einsetzbare Peroxide sind Wasserstoffperoxid, Natriumperborat, Kaliumpersulfat, Ozon und Peressigsäure (Tafel 9). Letztere ist eine Percarbonsäure, die aufgrund ihrer Struktur, ihrer antimikrobiellen Wirkungsweise und ihrer Einsatzbereiche - sie ist z.B. im Gegensatz zu den anderen Carbonsäuren nicht als Konservierungsmittel einsetzbar - eher den Peroxiden als den Carbonsäuren zugezählt wird. Peroxide zerfallen meist spontan und müssen daher stabilisiert werden, z.B. Wasserstoffperoxid mit Schwefel- oder Phosphorsäure; Natriumperborat mit EDTA (Ethylendiamintetraacetat) oder Magnesiumsilikat. Die unterchlorige Säure (HOCl) wirkt u.a. ebenfalls durch die Freisetzung atomaren Sauerstoffs; sie ist eine aktive Zwischenverbindung bei Chlorierungsprozessen.

Wirkungsmechanismus:
Die mikrobizid eingesetzten Peroxide sind starke, chemisch instabile Oxidationsmittel, die bei ihrem Zerfall entweder selbst aktiven Sauerstoff freisetzen (Wasserstoffperoxid, Ozon, Natriumperborat) oder in Lösung Wasser-

Tafel 9

Per-Verbindungen

*++ : gute Wirksamkeit   (+) : selektiv wirksam
+ : mäßig wirksam   - : unwirksam

VERBINDUNGEN	EINSATZBEREICHE		
Wasserstoffperoxid	Desinfektion: Hände:	+	Konservierung: ---
Natrium Perborat	Haut:	+	
Kaliumpersulfat	Flächen:	+	
Peressigsäure	Raum:	-	Sonstige: Bleichmittel
Ozon	Instrumente:	+	
	Wäsche:	+	
	Wasser:	+	Lebensmittelindustrie: Brauerei,
	Ausscheidungen:	-	Fleischverarbeitung

WIRKUNGSMECHANISMUS

Naszierender, atomarer Sauerstoff oxidiert Mercaptogruppen von Proteinen zu Disulfiden

WIRKUNGSSPEKTRUM*

Bakterien: Pilze: +(+)
grampositive: Sporen: +(+)   Viren: ++
             vegetative: ++
             Mykobakterien: +(+)
gramnegative: ++

MIKROBIZIDE WIRKKONZENTRATIONEN

Bakterizid: Wasserstoffperoxid   312 - 10.000 µg/ml (60 min)
           Kaliumpersulfat   64 - 256 µg/ml (60 min)
           Peressigsäure   10 µg/ml (5 min)
           Ozon   5 µg/ml (1 min)
Fungizid: Wasserstoffperoxid 2.500 - 10.000 µg/ml (60 min)
           Peressigsäure   25 µg/ml (5 min)
Viruzid: Peressigsäure   0,2 %ige Lösung (2-4 min)

VERTRÄGLICHKEIT

unverträglich mit: - Organischen Stoffen
                 - Metallen
                 - Alkalischen Lösungen
kombinierbar mit: Keine Daten

ÖKOTOXIKOLOGIE

- Zerfallsprodukte toxikologisch und ökologisch wenig bedenklich
- Bei Ozonisierung Aldehyde und Säuren als Reaktionsprodukte (GREENBERG, 1981); Trihalomethanvorstufen bei humin- oder fulvinsäurehaltigen Wässern (GOULD, 1981)

VORKOMMEN IM WASSER   Keine Daten

VERHALTEN IN DER KLÄRANLAGE

- Aktivsauerstoffverbindungen können auch zur Verbesserung der Leistungsfähigkeit von Kläranlagen durch Erhöhung des Sauerstoffangebotes eingesetzt werden (RIEBER, 1984)
- Peressigsäure ist leicht abbaubar.

BEMERKUNGEN

- Peressigsäure: Wirkung im Bereich von 4 - 37°C temperaturunabhängig (SCHLIESSER, WIEST, 1979)
- Starke Beeinflussung durch Milieu (Eiweißfehler)
- pH-Optimum: im schwach sauren Bereich; Peressigsäure zwischen pH 2,5 - 4
- Wasserstoffperoxid ist durch Schwefelsäure, Phosphorsäure oder Natriumdiphosphat stabilisierbar

stoffperoxid bilden (Kaliumpersulfat, Peressigsäure); Perborat setzt in Kombination mit Aktivatoren - Tetraacetyletylendiamin (TAED) bzw. Tetraacetylglykoluril (TAGU) - Peressigsäure frei. Die mikrobizide Wirkung der Peroxide beruht auf der Oxidation der Mercaptogruppen wichtiger Enzyme zu Disulfiden, wodurch die Stoffwechselvorgänge in der Bakterienzelle gestört werden.

Antimikrobielle Wirkung:
Peroxide wirken gegen alle Mikroorganismen mikrobizid, wobei gegen Pilze, Mykobakterien und Sporen meist aber höhere Wirkstoffkonzentrationen erforderlich sind (Tafel 9). Da die Peroxide mit vielen organischen und anorganischen Verunreinigungen reagieren, wird ihre mikrobizide Wirkung stark durch das Milieu beeinflußt. Ihre Instabilität und Reaktivität machen einen Einsatz als Konservierungsmittel über längere Zeiträume unmöglich. Wasserstoffperoxid, das als 30 %ige Lösung im Handel erhältlich ist, wirkt nur in relativ hohen Anwendungskonzentrationen keimtötend; aggressive Oxidationsmittel wie Peressigsäure und Ozon wirken 10 - 1.000mal stärker. Die Wirkung der Peressigsäure wird durch 33 %igen Alkohol gesteigert; sie wirkt gut gegen Kulturhefen, jedoch schlecht gegen Fremdhefen.

Einsatzbereiche:
Wasserstoffperoxid wird zur Keimzahlverminderung in Wasser (0,03 %) oder Trinkmilch (0,1 %) eingesetzt. Außerdem wird es zur Desinfektion korrosionsbeständiger Kunststoffteile im Krankenhausbereich, in Brauereien und in der Fleischverarbeitung verwendet (Tab. 9). Perborat wird Waschmitteln als Bleichmittel zugegeben, das durch Aktivatoren (TAGU, TAED) in seiner bleichenden/desinfizierenden Wirkung erheblich verstärkt wird; ansonsten wird es, wie alle Peroxide, meist in Mundwässern und -spülungen sowie zur Wundbehandlung verwendet. Kaliumpersulfat wird in der Liste der DGHM (1981) als Wirkstoff eines Präparates zur chemischen Wäschedesinfektion angegeben; bedeutender dürfte jedoch sein Einsatz zur Wundbehandlung sein. Peressigsäure wird vereinzelt zur Instrumenten- und Flächendesinfektion (Lebensmittelindustrie: Brauereien, Fleischverarbeitung; Abschn. 3.6.5) verwendet. Wegen seiner starken korrosiven Eigenschaften stößt seine Verwendung als Instrumentendesinfektionsmittel eher auf Schwierigkeiten als im Bereich der Flächendesinfektion. Zwar werden verschiedentlich Korrosionsinhibitoren den Präparaten zugegeben, es ist jedoch zu bedenken, daß die mikrobizide Eigenschaft auf der oxidierenden Aggressivität der Peroxide beruht und somit Probleme der Materialunverträglichkeit nie völlig zufriedenstellend zu lösen sind. Ein breiter Einsatz dieses instabilen Wirkstoffes wird durch Verbesserung seiner chemi-

Tabelle 9: Einsatzbereiche mikrobizider Per-Verbindungen

WIRKSTOFF	KONSER-VIERUNG				DESINFEKTION									
	Lebensmittel	Arzneimittel	Kosmetika	Chem.-techn. Produkte	Hände	Haut	Flächen	Raum	Instrumente	Wäsche	Ausscheidungen	Sonstige	Molkereien	Brauereien	Fleischverarbeitung
Wasserstoffperoxid					(X)	(X)			X			X^1		X	X
Kaliumpersulfat											X				
Natrium Perborat												X^2			
Peressigsäure							X		X					X	X
Ozon												X^3			

[1] Wasserdesinfektion

[2] als Bleichmittel in Waschmitteln

[3] Trink- und Badewasser

schen Stabilisierung jedoch immer wahrscheinlicher. Alternative Percarbonsäuren sind Perbenzoesäure, Monoperbernsteinsäure, Monoperglutarsäure u.a., die geruchsärmer und weniger korrosiv sind als die Peressigsäure. Ozon wird praktisch nur zur Trink- und Badewasserdesinfektion (0,5 - 4,0 mg/l) eingesetzt.

Auswirkungen mikrobizider Per-Verbindungen in aquatischen Systemen:
Gegenüber den Peroxiden bestehen keine ökologischen oder toxikologischen Bedenken, da Überschüsse, die noch nicht mit Mikroorganismen oder Abwasserinhaltsstoffen reagiert haben, in Wasser, Sauerstoff und im Falle der Peressigsäure noch in Essigsäure, einem natürlichen Metaboliten, zerfallen.

2.2.6 Alkohole

Allgemein werden alle Hydroxyderivate der Kohlenwasserstoffe als Alkohole bezeichnet. Je nach Anzahl und Stellung der OH-Gruppen unterscheidet man verschiedene Arten von Alkoholen, die zusätzlich noch halogeniert sein können. Als Mikrobizide werden eingesetzt:

a) einwertige Alkohole (eine OH-Gruppe):
- primäre Alkohole (endständige OH-Gruppe): Ethanol, 2-Chlorethanol, 1-Propanol, Benzylalkohol, Dichlorbenzylalkohol, Phenoxyethanol;
- sekundäre Alkohole (mittelständige OH-Gruppe): 2-Propanol, Trichlorisobutylalkohol;

b) zweiwertige Alkohole (zwei OH-Gruppen):
- Glykole (benachbarte OH-Gruppen; 1,2-Diole): 1,2-Propylenglykol;
- Diole (räumlich getrennte OH-Gruppen): Chlorophenesin, Brom-nitropropan-diol, Triethylenglykol.

5-Brom-5-nitro-1,3-dioxan ist eine heterocyclische Verbindung, die hier ebenfalls noch zu den Alkoholen gezählt wird, da sie sich durch Ringschluß (nach Reaktion mit HCHO) von 2-Brom-2-nitropropan-1,3-diol ableitet. Phenole werden trotz der OH-Gruppe am Benzolring nicht mehr den Alkoholen zugerechnet, da sie sich in ihrem gesamten chemischen Verhalten von diesen unterscheiden. Als Konservierungs- und Desinfektionswirkstoffe sind vor allem Ethanol, 1-Propanol, 2-Propanol und als Konservierungsstoffe Benzylalkohol, Dichlorbenzylalkohole, Brom-nitropropan-diol und Brom-nitro-dioxan von Bedeutung.

Wirkungsmechanismus:
Alkohole wirken meist in hohen Konzentrationen bakterizid durch Veränderung der Permeabilität der Cytoplasmamembran und durch die Koagulation lebenswichtiger Enzyme. In niedrigeren Konzentrationen wirken die Alkohole bakteriostatisch, indem sie die für das Wachstum erforderlichen Synthese von Zellbausteinen durch die Inaktivierung der entsprechenden Enzyme hemmen. Brom-nitropropan-diol spaltet Formaldehyd und Brom ab; es bildet Disulfidbindungen mit Thiolgruppen und hemmt so die Dehydrogenaseaktivität.

Antimikrobielle Wirkung:
Alkohole wirken in hohen Konzentrationen bakterizid. Pilze werden nicht von allen Alkoholen gleich gut abgetötet. Die viruzide Wirkung weist einige Lücken auf; Hepatitis-B-Viren werden von Ethanol in Konzentrationen über 80 % abgetötet. Die Wirksamkeit der Propanole ist umstritten. Alkohole sind gegen Sporen unwirksam. Die bakterientötende Wirkung aliphatischer, unverzweigter Alkohole nimmt mit der Kettenlänge - also dem lipophilen Charakter - zu; das Optimum liegt bei n-Hexanol; diese Wirkung wird durch Halogenierung noch gesteigert (Tafel 10). Unter den mikrobiziden Wirkstoffen besitzen die Alkohole die größte Abtötungsgeschwindigkeit; sie müssen jedoch in wesentlich

Tafel 10

Alkohole

*++ : gute Wirksamkeit   (+) : selektiv wirksam
+ : mäßig wirksam   - : unwirksam

VERBINDUNGEN	EINSATZBEREICHE	
Ethanol	Desinfektion: Hände: +	Konservierung: Lebensmittel: +
Propanol	Haut: +	Arzneimittel: +
Benzylalkohol	Flächen: +	Kosmetika: +
Glykole	Raum: +	Techn. Produkte: +
Chlorbutanol	Instrumente: -	
Chlorophenesin	Wäsche: -	Sonstige: Lösungsmittel; chemische Rohstoffe zur
Dichlorbenzylalkohol	Wasser: -	Herstellung von Estern, Tensiden u.a. Organika
Brom-nitropropan-diol	Ausscheidungen: -	
Brom-nitro-dioxan		Lebensmittelindustrie: ---

WIRKUNGSMECHANISMUS

Permeabilitätsänderungen der Cytoplasmamembran; Enzyminaktivierung und Störung des Wachstums durch Proteinkoagulation; schnell wirksam

WIRKUNGSSPEKTRUM*

Bakterien:
grampositive: Sporen: -
vegetative: ++
Mykobakterien: ++
gramnegative: ++

Pilze: +
Viren: (+)

MIKROBIZIDE WIRKKONZENTRATIONEN

Bakterizid: Ethanol   50 %ig ⎤
            1-Propanol   20 %ig │ Suspensionsversuch
            2-Propanol   40 %ig ├ (2 min + Nonionics
            1-Hexanol   5 %ig │ oder Anionics)
            1.3-Dichlorpropanol 5 %ig ⎦
            Benzylalkohol   25 - 2.000 µg/ml (24 h, 25°C)
            Chlorbutanol   625 - 1.000 µg/ml (72 h, 22°C)
Bakteriostatisch:
    Dichlorbenzylalkohol   500 - 1.000 µg/ml (4 d)
    Brom-nitropropan-diol   31 -   62 µg/ml (72 h, 37°C)
    Brom-nitro-dioxan   50 -   75 µg/ml (72 h, 37°C)
Fungizid: Chlorbutanol   625 - 1.000 µg/ml (72 h, 22°C)
Fungistatisch:
    Brom-nitropropan-diol 200 - 1.000 µg/ml (72 h, 37°C)
    Brom-nitro-dioxan   10 -   25 µg/ml (72 h, 37°C)
    Dichlorbenzylalkohol   250 -   500 µg/ml (4 d)

VERTRÄGLICHKEIT

unverträglich mit: - teilweise Nonionics,
                     Cationics und Anionics
                   - Polyvinylpyrrolidon (z.T.)
                   - Halogenen
kombinierbar mit: - Wasser
                   - teilweise Nonionics,
                     Cationics und Anionics
                   - Phenolen, Iodophoren,
                     Chlorhexidin, Phenylmercuriverbindungen, Wasserstoffperoxid, 8-Hydroxichinolin

ÖKOTOXIKOLOGIE

- Nur wenige Alkohole schädigen Protozoen, Günalgen und Daphnien in Konzentrationen unter 100 mg/l
- Für Goldorfen liegen die toxischen Grenzkonzentrationen der meisten Alkohole über 4.000 mg/l
- Höhermolekulare Alkohole wirken aufgrund ihres lipophilen Charakters toxischer als die kurzkettigen Derivate
- Halogenierte Alkohole sind schwerer abbaubar als nichthalogenierte Derivate

VERHALTEN IN DER KLÄRANLAGE   Keine Daten

VORKOMMEN IM WASSER   Keine Daten

BEMERKUNGEN

- pH-Optimum: schwach sauer; geringe Beeinflussung durch vorherrschendes Milieu
- Mikrobizide Wirkung: n-primärer Alkohol ▶ iso-primärer Alkohol ▶ sekundärer Alkohol ▶ tertiärer Alkohol

höheren Konzentrationen eingesetzt werden. Eine Grundvoraussetzung ihrer antimikrobiellen Wirkung ist ein je nach Alkoholart bestimmter Wassergehalt, der für eine Penetration des Alkohols in die Zelle wichtig ist. So entfaltet z.B. 96 %iger Ethanol nur eine konservierende Wirkung, während die 70 %ige Lösung rasch bakterizid wirkt. Alkohole sind im schwach sauren Bereich am wirkungsvollsten. Ihre antimikrobielle Wirkung wird wenig von organischen Verschmutzungen beeinträchtigt.

Einsatzbereiche:
Fast alle in Tabelle 10 aufgeführten Alkohole werden zur Konservierung von Kosmetika (Rasier- und Gesichtswässer, Shampoos, Badepräparate) - meist in Konzentrationen von 0,1-1,0 % - oder in pharmazeutischen und chemisch-technischen Produkten eingesetzt (Abschn. 3.3). Da Ethanol erst ab 15 % bakterio-

Tabelle 10: Einsatzbereiche mikrobizider Alkohole

WIRKSTOFF	KONSERVIERUNG				DESINFEKTION										
	Lebensmittel	Arzneimittel	Kosmetika	Chem.-techn. Produkte	Hände	Haut	Flächen	Raum	Instrumente	Wäsche	Ausscheidungen	Sonstige	Molkereien	Brauereien	Fleischverarbeitung
Ethanol	X	X	X	X	X	X	X								
1-Propanol			X		X	X	X								
2-Propanol			X		X	X	X								
Benzylalkohol		X	X												
1,2-Propylenglykol			X												
Triethylenglykol											X				
Dichlorbenzylalkohol			X		X										
2-Brom-2-nitropropan-1,3-diol		X	X	X								X[1]			
5-Brom-5-nitro-1,3-dioxan			X	X											

[1] Schleimbekämpfungsmittel

statisch wirkt , reicht sein Gehalt in Bier und Wein für eine konservierende Wirkung nicht aus, wohl aber in höherprozentigen Produkten. Im Lebensmittelbereich werden andere Alkohole wegen ihrer organoleptischen Eigenschaften (Geschmack, Geruch) aber auch wegen ihrer höheren Toxizität nicht verwendet. Zur Desinfektion von Händen, Haut und Flächen werden Ethanol, 1- und 2-Propanol eingesetzt. Dichlorbenzylalkohol ist ebenfalls noch vereinzelt in einigen Händedesinfektionsmitteln enthalten und Triethylenglykol wird ausschließlich zur Raumdesinfektion verwendet. Niedere Alkohole sind die Hauptwirkstoffe zur Hände- und Hautdesinfektion. Die Präparate werden konzentriert angewendet; bei den alkoholischen Flächendesinfektionsmitteln handelt es sich daher fast ausnahmslos um Desinfektionssprays. Längerkettige Alkohole kommen wegen ihres unangenehmen Geruchs nicht in Frage. Alkohole werden in der Lebensmittelindustrie nicht zur Anlagendesinfektion verwendet. Die Konzentrationen der Alkohole in den Präparaten variieren je nach Art des Alkohols bzw. der Alkoholkombinationen (BPI, 1984):

2-Propanol: durchschnittlich um 50 % (30 - 70 %)
1-Propanol + 2-Propanol: insgesamt durchschnittlich um 60 % (48 - 73 %)
Ethanol: durchschnittlich um 70 % (55 - 82 %)
Ethanol + 2-Propanol: insgesamt durchschnittlich um 70 % (51 - 88 %)

Die Alkohole sind in den Desinfektionsmitteln meist mit anderen antimikrobiellen Wirkstoffen, deren Anteil unter 0,5 % liegt, kombiniert: tensidische Zusätze unterstützen den Wirkungsmechanismus (Abschn. 2.1.2) und Phenole, Iod und Wasserstoffperoxid erweitern in Konzentrationen zwischen 1 - 5 % (BPI, 1984) das Wirkungsspektrum (viruzid, sporozid). Brom-nitropropan-diol und Brom-nitro-dioxan werden häufig zur Konservierung von Kühlschmiermitteln verwendet. Zur Konservierung von Shampoos, Badepräparaten, Spül- und flüssigen Waschmitteln werden sie auch oft mit Formaldehyd oder seinen Derivaten kombiniert.

Auswirkungen mikrobizider Alkohole in aquatischen Systmen:
Obwohl einige Alkohole bereits in niedrigen Konzentrationen auf verschiedene aquatische Ein- und Mehrzeller toxisch wirken (Abb. 8), sind von Alkoholen, die in Desinfektionsmitteln verwendet werden, keine negativen Auswirkungen in aquatischen Systemen zu erwarten, da sie bereits im Kanalnetz unter ihre bakteriostatisch wirksamen Konzentrationen verdünnt werden und in den meisten Fällen leicht metabolisierbar sind. Alkohole mit Halogenen und/oder aromatischen Resten, die vor allem in chemisch-technischen und teilweise noch im

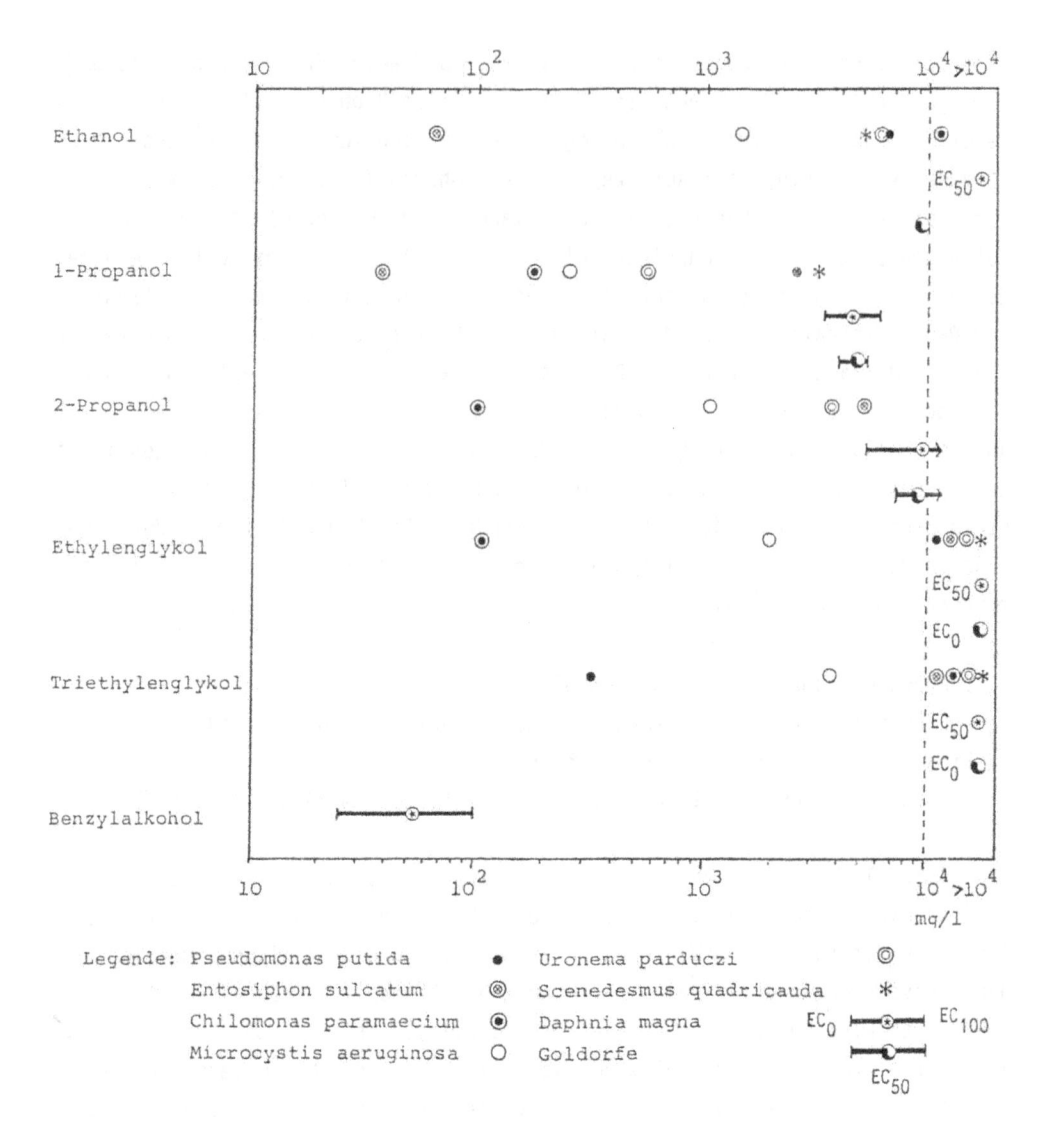

Abb. 8: Toxische Grenz- und Letalkonzentrationen einiger Alkohole (BRINGMANN, 1978; BRINGMANN et al., 1980; JUHNKE, LÜDEMANN, 1978)

kosmetischen Bereich eingesetzt werden, sind sowohl toxischer als auch schwerer abbaubar als die unhalogenierten Derivate.

2.2.7 Schwermetallverbindungen

Als mikrobizide Stoffe werden vor allem Silber-, Quecksilber- Zinn- und Zinkverbindungen verwendet:

- Silber wird in seiner metallischen Form und als Salz (z.B. Silbernitrat, -acetat, -citrat) eingesetzt;
- Von den Quecksilberverbindungen sind neben einigen anorganischen Salzen (z.B. $HgCl_2$, HgJ_2, HgS, $Hg(NO_3)_2$) vor allem die organischen Phenylmercuriverbindungen (Phenylquecksilberacetat, -chlorid, -borat, -nitrat u.a.) in der Praxis von Bedeutung;
- Bei den Organozinnverbindungen unterscheidet man je nach Art und Anzahl der vier möglichen Substituenten am Sn-Atom Mono-, Di-, Tri- und Tetraalkyl- bzw. -arylzinnverbindungen, von denen nur die Triorganozinnverbindungen (z.B. Tributylzinnoxid, Tributylzinnbenzoat, Triphenylzinnchlorid u.a.) als Mikrobizide verwendet werden;
- Die wichtigsten Zinkverbindungen (Zinkpyrithion, Zinkdithiocarbamat) werden an anderer Stelle (s. Abschn. 2.2.9) behandelt, da die antimikrobielle Wirkung nicht dem Zink selbst zuzuschreiben ist.

Wirkungsmechanismus:
Schwermetallverbindungen vermögen mit den Mercaptogruppen einiger in Proteinen (Ureasen, Oxidasen, Proteasen) enthaltenen Aminosäuren (Cystein, Glutathion) zu Metallsulfiden zu reagieren (HAHN, 1981). Eine Wachstumshemmung tritt ein, wenn ca. 25 % der Mercaptogruppen als Sulfide vorliegen; diese Reaktion ist umkehrbar. Silber und Quecksilber reagieren auch mit den Aminogruppen von Proteinen. Die Triorganozinnverbindungen blockieren die oxidative Phosphorylierung in den Zellmitochondrien, indem sie stabile Komplexe mit Stickstoff-, Carboxyl- und Sulfhydrylgruppen der Enzymproteine bilden (PLUM, 1981). Zink besitzt selbst keine "oligodynamische Metallwirkung". Es hat vielmehr die Aufgabe, Verbindungen schwerlöslicher zu machen, wodurch diese den Charakter von Depotwirkstoffen erhalten (Abschn. 2.2.9).

Antimikrobielle Wirkung:
Viele Schwermetalle sind bereits in Spuren toxisch für Mikroorganismen ("oligodynamische Metallwirkung"), weshalb sie bereits in sehr niedrigen Konzentrationen bakteriostatisch und fungistatisch wirken (Tafel 11). Sporen werden nicht von allen Schwermetallen (Silbernitrat, Phenylquecksilberborat) angegriffen; die virusinaktivierende Wirkung ist umstritten (HAHN, 1981). Die einzelnen Verbindungen unterscheiden sich zum Teil beträchtlich in ihrer antimikrobiellen Wirksamkeit: Silbernitrat und die meisten Phenylmercuriverbindungen wirken nur in höheren Konzentrationen fungistatisch, während die Triorganozinnverbindungen gegen Pilze besser wirken als gegen Bakterien; ihre biozide Wirkung gegen holzzerstörende Pilze ist ca. 10 - 15mal größer als die

Tafel 11

Schwermetallverbindungen

*++ : gute Wirksamkeit   (+) : selektiv wirksam
 + : mäßig wirksam   − : unwirksam

VERBINDUNGEN	EINSATZBEREICHE		
Silbersalze Organoquecksilber- verbindungen Triorganozinn- verbindungen	Desinfektion: Hände: Haut: Flächen: Raum: Instrumente: Wäsche: Wasser: Ausscheidungen:	+ + + − − + + −	Konservierung: Lebensmittel: − Arzneimittel: + Kosmetika: + Techn. Produkte: + Sonstige: Pestizide (Triorganozinnverbindungen) Lebensmittelindustrie: ---

WIRKUNGSMECHANISMUS

Denaturierung von Proteinen und Blockierung von Enzymen durch Reaktionen mit Mercaptogruppen zu Disulfiden; Blockierung der oxidativen Phosphorylierung durch Triorganozinnverbindungen

WIRKUNGSSPEKTRUM*

Bakterien:
grampositive: Sporen: (+)
vegetative: +
Mykobakterien: +
gramnegative: +

Pilze: +
Viren: (+)

MIKROBIZIDE WIRKKONZENTRATIONEN

Bakterizid: Silbercitrat   0,2 − 1,6 µg/ml (10 min, 37°C)
Silbernitrat   0,8 − 12,8 µg/ml (10 min, 37°C)
Bakteriostatisch:
  Silbernitrat   30,0 µg/ml
  Phenylmercurinitrat   0,1 − 2,0 µg/ml (72 h, 37°C)
  Phenylmercuriacetat   0,1 − 5,0 µg/ml (72 h, 37°C)
  Ethyl-Hg-thiosalicylat   0,2 − 8,0 µg/ml (72 h, 37°C)
  Bis-Tributylzinnoxid   8,0 − 16,0 µg/ml (24 h, 37°C)
Fungistatisch:
  Silbernitrat   50,0 µg/ml
  Phenylmercurinitrat   4,0 µg/ml (72 h, 37°C)
  Phenylmercuriacetat   8,0 − 16,0 µg/ml (72 h, 37°C)
  Ethyl-Hg-thiosalicylat   32 − 128 µg/ml (72 h, 37°C)
  Bis-Tributylzinnoxid   16,0 − 32,0 µg/ml (24 h, 37°C)

VERTRÄGLICHKEIT

unverträglich mit: − Proteinen, Schwefel-
  verbindungen
  − Hg: Anionics, Nonionics,
  Aluminium, Zink, Kupfer
kombinierbar mit: − Hg: Phenolen, waschaktiven
  Substanzen (teilweise)
  − Sn: Aldehyden, waschaktiven
  Substanzen

VORKOMMEN IM WASSER

− In Gewässern sind 0,1−1,0 µg Hg/l und bis zu 1,0 µg Sn/l nachweisbar; allgemein schwer nachzuweisen

ÖKOTOXIKOLOGIE

- Biomethylierung steigert Akkumulationsverhalten von Quecksilber (Methyl-Hg ist lipophiler als metallisches Hg)
- Süßwasserorganismen (LC_{50}): 8 − 2.000 µg Hg/l; schädliche Wirkungen bereits ab 0,1 µg Hg/l
- Toxische Wirkung von Triorganozinnverbindungen nimmt mit zunehmender Kettenlänge ab: Trimethylverbindungen sind hochtoxisch, Trioctylverbindungen sind praktisch ungiftig
- Daphnien, Tubifex (LC_{50}): 2-10 µg TBTO/l, Fische (LC_{50}, 48 h): 30-50 µg TBTO/l (POLSTER, HALACKA, 1971)

VERHALTEN IN DER KLÄRANLAGE

- TBTO nur von wenigen Bakterienarten abbaubar; Abbau in Laborbelebtschlammanlage zu mehr als 87 % erst nach 13-wöchiger Adaptationszeit; Stoßbelastungen führen zur Leistungsabnahme nichtadaptierter Klärsysteme
- Viele Schwermetalle können sich im Klärschlamm anreichern und/oder als Komplexe bzw. Chelate vorliegen

BEMERKUNGEN

- Hoher Eiweißfehler; Resistenzausbildung (Hg); synergistische Wirkung von Hg-Derivaten mit Phenolen und Tensiden
- Organozinnverbindungen sind photosensibel, sind aber durch Carbonsäuren u.a. Organika stabilisierbar

von Pentachlorphenol. Die organischen Quecksilbersalze besitzen aufgrund ihres lipophilen Charakters eine höhere mikrobiostatische Wirkung als die anorganischen Salze.

Da Schwermetalle mit Eiweißen und schwefelhaltigen Verbindungen reagieren, wird die antimikrobielle Wirkung stark durch das Milieu beeinträchtigt (Eiweißfehler). Darüberhinaus sind Quecksilberverbindungen unverträglich mit anionischen und nichtionischen Tensiden sowie mit verschiedenen Metallen (Amalgambildung), was bei den Organozinnverbindungen nicht zu beobachten ist. Die einzelnen Phenylmercuriverbindungen unterscheiden sich voneinander nur geringfügig in ihrer antimikrobiellen Wirkung, während diese bei den Trialkylzinnverbindungen von der Kettenlänge der Alkylreste abhängt (BOKRANZ, PLUM, 1975). Am wirksamsten sind die Tripropyl- und Tributylzinnverbindungen. Kürzere oder längere Alkylgruppen verringern die mikrobentoxischen Eigenschaften. Von den Arylverbindungen zeigen lediglich die Triphenylderivate (z.B. Triphenylzinnacetat) ähnliche antimikrobielle Wirkung wie die Trialkylzinnverbindungen. Der Säurerest hat keinen Einfluß auf die mikrobizide Aktivität.

Einsatzbereiche:
Der Einsatz mikrobizider Schwermetallverbindungen ist begrenzt (Tab. 11). Silber und seine Salze werden vereinzelt zur Konservierung pharmazeutischer Zubereitungen und zur Haltbarmachung bzw. Desinfektion von Trinkwasser (10 µg Ag^+/l) verwendet. Seine zulässige Höchstkonzentration darf im Trinkwasser 10 µg Ag^+/l nur im Ausnahmefall (bei nichtsystematischem Gebrauch bis zu 80 µg Ag^+/l) überschreiten. Daneben wird es hauptsächlich zur Wundbehandlung (z.B. Silbernitrat) und Therapie von Verbrennungen und Verletzungen (z.B. kolloidales Silber) verwendet. Anorganische Quecksilbersalze dienen ausschließlich der Wunddesinfektion. Organoquecksilberverbindungen werden in Arzneimitteln (Augentropfen, Seren) und Kosmetika (Shampookonzentrate) in Konzentrationen unter 0,01 % eingesetzt. Die Verwendung in Hände- und Hautdesinfektionsmitteln ist rückläufig wegen der möglichen Resorption der Organometallverbindungen durch die Haut (HAHN, 1981).

Phenylmercuriverbindungen werden ebenso wie Tributylzinnoxid im chemischtechnischen Bereich zur Konservierung von Dispersionsfarben (0,02 - 0,05 % als Hg bzw. 0,5 - 1,0 % TBTO), Lacken und technischen Emulsionen eingesetzt; beide Verbindungstypen finden auch als Herbizide und Fungizide (Antifoulinganstriche bei Schiffen) Verwendung. Tributylzinnverbindungen werden verein-

Tabelle 11: Einsatzbereiche mikrobizider Schwermetallverbindungen

WIRKSTOFF	KONSERVIERUNG				DESINFEKTION										
	Lebensmittel	Arzneimittel	Kosmetika	Chem.-techn. Produkte	Hände	Haut	Flächen	Raum	Instrumente	Wäsche	Ausscheidungen	Sonstige	Molkereien	Brauereien	Fleischverarbeitung
Silber und Silbersalze	X				X^1							X^2			
Anorganische Quecksilbersalze					X^1										
Phenylquecksilberderivate		X	X	X	X	X									
Ethylmercurithiosalicylat		X	X												
Bis-Tributylzinnoxid				X			X			X					

[1] Wunddesinfektion
[2] Trinkwasser

zelt auch als Wirkstoffe in Flächen- und Wäschedesinfektionsmitteln verwendet; zu diesem Zweck sind sie jedoch stets mit anderen Wirkstoffen (Formaldehyd, Glyoxal) kombiniert. Wegen der geringeren Flüchtigkeit und besseren bioziden Wirkung einiger Tributylzinnverbindungen (TBTO, TBTF, TBTS) im Vergleich zu Pentachlorphenol werden diese in großem Umfang als Holzschutzmittel verwendet; ihre geringe Lichtbeständigkeit wird durch Carbonsäuren und andere organische Verbindungen stabilisiert.

Auswirkungen mikrobizider Schwermetallverbindungen in aquatischen Systemen:
Quecksilber gehört unter den Schwermetallen zu den "klassischen" Umweltchemikalien und war schon sehr früh Gegenstand zahlreicher ökotoxikologischer Untersuchungen. Einer Literaturübersicht zufolge wird es im Bereich von 0,1 - 1,0 µg/l in Gewässern nachgewiesen; die für verschiedene Süßwasserorganismen ermittelten LC_{50}-Werte liegen zwischen 8 - 2.000 µg Hg/l, wobei jedoch schon mindestens ab 0,1 µg Hg/l - also im Bereich der in den Gewässern nachgewiese-

nen Konzentrationen - Schäden möglich sind. Der Anteil mikrobizider Stoffe an der Quecksilberkontamination der Gewässer ist sicher im Vergleich zu den Emissionen aus der Chemischen Industrie und Metallurgie als gering einzustufen. Zinn ist im Wasser schwer nachweisbar; es wurden Werte gemessen, die bei 1 µg Sn/l liegen. Tributylzinnverbindungen wirken stark toxisch auf Wasserorganismen (2 - 50 µg TBTO/l).

2.2.8 Säuren und Alkalien

Die S Ä U R E N und ihre Derivate sind eine sehr heterogene Gruppe innerhalb der Mikrobizide, deren einzelne Verbindungen sich nicht nur strukturell, sondern auch in ihrer Wirkungsweise und somit in ihrer Anwendbarkeit unterscheiden. Sie können in drei Gruppen eingeteilt werden:
1. Carbonsäuren und ihre Ester (Tafel 12): hierzu zählen die zur Konservierung verwendeten Alkan- und Alkenmonocarbonsäuren, einige ihrer halogenierten Derivate, aromatische Carbonsäuren und die PHB-Ester (Peressigsäure wird den Peroxiden zugerechnet; Abschn. 2.2.5).
2. Carbonsäureamide (Tafel 13): sind Carbonsäurederivate, bei denen die Hydroxylfunktion der Carboxylgruppe durch eine Aminogruppe ersetzt ist (R-CONH-R). Zu den Amiden gehören Salicylanilide und Harnstoffderivate (= Carbamide). Von den letzteren wird in diesem Abschnitt nur auf die eingegangen, die nicht als Formaldehydabspalter wirken (Abschn. 2.2.1), wie z.B. das 3,3,4'-Trichlorcarbanilid (TCC). Von den Carbonsäureamiden sind außerdem noch die Benzamidine (R-CNHNH$_2$) ableitbar.
3. Anorganische Säuren (Tafel 14): zu dieser Gruppe zählen die in der Lebensmittelkonservierung eingesetzten verschiedenen Sulfite und die zur Anlagendesinfektion in der Lebensmittelindustrie verwendeten Säuren (Phosphor-, Schwefel- und Salpetersäure).

Die A L K A L I E N (Tafel 14) entfalten ihre antimikrobielle Wirkung durch pH-Veränderungen; sie werden wie die anorganischen Säuren zur Reinigung und (Vor)desinfektion in der Lebensmittelindustrie verwendet (Natronlauge, Kalilauge und Natriumsilikate). Im folgenden werden der Übersichtlichkeit halber die antimikrobiellen Wirkungen, Einsatzbereiche und Auswirkungen in aquatischen Systemen für Carbonsäuren und PHB-Ester, Carbonsäureamide sowie für anorganische Säuren und Alkalien getrennt erläutert.

Tafel 12

Carbonsäuren und PHB-Ester

*++ : gute Wirksamkeit (+) : selektiv wirksam
+ : mäßig wirksam − : unwirksam

VERBINDUNGEN		EINSATZBEREICHE	
Sorbinsäure	Essigsäure	Desinfektion: ---	Konservierung: Lebensmittel: +
Benzoesäure	Milchsäure		Arzneimittel: +
Ameisensäure	Halogenessigsäure		Kosmetika: +
Propionsäure	PHB-Ester	Lebensmittelindustrie: Brauerei	Techn. Produkte: +

WIRKUNGSMECHANISMUS

Undissoziierter lipophiler Säureanteil hemmt Stoffwechselenzyme (z.B. Citratcyclus), zerstört Zellmembranen, hemmt unspezifisch den aktiven Transport durch die Cytoplasmamembran oder bewirkt Proteindenaturierung; Sorbinsäure geht über ihre Doppelbindungen kovalente Bindungen mit SH-Gruppen von Enzymen ein (HEISS, EICHNER, 1984); Milch-, Essigsäure wirken über pH-Absenkung

WIRKUNGSSPEKTRUM*

Bakterien: Pilze: +
grampositive: Sporen: − Viren: (+)
 vegetative: ++
 Mykobakterien: ++
gramnegative: ++

MIKROBIZIDE WIRKKONZENTRATIONEN

Bakteriostatisch:
Ameisensäure	625 - 1.250 µg/ml (72 h, pH 5,2-6)
Propionsäure	1.250 - 3.000 µg/ml (72 h, pH 3,9)
Sorbinsäure	50 - 500 µg/ml (24 h, pH 6,0)
Salicylsäure	1.250 - 2.500 µg/ml (72 h, pH 3,2)
Benzoesäure	50 - 500 µg/ml (72 h, pH 6,0)
PHB-Methylester	800 - 1.000 µg/ml (24 h, 22°C)
PHB-Ethylester	500 - 800 µg/ml (24 h, 22°C)
PHB-Propylester	150 - 400 µg/ml (24 h, 22°C)
PHB-Benzylester	50 - 175 µg/ml (24 h, 22°C)

Fungistatisch:
Ameisensäure	1.250 - 2.500 µg/ml (72 h, pH 5,2)
Propionsäure	2.000 µg/ml (72 h, pH 3,9)
Sorbinsäure	25 - 500 µg/ml (72 h, pH 6,0)
Salicylsäure	2.500 µg/ml (72 h, pH 3,2)
Benzoesäure	500 - 1.000 µg/ml (72 h, pH 6,0)
PHB-Methylester	500 - 1.000 µg/ml (24 h, 22°C)
PHB-Ethylester	250 - 800 µg/ml (24 h, 22°C)
PHB-Propylester	125 - 250 µg/ml (24 h, 22°C)
PHB-Benzylester	75 - 100 µg/ml (24 h, 22°C)

VERTRÄGLICHKEIT

unverträglich mit: - Nonionics (Carbonsäuren)
 - Proteinen, Nonionics, Anionics (PHB-Ester)

kombinierbar mit: - einigen Aldehydabspaltern, Isothiazolinen und Bromnitropropan-diol (PHB-Ester)

ÖKOTOXIKOLOGIE

- Bakterien (NOEC, 30 min): Brom-, Chloressigsäure größer als 1.000 mg/l
- Hautreizungen, Sensibilisierungen: Ameisen-, Sorbin-, Benzoesäure; PHB-Ester

VORKOMMEN IM WASSER

Keine Daten

VERHALTEN IN DER KLÄRANLAGE

- Chloressigsäure nach Voradaptation zu 100 % abbaubar (OECD-Screening- und Closed-Bottle-Test)
- Closed-Bottle-Test (ohne Voradaptation): Chloressigsäure 25-43 % BSBT, Bromessigsäure 21 % BSBT
- Carbonsäuren sind aufgrund ihrer Ähnlichkeit mit natürlichen Metaboliten in der Regel gut abbaubar

BEMERKUNGEN

- pH-Optimum: bis pH 3 - 4: Ameisensäure
 bis pH 5: Benzoesäure, Salicylsäure
 bis pH 6: Sorbin-, Propion-, Essig- und Dehydracetsäure
 pH 3-9,5: PHB-Ester
- PHB-Ester sind bei Temperaturerhöhung fettlöslicher (Erhöhung des Verteilungskoeffizienten) und instabiler

Tafel 13

Carbonsäureamide

VERBINDUNGEN	EINSATZBEREICHE	
Chloracetamide	Desinfektion: ---	Konservierung: Lebensmittel: -
Salicylanilide		Arzneimittel: -
Trichlorcarbanilid (TCC)	Lebensmittelindustrie: ---	Kosmetika: +
Benzamidine		Techn. Produkte: +

WIRKUNGSMECHANISMUS	WIRKUNGSSPEKTRUM
Keine Daten	Bakterien: statische Wirkung
	Pilze: statische Wirkung
MIKROBIZIDE WIRKKONZENTRATIONEN	Viren, Sporen: unwirksam

Bakteriostatisch:
- Chloracetamid 2.000 - 3.000 µg/ml (72 h)
- 3,5,4'-Tribromsalicylanilid 0,3 - 75 µg/ml (48 h)
- 3,4,4'-Trichlorcarbanilid 0,5 - 10 µg/ml (48 h)
  (1.000 µg/ml bei Ps. aeruginosa)
- Propamidin 100 - 500 µg/ml (72 h)

Fungistatisch:
- Chloracetamid 500 µg/ml (72 h)
- 3,5,4'-Tribromsalicylanilid 3 - 50 µg/ml (48 h)
- 3,4,4'-Trichlorcarbanilid 50 - 500 µg/ml (7 d)
- Propamidin 100 - 500 µg/ml (72 h)

VERTRÄGLICHKEIT

unverträglich mit: - Nonionics (Carb- und Salicylanilide), Proteinen (Bromsalicylanilide)

kombinierbar mit: - vielen Tensiden, Proteinen (Chloracetamid)
- Anionics, Cationics (Bromsalicylanilide)

ÖKOTOXIKOLOGIE

- Abbau von 3,4,4'-Trichlorcarbanilid ergibt als primäres Abbauprodukt das relativ persistente und stark toxische 3,4-Dichloranilin, dessen akute und chronische Toxizität für Daphnien zwischen 0,4 - 0,1 mg/l (24 h bzw. 3 w) beträgt (ADEMA, VINK, 1981)

VORKOMMEN IM WASSER

Keine Daten

VERHALTEN IN DER KLÄRANLAGE

Keine Daten

CARBONSÄUREN UND PHB-ESTER

Antimikrobielle Wirkung:

Die Carbonsäuren wirken nur in ihrer undissoziierten lipophilen Form antimikrobiell. In der dissoziierten Form sind sie hydrophil und gegen Mikroorganismen weitgehend unwirksam (AEBI, 1978). Die mikrobizide Wirkung der Carbonsäuren hängt von ihrem spezifischen Dissoziationsvermögen ab. Mittels ihrer Dissoziationskonstante läßt sich für die Carbonsäuren der prozentuale Anteil an nichtdissoziierter Säure für jeden pH-Wert ermitteln (Tab. 12). Stärkere Säuren wirken nur im stark sauren Bereich, da sie nur bei niedrigen pH-Werten in der antimikrobiell wirksamen, undissoziierten Form vorliegen.

Tafel 14

Anorganische Säuren und Alkalien

VERBINDUNGEN		EINSATZBEREICHE	
Sulfite	Phosphorsäure	Desinfektion: ---	Konservierung: Lebensmittel: +
Bisulfite	Salpetersäure		Arzneimittel: +
Pyrosulfite	Na-Silikate	Lebensmittelindustrie: Molkerei, Brauerei	Kosmetika: +
Schwefeldioxid	Soda	Fleischverarbeitung	Techn. Produkte: -
Borsäure	Natronlauge		
Schwefelsäure	Kalilauge		

WIRKUNGSMECHANISMUS

Sulfite und Bisulfite wirken sowohl durch pH-Absenkung als auch durch den undissoziierten Teil der Säure (stärkere Wirkung) und hemmen Enzymsysteme mit SH-Gruppen; Borsäure blockiert Enzyme des Phosphatstoffwechsels; OH-Ionen der Alkalien hydrolysieren besonders bei höheren Temperaturen die Säureamidbindungen der Mikrobenzellwand

WIRKUNGSSPEKTRUM

Die meisten anorganischen Säuren und Alkalien wirken mehr oder weniger gegen alle Mikroorganismen; Ausmaß der Wirkung - mikrobizid/mikrobistatisch - ist konzentrationsabhängig

MIKROBIZIDE WIRKKONZENTRATIONEN

Bakteriostatisch: Na-Bisulfit   50 -   200 µg/ml (72 h, pH 6)
                 Borsäure   500 - 2.000 µg/ml (72 h)
Fungistatisch: Na-Bisulfit 100 -   400 µg/ml (72 h, pH 4)
                 Borsäure   250 -   500 µg/ml (72 h)

VERTRÄGLICHKEIT

unverträglich mit: - Metallen, PVC, Polyester, Säuren (Alkalien)
                   - Alkalien, Metallen (Säuren)
kombinierbar mit: - Iodophoren, Tensiden

ÖKOTOXIKOLOGIE

Störungen enzymatischer Prozesse durch pH-Veränderungen bei vielen Wasserorganismen möglich

VORKOMMEN IM WASSER   Keine Daten

VERHALTEN IN DER KLÄRANLAGE

Störungen sind bei genügender Säurekapazität bzw. nach Neutralisation des Abwassers nicht zu erwarten; über Probleme der Aufsalzung nach Neutralisationsmaßnahmen ist nichts bekannt

Schwache Säuren dagegen sind auch noch im schwach sauren bis neutralen Bereich wirksam. Unter den Estern der Carbonsäuren sind nur die der p-Hydroxybenzoesäure - die sogenannten PHB-Ester - von Bedeutung. Sie wirken wie die Carbonsäuren, sind aber im Gegensatz zu diesen in ihrer Wirksamkeit weitgehend pH-unabhängig (pH 3 - 9,5).

Das Wirkungsspektrum der Carbonsäuren und PHB-Ester umfaßt Bakterien, Hefen und Schimmelpilze. Dabei wirken die einzelnen Konservierungsstoffe unterschiedlich gut auf die einzelnen Mikroorganismenarten (Tab. 13). Bei den PHB-

Estern nimmt die mikrobizide Wirkung mit steigender Kettenlänge zu: der Benzylester wirkt ca. 5 - 10mal besser als der Methylester.

Tabelle 12: Dissoziation von Carbonsäuren in Abhängigkeit vom pH-Wert (WALLHÄUSSER, 1984)

Konservierungsstoff	Dissoziations- konstante	undissoziierter Säureanteil in % bei pH				
		3,0	4,0	5,0	6,0	7,0
schweflige Säure	$1,54 \cdot 10^{-2}$	6	0,6	0,06	0,01	0
Salicylsäure	$1,07 \cdot 10^{-3}$	48	9	1	0,1	0,01
Ameisensäure	$1,77 \cdot 10^{-4}$	85	36	5	0,6	0,06
p-Chlorbenzoesäure	$9,30 \cdot 10^{-5}$	92	52	10	1,1	0,1
Benzoesäure	$6,46 \cdot 10^{-5}$	94	61	13	1,5	0,15
p-Hydroxibenzoesäure	$3,30 \cdot 10^{-5}$	97	75	23	2,9	0,3
Essigsäure	$1,76 \cdot 10^{-5}$	98	85	36	5,4	0,6
Sorbinsäure	$1,73 \cdot 10^{-5}$	98	85	37	5,5	0,6
Propionsäure	$1,32 \cdot 10^{-5}$	99	88	43	7,0	0,8
Dehydracetsäure	$5,30 \cdot 10^{-6}$	100	95	65	15,5	1,9
Hydrogensulfit	$1,02 \cdot 10^{-7}$	100	100	99	91	50
Borsäure	$7,30 \cdot 10^{-10}$	100	100	100	100	99

Tabelle 13: Wirkungsspektrum von Konservierungsstoffen

Konservierungsstoff	Bakterien	Hefen	Schimmelpilze
Sorbinsäure (+ Salze)	+	+++	+++
Benzoesäure (+ Salze)	++	+++	+++
PHB-Ester (+ Salze)	++	+++	+++
Ameisensäure	+	++	+

geringe (+), mittlere (++), gute (+++) Wirkung

Einsatzbereiche:
Carbonsäuren und PHB-Ester werden vor allem zur Konservierung von Lebensmitteln, Kosmetika und pharmazeutischen Produkten verwendet; im chemisch-technischen Bereich sind sie seltener vertreten (Tab. 14). In Brauereien (Abschn. 3.6.5) werden in zunehmendem Maße halogenierte Essigsäuren in Ver-

Tabelle 14: Einsatzbereiche mikrobizider Säuren und Alkalien

WIRKSTOFF	KONSERVIERUNG				DESINFEKTION										
	Lebensmittel	Arzneimittel	Kosmetika	Chem.-techn. Produkte	Hände	Haut	Flächen	Raum	Instrumente	Wäsche	Ausscheidungen	Sonstige	Molkereien	Brauereien	Fleischverarbeitung
Ameisensäure	X	X													
Essigsäure	X	X													
Propionsäure	X	X													
Sorbinsäure	X	X	X												
Benzoesäure	X	X	X	X											
Salicylsäure		X	X												
Dehydracetsäure		X	X	X											
PHB-Ester	X	X	X												
Chloracetamid			X	X											
Bromsalicylanilide				X											
Trichlorcarbanilid (TCC)			X												
Halogenessigsäuren													X		
Sulfite und Bisulfite	X	X													
Borsäure		X	X												
Phosphorsäure													X	X	X
Schwefelsäure														X	
Salpetersäure													X	X	
Natronlauge													X	X	X
Kalilauge													X	X	X
Natriumsilikate													X	X	X
Soda													X	X	X

bindung mit anorganischen Säuren (z.B. Schwefelsäure) zur Desinfektion eingesetzt (DILLY, 1984). Als Konservierungsstoffe dürfen in Lebensmitteln (Abschn. 2.1.4, Zusatzstoffzulassungsverordnung ZZUL, 1981) von den Carbonsäuren nur Ameisen-, Propion-, Sorbin- und Benzoesäure in vorgeschriebenen Höchstmengen verwendet werden; von den PHB-Estern sind nur die Methyl-, Ethyl- und Propylester zugelassen. Essig- und Milchsäure sind uneingeschränkt einsetzbar. Wegen ihrer toxischen Wirkung sind folgende Säuren inzwischen als Konservierungsstoffe in Lebensmitteln verboten: Salicyl-, Dehydracet-, 4-Chlorbenzoe-, Bromessig- und Chloressigsäure.

Zur Konservierung von Arzneimittelzubereitungen werden, die zur Konservierung von Lebensmitteln zugelassenen Carbonsäuren und PHB-Ester (ausgen. Ameisen- und Propionsäure) verwendet (Abschn. 3.3.1). Darüberhinaus werden auch noch Salicyl- und Dehydracetsäure sowie vereinzelt noch der ansonsten verbotene, kanzerogen wirkende Ester ß-Propiolacton eingesetzt.

Praktisch alle Carbonsäuren und PHB-Ester sind in Kosmetika als Konservierungsmittel verwendbar (Abschn. 3.3.2); ihr Einsatz wird durch die KOSMETIK-VERORDNUNG (1982) geregelt. Die Verwendung der Dehydracet- und Ameisensäure sowie der Sorbinsäure- und PHB-Benzylester ist nur noch bis zum 31.12.1985 gestattet.

Im chemisch-technischen Bereich (Abschn. 3.3.3) ist nur die Dehydracetsäure als Konservierungsmittel weit verbreitet. Sorbinsäure, Benzoesäure und PHB-Ester werden für die Lagerkonservierung und für antimikrobielle Wandanstriche verwendet. In Kunststoffdispersionen, die dem Lebensmittelgesetz unterliegen, kann Benzoesäure in Konzentrationen bis zu 0,5 % zugegeben werden.

Als Desinfektionsmittel werden von den Carbonsäuren nur halogenierte Derivate, insbesondere Monochlor-, Monojod- und Monobromessigsäure in Brauereien eingesetzt (DILLY, 1983). Da sie nur im sauren Medium wirken, werden sie meist mit anorganischen Säuren kombiniert. In Desinfektionsmitteln für den Haushalt- und Hygienebereich finden sie keine Verwendung.

Auswirkungen mikrobizider Carbonsäuren und PHB-Ester in aquatischen Systemen:
Über die Auswirkungen von Carbonsäuren und ihren Estern in aquatischen Systemen liegen wenig Informationen vor. Die zur Haltbarmachung von Lebensmitteln zugelassenen Konservierungsstoffe werden im menschlichen Organismus

metabolisiert, so daß davon ausgegangen werden kann, daß dies auch für Mikroorganismen im Wasser gilt, zumal diese in ihrer metabolischen Potenz die menschlichen Stoffwechselsysteme bei weitem übertreffen.

Für die vor allem in Brauereien verwendeten Desinfektionswirkstoffe Chlor- und Bromessigsäure wurden in einem Bakterienkurzzeittest eine "no observed effect concentration" (NOEC) - also eine maximale Konzentration ohne Störung - von über 1.000 mg/l für beide Verbindungen bestimmt. Da Chlor- und Bromessigsäure außerdem generell abbaubar sind, sind seitens dieser Verbindungen Beeinträchtigungen von Kläranlagen durch bestimmungsgemäße Einleitungen unwahrscheinlich.

CARBONSÄUREAMIDE

Antimikrobielle Wirkung:

Zu den wichtigsten Carbonsäureamiden zählen die Chloracetamide, Salicylanilide, Trichlorcarbanilid (Harnstoffderivat) und die Benzamidine. Sie wirken vor allem bakteriostatisch und fungistatisch; über den genauen Wirkungsmechanismus liegen keine Informationen vor. Die minimalen Hemmkonzentrationen der Chloracetamide liegen im Bereich von 500 - 3.000 µg/ml. Weitaus wirksamer sind die halogenierten Salicylanilide, die bereits in Konzentrationen unter 100 µg/ml mikrobistatisch wirken. Die keimhemmende Wirkung der Salicylanilide wird durch Halogensubstituenten erhöht; ihre beste Wirkung entfalten sie, wenn die OH-Gruppe in o-Stellung zur COOH-Gruppe steht und jeder Benzolring mindestens ein Halogenatom besitzt. Ähnlich gut wirksam ist auch das 3,4,4-Trichlorcarbanilid. Zur Hemmung von einigen Schimmelpilzen und Pseudomonas aeruginosa sind jedoch höhere Konzentrationen erforderlich. Auch bei den Trichlorcarbaniliden ist die antimikrobielle Wirkung von der Stellung der Chloratome abhängig: in o-Stellung vermindern sie die Wirksamkeit. Benzamidine wirken zwischen 1 - 500 µg/ml mikrobiostatisch; eine Halogenierung (Dibrompropamidin, Dibromhexamidin) steigert die antibakterielle, jedoch kaum die fungistatische Wirksamkeit.

Einsatzbereiche:

Carbonsäureamide werden mit Ausnahme von TCC ausschließlich zur Konservierung kosmetischer und chemisch-technischer Produkte verwendet (Tab. 14). 2-Chloracetamid und N-Methylolchloracetamid werden in der Kosmetik zur Konservierung von Schaumbädern und Shampoos in Konzentrationen bis zu 0,3 % verwendet. Ihre Verwendung ist vorläufig nur bis zum 31.12.1985 gestattet (KOSMETIKVERORD-

NUNG, 1982). Im technischen Bereich dienen beide Wirkstoffe zur Konservierung flüssiger Waschrohstoffe, Farben, Leime und anderer technischer Emulsionen. Die halogenierten Salicylanilide - insbesondere die Di- und Trihalogenderivate - verlieren als Konservierungsmittel von Kosmetika aufgrund nachgewiesener photosensibilisierender Eigenschaften an Bedeutung. Sie werden nur noch im chemisch-technischen Bereich zur Konservierung von Papier, Plastik und Gummi eingesetzt. 3,4,4'-Trichlorcarbanilid (TCC) darf bis zum 31.12.1985 verschiedenen Kosmetika - vor allem antiseptischen Seifen, Shampoos, Haut- und Rasiercremes - in Konzentrationen bis zu 0,2 % zugesetzt werden (KOSMETIKVERORDNUNG, 1982). Die durch zusätzliche thermische Behandlung der mit TCC versehenen Produkte entstehenden Chloraniline schränken ihre Verwendung aus toxikologischen Gründen gerade in Babykosmetika ein. TCC wird in einigen Desinfektionsmitteln eingesetzt. Benzamidine dürfen in Kosmetika in Konzentrationen bis zu 0,1 % verwendet werden (KOSMETIKVERORDNUNG, 1982). Bevorzugte Produkte sind nicht bekannt.

Auswirkungen mikrobizider Carbonsäureamide in aquatischen Systemen:
Die toxikologischen Angaben zu dieser Verbindungsgruppe beziehen sich im wesentlichen nur auf Kleinsäugetiere und Menschen. Eine negative Beeinflussung aquatischer Systeme (natürliche Gewässer, Kläranlagen) durch Carbonsäureamide läßt sich schwer abschätzen: die unchlorierten Derivate sind ähnlich gut abbaubar wie die Carbonsäuren, wohingegen die halogenierten Amide zum Teil sehr persistent sind und unter Umständen Kläranlagen passieren und im Vorfluter noch auf Wasserorganismen toxisch wirken können. Die toxischen Grenzkonzentrationen für Fische liegen im Falle von 2-Chloracetamid zwischen 1 - 10 mg/l (WALLHÄUSSER, 1984).

A N O R G A N I S C H E   S Ä U R E N   U N D   A L K A L I E N

Antimikrobielle Wirkung:
Die starken anorganischen Säuren sind im neutralen und sauren Bereich größtenteils dissoziiert. Die schweflige Säure, die als gelöstes Schwefeldioxid, als undissoziierte Schwefelsäure, als Hydrogensulfition oder als vollständig dissoziiertes Sulfition vorliegen kann, wirkt sowohl durch pH-Absenkung als auch durch den undissoziierten Anteil der Säure; Schwefel-, Salpeter-und Phosphorsäure wirken unspezifisch über pH-Absenkung. Die Borsäure ist als schwache Säure bei neutralen pH-Werten nahezu undissoziiert. Sie besitzt ein schmales Wirkungsspektrum und wirkt hauptsächlich gegen Hefen; sie hemmt Pseudomonasarten nur in Konzentrationen ab 2.000 µg/ml nach 72 h. Alkalien,

vornehmlich Natriumsilikate, Soda, Natron- und Kalilauge, wirken ebenfalls über pH-Veränderungen; ihre antimikrobielle Wirkung wird durch höhere Temperaturen verstärkt.

Einsatzbereiche:
Von den anorganischen Säuren wird nur die schweflige Säure zur Lebensmittelkonservierung verwendet (Abschn. 3.3.1). Ihr Einsatz in Kosmetika ist zwar in Konzentrationen bis zu 0,2 % erlaubt (KOSMETIKVERORDNUNG, 1977), läßt sich jedoch wegen des erforderlichen niedrigen pH-Wertes in der Praxis kaum realisieren. Die Borsäure wird nur noch eingeschränkt in Kosmetika und pharmazeutischen Zubereitungen (Augen- und Nasentropfen) verwendet. Die anorganischen Säuren und Laugen werden hauptsächlich zur Reinigung und Desinfektion lebensmittelverarbeitender Anlagen eingesetzt (Abschn. 3.6.5). Sie zeichnen sich durch ein gewisses Schmutztragevermögen aus und bewirken durch eine starke Keimreduzierung eine Vordesinfektion.

Auswirkungen mikrobizider Säuren und Alkalien in aquatischen Systemen:
Der pH-Wert ist ein wichtiger Faktor bei enzymatischen Reaktionen in biologischen Systemen, so daß durch Veränderungen sowohl in Richtung des sauren als auch des basischen Bereiches Stoffwechselstörungen bei den meisten Wasserorganismen zu erwarten sind. Bei der direkten Einleitung von Säuren und Alkalien in die Vorfluter sind daher Störungen des biologischen Systems in unmittelbarer Nähe der Einleitstelle zu erwarten.

2.2.9 Heterocyclen und Dithiocarbamate

Die in diesem Abschnitt zusammengefaßten heterocyclischen Verbindungen bestehen aus fünf- bzw. sechsgliedrigen Ringen sowie einigen kondensierten Ringstrukturen. Als Heteroatome fungieren Stickstoff-, Sauerstoff- und Schwefelatome. Heterocyclische Verbindungen, die Formaldehyd abspalten, sind den Aldehyden zugeordnet (Abschn. 2.2.1); Chlorisocyanursäurederivate sind als Chlorabspalter in Abschnitt 2.2.4 aufgeführt. Heterocyclische Verbindungen wurden in der einschlägigen Fachliteratur in systematisch verschiedene Gruppen eingeteilt. Wegen der wenigen Angaben und des eng begrenzten Einsatzbereiches werden sie jedoch hier in einem Abschnitt zusammengefaßt. Unter ihnen sind vor allem die Isothiazoline, Oxazolidine und Benzamidine hervorzuheben. Über Dithiocarbamate ist wenig bekannt.

Wirkungsmechanismus:
Genaue Wirkungsmechanismen sind nicht beschrieben. Lediglich von 8-Hydroxychinolin ist bekannt, daß es mit Eisenionen SH-Gruppen von Proteinen oxidiert. Die Wirkung der heterocyclischen Verbindungen hängt vor allem von den an der Ringstruktur anhängenden funktionellen Gruppen ab.

Antimikrobielle Wirkung:
Die einzelnen heterocyclischen Verbindungen unterscheiden sich zum Teil erheblich in ihrer mikrobiziden Wirkung. Das Wirkungsspektrum umfaßt im wesentlichen Bakterien und Pilze; über die Inaktivierung von Sporen und Viren liegen keine Informationen vor. In Tafel 15 sind die Wirkkonzentrationen einzelner Verbindungen und Verbindungsgruppen aufgeführt. Dabei ist zu berücksichtigen, daß innerhalb einer Stoffgruppe sich sowohl die einzelnen Wirkstoffe untereinander in ihrer Wirkung unterscheiden als auch ein Wirkstoff nicht auf alle Bakterienspezies gleich gut wirkt. So wirkt z.B. von den Pyridinderivaten das Zinkpyrithion im Bereich von 0,25 - 2,0 µg/ml fungistatisch, während Piroctonolamin dieselbe Wirkung bei 64 - 625 µg/ml zeigt; ebenso wirkt letzteres zwischen 32 - 64 µg/ml bakteriostatisch, besitzt aber eine deutliche Wirkungsschwäche gegen Pseudomonas aeruginosa (bakteriostatisch zwischen 625 und 1.250 µg/ml). Die heterocyclischen Verbindungen sind meist über weite pH-Bereiche wirksam und können in vielen Fällen mit anionischen, kationischen, amphoteren und nichtionischen Tensiden kombiniert werden.

Einsatzbereiche:
Die heterocyclischen Verbindungsgruppen werden hauptsächlich zur Konservierung kosmetischer und chemisch-technischer Produkte verwendet (Tab. 15). Lediglich 8-Hydroxychinolinderivate werden in pharmazeutischen Zubereitungen (Antiseptika, Mund- und Gurgelwasser u.a.) und als Hände- bzw. Hautdesinfektionsmittel eingesetzt. Die Heterocyclen dienen im kosmetischen Bereich bevorzugt der Konservierung von Haarwaschmitteln und Seifen (Abschn. 3.3.2); im chemisch-technischen Bereich dominieren Kühlschmiermittel, Waschrohstoffe und Anstrichmittel als Einsatzschwerpunkte.

Von den Dithiocarbamaten werden Zinkdithiocarbamat (Ziram) und Tetramethylthiuram-disulfid (Thiram) zur Konservierung schimmelwidriger Anstriche und als Schleimbekämpfungsmittel in der Papierindustrie verwendet. Für Lebensmittel und Kosmetika sind sie nicht zugelassen.

Tafel 15

Heterocyclen und Dithiocarbamate

* ++ : gute Wirksamkeit − : unwirksam
  + : mäßig wirksam

VERBINDUNGEN		EINSATZBEREICHE			
Pyridine	Mercaptobenzthiazole	Desinfektion: Hände:	+	Konservierung: Lebensmittel:	−
Oxazolidine	Dithiocarbamate	Haut:	+	Arzneimittel:	+
Isothiazoline		Flächen:	−	Kosmetika:	+
Dioxane		Raum:	−	Techn. Produkte:	+
Thiodiazinthione		Instrumente:	−		
Chinoline		Wäsche:	−	Sonstige: Fungizide (Benzimidazole)	
Phthalimide		Wasser:	−		
Benzimidazole		Ausscheidungen:	−	Lebensmittelindustrie: ---	

WIRKUNGSMECHANISMUS

8-Hydroxychinolin katalysiert zusammen mit Eisenionen die Oxidation von SH-Gruppen in Nucleoproteinen und Enzymsystemen; und bildet Komplexe mit mehrwertigen Kationen; zu den anderen Verbindungen liegen keine Informationen vor

WIRKUNGSSPEKTRUM*

Bakterien: | Pilze: +
grampositive: Sporen: − | Viren: −
vegetative: +
Mykobakterien: +
gramnegative: +

MIKROBIZIDE WIRKKONZENTRATIONEN

Bakteriostatisch:
Pyridinderivate   1 −   64 µg/ml (72 h)
Dimethoxan   625 − 1.250 µg/ml (72 h)
8-Hydroxychinolin   4 − 128 µg/ml (72 h)
Oxazolidine   500 − 1.000 µg/ml (72 h)
Isothiazoline (Kathon CG)   150 − 300 µg/ml (72 h)
              (Kathon WT)   16 −   32 µg/ml (48 h)
              (Benzisothiazolon)   10 − 550 µg/ml
Phthalimide   25 − 100 µg/ml (72 h)
Dithiocarbamat   6 − 200 µg/ml
Zinkdithiocarbamat   2 − 100 µg/ml (72 h)
      (gegen Ps. aeruginosa)   500 − 1.000 µg/ml (72 h)

Fungistatisch:
Pyridinderivate   0,25 − 625 µg/ml (72 h)
Dimethoxan   625 − 2.500 µg/ml (5 d)
8-Hydroxychinolin   128 − 512 µg/ml (72 h)
Oxazolidine   1.000 µg/ml (72 h)
Isothiazoline (Kathon CG)   200 − 600 µg/ml (72 h)
              (Kathon WT)   32 −   64 µg/ml (7 d)
              (Benzisothiazolon)   75 − 700 µg/ml
Phthalimide   50 − 100 µg/ml (72 h)
Dithiocarbamat   6 −   20 µg/ml
Zinkdithiocarbamat   2 − 200 µg/ml (72 h)

VERTRÄGLICHKEIT

unverträglich mit: − Nonionics
                   − Schwermetallen (Chelatbildung)

kombinierbar mit: − Tensiden (v.a. Dioxane, einige Pyridine, Oxazolidine, Phthalimide, Isothiazoline

ÖKOTOXIKOLOGIE

Keine Daten

VORKOMMEN IM WASSER

Keine Daten

VERHALTEN IN DER KLÄRANLAGE

Keine Daten

BEMERKUNGEN

− Bevorzugte Einsatzbereiche: Kosmetika (Haarwaschmittel, Seifen)
                              chemisch-technische Produkte (Kühlschmiermittel, Waschrohstoffe, Anstrichmittel)
− Nur 8-Hydroxychinolin zur Arzneimittelkonservierung, und in Hände- und Hautdesinfektionsmitteln verwendet
− Die meisten Heterocyclen und Dithiocarbamate sind über einen weiten pH-Bereich wirksam (pH 5 − 9)

Tabelle 15: Einsatzbereiche mikrobizider Heterocyclen und Dithiocarbamate

WIRKSTOFF	KONSERVIERUNG				DESINFEKTION										
	Lebensmittel	Arzneimittel	Kosmetika	Chem.-techn. Produkte	Hände	Haut	Flächen	Raum	Instrumente	Wäsche	Ausscheidungen	Sonstige	Molkereien	Brauereien	Fleischverarbeitung
Pyridinderivate			X	X											
Oxazolidine			X												
Isothiazoline			X	X											
Dioxane			X	X											
Thiodiazinthion				X											
8-Hydroxychinolinderivate	X	X			X	X									
Phthalimide			X	X											
Benzimidazole	X^1			X											
Mercaptobenzthiazole				X											
Dithiocarbamat				X									X^2		
Zinkdithiocarbamat				X									X^2		

[1] Thiabendazol: Citrusfrüchte (Schalen)

[2] Schleimbekämpfungsmittel

Auswirkungen in aquatischen Systemen:

Über Auswirkungen in aquatischen Systemen ist nichts bekannt. Ebenso fehlen Daten über Ökotoxikologie, Abbaubarkeit und Verhalten in der Kläranlage. Da viele dieser Wirkstoffe oft in abwasserrelevanten Produkten verwendet werden (Abschn. 3.3.3 und 3.4.2), ist mit ihrem Vorkommen in Gewässern zu rechnen.

2.3 Einschätzung der Entwicklung bezüglich Wirkstoffspektrum, Einsatzkonzentrationen und Anwendungsgebiete mikrobizider Stoffe

Generell gilt für den Konservierungsstoff- und Desinfektionsmitteleinsatz, daß Hersteller (und Anwender bspw. in der Lebensmittelindustrie) solange wie möglich an einer einmal gefundenen und bewährten Rezeptur festhalten. Dies hängt im wesentlichen damit zusammen, daß in die einmal gefundenen Zusammensetzungen ein hoher Untersuchungsaufwand (Stabilität und Verträglichkeit) gesteckt wurde. Außerdem dürfen Arzneimittel und "Listen"präparate nicht nachträglich geändert werden.

Allerdings weiß man gerade von den Antibiotika, wie sehr Mikroorganismen sich an die sie schädigenden Stoffe adaptieren und deren Wirkung vermindern können. Insofern sind die Hersteller mikrobizider Stoffe immer wieder gezwungen, veränderte Desinfektionsmittel - neu oder in geänderten Formulierungen - auf den Markt zu bringen. Eine derartige Entwicklung wird sich also eher an der Auswahl von Wirkstoffen als an den Einsatzkonzentrationen orientieren. Die Auswahl der Wirkstoffe ist zeitlichen Veränderungen unterworfen.

Wie man aus einem Literaturrückblick ersehen kann, haben sich ca. alle 10 Jahre - bedingt durch Weiterentwicklungen, aber auch durch die Diskussion über Umweltchemikalien - die bevorzugt eingesetzten Desinfektionsmittel gewandelt. Phenolische Präparate wurden schon vor einigen Jahren vor allem wegen des fehlenden breiten Wirkstoffspektrums und wegen des durchdringenden Geruchs von überwiegend kombinierten Präparaten auf Basis von Aldehyden und QAV verdrängt. Wegen seines unangenehmen Geruchs wird inzwischen auch Formaldehyd durch QAV ersetzt. Man nimmt an, daß in nächster Zeit vor allem die Biguanidiniumsalze und Amphotenside eine Renaissance erleben werden. Ähnliche Hinweise gibt es für Iod, vor allem im Nahrungs- und Genußmittelbereich, und für organisch-stabilisierte Chlorprodukte (z.B. in Geschirrspülanlagen). Den sogenannten "alternativen" Stoffen (Per-Verbindungen) werden derzeit geringere Chancen wegen Problemen der Lagerstabilität und der Materialverträglichkeit eingeräumt. Metallorganische Verbindungen auf Quecksilberbasis (für die Haut- und Wunddesinfektion) oder auf Zinnbasis (als Holzschutzmittel) werden wohl in unvermindertem, aber geringem Umfang weiterhin eingesetzt werden. Die vermehrte Kreislaufführung von Kühl- und Prozeßwässern aus Gründen der Energie- und Wassereinsparung lassen mit einer weiteren Zunahme des Mikrobizideinsatzes (Chlorverbindungen, QAV, Heterocyclen, Dithiocarbamate) rechnen.

Entscheidend für die Entwicklungen im Bereich der mikrobiziden Stoffe werden sich neuere administrative Regelungen auswirken, insbesondere aufgrund der Harmonisierung des EG-Rechts und der dort festgelegten Analysen- und Nachweisverfahren für die Wirkung mikrobizider Formulierungen (Abschn. 2.1.3), als auch in Anpassung an die gängige Praxis bezüglich der Einwirkungszeiten von Desinfektionsmitteln. Es steht zu befürchten, daß beide Bereiche zu einer Anhebung der Wirkstoffkonzentrationen in den Desinfektionsmitteln und des Anteils von Konservierungsstoffen führen werden. Diese Entwicklung wird nach gängigem deutschen Recht bislang nicht behindert, obwohl eigentlich die Bestrebungen zur Begrenzung der Höchstmengen davon erheblich betroffen werden. Solange jedoch Konservierungsstoffe in anderen Konzentrationen zu anderen Zwecken als zur Konservierung eingesetzt werden, ohne auf die angegebenen Höchstmengen angerechnet zu werden, kann der Hersteller mikrobizider Stoffe zur Erreichung der geforderten Wirkung die Konzentrationen im Produkt trotz Höchstmengenbegrenzung anheben, indem er auf andere Zwecke hinweist, für die die Höchstmengen nicht begrenzt sind.

Von Bedeutung wird in Zukunft auch sein, wie stark die privaten Haushalte sich von einem - zum Teil falsch verstandenen - Hygienebedürfnis leiten lassen und Haushaltsdesinfektionsmittel zur Sanitärreinigung einsetzen, oder aber ob sie auf die Verwendung dieser Mittel aufgrund des gestiegenen Umweltbewußtseins verzichten. Grundsätzlich wird in der Hygiene-Literatur darauf hingewiesen, daß dort, wo gesunde Menschen sich aufhalten, eine Desinfektion meist nicht erforderlich ist (z.B. GUNDERMANN, 1981) und daß eine Desinfektion in solchen Fällen sich u.U. negativ auf die Gesundheit des Menschen, vor allem der Kinder, auswirken kann (z.B. DASCHNER, 1981).

Inwieweit die jüngste Diskussion um "Formaldehyd" sich auf den Absatz aldehydischer Produkte auswirkt, ist zum jetzigen Zeitpunkt schwer abzuschätzen. Es steht zu befürchten, daß das gut untersuchte Formalin (Formaldehyd in wäßriger Lösung) durch die weniger gut untersuchten Glutardialdehyd und Glyoxal substituiert wird, von denen zumindest der Glutardialdehyd eine stärkere antimikrobielle Wirkung zeigt. Insgesamt gesehen muß damit gerechnet werden, daß - infolge Unkenntnis der Zusammenhänge - auch von den Aufsichtsbehörden eine Substitution von Formalin wegen des nicht ausgeräumten Krebsverdachtes (in der gasförmigen Phase) bei Formaldehyd gefordert wird bzw. wurde (bspw. bei der Zuckerindustrie in Norddeutschland).

3 Verwendungsbereich und Einsatzbedingungen von Desinfektionsmitteln und Konservierungsstoffen und deren Abwasserrelevanz

Im Sinne der Kriterien zur Beurteilung des Verhaltens mikrobizider Stoffe in der Umwelt (vgl. Abschnitt 2.1.5) wird in diesem Kapitel zunächst auf die Produktionshöhe (Abschnitt 3.1) eingegangen, um anschließend die Verwendung mikrobizider Stoffe im Überblick (3.2. - 3.4) und anhand von Beispielen in ausgewählten Anwendungsbereichen (3.6) eingehender zu erläutern, wobei in Abschnitt 3.5 gesondert auf die für das Abwasser relevanten Emissionen aus einzelnen Einsatzbereichen eingegangen wird.

Wie in Abschnitt 2.1.2 erläutert, spielen im Hinblick auf eine Gefährdung der Umwelt und insbesondere der Reinigungsträger in Kläranlagen die antimikrobielle Wirkstoffgruppe und die wirkungsvermittelnden Begleitstoffe neben den sekundären Betriebsbedingungen (wie z.B. Temperatur und pH-Wert) die entscheidende Rolle. Aufgrund der Vielzahl und Heterogenität mikrobizider Wirkstoffe (rund 200) war es im Rahmen dieser Untersuchung nicht möglich Stoffbilanzen aufzustellen, insbesondere auch deshalb nicht, weil eben viele mikrobizide Verbindungen zu anderen Zwecken, z.T. in um 10er Potenzen höheren Mengen, hergestellt und eingesetzt werden. Derartige Bilanzen müssen insofern eigenen Untersuchungen vorbehalten bleiben (vgl. etwa Cadmium- und Quecksilber-Bilanzen: RAUHUT, 1981 und 1982). Trotz einer geringen Datenbasis aus amtlichen Statistiken ist in Abschnitt 3.1 dennoch der Versuch unternommen, insgesamt die produzierte und verwendete Desinfektionsmittel- und Konservierungsstoff-Wirkstoffmenge abzuschätzen und die ermittelten Zahlenwerte durch anwendungsseitige Rückrechnungen über die spezifischen Einsatzmengen zu verifizieren.

Einsatzbereiche, teilweise auch Einsatzbedingungen mikrobizider Stoffe werden in diesem Kapitel erläutert, um deutlich zu machen, aus welchen Quellen mit akut und chronisch toxischen Verbindungen kontinuierlich oder in erhöhten Konzentrationen im Abwasser zu rechnen ist. Es wird erläutert, aus welchen Wirkstoffgruppen oder -formulierungen diese Emissionen bestehen können. Entsprechend der Definition mikrobizider Stoffe als Wirkstoffe in Desinfektions- und Konservierungsmitteln wurde diese Terminologie hier beibehalten; sie wurde aber ergänzt durch eine Gruppe sonstiger mikrobizider Stoffe, die eigentlich weder eindeutig zum Zweck der Desinfektion, noch zum Zweck der Konservierung eingesetzt werden. Zur Verdeutlichung sind in Abschnitt 3.6 einige Beispielfälle zusammengestellt, an denen die Problematik und die Randbedingungen des Einsatzes mikrobizider Stoffe konkreter erläutert werden.

3.1 Produktion und Verbrauch mikrobizider Stoffe

Von den Verfassern der Vorstudie des Fachausschusses FA III/6 (1982) über "Mikrobizide Wirkstoffe als belastende Verbindungen im Wasser", unter denen sich Vertreter aller größeren Mikrobizid-, respektive Desinfektionsmittel- und Konservierungsstoff-Hersteller befanden, wurden die Anwendungsmengen mikrobizider Stoffe in der Bundesrepublik Deutschland auf ca. 30.000 t pro Jahr geschätzt. Nach Einschätzung einiger Hersteller hat sich die eingesetzte Wirkstoffmenge nicht wesentlich verändert. In der hier zitierten Gesamtmenge von 30.000 t/a sind jedoch mit Sicherheit nicht die gesamten zu Reinigungs- und Desinfektionszwecken eingesetzten Säuren und Alkalien sowie die Bleichmittel in Waschmitteln enthalten.

Abgesehen davon, daß die Anwendungsmenge mikrobizider Stoffe in ihrer Gesamtheit im Hinblick auf Beeinträchtigungen der Funktionstüchtigkeit von Kläranlagen wenig aussagekräftig ist, weil die rund 200 verschiedenen Wirkstoffe und -verbindungen unter sehr unterschiedlichen Bedingungen in unterschiedlichen Konzentrationen eingesetzt werden (vgl. die nachstehenden Ausführungen in diesem Kapitel) und im Abwasser unterschiedlich wirksam bleiben (vgl. Abschnitt 4.4), entzieht sich die antimikrobiell eingesetzte Gesamtmenge wegen der vielfältigen Einsatzmöglichkeiten der Ausgangsverbindungen jeglicher Überprüfung. Dieselben Verbindungen werden nämlich in anderen Anwendungsbereichen z.T. in erheblichen Mengen zu "nicht-mikrobiziden" Zwecken (vgl. Tabellen in Abschnitt 2.2) eingesetzt, diese können sehr wohl aber im Abwasser antimikrobiell wirken. Hinzu kommt, daß durch Metabolisierung im Abwasser auch antimikrobiell wirkende Stoffe gebildet werden können. Vor diesem Hintergrund wurde trotzdem der Versuch gemacht, wenigstens für mögliche Problembereiche auf dem Umweg über Rückrechnungen die zum Einsatz kommenden Wirkstoffmengen größenordnungsmäßig abzuschätzen, um einen Anhaltswert für die Belastungen aus dem Bereich dieser für Kläranlagen potentiellen Störstoffgruppe zu bekommen.

Hinsichtlich möglicher Beeinträchtigungen der Funktionstüchtigkeit kommunaler Kläranlagen durch mikrobizide Stoffe sind zunächst die Emissionen, die bei der Produktion, bzw. bei der Weiterverarbeitung entstehen, von Bedeutung, schließlich aber auch die Mengen, die bei ihrer Anwendung ins Abwasser gelangen. Die amtlichen Statistiken sind, was die Produktion und Weiterverarbeitung anbetrifft, nur sehr unvollständig. Beispielsweise liegen für Desinfektionsmittel zur Abtötung von Krankheitserregern nur Wertangaben und keine Mengenangaben vor. In der nachstehenden Übersichtstabelle 16 sind - soweit vorhanden - nach Angaben des STATISTISCHES BUNDESAMTES (1983a) Produktionsmengen von Produkten und Grundchemikalien zusammengestellt, die mikrobizide Stoffe enthalten oder z.T. als solche eingesetzt werden. Nur von wenigen Grundchemikalien ist bekannt, welcher Anteil im technisch-medizinischen Bereich, also z.B. als Desinfektionsmittelkomponente, eingesetzt wird (z.B. Formaldehyd mit ca. 6 %).

Wie aus Tabelle 16 bereits ersichtlich ist, stellen Desinfektionsmittel und Konservierungsstoffe, zumindest was die Produktion anbelangt, nur einen kleinen Teil antimikrobiell eingesetzter Produkte dar. Legt man den Preis für Desinfektionsmittel nach der Außenhandelsstatistik (STATISTISCHES BUNDESAMT, 1983b) mit rund 5.60 DM/kg Fabrikabgabepreis im Jahr 1982 für sämtliche Desinfektionsmittel (zur Abtötung von Krankheitserregern) zugrunde, ergeben sich rund 41.000 t Desinfektionsmittel für den Einsatz zur Bekämpfung vorwiegend pathogener Keime für das Jahr 1983 in der Bundesrepublik Deutschland, wobei u.a. aber Säuren und Alkalien noch nicht erfaßt sind.

Abgesehen von Konzentraten enthalten die handelsüblichen Desinfektionsmittelformulierungen in diesem Anwendungsbereich zwischen 10 - 50 % mikrobizide Stoffe. Im Durchschnitt wird deshalb - auf der Basis uns vorliegender Rezepturen - angenommen, daß in diesen 41.000 t rund 20 % antimikrobielle Wirkstoffe enthalten sind; das sind in der Summe rund 8.200 t Aldehyde, Phenole, Alkohole, QAV und Halogene sowie Schwermetallverbindungen. Schließlich ist noch der Außenhandel mit Desinfektionsmitteln - gerade im Hinblick auf die verbrauchte und damit den Kläranlagen zufließende Menge - von Bedeutung. Bei einem Exportüberschuß von rund 6.100 t Desinfektionsmitteln (STATISTISCHES BUNDESAMT, 1983b) ist 1983 von einem Inlandverbrauch von rund 35.000 t/a Desinfektionsmitteln mit 20 % Wirkstoffanteil auszugehen.

Tabelle 16: Produktionsmengen (und -werte) mikrobizid/antimikrobiell wirkender Stoffe (STATISTISCHES BUNDESAMT, 1983a)

Produktion von	Menge in Tonnen (Wert in 1000,- DM)				Veränderung in % von 1980 - 1983
	1980	1981	1982	1983	
Desinfektionsmitteln, darunter an Akutkrankenhäusern[1] an Großverbraucher[2]	(194.340) (120.000) (98.000)	(218.633) (103.000)	(221.188)	(228.998)	(+17,8)
Reinigungs- und Desinfektionsmitteln für die Ernährungswirtschaft	78.560 (151.880)	77.609 (172.020)	76.373 (188.314)	80.959 (202.975)	+3,1
Pflanzenbehandlungs- und Schädlingsbekämpfungsmitteln	217.576 (2.013.654)	217.960 (2.425.867)	230.609 (2.653.900)	219.586 (2.855.219)	+0,9
- Fungizide (anorganische)	25.801	21.613	21.689	13.917	-46,1
- Fungizide (organische)	31.036	33.446	35.835	37.586	+21,1
Wasserbehandlungsmittel	-	-	-	-	-
Papierhilfsmittel	37.057	45.241	41.271	38.175	+3,0
WC- und Rohrreinigern	55.283	56.578	59.221	61.199	+10,7
Wasch-, Spül- und Reinigungsmitteln	1.590.465	1.568.843	1.597.710	1.540.543	-3,1
Fußbodenreinigungsmitteln	41.133	40.632	39.862	37.445	-8,9
Konservierungsmitteln					
- für Lebensmittel	10.453	12.308	11.871	12.070	+15,5
- für sonstige Zwecke	11.925	12.791	14.312	15.713	+31,8
Seifen	125.835	124.140	112.206	109.978	-12,6
Haut-, Mund-, Haar-, Schönheitspflege- und Badezusatzmitteln	263.505	266.876	273.971	294.515	+11,8
Textilhilfsmitteln	2.194	2.091	2.493	2.968	+35,3
Holzschutzmitteln	52.630	50.036	46.300	48.849	-7,2
darunter u.a. enthalten					
- Chlor	2.996.572	3.013.153	2.842.262	3.136.492	+4,7
- Hypochlorit	73.095	63.707	64.453	64.332	-12,0
- Kresole	25.849	22.529	25.107	21.528	-16,7
- Formaldehyd	481.309	507.533	488.053	534.022	+11,0
- sonstige Aldehyde	15.839	21.866	27.989	33.876	+113,9

[1] nach Informationen der Gesellschaft für Pharmainformationssystem (GPI, Frankfurt, 1981)

[2] geschätzt zu Preisen von 1978 - Quelle Henkel, zitiert aus E. BIERMANN, 1979

In Ermangelung einer Aufsplittung von Reinigungs- und Desinfektionsmitteln in der Ernährungswirtschaft wird davon ausgegangen, daß der Mischpreis von 2.50 DM/kg, wie er sich nach Tabelle 16 ergibt, sich aus einem Durchschnittspreis von 5.60 DM/kg Desinfektionsmittel und 2.20 DM/kg Reinigungsmittel (aufgrund der Vergleichbarkeit mit Fußbodenreinigungsmitteln) zusammensetzt, woraus sich rund 7.100 t Desinfektionsmittel errechnen lassen. Geht man davon aus, daß die in der Ernährungsindustrie eingesetzten Desinfektionsmittel vorwiegend günstigere Rohstoffeinstandspreise haben (vgl. Wirkstoffe in Abschnitt 2.2 und 3.6.5) als die im Krankenhaus eingesetzten und es sich in der Ernährungsindustrie vorwiegend um höher konzentrierte Produkte handelt, ist - bestätigt von Herstellern - mit rund 5.000 t mikrobizide Stoffe (ohne Aktivchlor) in diesem Bereich zu rechnen. Mit Aktivchlor erhöht sich der Wirkstoffanteil auf über 10.000 t.

Aus der Gruppe der Pflanzenbehandlungs- und Schädlingsbekämpfungsmittel (allgemeines Synonym: Pestizide, beinhaltend Insektizide, Fungizide, Herbizide) sind die Fungizide echte mikrobizide Stoffe. 1980 wurden davon - behnet als reiner Wirkstoffanteil - in der Bundesrepublik 6.500 t (1981 rund 7.000 t, INDUSTRIEVERBAND PFLANZENSCHUTZ, 1983) in rund 56.800 t Produkten verwendet, wovon 42.500 t exportiert wurden, 9.600 t wurden importiert, so daß der Inlandverbrauch bei 23.900 t gelegen hat (mit 2.700 t Wirkstoffen, gerechnet in gleichen Wirkstoffanteilen). Hochgerechnet auf das Jahr 1983 ergeben sich (Annahme 7.000 t Wirkstoffe in 51.500 t Produkt) bei einem Inlandsverbrauch von rund 17.000 t rund 2.300 t Wirkstoffe.

Hinzurechnen sind noch mikrobizide Stoffe, die im technischen Bereich eingesetzt werden, ohne daß man sie den Konservierungsmitteln oder Desinfektionsmitteln zurechnen könnte. Beispielsweise ein wichtiger, wachsender Anwendungsbereich, für den in der Bundesrepublik keine konkreten Zahlen vorliegen, ist der Einsatz von Bioziden/Mikrobiziden zur Wasserbehandlung von Kühlwässern infolge Schließung von Wasserkreisläufen und in Schwimmbädern. In einer Marktstudie der Firma FROST & SULLIVAN (1980) werden für die Europäische Gemeinschaft jährlich 7.4 % Wachstum ausgehend von 21.430 t/a prognostiziert, was bis 1984 eine Steigerung auf 32.465 t ergibt. Insgesamt gesehen dürfte diese Rate auch für die Bundesrepublik gelten.

Ein weiteres Beispiel sind die Schleimbekämpfungsmittel in der Papierindustrie, die in Konzentrationen von 100-200 g je t Papier mit Wirkstoffanteilen zwischen 10 und 50 % eingesetzt werden. Hieraus errechnet sich bei einer

Papier und Pappeproduktion von rund 8,3 Mio.t im Jahr 1983 eine Wirkstoffmenge zwischen 100 und 1000 t (Annahme: 500 t, vgl. Fallbeispiel in Abschnitt 3.6.6).

In der Produktionsstatistik erwähnt sind die Produktionsmengen der Rohr- und WC-Reiniger. Bei ihnen ist im Zeitraum von 1980 bis 1982 ein Zuwachs von 55.283 t auf 59.433 t festzustellen (Tab. 16). Der Anteil der 1980 produzierten WC-Reiniger wird auf ca. 40.000 t geschätzt; im selben Jahr wurden auch ca. 24.000 t Sanitär-Reiniger hergestellt, deren Marktanteil zunimmt (STIFTUNG WARENTEST, 1982). Beide Produktgruppen enthalten bakterizide Zusätze in der Größenordnung zwischen 1 und 5 %. Insgesamt ist mit einer Wirkstoffmenge von rund 3.000 t zu rechnen.

Die Produktion von Konservierungsstoffen für Lebensmittel (gesondert ausgewiesen), Futtermittel, für anatomische Präparate, Kautschukerzeugnisse und Kunststoffe und einer nicht näher spezifizierten Gruppe (vermutlich überwiegend Farben, Lacke etc.) betrug 1983 insgesamt 27.783 t (STATISTISCHES BUNDESAMT, 1983a). Im Vergleich zu 1980 - siehe Tabelle 16 - hat somit eine deutliche Zunahme (um 24 %) stattgefunden. Diese ist vor allem auf die unter "sonstige Zwecke" aufgeführten Konservierungsmittel zurückzuführen, die hauptsächlich zur Konservierung chemisch-technischer Produkte (Farben, Lacke, Öle, Tensidemulsionen etc.) eingesetzt werden. Ihre Produktion belief sich 1983 auf 15.713 t und hat gegenüber den beiden Vorjahren ständig zugenommen; die Produktion von Konservierungsmitteln für Lebensmittel lag in den letzten 3 Jahren bei ca. 12.000 t. Konservierungsmittel bestehen zu rund 100 % aus mikrobiziden Stoffen.

1983 wurden in der Bundesrepublik Deutschland rund 110.000 t Seife, 38.256 t Mundpflegemittel, 59.201 t Haarwaschmittel und 84.469 t Badezusatzmittel produziert (STATISTISCHES BUNDESAMT, 1983a). Da diese Produkte Konservierungsmittel-Zusätze in der Größenordnung von bis zu einem Prozent (durchschnittlich 0,2 %) enthalten, kann man mit dem Einsatz von 600 t Konservierungsstoffen im Hygiene-Bereich rechnen. Diese Menge ist allenfalls zum Teil in der o.a. Statistik in Tabelle 16 enthalten.

Hinzu kommen die Textilhilfsmittel, die als Antimikrobiotika überwiegend zu Konservierungszwecken (1983: knapp 3.000 t) eingesetzt werden. Bei den Leder- und Pelzhilfsmitteln handelt es sich ebenfalls teilweise um Konservierungsmittel, wobei hier keine weitere Spezifizierung vorliegt (unter der plausiblen Annahme von 10 % ergeben sich rund 2.500 t Konservierungsstoffe in diesem Bereich).

Weiterhin sind Holzschutzmittel - knapp 49.000 t in 1983 mit durchschnittlich 1 %, bei PCP bis 6 % Wirkstoffanteil - weitestgehend Konservierungsmittel gegen holzzerstörende Pilze, Fäulnisbakterien und Tiere, wie es in der Begriffserläuterung zu den Angaben des Statistischen Bundesamtes heißt.

Die Außenhandelsstatistik (STAT. BUNDESAMT 1983b) differenziert nach anderen Begriffen als die Produktionsstatistik, weshalb zu den oben genannten Konservierungsmittel-Anwendungsgebieten keine zugeordnete Vergleichsrechnung angestellt werden kann. Für Holzschutzmittel ergibt sich ein Exportüberschuß von 7.400 t und für andere Konservierungsstoffe inclusive Spinnstoffe, die gesondert ausgewiesen sind, von 7.700 t.

Daraus lassen sich die in der Bundesrepublik in Produkten verwendeten mikrobiziden Stoffmengen sowie deren Verbleib im Inland, wie in Tabelle 17 dargestellt, zusammenfassen: rund 63.000 t mikrobizide Wirkstoffe werden in der Produktion von Desinfektionsmitteln, Konservierungstoffen und sonstigen Mikrobiziden - ohne Berücksichtigung mikrobizid wirksamer Bestandteile in Fußboden- und sonstigen Reinigern (vgl. Tabelle 16) sowie ohne Säuren, Alkalien und Bleichmitteln - im Inland eingesetzt, rund 49.300 t (= 78,3 %) werden im Inland auch verwendet. Differenziert man nach der Funktion der Produkte entsprechend Tabelle 1 liegt der Anteil mikrobizider Stoffe zur Bekämpfung technisch schädlicher Mikroorganismen produktionsseitig bei 67 % (nicht in Tabelle 17 explizit ausgewiesen) und anwendungsseitig bei 66 % an den jeweiligen Wirkstoffmengen.

Auf der <u>Anwendungsseite</u> gibt es nur wenig heranziehbares Zahlenmaterial. Für den Krankenhausbereich erhebt die Gesellschaft für Pharmainformationssystem (GPI, 1984) in 200 Akutkrankenhäusern den Desinfektionsmittelverbrauch nach Anwendungsgebieten. Für die 2. Hälfte 1983 und 1. Hälfte 1984 wurden von der GPI rund 11.500 t Desinfektionsmittelgebinde, die sich auf Flächendesinfektionsmittel (37.5 %), Instrumentendesinfektionsmittel (24,4 %), Hände-/Hautdesinfektionsmittel (14,5 %) und sonstige aufteilen, ermittelt. Legt man die Angaben eines Desinfektionsmittel-Herstellers über seinen Wirkstoffverbrauch und Marktanteil seiner Produkte in diesem Bereich zugrunde, stimmt die hochgerechnete Wirkstoffmenge von ca. 2.200-3.000 t ziemlich genau (19 - 26 %) mit dem oben geschätzten 20 %igen Wirkstoffansatz überein.

Tabelle 17: Antimikrobielle Wirkstoffmengen in der Produktion und im Inlandsverbrauch

Bezugsjahr: 1983	mikrobizide Stoffe (in t)			
	in der Produktion	im Inlandsverbrauch		
	insgesamt	insgesamt	zur Bekämpfung pathogener Keime	zur Bekämpfung technisch schädl Mikroorganismen
Desinfektionsmittel				
- zur Abtötung von Krankheitserregern	8.200	7.000	7.000	
- in der Ernährungsindustrie	10.000	10.000		10.000
Fungizide	7.000	2.300		2.300
Wasserkreisläufe	500	500		k.A.
Schleimbekämpfungsmittel	3.000	3.000		500
WC- und Rohr-/Sanitärreiniger	k.A.	k.A.		3.000
Chemietoiletten	k.A.	k.A.		k.A.
Konservierungsstoffe				
-Lebensmittelindustrie	12.000			
- sonstige Zwecke (siehe Text)	15.700			
- Hygieneartikel	600	26.100	10.000*	16.100*
- Textilhilfsmittel	3.000			
- Leder-, Pelzhilfsmittel	2.500			
- Holzschutzmittel	500	400		400
	63.000	49.300	17.000	32.300

k.A. = keine Angabe,   * Schätzung

Bezieht man die gesamte Desinfektionsmittelmenge auf die zugehörige Anzahl von Krankenhäusern (= 1898, vgl. Abschnitt 3.6.1) mit knapp 467.000 Betten, ergeben sich pro Bett 24,6 kg Desinfektionsmittelgebinde, bzw. rund 5 kg mikrobizide Wirkstoffe pro Bett und Jahr (20 % Wirkstoffanteil) in Akutkrankenhäusern. Fallweise werden - nach Kliniktyp, Alter der Gebäude, Art der Stationen - noch wesentlich größere Mengen eingesetzt: JUST et al. (1984) berichten von einer Gebindemenge von umgerechnet allein 34 kg aldehydische und tensidische Flächendesinfektionsmittel pro Bett und Jahr in einer 1600-Bettenklinik. In dieser Klinik werden außerdem noch 8,45 t Händedesinfektionsmittel auf alkoholischer und 5,8 t auf Basis von PVP-Iod eingesetzt. Größenordnungsmäßig ist mit Werten zwischen 15 und 35 kg/a zu rechnen; diese Werte wurden in einer Befragung von Einkäufern bei Krankenhäusern bestätigt; von Herstellerseite wurden 10-30 kg/Bett und Jahr angegeben.

Schließlich sind in Desinfektionsmitteln nicht nur die als Mikrobizide eingesetzten Stoffe allein als abwasserrelevante Inhaltsstoffe zu berücksichtigen, sondern auch die wirkungsvermittelnden Begleitstoffe wie Tenside, Phosphate-Carbonate, Lösungsvermittler und organischen Komplexbildner für Schwermetalle sowie Duftstoffe, die - denkt man an Parachlordibenzol in WC-Becken-Duftspendern - nicht unbedingt harmlos sind. Die amtliche Statistik geht auf diese Stoffe im besonderen nicht ein. Bei den Tensiden läßt sich festhalten, daß in der Bundesrepublik 1980 ohne mikrobizide QAV rund 275.000 t Tenside verbraucht worden sind, wovon etwa 30 % nichtionische, 63 % anionische und 7 % kationische Tenside waren (von der GRÜN, SCHOLZ-WEIGEL, 1982). Das Fachkolloquium: "Kationische Tenside - Umweltaspekte" ermittelt für das Jahr 1980 rund 27.000 t kationische Tenside, wovon etwa 12,7 % in der Chemischen Industrie für die Herstellung u.a. von Desinfektions- und Pflanzenschutzmitteln verbraucht wurden; der größte Anteil von kationischen Tensiden ging in die Wäschenachbehandlung im Haushalt mit 76,6 %. Insgesamt wird geschätzt, daß rund 23.000 t/a kationische Tenside ins Abwasser gelangen (MALZ, 1982).

Es ist zu vermuten, daß aufgrund des steigenden Konservierungsmittel-Verbrauchs in chemisch-technischen Produkten, dem steigenden Verbrauch bakterizid wirkender Rohr- und WC-Reiniger sowie auch der Zunahme von Desinfektionsreinigern im Haushalt die Anwendungsmengen mikrobizid eingesetzter Stoffe in der Bundesrepublik Deutschland auch in den nächsten Jahren noch steigen werden. In Anbetracht der in Tabelle 17 nicht quantitativ erfaßten übrigen Einsatzbereiche mikrobizider Stoffe wird auch in Zukunft mit einer Jahresproduktion von mindestens 63.000 t und einem Jahresinlandsverbrauch - wohlgemerkt ohne Säuren, Alkalien und Bleichmittel - von mindestens 50.000 t zu rechnen sein.

3.2 Desinfektionsmittel

Aufgabe der Desinfektionsmittel ist die gezielte (vollständige) Abtötung vorwiegend pathogener Keime im Gesundheitswesen sowie pathogen wirkender, bzw. technisch schädlicher Mikroorganismen beispielsweise in der Lebensmittelverarbeitung. Nach ihren Einsatzbereichen lassen sich die Desinfektionsmittel in Fein- (Hände-, Instrumenten-), Grob- (Flächen-, Wäsche- und Desinfektion von Ausscheidungen) und Raumdesinfektionsmittel unterscheiden. Desinfektionsmittel entfalten ihre Aktivität vorwiegend unspezifisch gegen so gut wie alle lebenden Zellen.

Während es bei Desinfektionsmitteln in erster Linie darauf ankommt, Keime vollständig oder weitestgehend, sofern dies vom Anwendungsfall angezeigt ist, abzutöten oder zu inaktivieren, werden auch im medizinischen Bereich gezielt mikrobiostatische, also wachstumshemmende Stoffe (wie z.B. die Acridin-Derivate) zur Bekämpfung von Infektionen eingesetzt. Die als Antiseptika bezeichneten Stoffe sind den Medikamenten zuzurechnen und nicht Gegenstand dieser Untersuchung (vgl. Mikrobiostatica in Abschnitt 3.3). Der Wirkungserfolg ist meist eine Frage der Konzentration: genügend hoch dosiert wirken auch viele Mikrobiostatica mikrobizid, bzw. Desinfektionsmittel wirken unterdosiert nur noch mikrobiostatisch in Abhängigkeit von Einwirkungszeit, Wirkungsspektrum etc. Insofern sind die Übergänge fließend.

Desinfiziert wird vor allem in Akutkrankenhäusern, Sanatorien, Arztpraxen und Haushaltungen, in denen "Dauerausscheider" pathogener Keime leben oder in denen meldepflichtige Krankheiten (nach BSeuchG. 1979) aufgetreten sind, sowie in Altenpflege- und Jugendpflegestätten, in öffentlichen Bädern und Sportstätten zur Vermeidung von Keimübertragungen auf Menschen, deren Abwehrorganismen geschwächt sind, oder zur Vermeidung von Seuchen.

Weiterhin wird überall dort desinfiziert, wo es darum geht die Ausgangskeimzahl in Produkten zu verringern (bei der Lebensmittelverarbeitung, in der pharmazeutischen und kosmetischen Industrie) oder in Betrieben, in denen möglicherweise hygienisch bedenkliche Materialien zusammenkommen (Wäschereien, Gerbereien, Tierkörperbeseitigungsanstalten) und von denen keine den Menschen schädigenden Wirkungen ausgehen sollen. Auch wenn in der zuletzt genannten Gruppe immer auch der potentiell pathogene Effekt einiger oder gehäuft auftretender Organismen eine Rolle spielt, steht hier der technische Aspekt - Erhalt von Art und Qualität des Produktes - im Vordergrund.

In allen genannten Einsatzbereichen werden Flächen desinfiziert. Wäschedesinfektionen erfolgen regelmäßig in der pharmazeutischen, teilweise auch kosmetischen Industrie, in Lungenheilanstalten und Krankenhauswäschereien; sporadisch wird auch in gewöhnlichen Wäschereibetrieben bei Mitbehandlung von Krankenhauswäsche desinfiziert. Die Desinfektion von Ausscheidungen ist auf infektiöse Anwendungsfälle beschränkt. Feindesinfektionen (Hände-, Haut-, Instrumenten-) erfolgen fast in allen genannten Einsatzbereichen, außer Haushaltungen; Hautdesinfektionen nur, wo ein medizinischer Eingriff vorgenommen wird. Von einer generellen Raumdesinfektion ist man abgekommen: in Krankenhäusern, insbesondere Lungenheilanstalten und z.T. in der pharmazeutischen Industrie wird sie noch angewandt.

Tabelle 18: Einsatzbereiche verschiedener Desinfektionsmittelwirkstoffe (nach DGHM-Liste, 1982; BGA, 1981 und Herstellerangaben)

	Einsatzbereiche	Feindesinfektionsmittel	Haut-Hände-	Instrumenten-	Grobdesinfektionsmittel	Flächen- ohne Reiniger	Flächen- mit Reiniger	Wäsche- chemisch	Wäsche- chemothermisch	Ausscheidungen, Toiletten	Raumdesinfektion
Anwendungsbeispiele	Gesundheitswesen	x	x	x		x	x	o	x	o	o
	Haushalte u. Schwimmbäder	x					x			o	x
	Chemietoiletten									x	
	Wäschereien		o	x		o	x	o	x	o	o
	Lebensmittelindustrie		x	x		x	x			o	
	Gerbereien		o	o			x			o	
	Kosmetikindustrie		x	x		x	x			o	o
	Pharmaindustrie		x	x		x	x		x	o	o
mikrobizide Stoffgruppen	Aldehyde		o	x		x	x	x	o	x	x
	Phenole: nicht-halogeniert	x	x	x		x	x	x		x	
	: halogeniert	x	x	x		x	x	x	o	x	
	Kationentenside	x	x	x		x	x	x			
	Amphotenside	x	x	o		x	o	o			
	Halogene: Chlorverbindungen	o	o			x	x			x	x
	: Iodverbindungen	x	x	o		o					
	Per-Verbindungen	o	o	x			x	o			
	Alkohole (Ethanol, Propanol)	x	x			x	x				o
	Schwermetalle: Organozinn					o	o	x			
	: Organoquecksilber	o	x								
	Säuren: organische					x	x				
	: anorganische					x					
	Alkalien					x					
	Heterocyclen	o									
Konzentrationsbereiche	konzentriert			x							
	größer 5 %									x	
	2 bis 5 % im Durchschnitt			x			x		x	x	
	1 bis 2 %					x					

x breite Anwendung ;   o von geringerer Bedeutung, fallweise eingesetzt

Den Einsatzbereichen sind in Tabelle 18 die heute gebräuchlichsten Desinfektionsmittelwirkstoffe auf Basis der nach DGHM bzw. BGA (vgl. Abschnitt 2.1.3) gelisteten Präparate gegenübergestellt. Aldehyde werden nach wie vor am häufigsten in Desinfektionsmitteln in der Abwehr pathogen wirkender Mikroorganismen als Wirkstoffe eingesetzt. In 80 bis 90 % der Fälle enthalten die in Krankenhäusern verwendeten Flächendesinfektionsmittel als Hauptwirkstoffe Aldehyde (RÖDGER, 1984), auch bei Instrumentendesinfektionsmittel überwiegen Aldehyde. Das Verhältnis eingesetzter phenolischer zu aldehydbasierten Flächendesinfektionsmitteln wird auf 20 : 80 geschätzt (BESTMANN, 1983). Auch die Anzahl der Handelspräparate mit diesen Wirkstoffen spiegeln dieses Verhältnis in etwa wieder. Bemerkenswert ist, daß zwischen der DGHM-Liste von 1979 und 1981 - trotz der von Herstellern genannten Verdrängung durch Aldehyde - eine Zunahme gelisteter, phenolischer Präparate von 30 auf 53 festzustellen ist. In den Flächendesinfektionsmitteln werden zunehmend kationische Verbindungen (überwiegend QAV) verwendet.

Vor allem in der Hände-, aber auch in der Flächendesinfektion werden Alkohol-haltige Präparate eingesetzt, ebenso Amphotenside. Bei den Händedesinfektionsmitteln haben die Iodophore aus der Gruppe der Halogenabspalter starken Zuwachs erfahren. Organische Schwermetallverbindungen werden zur Hände-, Flächen- und Wäschedesinfektion eingesetzt. In der Nahrungs- und Genußmittelindustrie werden in großem Umfang anorganische Säuren, Halogene (Chlor) und Alkalien zur Desinfektion von Flächen verwendet.

Einen besonderen Fall, auf den in Abschnitt 3.6.3 eingegangen wird, stellt die Desinfektion im Haushaltsbereich dar, sofern es sich nicht um die o.a. Problemhintergründe handelt. Die zur Reinigung von Flächen in Haushalten verwendeten Allzweckreiniger, wovon sich ein Produkt auch ausdrücklich als Desinfektionsreiniger bezeichnet und gemäß den Prüfungsrichtlinien der DGHM gute Ergebnisse aufweist (vgl. Abschnitt 2.1.3), wirken meist ebenfalls mikrobizid, wie ein zum Vergleich getestetes chlorhaltiges Reinigungsmittel (STIFTUNG WARENTEST, 1980) gezeigt hat. Diese Reinigergruppe ist deshalb den Desinfektionsmitteln zuzurechnen.

Wasserbehandlungsmittel, Toilettendesinfektionsmittel und die desinfizierend wirkenden Bleichmittel in Waschmitteln werden wegen ihrer besonderen Stellung in einem eigenen Abschnitt (3.4) behandelt.

3.3 Konservierungsstoffe

Chemische Konservierungsmittel werden in verschiedenen Bereichen (vgl. Tabelle 1) zu unterschiedlichen Zwecken eingesetzt:
- zur Verminderung der Ausgangskeimzahl, wenn die Beschaffenheit der zu konservierenden Stoffe eine physikalische Behandlung (Hitzebehandlung: Sterilisieren, Pasteurisieren; Kältebehandlung: Kühlen, Gefrieren; Trocknen; Bestrahlen) nicht zuläßt,
- zur Haltbarmachung organischer, mikrobiologisch abbaubarer Produkte oder Inhaltsstoffe, wenn physikalische Verfahren nur einen vorübergehenden Erfolg hinsichtlich einer Keimzahlreduktion bringen oder nicht erlaubt sind,
- zur Erhaltung eines Gebrauchsgutes oder eines Verbrauchsgutes aus Mehrfachentnahmebehältern, wenn aufgrund des Gebrauchs mit einem mikrobiellen Befall zu rechnen ist.

Die Übergänge zwischen pathogenen Keimen und technisch-schädlichen Mikroorganismen sind (naturgemäß) fließend, gerade was die Schimmelbildung bei Nahrungsmitteln oder im Bauwesen bzw. die Sporenbildung bei Duschvorhängen u.ä. im Sanitärbereich betrifft. Gerade bei Anwendungsfällen, in denen ein Produkt über lange Zeit nahezu unbefristet (im Gegensatz zu Lebensmitteln, Arzneimitteln oder Kosmetika) seinen ursprünglichen Wert behalten soll (z.B. Holz in Saunen, Fußmatten im Bäderbereich, Anstriche in Feuchträumen), werden antimikrobiell wirkende Verbindungen eingesetzt, die trotz ihrer Reaktion mit Mikroorganismen nicht schnell inaktiviert oder abgebaut werden dürfen. Auch wenn nicht damit zu rechnen ist, daß die hier eingesetzten mikrobiziden Stoffe in großem Umfang aus ihrem Anwendungsbereich heraus in die Umwelt und damit meist ins Abwasser gelangen, ist diesen Anwendungsfeldern Beachtung zu schenken. In den folgenden 3 Abschnitten werden im Überblick Lebensmittelkonservierungsstoffe (3.3.1), Arzneimittel- und Kosmetika (3.3.2) und die Konservierung chemisch-technischer Produkte (3.3.3) angesprochen (siehe dazu auch den Anhang).

3.3.1 Lebensmittelkonservierung

Durch die Zusatzstoff-Zulassungsverordnung (Z-ZUL-VO, 1981; vgl. auch Abschnitt 2.1.4) sind für Lebensmittel zum Schutz vor mikrobiellem Verderb die erlaubten Konservierungsstoffe und deren Höchstmengen festgelegt.

Benzoesäure wird vor allem wegen ihres geringen Preises am häufigsten angewendet (SCHMÜLLING, ZWIENER, 1984); sie ist in 31 von 42 in der Verordnung erwähnten Lebensmittelzubereitungen zugelassen. Sorbinsäure findet ebenfalls breite Anwendung (in 38 Fällen zugelassen). PHB-Ester werden in Feinkostwaren und vor allem bei Fischprodukten und Fischsalaten eingesetzt. Ameisensäure findet Verwendung in Konserven (Fisch-, Sauer-) und in Obst- und Fruchtsäften. Propionsäure wird in Brot (geschnitten und verpackt) und in Feinbackwaren eingesetzt. Zur Oberflächenbehandlung von Zitrusfrüchten dürfen Diphenyl und Orthophenylphenol und von Bananen Thiabendazol verwendet werden. Eine Sonderstellung nehmen Schwefeldioxid und Schwefeldioxid-entwickelnde Stoffe ein, bei denen die antioxidative Wirkung im Vordergrund steht, die aber auch konservierend wirken (STEFFENS, 1977). Ferner werden Stoffe wie Kochsalz, Zucker, Essig- und Milchsäure, die in unphysiologisch hohen Konzentrationen mikrobizid wirken, eingesetzt.

Mit den antimikrobiell wirkenden Stoffen werden Emulgatoren den zu konservierenden Produkten zugegeben, um chemische und physikalische Veränderungen der Produkte zu verhindern oder zeitlich zu verzögern, aber auch um die Wirkung der Konservierungsstoffe zu verbessern, indem sie für eine gleichmäßige Verteilung im Produkt sorgen. Als Antioxidantien sind in diesem Zusammenhang Phenolderivate von Bedeutung, die u.a. in Suppen, Soßen, Kaugummi oder Aromastoffen zugelassen sind.

3.3.2 Arzneimittel und Kosmetika

Arzneimittel, denen aufgrund der Anforderungen an die mikrobielle Reinheit ggf. Konservierungsstoffe - entsprechend den Monographien der Arzneimittel - zugegeben werden (vgl. DAB 8, 1978), können in 4 Gruppen eingeteilt werden: Parenteralia sowie Ophthalmica, dermatologische Zubereitungen und perorale Arzneiformen. Seren, Impfstoffe und Infusionen (Parenteralia) werden vor allem mit Phenylquecksilbersalzen konserviert (STEFFENS, 1977). Bei den Augenarzneimitteln (Ophthalmica) handelt es sich meist um QAV, Chlorhexidindiacetat, Phenylquecksilberborat, -nitrat und -acetat sowie andere organische Quecksilberverbindungen. Dermatica werden mit QAV, Chlorbutanol, Phenylethanol und Phenylquecksilbersalzen und - eingeschränkt - mit PHB-Ester (DAB 8, 1978) konserviert. Den Oralia bzw. Peroralia werden zur Konservierung Ethanol, Benzoesäure, PHB-Ester und Sorbinsäure zugegeben.

Kosmetika werden konserviert, weil durch den mehrfachen Gebrauch eines Körper- oder Schönheitspflegemittelbehälters eine bakterielle Kontamination des

Tabelle 19: Einsatz von Konservierungsstoffen in abwasserrelevanten kosmetischen Produkten (KOSMETIKVERORDNUNGEN, 1977 und 1982; LEUBNER, 1981; RÜDGER, 1984; WALLHÄUSSER, 1981 und 1984)

Konservierungsstoff	Mundwässer	Zahnpasta	Seife	Badepräparate	Shampoos	Haarpflegemittel
			Zulässige Höchstkonzentrationen			
Formaldehyd			0,2		0,2	
Imidazolidinylharnstoff[1]				0,6	0,6	0,6
Adamantanchlorid[1]				0,2	0,2	0,2
Methylol-DM-hydantoin[1]			0,2	0,2		
4-Chlor-m-kresol[1]				0,2	0,2	
p-Chlor-m-xylenol[1]			0,5			
2,4-Dichlor-m-xylenol[1]			0,1			
Chlorophen[1]			0,2			
Hexachlorophen[2]	0,1	0,1	0,1			0,1
Bromchlorophen[1]			0,1			0,1
Fentichlor			2,0		0,7	
Triclosan[1]	0,3		0,3	0,3		
Trichlorcarbanilid[1]			0,2		0,2	
Halocarban[1]			0,3			
Chlorhexidin[1]		0,3				
Benzylalkohol[1]					1,0	1,0
2-Brom-2-nitro-1,3-propandiol[1]				0,1	0,1	
5-Brom-5-nitro-1,3-dioxan[1]				0,1	0,1	0,1
Phenylmercurinitrat[1][3]					0,001	
Ethylmercurithiosalicylat[1][3]					0,007	
Sorbinsäure				0,6		
Dehydracetsäure[1]	0,6	0,6			0,6	
PHB-Ester	0,5	0,5			0,4	0,4
Chloracetamid[1]			0,3	0,3	0,3	
2-Hydroxypyridin-N-oxid[1]			0,5		0,5	
Pyrithion-Zn					0,5	
Pyrithion-Natrium[1]					0,5	0,5
Isothiazolinon-Gemisch[1]				0,005	0,005	
Dimethoxan[1]			0,2	0,2	0,2	
8-Hydroxychinolin[1]	0,3					
Hexetidin[1]	0,2					
Pionin[1]						0,002

[1] Die Verwendung als Konservierungsstoff ist nur bis zum 31.12.1985 gestattet (KOSMETIKVERORDNUNG, 1977)

[2] Kann in Seifen in Konzentrationen bis zu 1% und in anderen kosmetischen Mitteln bis zu 0,5% verwendet werden (KOSMETIKVERORDNUNG, 1977)

[3] Konzentrationen auf Hg bezogen; laut KOSMETIKVERORDNUNG (1977) nur für Schmink- und Abschminkmittel für die Augen (0,007 %).

Inhalts, die zu mikrobiell bedingten Veränderungen des Produktes bzw. auch zur Ansiedlung von pathogenen Mikroorganismen führen kann, nicht zu vermeiden ist. Der Einsatz und die Höchstmengen von zulässigen Konservierungsstoffen sind in der Kosmetik-Verordnung (1977, zuletzt geändert 1982) geregelt. Nicht begrenzt sind Stoffmengen derselben Wirkstoffe, die zu anderen als zu konservierenden Zwecken eingesetzt werden. Zur Konservierung von beispielsweise Seifen, Shampoos und Schaumbädern werden sehr häufig Formaldehyd (WALLHÄUSSER, 1981), das sehr oft mit Aldehyd-Abpaltern, Alkoholen, Carbonsäureamiden oder Heterocyclen kombiniert wird, und Aldehyd-Abspalter, kombiniert mit PHB-Estern, eingesetzt (vgl. Tabelle 19).

3.3.3 Konservierung chemisch-technischer Produkte

Der größte und - wie eingangs erwähnt - z.T. besonders kritische Anteil der Konservierungsstoffe wird im technischen Bereich verwendet, wenn es um den Schutz langlebiger Güter vor mikrobiellem Befall geht. Zur Veranschaulichung von Vielzahl und Art der in diesem Bereich eingesetzten Wirkstoffe und Wirkstoffkombinationen sind in Tabelle 20 nach Verbindungsklassen geordnet, eine Reihe häufig eingesetzter Produkte (entnommen dem JAHRBUCH FÜR PRAKTIKER, 1984) anhand ihrer Hauptwirkstoffe den verschiedenen Einsatzbereichen zugeordnet. Aus Tabelle 19 ist zu ersehen, daß heterocyclische Verbindungen (Isothiazolinone, Benzimidazole, Oxazolidine) und Organometalle (Tributylzinn- und Phenylquecksilberverbindungen) anzahlmäßig überwiegen. Weiterhin zeigt die Tabelle, daß einige Verbindungen und Verbindungsgruppen (Aldehydabspalter, Phenole und chlorierte Phenole, Isothiazolinone) sehr vielseitig in einer größeren Zahl verschiedener Produkte eingesetzt werden, andere wie Organozinn-Verbindungen, Carbonsäuren und Phtalimid-Derivate nur sehr speziell. Die eingetragenen Wirkstoffkombinationen machen außerdem deutlich, durch welche Wirkstoffkombinationen eine Erweiterung des Anwendungsfeldes des jeweiligen Wirkstoffes möglich ist.

Gerbbrühen, Pickellösungen, Trockenhäute und Leder, die in Tabelle 20 nicht explizit aufgeführt sind, werden vorwiegend mit Phenolen, halogenierten Phenolen (Trichlorphenol), Carbonsäureamiden (Chloracetamid) und Heterocyclen (Isothiazolinone) konserviert.

Tabelle 20: Mikrobizide Stoffe zur Konservierung chemisch-technischer Produkte

Verbindungsklasse	mikrobizide Stoffe	Farben					Kühl-schmierstoffe				Leime, Klebstoffe				Textilien		Diverses		
		Dispersionsfarben	Leimfarben	Lagerkonservierung fungizide Ausrüstung	Lacke	Farbstoffteige u. Pasten	mineralölhaltige	mineralölfreie	für Konzentrate	für Gebrauchslösungen	Klebstoffemulsionen	Haut- und Lederleime	Stärkeleime	Casein	Spinnbäder	Textilausrüstung	Wachsemulsionen	Tensid-Lösungen	and. techn. Emulsionen
Aldehyde und Aldehydabspalter	Diethylenglykolformal	x	x				x	x		x	x		x				x	x	
	Benzylalkoholhemiformal	x	x		x		x	x	x	x	x		x			x		x	x	x
	Hexahydrotriazinderivate						x	x	x	x								x	x	x
	Hexaminiumsalz	x		x		x					x		x			x				o
	Propylenglykolformal + Isothiozolinon						x	x		x										x
	Triethylenglykolformal, Chloracetamid, Isothiozolin.	x	x	x		x	x	x		x	x					x		x	x	x
	Chloracetaldehyd-Natriumbisulfit+OAV+Tributylzinnver.	x	x	x		x					x									
	Triorganozinn-Aldehyd-Amid-Zubereitung	x	x	x		x					x	x	x	x						x
	1-(3-Chlor-allyl)-3,5,7-triaza-1-azonia-adamantan																	o		o
Phenole und Phenolderivate	o-Phenylphenol-Na						o	o			x	x	x	x	x					o
	Natrium-o-phenyl-phenolat	o	o		x		x	x	x	x	x	x	x	x		x	x			o
	p-Chlor-m-Kresol, Na-Salz	x	x		x		x	x	x	x	x	x	x	x		x		x		o
	halogenierte Aryl- + Alkylphenole										x	x	x	x						x
	Zinknaphtenat	x		x	x															
organische Schwermetall-Verbindungen	Triorganozinn-Zink-Kombination			x	x															
	" "-Isothiazol-Kombination			x	x															
	" -salz/Bornenderivat			x	x															
	Tributylzinn-Naphthenat-Zubereitung			x	x															
	Tributyl-Zinncarboxilat			x	x															
	Tributylzinnsalz			x	x															

Fortsetzung Tabelle 20

Verbindungsklasse	mikrobizide Stoffe	Einsatzbereiche																	
		Farben						Kühlschmierstoffe				Leime, Klebstoffe				Textilien		Diverses		
		Dispersionsfarben	Leimfarben	Lagerkonservierung	fungizide Ausrüstung	Lacke	Farbstoffteige u. Pasten	mineralölhaltige	mineralölfreie	für Konzentrate	für Gebrauchslösungen	Klebstoffemulsionen	Haut- und Lederleime	Stärkeleime	Casein	Spinnbäder	Textilausrüstung	Wachsemulsionen	Tensid-Lösungen	and.techn.Emulsionen
organische Schwermetallverbindungen	Tributylzinnoxid, Norbonendimethanolhexachlorcyclosulfit				x	x											x			x
	organ. Zinnverbindungen	x			x															
	Tributylzinnoxid, Tributylzinnfluorid	x			x															
	Tributylzinnfluorid	x			x															
	Tributylzinnetherat	x		o	x															
	Tributylzinnpolyethoxilat	x		o	x															
	Tributylzinn-Zubereitung	x	x	o	x							x	x							
	Triarylzinnderivat	x	x	o	x															
	Triorganozinn-, Aldehyd-, Amid-Zubereitung	x	x	x			x					x	x	x	x					x
	Phenylquecksilber-Verbindung	x	x		x															x
	Phenylquecksilberacetat	x	x	x																
	Kresolquecksilbernapthenat	x			x															
	Phenylquecksilberoleat					x	x													x
	" -dimethyldithiocarbamat	x	x	x	x															
PHB-Ester	p-Hydroxybenzoesäuremethylester									o	o									x
	" ethylester									o	o									x
	" propylester									o	o									x
	" butylester																			x
	" benzylester																			x

Fortsetzung Tabelle 20

Verbindungsklasse	mikrobizide Stoffe	Einsatzbereiche																	
		Farben						Kühlschmierstoffe				Leime, Klebstoffe				Textilien		Diverses		
		Dispersionsfarben	Leimfarben	Lagerkonservierung	fungizide Ausrüstung Lacke		Farbstoffteige u. Pasten	mineralölhaltige	mineralölfreie	für Konzentrate	für Gebrauchslösungen	Klebstoffemulsionen	Haut- und Lederleime	Stärkeleime	Casein	Spinnbäder	Textilausrüstung	Wachsemulsionen	Tensid-Lösungen	and.techn.Emulsionen
Carbonsäureamide	2-(Hydroxymethyl)aminoethanol	x	/	x				x	x		x							o	o	o
	2-(Hydroxymethyl)amin-2-methyl-propanol	x	x	/				x	x		x							o	o	o
	Chloracetamid, Fluorid, QAV	x	x	x			x													
	Chloracetamid + Natriumbenzoat	x	x	x			x					x					x		x	x
	" + Isothiazolon	x	x	x								x								
	Chloracetamid, Natriumfluorid, QAV	x	x	x			x					x	x							x
	Triorganozinn-Aldehyd-Amin-Zubereitung	x	x	x			x					x	x	x	x					x
	N-Methylolchloracetamid							x	x		x									
	N-Methylolchloracetamid, Isothiazolinone	x	x	x																x
	" Glykolformal, Isothiazolinone	x	x	x			x	x	x		x	x					x	x	x	x
	" QAV	x	x	x								x	x							x
	Imidazol-, Isothiazol-, Alkylamid-Zubereitung	x	x	x	x															
Heterocyclen	Isothiazolinderivate	x	x	x			x				x	x	x	x	x		x	x		x
	Isothiazolin-Derivate, Chloracetamidderivat, QAV	x	x	x							x	x	x					x		x
	N-Methylolchloracetamid, Isothiazolinone	x	x	x																x
	N-Methylchloracetamid, Triethylenglykolformal, Isoth.	x	x	x			x	x	x		x	x					x	x	x	x
	5-Chlor-2-methyl-4-isothiazolin-3-on + 2-Methyl-Isoth.	x		x				x	x		x								x	x
	Propylenglykolformal, Isothiazolinon							x	x		x									
	Benzisothiazolon	x	x	x				x			x									

Fortsetzung Tabelle 20

Verbindungsklasse	mikrobizide Stoffe	Farben						Kühl-schmier-stoffe				Leime, Klebstoffe				Tex-ti-lien		Diverses		
		Dispersionsfarben	Leimfarben	Lagerkonservierung	fungizide Ausrüstung	Lacke	Farbstoffteige u. Pasten	mineralölhaltige	mineralölfreie	für Konzentrate	für Gebrauchslösungen	Klebstoffemulsionen	Haut- und Lederleime	Stärkeleime	Casein	Spinnbäder	Textilausrüstung	Wachsemulsionen	Tensid-Lösungen	and.techn.Emulsionen
Heterocyclen	Benzisothiazolinderivat	x	x	x			x					x	x	x	x					
	N-Octyl-isothiozolinon	x	x		x	x														
	N-substituiertes, isomeres Ketothiazol	x		o	x	o														
	2-Octyl-isothiazolinon, Chlormethyl-isothiazolinon	x	x	x	x							x	x							x
	Triorganozinn-Zink-Isothia-zol-Kombination				x	x														
	Isothiazolinon-und Amino-benzimidazol-Derivate	x	x		x							x	x	x	x					
	Imidazol-Isothiazol, Alkyl-amid-Zubereitung	x	x	x	x															
	O-Formale, Isothiazolin, Methoxycarbonylaminobenz	x	x	x		x					x	x					x	x	x	x
	Benzimidazolderivat	x	x		x															
	Dithiocarbamet- Benzimidazol-Kombination	x	x	o	x	o														
	2-Methoxycarbonylaminino-benzimidazol				x	x											x			x
	Zinkdimethyldithiocarbamat, 2-Methoxycarbonylaminobenz.	x	x		x															
	2-Methyldithiocarbamat, Chloracetamid, Dithiocarbam.	x	x		x															
	Alkylpolyethoxiphosphat-obenzimidazolderivat				x	x														
	Oxazolidon + schwefelhaltiger Heterocyclus							x	x	x	x							x	x	x
	Kombination aus heterocycl. Aminderivat.u.bicycl.Oxaz.							x	x	x	x									x
	Bisoxazolidine							x	x	x	x							x	x	x
	Bicyclisches Oxazolidin	x	x	x				x	x	x	x	x		x				x	x	
	Phthalimid-Derivate				x	x														

Fortsetzung Tabelle 20

Verbindungsklasse	mikrobizide Stoffe	Farben					Kühlschmierstoffe				Leime, Klebstoffe				Textilien		Diverses		
		Dispersionsfarben	Leimfarben	Lagerkonservierung fungizide Ausrüstung	Lacke	Farbstoffteige u. Pasten	mineralölhaltige	mineralölfreie	für Konzentrate	für Gebrauchslösungen	Klebstoffemulsionen	Haut- und Lederleime	Stärkeleime	Casein	Spinnbäder	Textilausrüstung	Wachsemulsionen	Tensid-Lösungen	and. techn. Emulsionen
Heterocyclen	Tetrachlorisophthalnitril			x	x														
	N-Trichlormethylthiophthalimid			x	x														
	Dichlorfluormethylthiophthalimid			x	x						o	o							
	Tributylzinnoxid, Norbornendimethanolhexachlorcyclosufid			x	x											x			x
	Heterocyclisches Amin	x	x	x			x	x			x	x					x	x	x
	Halbacetale und schwefelhaltiger Heterocyclus	x	x	x		x	x	x	x	x	x					x	x	x	x
	Acetal-aliphatische N-, heterocycl. S-Verbindungen	x	x	x		x	o	o	o	o	x	x	x	x	o				x
	S.N.Heterocyclen															x			
	S.N. Heterocyclische Verbindung															x			
Dithiocarbamate	Dimethyltetrahydrothiadiazinthion	x	x		x														
	Pyridin-N-oxid-Na-Salz					o	x	o	x		x	x							
	Dithiocarbamatkombination	x	x	x	o							x	x						x
	" carbamat-Zubereitung	x		x	o						o	o							
	Zinkdithiocarbamat	x			x														
	Zinkdimethyldithiocarbamat, Benzimidazolderivat	x	x		x														
	" " + Tetramethylthiuramdisulf.	x	x	x		x					x	x	x	x	x				x

3.4 Sonstige mikrobizide Stoffe

Es gibt eine Reihe von Anwendungsfällen mikrobizid wirkender Stoffe, die eine Zwischenstellung zwischen Desinfektion und Konservierung einnehmen oder deren Aufgabe nicht eigentlich die Abtötung von Mikroorganismen aus pathogenen oder technischen Gründen ist. Zur letzten Gruppe gehören die mikrobiziden Stoffe für Chemikalientoiletten, die mehr aus ästhetischen (Geruchs-) Gründen, denn aus Hygienegründen eingesetzt werden, die Toilettenreiniger, die Bleichmittel in Waschmitteln, die aufgrund ihrer oxidierenden Wirkung auch Mikroorganismen abtöten und die Waschhilfsmittel. In die erste Gruppe gehören die Wasserbehandlungs- und Schleimbekämpfungsmittel, die in Kühlkreisläufen und in der Papierindustrie eingesetzt werden.

3.4.1 Wasserbehandlungsmittel

Unter die Wasserbehandlung fallen die Trink-, Brauch- und Abwasserdesinfektion sowie die Kühl- bzw. Kreislaufwasserkonservierung. Die Trinkwasserverordnung (TWVO, 1975) begrenzt das Vorkommen von Krankheitserregern bzw. die Gesamtkeimzahl im Trinkwasser (100 Keime/ml) bzw. im desinfizierten Trinkwasser (20 Keime/ml). Um die geforderte mikrobiologische Qualität des Trinkwassers bzw. Brauchwassers in der Lebensmittelverarbeitung sicherzustellen, werden vor allem Chlorgas, Natriumhypochlorit, Chlordioxid und neuerdings in zunehmendem Maße Ozon verwendet. Nach der Trinkwasser-Aufbereitungs-Verordnung (1959) sind außerdem Chlor, Calcium- und Magnesiumhypochlorit, Chlorkalk, Ammoniak und Ammoniumsalze sowie Silberverbindungen zugelassen. Die Kombination von Ammoniak/Ammoniumsalzen mit Chlorgas beim sogenannten Chloramin-Verfahren wird kaum noch durchgeführt (ROESKE, 1982). Die antimikrobielle Wirkung des molekularen Chlors ist stark pH-abhängig (s. Abschnitt 2.2.4), so daß bei der Chlorung von basischem Wasser die Dissoziation der entstehenden unterchlorigen Säure durch einen Überschuß an freiem Chlor kompensiert werden muß (ROESKE, 1980). Da Chlor mit verschiedenen organischen Substanzen reagiert, was die Bildung von Chlorphenolen und Trihalomethanen (Chloroform, Bromoform) begünstigt, wird Chlordioxid dem elementaren Chlor vorgezogen, wobei das Desinfektionsvermögen von ClO_2 weitgehend vom pH-Wert unabhängig ist (MEVIUS, 1980). Wenn das Trinkwassernetz nicht in einwandfreiem Zustand ist, besteht die Gefahr der Wiederverkeimung. Um ihr vorzubeugen, wird dem Trinkwasser Chlor so zugesetzt, daß ein Restgehalt von 0,1 mg - 0,3 mg aktives Chlor/l zur Konservierung enthalten ist. Silber wird vorwiegend in kleinen Wasserversorgungsanlagen (z.B. auf Schiffen) eingesetzt und dient vorwiegend dem Schutz vor Wiederverkeimung (MEVIUS, 1980).

Die Brauchwasserdesinfektion ist keine eigentliche Desinfektion, sondern eher eine Konservierung von Wasser (beispielsweise Schwimmbad-, Kühl- oder Kreislaufwasser), da hier die Erhaltung des Wassers in einem keimarmen Zustand, der Schutz der Rohrleitungen vor Korrosion und die Vermeidung von Betriebsstörungen und nicht die vollständige Abtötung von Mikroorganismen im Vordergrund steht. In Schwimmbädern (s. dazu auch Abschnitt 3.6.2) wird vor allem Chlordioxid (WALLHÄUSSER, 1984) und Ozon, ergänzt durch Chlor als Bakteriostatikum (MEVIUS, 1980) eingesetzt. In 95 % der Fälle werden dem als Kühlwasser eingesetzten Wasser in Kühltürmen und Wasserkreisläufen zur Bekämpfung und Verhütung eines Massenwachstums von schleimbildenden Bakterien, Algen und z. T. Pilzen, Chlor und anorganische Chlorverbindungen (WUNDERLICH, 1978) beigegeben. Außerdem werden noch chlorierte Phenole, QAV, Heterocyclen und Dithiocarbomate sowie Organometallverbindungen - meist stoßweise - zudosiert. Kurzfristig werden hierdurch hohe Konzentrationen mikrobizider Stoffe erreicht (1-3 mg freies Chlor/l, 10 - 20 mg Thiocyanate/l, bis 10 mg/l halogenierte Kohlenwasserstoffe; WUNDERLICH, 1978).

Enthält Abwasser nach Vorbehandlung oder Reinigung in einer Kläranlage seuchenhygienisch bedenkliche Krankheitserreger, muß es, sofern es in einen entsprechenden Vorfluter (beispielsweise in ein Badegewässer) geleitet wird, behandelt werden. Dies trifft vor allem zu für infektiöses Abwasser aus geschlossenen Abteilungen von Krankenhäusern, aus mit Infektionserregern arbeitenden Instituten als auch für Kläranlagen, die ihr gereinigtes Abwasser in Badegewässer einleiten. Zur Behandlung des Abwassers in den genannten Fällen ist das Chlorungsverfahren vorgeschrieben (BGA, 1982); der erforderliche Gesamtchlorgehalt ist in Abhängigkeit von der Einwirkungszeit und dem pH-Wert des Abwassers einzustellen. Von einigen Fällen von Abwasserdesinfektionen im Anschluß an eine kommunale Abwasserreinigung ist bekannt, daß infolge Fischtoxizität aufgrund des freien Chlorrestgehaltes sogar Abwasserabgabe zu bezahlen ist.

3.4.2 Schleimbekämpfungsmittel

Erhöhte Anforderungen an den Umweltschutz - insbesondere zur Wassereinsparung - haben in einigen Bereichen der Papierherstellung zur engen Schließung der Wasserkreisläufe geführt. Die geschlossene Kreislaufwasserführung wirft jedoch auch Probleme auf, weil sich im Wasser organische Stoffe anreichern, die für Bakterien eine gute Nahrungsgrundlage darstellen. Unter den im Wasserkreislauf befindlichen Mikroorganismen finden sich schleimbildende und fadenförmige Spezies, die mit den faserigen Bestandteilen Agglomerate bilden und sich im Rohrsystem oder in der Papiermaschine ablagern und damit Produktionsausfälle (Papierabriß, Batzenbildung) verursachen können. Unter diesen Ablagerungen bilden sich anaerobe Zonen, in denen günstige Lebensbedingungen für korrodierende Bakterien (Lochfraß) herrschen. Zur Bekämpfung dieser unerwünschten Bakterien werden im primären und im sekundären Kreislauf Biozide eingesetzt. Da alle Biozide auf die unerwünschten Mikroorganismen nur in selektiver Weise wirken, weil eine vollständige Abtötung wirtschaftlich über den Einsatz von Schleimbekämpfungsmitteln nicht möglich ist, werden meist alternierend verschiedene Mittel unterschiedlicher Wirkungsspektren eingesetzt. Zur Anwendung kommen in der Regel die in der XXXVI Empfehlung zum LMBG (1975) gelisteten Verbindungen.

Von den in der derzeit gültigen Fassung der XXXVI Empfehlung aufgeführten Wirkstoffen zur Schleimbekämpfung werden vorwiegend (und z.T. in großen Mengen) Heterocyclen wie 3.5-Dimethyl-Tetrahydro-1.3.5-thiadiazin-2-thion, Methylen-bis-thiocyanat, Hydroxymethylnitromethan, 1.4-bis (Bromacetoxy)- buten, 2-Brom-2-nitropropandiol (1.3), sowie Mischungen aus Isothiazolinonen mit Chlor- und Methylgruppen eingesetzt (s. dazu auch JUNG et al., 1979). Von untergeordneter Bedeutung sind Natriumchlorit, Natriumperoxid und Natriumhydrogensulfit, da sie in Konkurrenz mit allen übrigen oxidierbaren Verbindungen treten und hoch dosiert werden müssen, um nicht als Sauerstoff-Lieferanten zu dienen. Weiterhin als Schleimbekämpfungsmittel eingesetzt werden - vor allem aber auch als Konservierungsstoffe für den Export in Feuchtländer wegen ihrer fungiziden Wirkung - Tetramethyl-thiuram-disulfid und Dinatrium-cyano-dithioimidocarbonat bzw. Kalium-N-methyldithiocarbamate, die aber zu ungünstigen Geruchsentwicklungen und bei Anwesenheit von Schwermetallsalzen zu farbigen Komplexen führen können.

3.4.3 Chemietoiletten und Toilettenreiniger

Verbunden mit dem Streben nach Komfort hat sich in jüngster Zeit ein Markt für sogenannte Chemikalien- oder kurz Chemietoiletten ausgebildet, der sich augenblicklich noch stark ausweitet. Chemietoiletten werden seit längerem auf Rastplätzen, in Flugzeugen, Camping-Fahrzeugen und Kleingärten, neuerdings auch auf Baustellen und in Reiseomnibussen eingesetzt. Zur Geruchsbeseitigung werden den Fäkalien oder dem Frischwassertank Chemikalien zugesetzt, wodurch je nach Präparat nach einer gewissen Zeit die Fäulnisfähigkeit derart gemindert wird, daß keine Toilettengerüche mehr wahrzunehmen sind. Um dies sicherzustellen, muß mit sehr hohen Wirkstoffkonzentrationen gearbeitet werden. Im wesentlichen handelt es sich bei den Mikrobiziden zum Einsatz in Chemietoiletten um aldehydische Wirkstoffe, meist Formaldehyd (etwa 30 %) und Glutardialdehyd, sowie um QAV und nichtionische Tenside, die zusammen rund 50 % des Konzentrates ausmachen. Die meisten Präparate sind stark sauer (um pH 2,5) oder sauer (pH 4,2) eingestellt.

Bei der Reinigung von Toiletten und sanitären Anlagen werden Reinigungsmittel eingesetzt, die sich größtenteils durch eine zusätzliche desinfizierende Wirkung auszeichnen. Die Toilettendesinfektion ist als eigenständiger Einsatzbereich zu sehen, da die eingesetzten Mittel zum einen nicht als Desinfektionsmittel geprüft und erfaßt sind und zum anderen ihre Anwendung nicht mit der von Flächendesinfektionsmitteln vergleichbar ist.

Sanitärreiniger sind stark alkalisch und enthalten aktives Chlor. Sie sollen vor allem fetthaltige organische Verschmutzungen auflösen. Drei untersuchte, marktführende Produkte desinfizieren "sehr gut" und können außer für Toiletten auch als desinfizierende Allzweckreiniger auf Flächen eingesetzt werden (STIFTUNG WARENTEST, 1982). WC-Reiniger reagieren stark sauer und wirken vor allem gegen kalkhaltige Ablagerungen und gegen durch eisenhaltiges Wasser hervorgerufene braune Verfärbungen in Toilettenbecken. Von 20 geprüften WC-Reinigern zeichneten sich 17 Produkte durch eine "sehr gute" bis "zufriedenstellende" desinfizierende Wirkung aus (STIFTUNG WARENTEST, 1982).

Ebenfalls eine mikrobizide Wirkung haben die vor allem in öffentlichen Pissoirs (in Bahnhöfen, Sportstätten etc.) verwendeten WC-Würfel, die neben desodorierenden Effekten eine Keimentwicklung in den Toilettenbecken verhindern sollen. Sie enthalten meist Parachlordibenzol, Naphthole und/oder andere phenolische Verbindungen.

3.4.4 Waschhilfsmittel und Waschmittel

Bei der chemischen Vollreinigung umfaßt die Produktpalette reine Mikrobizide, mikrobizide Vordetachiermittel (Fleckenentferner), mikrobizide Reinigungsverstärker und mikrobizide Mehrzweck-Reinigungsverstärker, die in Verbindung mit Chemischreinigern eine mikrobizid-funktionstüchtige chemische Vollreinigung (mit "Gesundheitsplus") garantieren (FISCHER-BOBSIEN, 1981). Die aufgelisteten Hilfsmittel sind meist eine Kombination von Mikrobiziden und Tensiden. Bei den Mikrobiziden handelt es sich in der Regel um QAV, Acetoxydimethyldioxan, Formaldehydverbindungen, Trichlorhydroxydiphenylether und phenolische Polyoxymethylenderivate.

Da durch den Rückgang der Waschtemperatur beim Waschen synthetischer Gewebe (wodurch die Verminderung der Keimzahl durch das Zusammenwirken von Temperatur und Waschmitteln entfällt) die desinfizierende Wirkung geschmälert wird, wird dies z. T. in Wäschereien durch den Zusatz von Desinfektionsmitteln wieder ausgeglichen. Die in Waschmitteln zur Bleiche eingesetzten Perverbindungen wirken aufgrund ihrer Oxidationskraft auch desinfizierend (s. Abschn. 2.2.5), QAV werden in Weichspülmitteln (s. Abschn. 2.2.3) verwendet.

3.5 Abwasserrelevanz mikrobizider Stoffe in verschiedenen Einsatzbereichen

Die Abwasserrelevanz mikrobizider Stoffe ergibt sich aus ihrer (lokalen) Anwendungshöhe, ihrer Wirkung in Anwesenheit von Wirkungsvermittlern und inaktivierenden Stoffen, ihrer Persistenz sowie aus ihrem potentiellen Kontakt mit Wasser, das nach seinem Gebrauch als Abwasser den kommunalen Kläranlagen zufließt. Während die Abwasserrelevanz von Konservierungsstoffen sich erst aus der Verwendung der konservierten Produkte ergibt, sind Desinfektionsmittel selbst Endprodukte, bei denen sich aufgrund der Art der Anwendung meist der Weg von den Einsatzbereichen bis in den Abwassersammler verfolgen läßt.

Desinfektionsmittel

Die unterschiedlichen Einsatzbereiche von Desinfektionsmitteln bedingen verschiedene Anwendungsverfahren, wobei die Wahl des Verfahrens im wesentlichen abhängt vom
- gewünschten Desinfektionsgrad (z.B. chirurgische oder hygienische Händedesinfektion),
- gewünschten Wirkungsspektrum (Viren, Bakterien, Pilze, Sporen),
- der Beschaffenheit des zu desinfizierenden Gegenstandes (z.B. Haut, Boden),
- der Zugänglichkeit (z.B. Oberflächen, Rohrleitungen und -ventile, Geräte),

- der Größe des zu desinfizierenden Gegenstandes (z.B. Injektionsstellen oder Böden).

Die Einsatzbedingungen bestimmen auch die Auswahl der Wirkstoffe, ihre Einwirkungszeiten und damit auch ihre Einsatzkonzentrationen. Ein sehr wesentliches Kriterium im Hinblick auf die Belastung des Abwasser spielt die Dosierung. Da nur wenige Desinfektionsmittel in konzentrierter Form angewendet werden, spielt die exakte Dosierung, sowohl was die Anwendung als auch die Konzentration im Abwasser anbelangt, eine wichtige Rolle. Aufgrund der immer noch verbreiteten Mentalität des "Viel hilft Viel" wird häufig mit unnötig hohen Konzentrationen gearbeitet (vgl. Abschnitt 3.6.1), die auch hohe Wirkstoffkonzentrationen im Abwasser zur Folge haben.

Von den Desinfektionsverfahren sind die Naßwisch-, Füll- und Tauchverfahren und in Einzelfällen Sprühverfahren mit relevanten Mengen, die ins Abwasser gelangen, von Bedeutung; Vernebeln, Verdampfungs- und Einreibverfahren sind aufgrund der geringen Dosierung hier von untergeordneter Bedeutung, wenngleich einige der bei der Hände- und Hautdesinfektion verwendeten Wirkstoffe teilweise Depotcharakter besitzen (z.B. Iodophore), relativ persistent (halogenierte Phenolderivate) oder akkumulierbar (Quecksilberverbindungen)sind.

Die Abwasserrelevanz der Naßwischverfahren (Flächendesinfektion) ist offensichtlich, da nach der feuchten Behandlung der Flächen die Wischgeräte ausgewrungen und die Behandlungslösungen ausgekippt werden. In Anbetracht der hierfür eingesetzten Desinfektionsmittel-Mengen in Krankenhäusern und lebensmittelverarbeitenden Betrieben (vgl. Abschnitt 3.1) und der eingesetzten Wirkstoffe (vgl. Abschnitt 3.2) sind Flächendesinfektionsverfahren aus Krankenhäusern als kontinuierlich - weil über den ganzen Tag verteilt -, aus lebensmittelverarbeitenden Betrieben als diskontinuierlich abwasserrelevant - morgens durch Abspülung und abends bei der Reinigung - zu bezeichnen.

Füllverfahren werden vor allem in Betrieben der Lebensmittelverarbeitung bei Kleinbehältern, Schläuchen, Rohrleitungen und Apparaten nach einer Reinigung mit Desinfektionslösung eingesetzt, wobei häufig Reinigungs- und Desinfektionslösung von einem zentralen Vorratsbehälter (Stapeltank) in die zu Kreisläufen zusammengeschlossenen Rohrleitungen und Behälter gepumpt werden (cleaning-in-place, CIP). Die Desinfektionsmittelkonzentration (wie auch die Reinigungslösung) wird durch Messung der Leitfähigkeit, des pH-Wertes oder der Redox-Potentials überwacht und ggf. nachgeschärft (Standzeiten: 6-8 Wochen). Das Ablassen des Stapeltanks ist meist in den Ortsentwässerungssatzungen nach ATV-Arbeitsblatt A 115 vorgeschrieben, wobei meist mit der Verdünnung durch das kommunale Abwasser gerechnet wird; saure Lösungen müssen in der Regel vor Einleitung in den Abwassersammler neutralisiert werden.

Tauchverfahren werden bei der Instrumenten- und Wäschedesinfektion eingesetzt. Dabei werden vor einer Reinigung die infizierten oder verschmutzten Teile in eine Desinfektionslösung gelegt, die nach ihrem Gebrauch verworfen wird. Sowohl von den anfallenden Mengen (bei der Wäschedesinfektion 10-50 l Gebrauchslösung) als auch von den eingesetzten Wirkstoffen her sind negative Auswirkungen auf die Kläranlagenfunktionstüchtigkeit möglich.

Sprühverfahren werden bei kleinen Hautflächen (Injektionen, Fußpilzprophylaxe in Bädern), bei kleinflächigen Gegenständen im medizinischen Bereich (Geräte, Türgriffe, Mobiliar), bei schwer zugänglichen Geräten oder Gestellen in Sprühkammern (Betten in Krankenhäusern, LKW's bei Tierkörperbeseitigungsanstalten) und voluminösen Behältern in der Lebensmittelverarbeitung eingesetzt. Während bei kleinflächiger Anwendung die Flüchtigkeit der verwendeten Mikrobizide und der Verbleib auf dem besprühten Gegenstand eine Rolle spielt, ist der Einsatz bei großflächigen Gegenständen mit der z.T. erforderlichen überschüssigen Dosierung abwasserrelevant, wenn mit verlorener Desinfektionslösung gearbeitet wird.

Konservierungsstoffe

Die praktische Anwendung der einzelnen Konservierungsstoffe ergibt sich aufgrund ihrer spezifischen Eigenschaften, der Beschaffenheit der zu konservierenden Produkte und der angestrebten mikrobiellen Reinheitsgrade, insbesondere aber der Art ihrer Anwendung. Konservierungsstoffe werden in sehr vielen Bereichen in vielen verschiedenartigen Produkten eingesetzt; eine vollständige Erfassung ihrer Abwasserbelastung ist kaum möglich, zumal in vielen Bereichen nur selten Untersuchungen über die Festlegung mikrobizider Stoffe in den Produkten publiziert werden.

Die in Lebensmitteln zugelassenen Konservierungsstoffe - abgesehen von den Oberflächenbehandlungsmitteln - werden i.a. vollständig vom menschlichen Stoffwechsel umgesetzt, so daß für das Abwasser und in der Folge für biologische Kläranlagen kaum Beeinträchtigungen zu erwarten sind. Die Schalen von Zitrusfrüchten und Bananen gelangen überwiegend in den Abfall; dort können die eingesetzten Oberflächenbehandlungsmittel (Diphenyl, o-Phenylphenol,

Thiabendazol) ausgelaugt werden und sich in den Deponiesickerwässern wiederfinden lassen. Bei der Oberflächenbehandlung selbst ist ebenfalls mit diesen Wirkstoffen im Abwasser in relevanten Mengen zu rechnen.

Von den in Arzneimitteln verwendeten Konservierungsstoffen sind bei zweckbestimmtem Gebrauch oral angewandter Mittel keine Störungen biologischer Kläranlagen zu erwarten, weil im wesentlichen dieselben Wirkstoffe wie in Lebensmitteln, in Arzneimitteln zudem in geringen Mengen, eingesetzt und durch den menschlichen Stoffwechsel metabolisiert werden. Die äußerlich angewendeten Arzneimittel enthalten dagegen z.T. Phenolderivate oder organische Quecksilberverbindungen, die aufgrund ihrer Anwendung - zwar lokal in geringen Mengen, aber immerhin doch ständig - nur wenig verändert ins Abwasser gelangen können. Probleme können entstehen, wenn nicht verbrauchte Medikamente über den Ausguß "entsorgt" werden.

Von den kosmetischen Produkten sind vor allem Mundwässer, Zahnpasten, Seifen und Badepräparate abwasserrelevant. Trotz der relativ geringen Einsatzkonzentrationen mikrobizider Stoffe von 0,002 bis 2 % ist bei einer Produktionsmenge der genannten Produkte von jährlich über 400.000 t (incl. Seifen; vgl. Tabelle 16) mit 8 - 8000 t, bzw. bei einem durchschnittlichen Anteil von 0,25 %, von rund 1.000 t mikrobizider Stoffe zu rechnen, die als quasi kontinuierliche Belastung den Kläranlagen zufließen (0,14 mg/l bei durchschnittlich 20×10^6 m^3 Abwasser (GILLES, 1983) pro Tag in der Bundesrepublik).

Zu den abwasserrelevanten chemisch-technischen Produkten, die Konservierungsstoffe enthalten, gehören vor allem konservierte Tensidlösungen, ionogene Waschmittel und fallweise Kühlschmierstoffe, Farben und Textilhilfsmittel, da diese nach ihrem Gebrauch noch mehr oder weniger unverändert in größeren Mengen ins Abwasser gelangen können. Von den Waschrohstoffen werden nur die flüssigen Tensidlösungen - vorwiegend mit Formaldehyd und Aldehydabspaltern sowie mit Alkoholen und Carbonsäureamiden (vgl. Tabelle 19) konserviert. Die Produktion von Wasch-, Spül- und Reinigungsmittel auf tensidischer Basis (vgl. Tabelle 16) belief sich in den letzten Jahren jeweils auf rund 1,6 Mio t, so daß ein nicht zu unterschätzender Eintrag mikrobizider Stoffe aus diesen Einsatzbereichen (Weichspüler, Geschirrspülmittel etc.) angenommen werden kann.

Die Lebensdauer der für Maschinen der Metallverarbeitung verwendeten Kühlschmierstoffe (Bohr- und Schneidöle) konnten in den letzten Jahren nicht zuletzt durch den Einsatz von Konservierungsstoffen auf Basis von Alkoholen, Phenolen, chlorierten Phenolen und Heterocyclen (vgl. Tabelle 19) von etwa 14 Tagen auf bis zu einem Jahr verlängert werden. Obwohl die Kühlschmierstoffe i.d.R. aufgefangen und aufgearbeitet werden können, finden sich auch immer wieder Anteile davon im Abwasser. Bei der Verarbeitung von wasserlöslichen Dispersionsfarben, Lacken, Holzschutzmitteln gelangen Farbreste vor allem durch das Ausleeren und das Auswaschen des Arbeitsmaterials (Pinsel, Walzen, Eimer) ins Abwasser. Aufgrund der eingangs geschilderten Wirkungserfordernisse der Mikrobiziden in diesen Produkten, sind diese Anwendungsbereiche ebenfalls als abwasserrelevant einzustufen.

Inwieweit ein Auswaschen mikrobizider Stoffe aus aufgezogenen Farben und oberflächenbehandelten Hölzern durch Abwaschen und Regenwasser erfolgen kann, ist unbekannt. Bei konservierten Textilien werden mit dem ersten Waschen die Konservierungsstoffe herausgelöst, die sich dann im Wasch- und Abwasser wiederfinden. Häute und Leder werden fallweise am Ort der Schlachtung der Tiere konserviert; bei der Weiterverarbeitung in Gerbereien, ist dann - abgesehen davon, daß z.T. zu Gerbzwecken mit Aldehyden gearbeitet wird - mit abwasserrelevanten Konzentrationen mikrobizider Stoffe zu rechnen.

Sonstige mikrobizide Stoffe

Entsprechend den eingangs gemachten Erläuterungen sind alle in Abschnitt 3.4 genannten Einsatzbereiche als abwasserrelevant anzusehen.

Bei der Wasserbehandlung (vgl. Abschnitt 3.4.1) soll bis zum Ort des Gebrauchs im wesentlichen keine Keimzahlzunahme stattfinden; wo dies zu befürchten steht, wird der Wassernutzer auch immer mit freiem, reaktivem Chlor (oder Silber) rechnen müssen. Die bekannt gewordenen Fälle von Fischsterben bei Einleitung von Schwimmbadwasser (vgl. Abschnitt 3.6.2) und Kühlwässern machen ebenfalls deutlich, daß bei Ableitung aus diesem Bereich noch reaktive, biozide Bestandteile ins Abwassersystem gelangen. Bei der Ozonisierung können verschiedentlich Aldehyde und Säuren als Reaktionsprodukte entstehen (GREENBERG, 1981); bei humin- oder fulvinsäurehaltigem Wasser können sich Trihalomethanvorstufen bilden (GOULD, 1981). Neben den Mikrobiziden für den Einsatz in Kühlwasser-, Prozeßwasserkreisläufen und Klimaanlagen spielen auch im Hinblick auf mögliche Beeinträchtigungen von Kläranlagen die gleichzeitig eingesetzten Dispergier-, Penetriermittel und Korrosionsinhibitoren eine wichtige Rolle hinsichtlich der Wirkungsvermittlung und aufgrund ihrer ebenfalls antimikrobiellen Wirkung.

Schleimbekämpfungsmittel (vgl. Abschnitte 3.4.2 und 3.6.6) werden in Unterschiedlichem Maße in Abhängigkeit u. a. der Vorbelastung des Ausgangsmaterials (Zellstoff, Altpapier), des Umfangs der Kreislaufwasserschließung oder -einengung und Art der herzustellenden Papiere eingesetzt. Da die weitgehende Kreislaufschließung meist auch mit höheren Temperaturen und anaeroben Zuständen verbunden ist, bei denen sich nur wenige, allerdings wesentlich resistentere Organismengattungen entwickeln können, kommen auch speziell wirksame Mikrobizide zum Einsatz. Weil die Kreislaufschließung nicht vollständig möglich ist, gelangen mikrobizide Stoffe in unterschiedlich reaktivem Zustand ins Abwasser.

Bei der Behandlung von Fäkalien in Chemiekalientoiletten (vgl. Abschnitt 3.4.3 und 3.6.3) ist i.d.R. keine exakte Dosierung vor Ort möglich, weil dem Anwender meist nicht ersichtlich ist, auf welche Fäkalienmenge er die angegebenen Anwendungskonzentrationen einwirken lassen soll. Der Inhalt der Chemikalientoiletten wird nach der abgeschlossenen Behandlung meist in die Straßenentwässerungsschächte entleert. Da beim Einsatz von Mikrobiziden in Chemikalientoiletten häufig mit Überdosierungen zu rechnen ist, können fallweise - gerade bei kleinen Gemeinden mit großen Campingplätzen und Touristenansammlungen - Kläranlagen durch derartige Einleitungen in ihrer Funktionstüchtigkeit beeinträchtigt werden.

Bei den zum Zweck der Toilettendesinfektion angebotenen Präparaten handelt es sich um Reiniger mit desinfizierender Wirkung, die als flüssige Gebinde konzentriert oder als verdünnte Lösung (meist ohne exakte Dosiermöglichkeit) bzw. als Granulate eingesetzt und nach einer bestimmten Einwirkungszeit in die Kanalisation gespült werden. Legt man eine tägliche Abwasserproduktion von 20×10^6 m^3/d (GILLES, 1983) zugrunde, läßt sich eine durchschnittliche, quasi kontinuierliche Abwasserbelastung bei rund 61.200 t WC- und Sanitärreinigern pro Jahr (vgl. Tabelle 16) von immerhin 8 mg dieser Produkte/l Abwasser errechnen, wobei die Wirkstoffkonzentration der mikrobiziden Stoffe im Abwasser mit 0,1 bis 0,5 mg/l angenommen werden kann.

Die Problematik von Waschmitteln und Waschhilfsmitteln im Hinblick auf eine Beeinträchtigung der Funktionstüchtigkeit von Kläranlagen ist äußerst vielschichtig - erinnert sei hier neben den in Waschmitteln verwendeten Tensiden (s.d. WASCHMITTELGESETZ, 1975) an die Komplexbildner NTA und EDTA (s.d. NTA-Studie, 1984). Waschmittel sind auf jeden Fall aufgrund ihrer großen Mengen und Verbreitung abwasserrelevant. Man weiß von Tensiden, daß sie das

Sauerstoffeintragsvermögen in Kläranlagen verändern und daß der nicht abgebaute Teil (die Forderung besteht nach einem 80 %igen Abbau der oberflächenaktiven Eigenschaften innerhalb von 28 d) als Wirkungsvermittler für mikrobizide Stoffe im Abwasser wirken kann.

3.6 Beispiele zur Anwendung mikrobizider Stoffe in unterschiedlichen Bereichen

Während in den vorangestellten Abschnitten der Einsatz mikrobizider Stoffe in den jeweiligen Bereichen im Überblick dargestellt und ihre Abwasserrelevanz aufgrund ihrer lokalen Anwendungshöhe bzw. der allgemeinen Problematik der jeweils eingesetzten Wirkstoffgruppen qualitativ erläutert wurde, wird in diesem Abschnitt anhand von Beispielen auf einzelne Schwerpunkte näher eingegangen. Im Rahmen der Untersuchung hat sich gezeigt, daß - entgegen der ursprünglichen Absicht einer Erläuterung an einzelnen, zufällig herausgegriffenen Fallbeispielen - nur eine allgemeinere Form einer Krankenhaus- bzw. Branchenübersicht sinnvoll ist, da es in diesem Bereich keine repräsentativen Fälle gibt, die eine Verallgemeinerung zulassen würden, weil beispielsweise wegen ortsspezifischer Besonderheiten (wie Alter der Gebäude oder Umfang von CIP-Anlagen) unterschiedliche Einsatzbedingungen für mikrobizide Stoffe beachtet werden müssen oder eine Vielzahl unterschiedlicher Mikrobizide in unterschiedlichen Wirkstofformulierungen und auch in unterschiedlichen Dosierungen angewendet werden.

Insofern werden die durchgeführten Erhebungen und Befragungen stärker relativiert wiedergegeben, wodurch die Variationen der Anwendung und Einsatzbedingungen mikrobizider Stoffe besser verdeutlicht werden können. Einzeluntersuchungen von Seiten betroffener Kläranlagenbetreiber wird es vorbehalten bleiben müssen, die ortsspezifisch eingesetzten mikrobiziden Stoffe unter Berücksichtigung der hier wieder gegebenen Hinweise zu erheben und beispielsweise anhand der Listen in Kapitel 2 zu bewerten.

Im Rahmen der Beispiele wird auch fallspezifisch auf allgemeinere Einsatzgründe und Hintergründe eingegangen, die für die Beurteilung mikrobizider Stoffe im Abwasser und deren möglichen Anteile an Beeinträchtigungen der Funktionstüchtigkeit biologischer Kläranlagen von Bedeutung sind (vgl. Kapitel 4). Entsprechend Tabelle 1 wird im folgenden die Reihenfolge der Einsatzbereiche mikrobizider Stoffe gegen überwiegend pathogene Mikroorganismen (Beispiele 1-3) und technisch schädliche Mikroorganismen (Fallbeispiele 4-6) beibehalten, wobei die Erläuterungen zu den Chemietoiletten und zur Zellstoff- und Papierherstellung Bereiche berühren, die weder der Desinfektion noch der Konservierung zuzurechnen sind.

3.6.1 Gesundheitswesen

Die Anwendung von Desinfektionsmitteln im Gesundheitswesen ist ausführlich in Kapitel 3, insbesondere in den Abschnitten 3.2 und 3.5 erörtert, so daß eine allgemeine Beschreibung der Einsatzbereiche und Einsatzgründe hier entfallen kann. Zum Gesundheitswesen zählen
- Akutkrankenhäuser, insbesondere Intensivpflegeeinheiten,
- Sanatorien, Rehabilitationszentren etc. (Sonderkrankenhäuser),
- Einrichtungen der Jugend- und Altenpflege sowie
- Arzt- (auch Zahnarzt-) Praxen.

Allen Bereichen gemeinsam ist die Anwendung von Flächen-, Instrumenten- und zumindest teilweise von Hände/Haut-Desinfektionsmitteln; allein die lokalen Einsatzmengen unterscheiden sich.

In der Bundesrepublik gab es Ende 1982 (vgl. Abschnitt 3.1) 3.130 Krankenhäuser mit zusammen rund 683.600 Betten, wovon 1898 (= 60,6 %) mit knapp 467.000 Betten (68,3 %) zur Aufnahme von Akutkranken bestimmt waren (SCHÜTZ, 1984). Auf die Intensivpflegeeinheiten dieser Krankenhäuser braucht nach Angabe von Hygienikern im Hinblick auf den Verbrauch mikrobizider Stoffe nicht besonders eingegangen zu werden, weil in der Regel bislang in allen Krankenpflegebereichen in gleichem Umfang desinfiziert wird, abgesehen von einigen wenigen Akutkrankenhäusern, die auf routinemäßige Desinfektionsmaßnahmen (beispielsweise der Fußböden) verzichten.

An Sonderkrankenhäusern (s.o.) gab es Ende 1982 in der Bundesrepublik insgesamt 1.232 mit rund 216.700 Betten. Legt man die von der Gesellschaft für Pharmainformationssystem (GPI, 1981) genannten Größenordnungen des Verbrauchs von ca. 60 % des gesamten Desinfektionsmitteleinsatzes (zur Abtötung von Krankheitserregern, wie es in der Statistik heißt) in Akutkrankenhäusern zugrunde, wird im Bereich der Sonderkrankenhäuser bezogen auf die Anzahl der Betten nicht unwesentlich weniger desinfiziert. Sonderkrankenhäuser sind im Gegensatz zu Akutkrankenhäusern, die relativ gleichmäßig über die Bundesrepublik verteilt sind, auf besonders klimatisch oder therapeutisch bevorzugte Plätze (Luft- und Seekurorte; Heil-, Kneipp- und Moorbäder) konzentriert, wobei - an diesen Orten (insgesamt 258, Stand 31.12.83; DEUTSCHER BÄDERVER-

BAND, 1984) neben den Bettenkapazitäten der Sanatorien noch rund 200 % an zusätzlichen Kapazitäten in anderen Einrichtungen dieser Art zur Verfügung stehen. Insbesondere in diesen, meist kleineren Orten, wie auch in den übrigen Fremdenverkehrsorten, ist mit vergleichsweise erhöhten Frachten mikrobizider Stoffe im Abwasser zu rechnen.

In Altenhilfeeinrichtungen, von denen es (Stand Juli 1981; STAT. BUNDESAMT, 1982) rund 5.900 mit 422.700 Plätzen gibt, sowie in Kindertagesstätten, Kinderhorten, Jugendpflegeeinrichtungen etc. (rund 30.200 mit 1,62 Mio. Plätzen) bestehen die Desinfektionsmaßnahmen überwiegend in Flächendesinfektionen. Da diese Einrichtungen überwiegend in Städten zu finden sind, und da es sich bei Flächendesinfektionsmitteln in diesem Bereich überwiegend um aldehydbasierte Wirkstoffe handelt, ist aus diesem Einsatzbereich nicht mit akuten Problemen zu rechnen; allerdings stocken sie die lokale Fracht an mikrobiziden Stoffen aus dem sonstigen Gebrauch kontinuierlich auf.

Ende 1982 praktizierten 64.305 Ärzte und 31.775 Zahnärzte in freier Praxis (STATISTISCHES JAHRBUCH, 1984). Die Statistik weist nicht aus, wieviele davon im ländlichen Raum, also insbesondere in Gemeinden mit kleineren Kläranlagen praktizieren. Wenn auch zu vermuten steht, daß in diesem Bereich nur geringe Mengen eingesetzt werden, bleibt zu befürchten, daß stoßweise nicht benötigte, "verfallene" Medikamente und Desinfektionsmittel in die Kanalisation gelangen. Einer Presse-Information des Tiefbauamtes der Stadt Karlsruhe zufolge wird zu einem derartigen Verhalten sogar aufgefordert (TIEFBAUAMT KARLSRUHE, 1984).

Grundsätzlich sind Desinfektionsmaßnahmen überall dort wichtig, wo ein geschwächter Organismus oder ein entsprechender Ausstoß pathogener Keime das Gesundheitsrisiko von Mensch und Tier erhöht. Wichtig ist vor allem dabei zu wissen, wo thermisch desinfiziert werden kann und, wenn chemisch desinfiziert werden muß, welche Wirkstoffkomponenten in welchen Konzentrationen sinnvoll anzuwenden sind. In einer Untersuchung über die Einsatzkonzentrationen von Desinfektionsmitteln in Krankenhäusern stellte sich bspw. heraus, daß die vom Hersteller vorgegebenen Konzentrationen im Größenordnungsbereich bis um den Faktor 10 überschritten wurden (STEUER, 1984); d.h., daß in manchen Krankenhäusern eine bis zu 10-fach überhöhte Konzentration zur Anwendung gelangt. In diesen Fällen ist mit Sicherheit auch davon auszugehen, daß ein großer Teil der mikrobiziden Stoffe nicht durch die abzutötenden Keime abverbraucht/inaktiviert wird und seine Reaktivität im Abwasser behält.

Ein weiterer Grund für erhöhte Konzentrationen mikrobizider Stoffe im Abwasser liegt nach STEUER (1984) in der Praxis des dezentralen Einkaufs von Desinfektions- und Reinigungsmitteln. Im Zuge der Pharmavertreterbesuche werden an vielen Stellen in einem Krankenhaus Proben und Muster verteilt, die nach einer gewissen Zeit der Nichtverwendung durchaus auch in den Abguß gekippt werden und damit in kleineren Einzugsgebieten auch zu stoßartigen Belastungen von kommunalen Kläranlagen führen können.

Während die oben angeführten Probleme organisatorisch auf Krankenhausebene gelöst werden können, ist die Frage der Einschränkung der Desinfektionsmittelmenge auf wissenschaftlicher Ebene zu lösen. Hier ist auch seit einigen Jahren eine sehr heftige Kontroverse unter den Hygienikern im Gange, inwieweit auf die prophylaktische, routinemäßige Flächendesinfektion in Krankenhäusern verzichtet werden kann (vgl. SONNTAG et al. 1983; MÜLLER, 1984). Abgesehen von der Kosteneinsparung, die damit verbunden ist, ist auch das Problem der toxischen und allergischen Hautreaktionen durch Desinfektionsmittel auf das Krankenhauspersonal zu sehen. JUST et al. (1984) haben gezeigt, daß durch Vorbeugemaßnahmen und eine Beschränkung auf einen gezielten Desinfektionsmitteleinsatz die Zahl der Neuerkrankungen gestoppt werden konnte: Unter anderem wurde die Flächendesinfektion auf bestimmte Bereiche beschränkt, chemische Desinfektion durch thermische ersetzt und Raumdesinfektion auf Tuberkeln und andere aerogen übertragbare Erreger beschränkt. In einer sehr ausführlichen Zusammenstellung, die allerdings in Teilen von verschiedener Seite - z.T. sicherlich auch aus Gründen eines befürchteten Umsatzrückgangs - heftig angegriffen wurde, hat DASCHNER (1984) Beispiele für eine sinnvolle Krankenhaushygiene zusammengetragen, die ergänzt wird durch internationale Stellungnahmen zur routinemäßigen Fußbodendesinfektion. Tenor dieser Stellungnahmen ist die gezielte und damit in wesentlich geringerem Umfang durchgeführte Desinfektion in einigen europäischen Nachbarländern.

Einige Desinfektionsmittel-Hersteller sind inzwischen dazu übergegangen, für einzelne Krankenhäuser System-Hygienepläne aufzustellen, die einen gezielten Einsatz von Desinfektionsmitteln ermöglichen sollen. Sie kommen damit einer Forderung der Berufsgenossenschaften nach, die bestrebt sind, Personal und Patienten zu schützen und die Kontrollmöglichkeiten und Schadensvorbeugungsmaßnahmen zu erleichtern (vgl. Schwerpunkte krankenhaushygienischer Verbesserungen; OHGKE et al., 1984). In diese Hygienepläne sollten zukünftig aber auch verstärkt umwelt-mikrobiologische Aspekte Eingang finden.

Zur Veranschaulichung der größenordnungsmäßig in Krankenhäusern verwendeten Desinfektionsmittelmengen ist in Tabelle 21 ein Beispiel für eine Klinik mit 1600 Betten wiedergegeben:

Tabelle 21: Desinfektionsmitteleinsatz in einer 1600 Betten-Klinik (nach: JUST et al., 1984)

Desinfektionsmittel aufsummiert nach (Haupt)-Wirkstoffen	Anwendung	Verbrauch 1982 l resp.kg
Feindesinfektionsmittel		
Alkohole:	Händedesinfektion	8.450
Iodophore:	Hände- und Hautdesinfektionsmittel	5.820
Grobdesinfektionsmittel		
Aldehyde:	Flächendesinfektion	20.780
Amphotenside:	Flächendesinfektion	33.500

In einer Untersuchung der Desinfektionsmittelrückstände (Phenolderivate, Formaldehyd und Chlor) in Krankenhäusern haben BOTZENHART und JOBST (1981) in Kombination mit einer Erhebung des Desinfektionsmittelverbrauchs (18.000 l phenolische Händedesinfektionsmittel /3 Monate; 4.000 l aldehydische Flächendesinfektionsmittel /3 Monate) im Universitätsklinikum Bonn auch eine Bestimmung der o.a. Wirkstoffe im Kanalnetz durchgeführt. Ein typisches Tagesverbrauchsprofil trat nicht in Erscheinung. Die maximalen Konzentrationen für phenolische Stoffe betrugen ca. 5 mg/l, für freien Formaldehyd 28 mg/l und für verfügbares Gesamtchlor etwas über 1 mg/l. Während Phenole in Spuren in jeder Probe vorhanden waren, konnte Formaldehyd nur in 6 von 67 Proben überhaupt nachgewiesen werden. In insgesamt 2 Proben waren deutliche Abbauverzögerungen zu erkennen: einmal verursacht durch Chlor und Formaldehyd, das andere Mal durch hohe Aldehyd- und Phenolkonzentrationen.

Im Rahmen der EG-Richtlinien Nr. 76/474 vom 05.Mai 1976 hat das Niederländische Ministerium für Umweltschutz eine Untersuchung über die Abwasserqualität von Krankenhäusern in Auftrag gegeben. Da in der Bundesrepublik außer der Untersuchung von BOTZENHART und JOBST (1981) keine vergleichbare Untersuchung bekannt geworden ist, wird hier Bezug auf die noch laufende Untersuchung des Büro's HASKONING (1984) genommen. Auch wenn im Vergleich der beiden Länder nicht dieselben Ausgangssituationen herrschen (einerseits Desinfektionserfordernisse, 5'5'5'-Suspensionstest, vgl. internationale Stellungnahmen in DASCHNER (1984) und Abschnitt 2.1.3, andererseits verwendete Wirkstoffe: weniger Aldehyde, mehr Phenole und Chlor), sind die Ergebnisse in diesem Zusammenhang interessant.

Die HASKONING-Untersuchung hatte 7 unterschiedliche Krankenhäuser zum Gegenstand. In 2 Krankenhäusern konnte aufgrund einer vollständigen Erfassung der beschafften Medikamente und Chemikalien eine komplette Input-Liste erstellt werden. Der Output aus diesen Krankenhäusern splittet sich jedoch auf, in die 4 Hauptgruppen:
- Mitnahme von Medikamenten nach Hause sowie
- Verdunstung lösemittelhaltiger Produkte,
- Entsorgung alter, z.T. angebrauchter Medikamente und dergleichen durch die zentrale Abfallentsorgung,
- Eintrag ins Abwasser nach Verwendung von Chemikalien und nach Ausscheidung durch die Patienten

und waren demzufolge nicht gleichermaßen exakt erfaßbar. Nur die letzte Gruppe konnte in der Untersuchung in mengenproportional und zeitgleich mit der Anwendung genommenen Abwasserproben erfaßt werden. Wichtigstes Ergebnis dieser Untersuchung ist, daß quasi alle eingesetzten Stoffe im Abwasser wiedergefunden wurden, jedoch in nicht akut-toxischen Konzentrationen; das BOD : COD-Verhältnis lag zwischen 1 : 2 und 1 : 2,5 bei pH-Werten um 7 - 8. Trotz der Einsammlung von Sonderabfällen konnten alle Lösungsmittel- und Chemikalienreste im Abwasser nachgewiesen werden. Generell läßt sich nur in den seltensten Fällen ein mittlerer Wert für die nachgewiesenen Abwasserinhaltsstoffe angeben, da alle Untersuchungskampagnen nur Momentaufnahmen darstellen, die u.a. vom momentanen Krankenstand, den Krankheiten selbst und vom Arbeitsgang beispielsweise des Reinigungspersonals abhängen.

Im Hinblick auf mögliche Beeinträchtigungen der Funktionstüchtigkeit kommunaler Kläranlagen durch mikrobizide Stoffe konnte - wohl auch, weil es sich bei der Flächendesinfektion überwiegend um nicht-routinemäßige Arbeiten handelte - festgestellt werden, daß die in Flächendesinfektionsmitteln (vorwiegend phenolische und chlorhaltige Präparate) eingesetzten Wirkstoffe nur in sehr geringen Anteilen und nur unregelmäßig im Abwasser wiederzufinden waren. Dies weist auf eine niedrige (evtl. sogar auch zu gering) eingestellte Desinfektionsmittelkonzentration hin, so daß eine Inaktivierung der mikrobiziden Stoffe bereits im Krankenhaus erfolgt ist. Der Anteil an Pseudomonaden im Krankenhausabwasser ist, wie bei der bakteriologischen Untersuchung festgestellt werden konnte, hoch, was auf deren Resistenz gegenüber Desinfektionsmittel und Antibiotika hinweist.

Geht man von den eingangs genannten Größenordnungen des Einsatzes von Desinfektionsmitteln in der Grobdesinfektion in Akutkrankenhäusern aus, läßt sich umgerechnet auf die Bettenzahl und eine durchschnittliche Wirkstoffkonzentration von 1 % mit ca. 10 l Desinfektionsgebrauchslösung pro Bett und Tag bei 300 l Wasser eine durchschnittliche Desinfektionsmittelkonzentration von ca. 0,03 % und eine mikrobizide Stoffkonzentration (5 - 10 % Wirkstoffgehalt) von insgesamt rund 20 bis 30 mg/l Abwasser aus Akutkrankenhäusern errechnen. Wie die Untersuchungen von BOTZENHART und JOBST (1981) sowie HASKONING (1984) gezeigt haben, ist jedoch mit erheblichen Schwankungen in der Zusammensetzung zu rechnen. Die Tatsache, daß freies Formaldehyd und freies Chlor nur in relativ wenigen Proben, Phenole dagegen in jeder Probe nachgewiesen werden konnten, liegt einerseits an den verwendeten Wirkstoffen, andererseits wohl aber auch am Abverbrauch bzw. der hohen Reaktivität mit Schmutzstoffen (Eiweißfehler) von Formaldehyd und Chlor, weshalb vermutlich nur bei stoßweisen Ablassungen nachweisbare Mengen freier, reaktiver Wirkstoffanteile festzustellen sind.

3.6.2 Haushalte und Schwimmbäder

Aufgrund einer derzeit parallel bearbeiteten Studie zum Thema Haushaltschemikalien durch die Landesgewerbeanstalt Nürnberg (LGA-Nürnberg, 1985) wurden im Rahmen dieser Arbeit die Desinfektionsmittel im Haushalt ausgeklammert und nur am Rande miterfaßt. Es gelten jedoch die in den Abschnitten 3.2 und 3.5 gemachten Angaben sinngemäß.

Im Hinblick auf die Anwendung von Desinfektionsmitteln im Haushalt stellt sich natürlich die Frage nach der Notwendigkeit derartiger Maßnahmen überhaupt. Im Rahmen eines Symposiums zur Haushaltshygiene haben sich am 22. Mai 1981 in Rottach-Egern Wissenschaftler aus den entsprechenden Fachbereichen mit diesem Thema beschäftigt und sind zu folgenden Ergebnissen gekommen (s. dazu STEUER, 1981; BORNEFF, 1982; LUTZ-DETTINGER, 1982): Aufgrund der als unzureichend empfundenen Erziehung, Aufklärung und Information zum Thema Haushaltshygiene ist eine schlechte Basis für eine Beschränkung auf eine sinnvolle Desinfektion bzw. auf notwendige Desinfektionsmaßnahmen gegeben.

Die Teilnehmer des Symposiums waren sich darüber einig, daß bei normaler häuslicher Sauberkeit aus hygienischer Sicht keine Probleme zu erwarten und damit auch keine routinemäßigen chemischen Desinfektionsmaßnahmen notwendig sind. Während die Meinungen im Bereich der Küchen aufgrund von Lebensmittelverderbnis und Abtauwasser von Geflügel wegen der Salmonellen und bei Badewasser, Dusch- und Waschbecken auseinander gingen, wurde eine Desinfektion im WC-Bereich sowie von Wäsche, Fußböden und Wänden als nicht notwendig angesehen. In diesem Zusammenhang sei angemerkt, daß die häufig in den Toiletten angebrachten desinfizierenden Duftspender z.T. Paradichlorbenzol enthalten; Paradichlorbenzol hat nachweislich keine desinfizierende Wirkung, bringt aber eine permanente Belastung des Abwassers mit sich.

Ganz anders sieht es natürlich aus, wenn Krankheiten auftreten und Familienmitglieder vor einer Infektion geschützt werden sollen (z.B. auch vor Fußpilz). In diesen Fällen, insbesondere natürlich auch bei Dauerausscheidern von pathogenen Keimen, wird der behandelnde Arzt entsprechende Desinfektionsmittel verschreiben, wobei im Grunde auch auf die sachgemäße Anwendung hingewiesen wird. In besonderen Fällen wird durch die amtlich bestellten Desinfektoren nach Anweisung durch die Gesundheitsbehörden die Desinfektion im Haushalt vorgenommen.

Bei Saunen und Schwimmbädern (s. d. auch DIN 19 643) stellt sich generell - sowohl im privaten als auch im öffentlichen Bereich - das Problem der Fußpilzinfektion und der besonders günstigen Übertragung von pathogenen oder fakultativ pathogenen Keimen durch Wärme und Feuchtigkeit. Neben den in öffentlichen Bädern häufiger anzutreffenden Sprühanlagen zur Fußpilzprophylaxe wird das Schwimmbeckenwasser in den meisten Fällen gechlort (Zusatz von Chlor, Hypochlorit oder Chlor-Chlordioxid, aber auch Chlorgas). Aus einer Untersuchung des Medizinischen Landesuntersuchungsamtes Stuttgart geht hervor, daß immerhin in knapp 5 % von rund 5000 Wasserproben ein erhöhter Chlorgehalt (über 1 mg/l freies Chlor; unterchlorige Säure bewirkt bereits in Konzentrationen von 0,2 - 0,3 mg/l eine rasche Abtötung von Bakterien bzw. Inaktivierung von Viren) festgestellt werden konnte. Eine Untersuchung von EICHELSDÖRFER et al. (1981) in Münchner Badeanstalten erbrachte Werte zwischen 0,24 und 2,00 mg/l freiem und 0,10 - 0,80 mg/l gebundenem Chlor. Die Listen über Fischsterben infolge Ablassens von Schwimmbadwasser in die Vorfluter (BAY. LANDESAMT FÜR WASSERWIRTSCHAFT, 1984) unterstreichen die Problematik einer ungenauen und z.T. weit überhöhten Chlorung von Badewasser. In diesem Zusammenhang ist auch zu berücksichtigen, daß die vorhandenen organischen Verbindungen zur Bildung von Chloraminen und Organohologen-Verbindungen (Haloformen) führen können.

3.6.3 Fäkalien und Chemietoiletten

Im Hinblick auf den Desinfektionsmitteleinsatz haben die beiden hier angesprochenen Bereiche erst in neuerer Zeit Bedeutung erlangt. Einerseits durch die Entwicklung moderner Tierhaltungsformen, andererseits durch den Tourismus (Flugzeuge, Caravans) und gestiegene Hygieneforderungen respektive Komfortansprüche (Reisebusse, Rastplätze, Baustellen, Kleingärten).

Die hygienische Problematik bei den tierischen Exkrementen wird stark vom Anfallort, ihrer Behandlung und Weiterverwendung beeinflußt. Neben der Gefährdung durch die klassischen Tierseuchenerreger sind heute insbesondere größere Tierhaltungen von schleichenden Infektionskrankheiten bedroht. Die massive Ansammlung von Erregern in Dung, Gülle und Jauche spielt dabei eine wichtige Rolle. Aus epidemiologischen Gründen müssen deshalb Behandlungsmaßnahmen zur Keimzahlverminderung getroffen werden, eine Stabilisierung allein genügt nicht (STRAUCH, 1981). Während in der Verrottung ein geeignetes Mittel zur Keimzahlverminderung im Festmist gesehen wird, genügen die beschränkte Ausbringung und Einarbeitung von Flüssigmist in den Boden nicht mehr den heutigen Ansprüchen (vgl. KLÄRSCHLAMMAUFBRINGUNGS-VERORDNUNG, 1982: hygienisch unbedenklicher Klärschlamm). Seit Jahren ist man bemüht, die chemische Desinfektion als adäquate Behandlungsmaßnahme anwendungsreif und wirtschaftlich einsetzbar zu machen, da immerhin etwa 3 kg Formalin/m^3 Gülle oder 30 kg frisch gelöschter Kalk als Einsatzmenge benötigt werden (STRAUCH, 1981).

Der Einsatz mikrobizider Stoffe in Chemietoiletten dient - wie eingangs erwähnt - nicht der Abtötung pathogener Keime, sondern allein der Hemmung der Tätigkeit vorwiegend anaerober Mikroorganismen, die mit unangenehmen Geruchsentwicklungen (Fäulnis) verbunden ist. Chemietoiletten werden aus ästhetisch-hygienischen Gründen vorwiegend dort eingesetzt, wo Fäkalien längere Zeit gestapelt werden, bevor sie entsorgt werden können: dies ist in Flugzeugen, Reisebussen, Campingfahrzeugen der Fall; Chemietoiletten werden aber auch auf Campingplätzen, in Kleingartenanlagen und in Baustellen-Toilettenanlagen eingesetzt. Das Volumen der Stapeltanks dieser Toiletten liegt bei etwa 40 - 60 l in Flugzeugen und Omnibussen, und bei etwa 5 - 10 l in Wohnmobilen. Die angegebenen Volumina entsprechen den Gebrauchslösungen.

Bei der Behandlung von Fäkalien in Chemietoiletten ist in der Regel keine adäquate Dosierung vor Ort möglich, weil dem Anwender nicht ersichtlich ist, inwieweit das Stapeltankvolumen ausgenutzt ist und welche Anwendungsmengen entsprechend erforderlich sind. Die Wirkstoffanteile - meist aldehydische Wirkstoffe (Formaldehyd, Glutardialdehyd) und QAV - liegen bei Einhaltung der angegebenen Dosiervorschriften zwischen 0,4 und 1,6 %. Da der mikrobizide Stoffanteil vergleichsweise zu anderen Einsatzbereichen mikrobizider Stoffe hoch ist, muß bei Entleerung der Fäkallösungen in die Ortsentwässerungsnetze eine starke Verdünnung gewährleistet sein. Die Mindestverdünnung dieser Fäkalienlösungen, bei der nicht mehr mit akut-toxischen Auswirkungen auf die Kläranlagenbiocoenose gerechnet werden muß, schwankt je nach Präparat zwischen 1:6 und 1:1.500 (KIMMIG, LUSTIG, 1983). NIEHOFF (1984) ermittelte in Sapromat-Versuchen Mindestverdünnungen von 1:50 bei einem Formaldehyd-haltigen und 1:100 bzw. 1:200 bei zwei Formaldehyd-freien, laut Herstellerangaben biologisch abbaubaren Produkten.

Ohne Berücksichtigung von Inaktivierungsreaktionen im Kanalsystem und Mengenausgleich in Vorklärbecken ist bei Einleitung einer Fäkalienlösung auf Basis Mindestverdünnung 1:1.500 - bspw. bei Entleerung einer Reisebustoilette mit 60 l, einer angenommenen Entleerungszeit von 2 min, d.h. also 0,5 l/s - eine zeitgleich zum Abfluß kommende Abwassermenge von 750 l/s erforderlich, wie sie Kläranlagen mit Ausbaugrößen um 250.000 Einwohnergleichwerten (als $Q_{TW}/14$ berechnet) aufweisen.

3.6.4 Wäschereien und Chemisch-Reinigungen

In der Bundesrepublik werden zur Zeit etwa 8.000 <u>Wäschereien</u> (Handwerksbetriebe, Krankenhaus-, Hotelwäschereien) betrieben, die jährlich etwa 500-600.000 Tonnen verschmutzte Wäsche reinigen. Der spezifische Wasserverbrauch der Wäschereien liegt je nach Wäscheart, Verschmutzung und Waschanlage zwischen 10 und 30 l/kg Trockenwäsche. Vor der Beschickung der Waschmaschinen findet in der Regel eine Vorbehandlung hartnäckiger Schmutzflecken statt (Vor-Detachur). Die dabei eingesetzten Lösungsmittel gelangen teilweise ins Abwasser.

In Wäschereien kommt Wäsche unterschiedlichster Herkunft zusammen und kontaminiert sich gegenseitig. Um einer Verschleppung pathogener Keime vorzubeugen, müssen der Waschlauge desinfizierende Stoffe zugesetzt werden. Im Zuge der Verbreitung synthetischer Fasern in Textilien ist die thermische Desinfektion durch hohe Waschtemperaturen oft nicht mehr möglich. Für Textilien aus synthetischen Fasern und Mischgeweben werden deshalb verstärkt bleichende Mittel eingesetzt, die aufgrund ihrer oxidierenden Wirkung auch desinfizieren.

Um den hygienischen Anforderungen gerecht zu werden, fordert STEUER (1981) für Krankenhauswäschereien oder Wäschereien, die infektionsgefährdende Wäsche annehmen, deshalb eine Unterteilung in eine reine und eine unreine Seite. Zusätzlich zur Desinfektion der Wäsche in der Waschmaschine sollen besonders im unreinen Bereich Desinfektionsmittel zur Flächendesinfektion der mit der Schmutzwäsche in Berührung kommenden Geräte und Einrichtungsgegenstände eingesetzt werden. Aber auch im reinen Bereich muß, wenn auch in geringem Umfang, desinfiziert werden, um eine Wiederverkeimung der Wäsche, die durch das sich wechselweise in beiden Bereichen aufhaltende Personal entsteht, zu vermeiden. Das Abwasser aus Wäschereibetrieben setzt sich aus unspezifischen Verschmutzungen durch die Wäsche, Tenside, Mikrobizide, Phosphate bzw. Phosphatersatzstoffe, optische Aufheller, Enzyme, synthetische Duftstoffe, Weichspüler, Füllstoffe und Lösungs- sowie Detachurmittel zusammen.

Bei der <u>Chemischen Reinigung</u> werden Textilien aller Art in einem Lösungsmittelbad, der Flotte, behandelt. Die Einsatzmenge an Lösungsmittel liegt pro kg Reinigungsgut zwischen 2,5 und 5,5 l, entsprechend 3,3 bis 7,2 kg. SCHERB (1984) schätzt, daß rund 11.000 Betriebe in der Bundesrepublik existieren, von denen etwa 4.000 den "Garagenbetrieben" zuzurechnen sind. Sehr häufig haben Wäschereien und Chemisch-Reinigungen eine gemeinsame Annahmestelle.

Die Lösungsmittel haben die Eigenschaft, Fette und Öle aus den Textilien herauszulösen. Um auch wasserlösliche Verunreinigungen entfernen zu können, muß die Flotte einen bestimmten Wassergehalt aufweisen (HASENCLEVER, 1973). Zu diesem Zweck werden sogenannte Reinigungsverstärker eingesetzt, die es ermöglichen, Wasser in den hydrophoben Lösungsmitteln zu lösen. In neuerer Zeit werden der Reinigungsflotte bakterizid und fungizid wirkende Substanzen beigefügt (FISCHER-BOBSIEN, 1981).

Bei der Chemischen Reinigung fällt Abwasser bei der Regenerierung der zur Abluftreinigung eingesetzten Aktivkohlefilter an, wobei das adsorbierte Lösungsmittel mit Dampf ausgetrieben, kondensiert und in einen Wasserabscheider geleitet wird, so daß sich im Wasser immer - störungsfreier Betrieb vorausgesetzt - die Sättigungskonzentration an Lösungsmittel (20 °C, Tetrachlorethen: 160 mg/l) und an den ansonsten eingesetzten mikrobiziden Stoffen wiederfindet. Da die Destillation nicht immer störungsfrei arbeitet, gelangen beim Überkochen Lösungsmittel (Tetrachlorethen, Perchloräthylen, Trichlortrifluorethan FKW 113 und Trichlorfluormethan FKW 11) ohne einen Wasserabscheider zu passieren, ins Abwasser. SCHERB (1984) gibt die jährlich von Chemischen Reinigungen ins Abwasser geleitete Lösungmittelmenge mit 300 bis 600 t an, woraus sich eine Konzentrationsaufstockung an Halogenkohlenwasserstoffen im Abwasser von bis zu 100 µg/l errechnet.

Im Abwasser sind außerdem Reinigungsverstärker (Tenside, antistatische und weichmachende Zusätze) und eben mikrobizide Zusätze, sofern diese wasserlöslich sind, enthalten. Als Mikrobizide kommen Aldehydkombinationen, Formaldehyd-Stickstoffverbindungen, Phenole und halogenierte Phenole (phenolisches Polyoxymethylen, 2,4,4'-Trichlor-2'-hydroxidiphenylether) und QAV zum Einsatz. Beispielsweise Leihhandtücher, die vorwiegend in Toiletten eingesetzt werden, oder Fußmatten im Eingangsbereich von Geschäften werden gegen Schimmelpilzbefall mit Fungiziden behandelt (siehe Tabelle 20).

3.6.5 Lebensmittelindustrie (Molkereien, Brauereien und Fleischverarbeitung)

Reinigungs- und Desinfektionsverfahren - kombiniert oder nacheinander - sind notwendige Voraussetzung und Ergänzung für die Produktion von Nahrungs- und Genußmitteln. Die Haltbarkeit und die Gefahr der Entwicklung schädlicher Keime hängt wesentlich von der Anfangskeimzahl ab. Eine wirkungsvolle Keimzahlverminderung (Sanitation) - vollständige Keimfreiheit läßt sich nicht erreichen - setzt eine effiziente Reinigung und Beseitigung vor allem eiweißhaltiger Verbindungen voraus. Die Desinfektionsreinigung in einem Arbeitsschritt ist nur dann sinnvoll, wenn lediglich geringe Verschmutzungen vorliegen. In den Beispielen wird auf einzelne, zu desinfizierende Bereiche näher eingegangen; allgemein gilt, daß alle mit Lebensmitteln mittelbar in Berührung kommende Teile gereinigt und z.T. desinfiziert werden müssen.

In der Hauptsache werden in der Lebensmittelindustrie zwei Reinigungs-/Desinfektionsverfahren angewendet:
- Offene Reinigung bei Flächen, offenen Behältern, Transporteinrichtungen mittels Sprühapparaten unter Druck und zum Teil mit der Möglichkeit der Erhitzung des Reinigungs- und Desinfektionsmittels; Schaumreiniger sind z. T. sehr erwünscht, weil der Schaum länger einwirken kann als ein schnell ablaufender Flüssigkeitsfilm.

- Geschlossene Reinigung oder CIP-Reinigung (cleaning in place) bei zusammenhängenden Anlagen, die aus Rohrleitungen, Apparaten und Tanks bestehen, wobei die Reinigungs- und Desinfektionsmittellösungen aus Stapeltanks durch die zu behandelnden Anlagenteile gefördert werden. Stapellösungen müssen immer wieder nachgeschärft werden; Reinigungslösungen können sich mit Keimen anreichern, so daß hier ebenfalls mikrobizide Zusätze erforderlich werden; Hähne und Ventile sollten bei der Behandlung möglichst bewegt werden, um Toträume zu vermeiden, was aber auch zu Emissionen von Lösungen führt; schaumbildende Mittel sind technisch nicht einsetzbar.

Für die Reinigung und Desinfektion gilt allgemein, daß nur bei direktem Kontakt von Reinigungs- und Desinfektionsmittellösung Verunreinigungen abgetragen bzw. vegetative Keime oder Sporen abgetötet werden können, wobei die Einsatzmengen davon abhängen, ob flüssige Adhäsionsfilme oder angetrocknete Produktreste an den benetzten Oberflächen haften. Bei flüssigen Produkten ist die Ausbildung einer völlig benetzten Oberfläche Voraussetzung für eine gute Reinigung. Schmutzpartikel unter Schaummizellen werden nicht oder nur schlecht entfernt.

In Reinigungsmitteln (Faustregel: Reinigung = Keimzahlverminderung um 10^2 Keime) werden nach WILDBRETT (1975) folgende 4 Komponentengruppen eingesetzt:

- Alkalien wie Natronlauge, Polyphosphate und Silicate zur Entfernung organischer Verschmutzungen,
- Säuren hauptsächlich zur Entfernung mineralischer Niederschläge (Milch-, Bierstein),
- Komplexbildner zur Sequestrierung der Härtebildner im Wasser sowie
- Tenside, um die Grenzflächenspannung von wäßrigen Lösungen herabzusetzen, so daß die Schmutzpartikel stärker benetzt werden und die Reinigungslösung besser in Poren und Ritzen eindringen kann. Durch Mizellbildung der Tenside können auch sonst wasserunlösliche Substanzen gelöst und entfernt werden.

In Lebensmittelbetrieben werden zur Desinfektion fester Oberflächen häufig thermische, aber auch chemische Desinfektionsverfahren angewendet. Reinigungs- und Spülwässer sollten mindestens 50° C heiß sein, oberhalb von 62° C und bei Anwendung der üblichen Pasteurisierungsverfahren findet bereits eine echte Desinfektion statt (SEELIGER, 1977). Allerdings widerstehen die hitzeresistenten Sporen auch einem Auskochen; zur Abtötung werden Temperaturen um 140° C benötigt. Durch Kombination von chemischer mit thermischer Desinfektion läßt sich die Einwirkungszeit chemischer Desinfektionsmittel z.T. verkürzen.

In der Lebensmittelverarbeitung (hierzu zählt auch die Anwendung in Großküchen) wird von chemischen Desinfektionsmitteln eine schnelle und sichere Wirksamkeit gegenüber Bakterien, Hefen und Schimmelpilzen, d.h. also eine breite Wirksamkeit, die in Gegenwart von Eiweiß nicht verloren gehen darf, gefordert. Weiterhin wird gefordert, daß sie ungiftig, abspülbar, farblos, geruch- und geschmacklos, z. T. hautverträglich und nicht aggressiv sind. Verständlicherweise kann kein Mittel alle Forderungen in gleicher Weise erfüllen, so daß fallspezifisch das geeignetste ausgewählt werden muß.

Zur chemischen Desinfektion fester Oberflächen werden in erster Linie Halogene, Tenside und Peroxi-Verbindungen eingesetzt. Größte Verbreitung haben wegen ihres breiten Wirkungsspektrums und ihrer Sporozidie die Halogene (Chlor, Iod; in Kombinationen Brom); wegen der Wirksamkeit in einem weiten pH-Bereich und ihrer - außer gegen Eisen - nicht korrodierenden Eigenschaften finden auch kationische Tenside (wie QAV) breite Anwendung. Wasserstoffperoxid und Peressigsäure werden häufig zur Desinfektion von Verpackungsmaterialien eingesetzt. Zu berücksichtigen ist beim Einsatz chemischer Desinfektionsmittel immer, daß die Kinetik der Reinigung und Desinfektion nach einem logarithmischen Gesetz verläuft; d.h., daß weder Schmutz, noch Keime, noch Desinfektionsmittel beim Nachspülen wegen der begrenzten Zeit vollständig entfernt werden (THOR, LONCIN, 1978). Neben dem Einsatz von Desinfektions- und Reinigungsmitteln sind in der lebensmittelverarbeitenden Industrie auch Konservierungsstoffe zu berücksichtigen (vgl. Abschnitte 2.1.4 und 3.3.1).

Allgemein gilt, daß die konzentriert angesetzten Stapellösungen nur neutralisiert und nicht stoßweise in die Kanalisation abgelassen werden dürfen. Bei Reinigungsmitteln und kombinierten Reinigungs- und Desinfektionsmitteln ist in der Regel mit Wirkstoff-Konzentrationen zwischen 0,5 und 3 %, bei Desinfektionsmitteln zwischen 0,05 und 1 % zu rechnen (RIEBER, 1984). Bei fehlerhaften Dosiereinrichtungen oder bei unsachgemäßer Herstellung der Lösungen variieren die Einsatzkonzentrationen stärker.

Molkereien

In der Bundesrepublik Deutschland gab es 1982 722 Molkereien (Käsereien), in denen rund 46 Mio m³ Abwasser mit einem BSB_5 von 1.000 mg O_2/l und einer

CSB-Fracht von 69.000 t O_2/a angefallen sind. Gut 50 % der Betriebe sind kleinere oder mittlere Betriebe mit unter 20 Beschäftigten (MIELICKE et al., 1984). In Molkereibetrieben hat sich - auch in kleineren Betrieben - die CIP-Reinigung durchgesetzt (REUTER, 1983), da hier vorwiegend mit flüssigen und fließfähigen Medien gearbeitet wird.

In Abbildung 9 sind dem Verfahrensschema eines Molkerei-/Käsereibetriebes die Einsatzstellen und Hauptwirkstoffgruppen der gebräuchlichsten Reinigungs- und Desinfektionsmittel gegenübergestellt. Bevorzugt werden chlorabspaltende Produkte auf organischer oder anorganischer Basis eingesetzt. Natriumhypochlorit ist außerordentlich wirksam (aber korrosiv, deshalb teilweise Silikatzumischung); Bromid wird teilweise beigemischt, um die Desinfektionswirkung zu steigern. Möglich sind auch Chlorphosphate und chlorabspaltende, organische Verbindungen wie Chloramin oder Natriumdichlorisocyanurat. SCHORMÜLLER et al. (1970) geben folgende Konzentrationen an:
- 100 - 500 mg Cl/l bei Kurzdesinfektion (Eintauchen der Geräte, Abspülung),
- 10 - 50 mg Cl/l bei CIP und Einwirkungszeiten von 30 - 60 min.,
- 1 - 10 mg Cl/l bei Langzeitdesinfektion in Tauchbädern und
- 0,3 - 0,6 mg Cl/l zur Nachspülung (= Trinkwasserentkeimung).

Der guten und größtenteils alle Bakterien erfassenden, desinfizierenden Wirkung der halogenhaltigen Mittel steht deren beträchtliche Inaktivierung durch organische Substanzen entgegen.

Quaternäre Ammoniumverbindungen wurden in milchverarbeitenden Betrieben zunächst in zunehmendem Maße eingesetzt, besonders als kombinierte Reinigungs- und Desinfektionsmittel. Ihr Wirkstoffspektrum ist aber eng und die Wirkung gegenüber gramnegativen Bakterien oft unbefriedigend, der Eiweißfehler ist im Vergleich zu den Halogenen geringer, doch ist auch hier eine gründliche Reinigung vor der Desinfektion Voraussetzung. In Frankreich, der Schweiz und den Niederlanden sind trotz der zahlreichen Nachweise, daß keine Beeinflussung der Milchprodukte stattfindet (SCHORMÜLLER et al., 1970), QAV und verwandte Verbindungen für den Bereich Milcherzeugung in der Landwirtschaft nicht zugelassen (RIEBER, 1984), weil die Gefahr besteht, daß QAV aufgrund von Anhaftungen an den Gefäßwänden und damit zur Rückstandsbildung in der Milch führen, die besonders bei der Weiterverarbeitung zu Käse und zu Sauermilcherzeugnissen störend wirken.

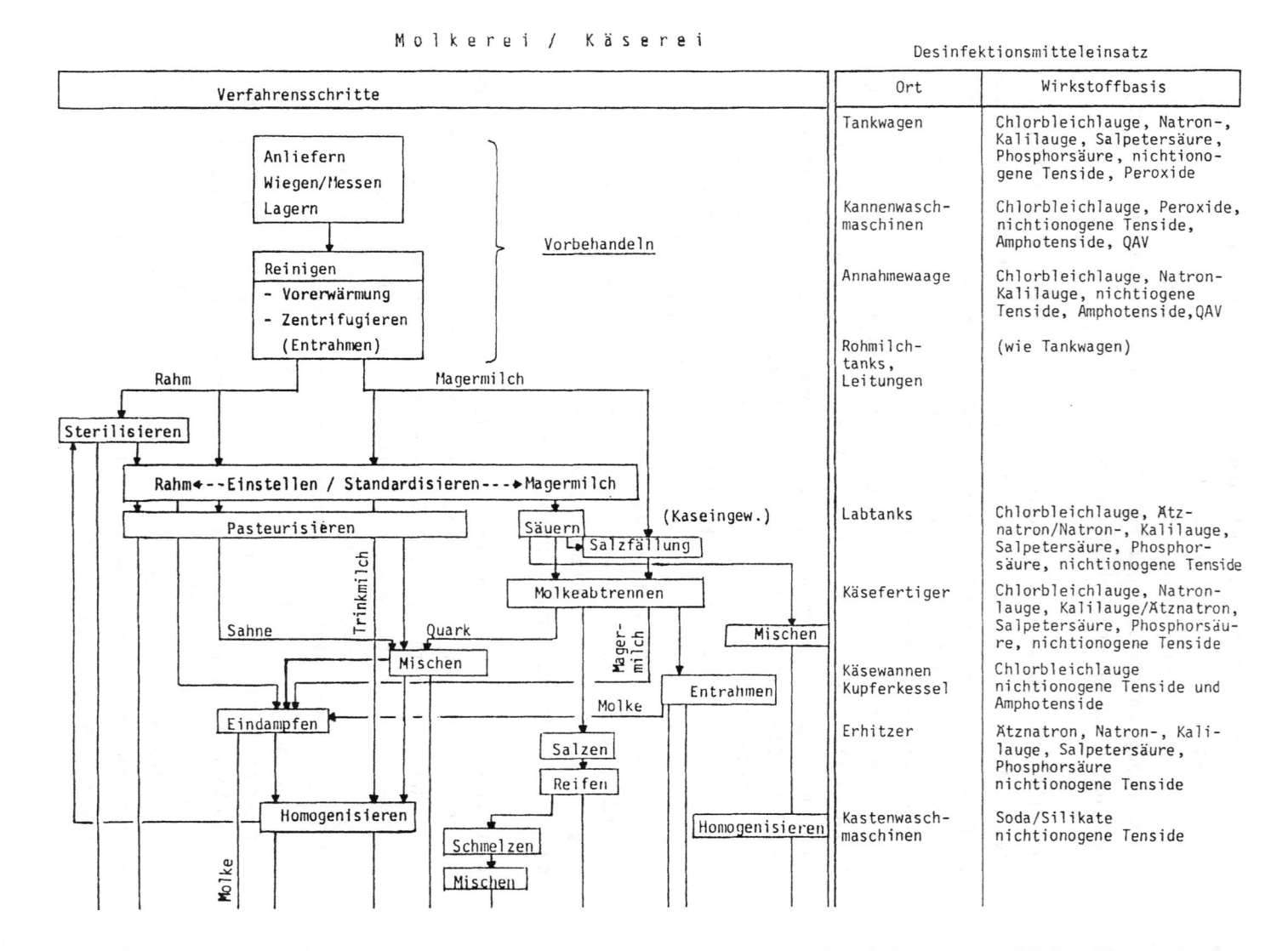

Molkerei / Käserei

Desinfektionsmitteleinsatz

Ort	Wirkstoffbasis
Tankwagen	Chlorbleichlauge, Natron-, Kalilauge, Salpetersäure, Phosphorsäure, nichtionogene Tenside, Peroxide
Kannenwaschmaschinen	Chlorbleichlauge, Peroxide, nichtionogene Tenside, Amphotenside, QAV
Annahmewaage	Chlorbleichlauge, Natron-Kalilauge, nichtiogene Tenside, Amphotenside, QAV
Rohmilchtanks, Leitungen	(wie Tankwagen)
Labtanks	Chlorbleichlauge, Ätznatron/Natron-, Kalilauge, Salpetersäure, Phosphorsäure, nichtionogene Tenside
Käsefertiger	Chlorbleichlauge, Natronlauge, Kalilauge/Ätznatron, Salpetersäure, Phosphorsäure, nichtionogene Tenside
Käsewannen Kupferkessel	Chlorbleichlauge nichtionogene Tenside und Amphotenside
Erhitzer	Ätznatron, Natron-, Kalilauge, Salpetersäure, Phosphorsäure nichtionogene Tenside
Kastenwaschmaschinen	Soda/Silikate nichtionogene Tenside

Verfahrensschritte

Anliefern, Wiegen/Messen, Lagern

Reinigen
- Vorerwärmung
- Zentrifugieren (Entrahmen)

Vorbehandeln

Magermilch → Einstellen / Standardisieren → Magermilch

Pasteurisieren, Sterilisieren, Rahm, Sahne, Trinkmilch

Säuern, Salzfällung (Kaseingew.), Molkeabtrennen, Mischen, Entrahmen, Homogenisieren

Magermilch, Molke, Quark, Mischen, Salzen, Reifen, Schmelzen, Mischen

Eindampfen, Homogenisieren, Molke

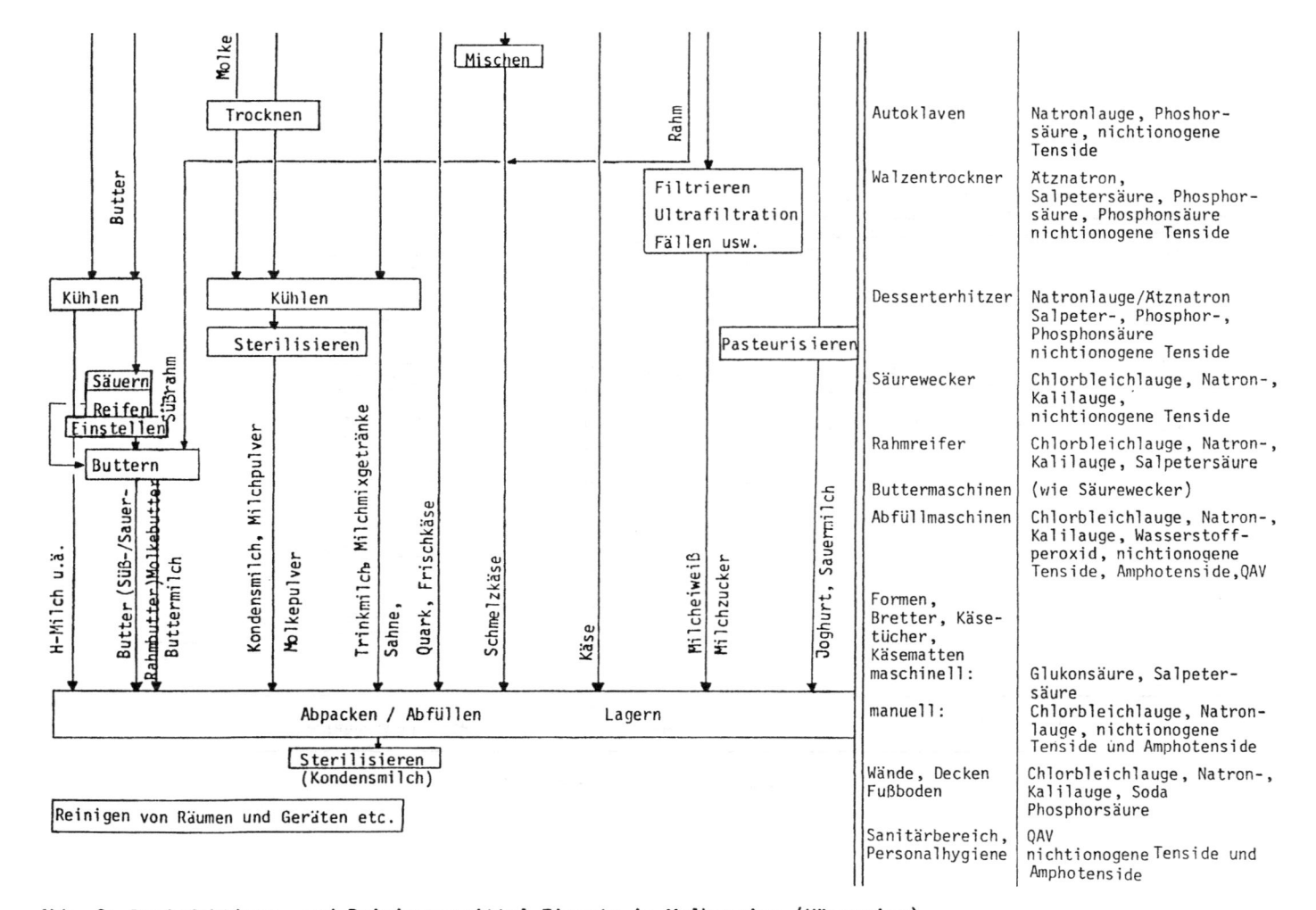

Prozess/Bereich	Reinigungs-/Desinfektionsmittel
Autoklaven	Natronlauge, Phoshorsäure, nichtionogene Tenside
Walzentrockner	Ätznatron, Salpetersäure, Phosphorsäure, nichtionogene Tenside
Desserterhitzer	Natronlauge/Ätznatron, Salpeter-, Phosphor-, Phosphonsäure, nichtionogene Tenside
Säurewecker	Chlorbleichlauge, Natron-, Kalilauge, nichtionogene Tenside
Rahmreifer	Chlorbleichlauge, Natron-, Kalilauge, Salpetersäure (wie Säurewecker)
Buttermaschinen Abfüllmaschinen	Chlorbleichlauge, Natron-, Kalilauge, Wasserstoffperoxid, nichtionogene Tenside, Amphotenside, QAV
Formen, Bretter, Käsetücher, Käsematten maschinell:	
manuell:	Glukonsäure, Salpetersäure, Chlorbleichlauge, Natronlauge, nichtionogene Tenside und Amphotenside
Wände, Decken, Fußboden	Chlorbleichlauge, Natron-, Kalilauge, Soda, Phosphorsäure
Sanitärbereich, Personalhygiene	QAV, nichtionogene Tenside und Amphotenside

Abb. 9: Desinfektions- und Reinigungsmittel-Einsatz in Molkereien (Käsereien)

MÄLZEREI / BRAUEREI

Verfahrensschritte	Ort	Wirkstoffbasis
Mälzerei		
Anliefern, Lagern		
mechanisch Vorbehandeln - Putzen - Sortieren		
Weichen	Weiche	Chlorbleichlauge, organische Chlorträger, Natronlauge, quaternäre Ammoniumverbindungen nichtionogene Tenside und Amphotenside
Keimen	Keimkästen	Chlorbleichlauge, Natronlauge
Darren		
Polieren	Leitungen, Schläuche	Chlorbleichlauge, Natron-, Kalilauge, Iodophore nichtionogene Stickstoffverbindungen, quaternäre Ammoniumverbindungen, Wasserstoffperoxid, Phosphorsäure Schwefelsäure, nichtionogene Tenside

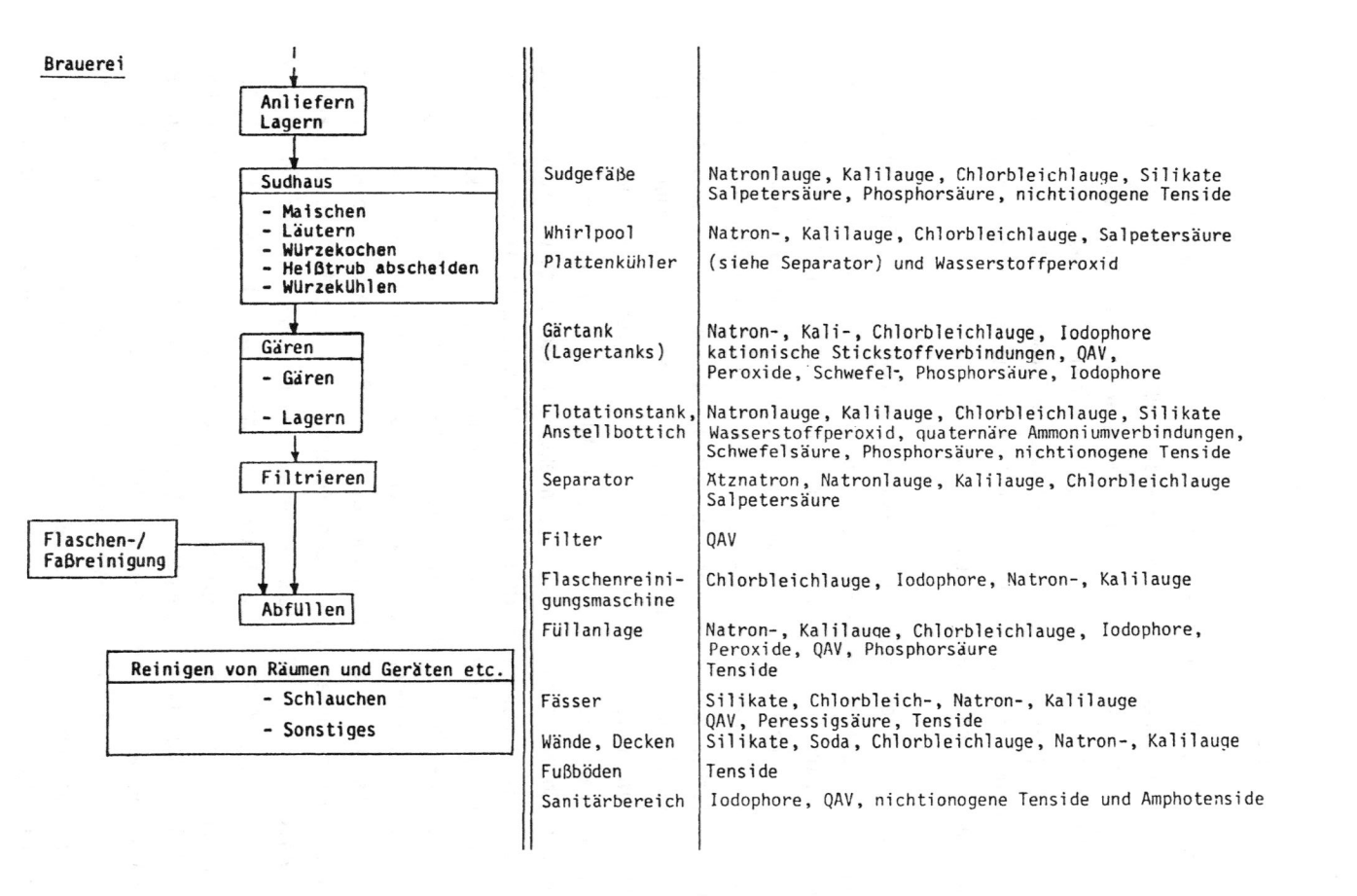

Brauerei		
Anliefern Lagern		
Sudhaus - Maischen - Läutern - Würzekochen - Heißtrub abscheiden - Würzekühlen	Sudgefäße	Natronlauge, Kalilauge, Chlorbleichlauge, Silikate Salpetersäure, Phosphorsäure, nichtionogene Tenside
	Whirlpool	Natron-, Kalilauge, Chlorbleichlauge, Salpetersäure
	Plattenkühler	(siehe Separator) und Wasserstoffperoxid
Gären - Gären - Lagern	Gärtank (Lagertanks)	Natron-, Kali-, Chlorbleichlauge, Iodophore kationische Stickstoffverbindungen, QAV, Peroxide, Schwefel-, Phosphorsäure, Iodophore
	Flotationstank, Anstellbottich	Natronlauge, Kalilauge, Chlorbleichlauge, Silikate Wasserstoffperoxid, quaternäre Ammoniumverbindungen, Schwefelsäure, Phosphorsäure, nichtionogene Tenside
Filtrieren	Separator	Ätznatron, Natronlauge, Kalilauge, Chlorbleichlauge Salpetersäure
	Filter	QAV
Abfüllen	Flaschenreinigungsmaschine	Chlorbleichlauge, Iodophore, Natron-, Kalilauge
	Füllanlage	Natron-, Kalilauge, Chlorbleichlauge, Iodophore, Peroxide, QAV, Phosphorsäure Tenside
Flaschen-/Faßreinigung	Fässer	Silikate, Chlorbleich-, Natron-, Kalilauge QAV, Peressigsäure, Tenside
Reinigen von Räumen und Geräten etc. - Schlauchen - Sonstiges	Wände, Decken	Silikate, Soda, Chlorbleichlauge, Natron-, Kalilauge
	Fußböden	Tenside
	Sanitärbereich	Iodophore, QAV, nichtionogene Tenside und Amphotenside

Abb. 10: Desinfektionsmittel- und Reinigungsmittel-Einsatz in Brauereien (Mälzereien)

Brauereien (Mälzereien)

In der Bundesrepublik Deutschland gibt es knapp 1.300 Braustätten (1982 : 1292) mit zusammen rund 47,4 Mio m³ Abwasser und einer CSB-Fracht von rund 142.200 t O_2/a (MIELICKE et al., 1984). Die Abwassersituation von Brauereien ist gekennzeichnet durch stoßweisen Anfall bei stark schwankenden BSB_5-Konzentrationen und pH-Werten. Das Brauverfahren erfordert nach dem Entleeren von Behältern und Leitungen sowie in den Arbeitsräumen eine Desinfektion zur Eindämmung unerwünschter Hefevermehrung (vgl. Abb. 10).

An Reinigungs- und Desinfektionschemikalien werden (seit Einführung von Edelstahl) auch sauer eingestellte Reinigungsmittel (Phosphor-, Salpeter-, Schwefelsäure, Harnstoffnitrat, Amidosulfonsäure, Chlor- und Peressigsäure; EDELMEYER, 1982) neben den klassischen alkalischen und neutralen Reinigungsmitteln eingesetzt. Während aktiv-chlorhaltige Desinfektionsmittel nur im schwach alkalischen Bereich eingesetzt werden sollten - wegen Korrosionsgefahr -, dürfen Iodophore nur in sauren, nicht erwärmten Gebrauchslösungen verwendet werden, weil sonst mit einer Freisetzung elementaren Iods zu rechnen ist. Für Brauereien gilt im besonderen Maße das eingangs zur CIP-Reinigung gesagte, so daß sich hier das Desinfektionsmittel-Angebot stark an deren Erfordernissen orientiert (Materialverträglichkeit, Wirkungsdauer, Temperaturabhängigkeit). In Brauereien wird der mikrobiziden Wirksamkeit besondere Beachtung geschenkt, weil einerseits eine gezielte Hefevermehrung erforderlich ist, andererseits eine Hefevermehrung außerhalb der Gärbehälter vermieden werden muß (s.d. WULLINGER, GEIGER, 1982). Überall, wo kein unmittelbarer Kontakt zwischen Produkt und Desinfektionsmittel zustande kommt, sind Aldehyde geeignet. Sie haben mengenmäßig noch einen großen Anteil in der Brauindustrie (DILLY, 1983). Stark zugenommen haben in den letzten Jahren die O_2-abspaltenden Per-Verbindungen (Peressigsäure, H_2O_2). Während früher quaternäre Ammoniumverbindungen in Brauereien (und in der übrigen Getränkeindustrie) wegen ihrer hohen Wirksamkeit im alkalischen Bereich und ihrem indifferenten Verhalten gegenüber Metallen (SCHORMÜLLER et al., 1970) gerne eingesetzt wurden, ist ihr Einsatz heute eher rückläufig. Es wird befürchtet, daß QAV an den Produktionswänden (hauptsächlich Kunststoffen) anhaften und ins Produkt gelangen können und dort die Schaumbildung beim Bier behindern. Sie sind schlecht automatisch dosierbar, weil sie vorwiegend im neutralen Bereich wirksam sind. Phenolverbindungen gingen wegen Geschmacksbeeinträchtigungen stark zurück, dagegen werden Iodpräparate in Brauereien - häufig mit Tensiden kombiniert und sauer eingestellt - vor allen Dingen bei der automatischen Tankreinigung eingesetzt (DILLY, 1983). Ein Grund hierfür ist die gute desinfizierende Wirkung in kaltem Zustand. Da der Iodgehalt (ebenso wie der Chlorgehalt) relativ schnell abnimmt, muß bei Stapellösungen häufiger nachgeschärft werden.

In Brauereien werden für Sonderaufgaben vielfach noch Flußsäure, Ammoniumfluorid, Kieselfluorwasserstoffsäure und Natriumborfluorid eingesetzt (SCHORMÜLLER et al., 1970). In Abbildung 10 sind dem Verfahrensschema die Wirkstoffe von Desinfektions- und Reinigungsmitteln zugeordnet.

Fleischverarbeitung

Ein dritter großer Einsatzbereich von Reinigungs- und Desinfektionsmitteln ist bei der Fleischverarbeitung gegeben, zum einen bei der Schlachtung, bei der eigentlichen Fleischverarbeitung (auch Geflügel etc. und Großküchen) und schließlich bei der Tierkörperbeseitigung. In der Bundesrepublik Deutschland gibt es (Stand 1982):
- 550 Schlachthöfe mit rund 14,6 Mio m³ Abwasser und einer CSB-Fracht von rund 85.900 t O_2;
- 300 (ca.) industrielle Fleischverarbeiter und ca. 26.400 Fleischereien mit 15,8 Mio m³ Abwasser und einer CSB-Fracht von 79.000 t O_2;
- 74 Tierkörperverwertungs- und 15 Knochenverwertungsbetriebe mit knapp 1 Mio m³ Abwasser und einer CSB-Fracht von 10.200 t O_2 (MIELICKE et. al., 1984).

Desinfiziert wird vor allem auf Oberflächen, die mit Lebensmitteln in Kontakt kommen, meist nach Beendigung der Produktion und nach einer Reinigung. Durch wirkungsvolle Reinigungsmaßnahmen (Hochdruck-, Dampfstrahlreinigung) läßt sich die Keimzahl um den Faktor 10^2 bis 10^4 bei Hochdruckreinigung und bei Dampfstrahlreinigung um den Faktor 10^4 bis 2×10^7 verringern (SCHMIDT, 1982). Aus Zeit- und Kostenersparnis wird oft die kombinierte Reinigung und Desinfektion angewandt; gerade aber in der Fleischwirtschaft mit hohen Eiweiß- und Fettanteilen ist die Gefahr einer Inaktivierung bei Eiweißfehlern des Desinfektionsmittels groß. Deshalb ist auch nach vorangegangener Reinigung mehrfach hintereinander zu desinfizieren, was zu hohen Desinfektionsmittelmengen, bezogen auf die zum Nachspülen verwendete Wassermenge, führen kann.

Wie in allen Bereichen, in denen geschlachtet wird, ist in eine reine, weniger reine und unreine produktionstechnische Seite zu unterteilen, so daß auch unterschiedliche Desinfektionsmittel zur Anwendung gelangen: gegen Tierseuchen wird vorwiegend noch mit Natronlauge, Formaldehyd oder Hypochlorit desinfiziert (EDELMAYER, 1976), auf der reinen Seite kommen aufgrund der Korrosionsanfälligkeit der Verarbeitungsmaschinen (Verpackung etc.) vor allem milde Desinfektionsmittel wie Amphotenside und schwache Alkalien in Betracht. In der eigenlichen Fleischverarbeitung werden vorwiegend Alkalien, alkalische Netzmittel, Aktivchlorprodukte, QAV und Amphotenside sowie in neuerer Zeit Perverbindungen eingesetzt (s. d. Abbildungen 11 bis 13).

Arbeitsschritte der Rinderschlachtung	nach Betäuben Aufziehen auf Entblutebahn	Entblutung im Hängen	Übergabe an Schlachtstraße oder Ablassen auf fahrb. Enthäutungsschargen	Vorenthäuten, Restenthäuten	Entnahme der Bauch- und Brustorgane	Spalten	Untersuchen	Brausen	Kühlen
Raum, Geräte, Anlagen	2 mal täglich	1 mal täglich		2 mal täglich			1 mal täglich		nach jeder Charge
Hände	mehrmals täglich								
Stiefel	mehrmals täglich								
Schürzen	2 mal täglich								

Abb. 11: Hygieneplan am Beispiel der Rinder-Schlachtung (nach: Tierärztliche Hochschule, Hannover, Schülke & Mayr GmbH, Hamburg)

Allgemein gilt in der Fleischverarbeitung und in Großküchen, daß sich organisatorisch Infektionsketten durch Anwendung von Hygieneplänen und bei hohem Wissen der Mitarbeiter über die Zusammenhänge von Infektion und Desinfektion vermeiden und sich damit die erforderlichen Chemikalieneinsatzmengen vermindern lassen. In Abhängigkeit der jeweiligen Besonderheiten des Betriebes (räumlich Gestaltung, Desinfektions- und Reinigungsfreundlichkeit der Maschinen etc.) können Hygienepläne fixiert werden (ähnlich wie in Abb. 11), die übersichtlich die Hygienemaßnahmen sichtbar und begreifbar machen

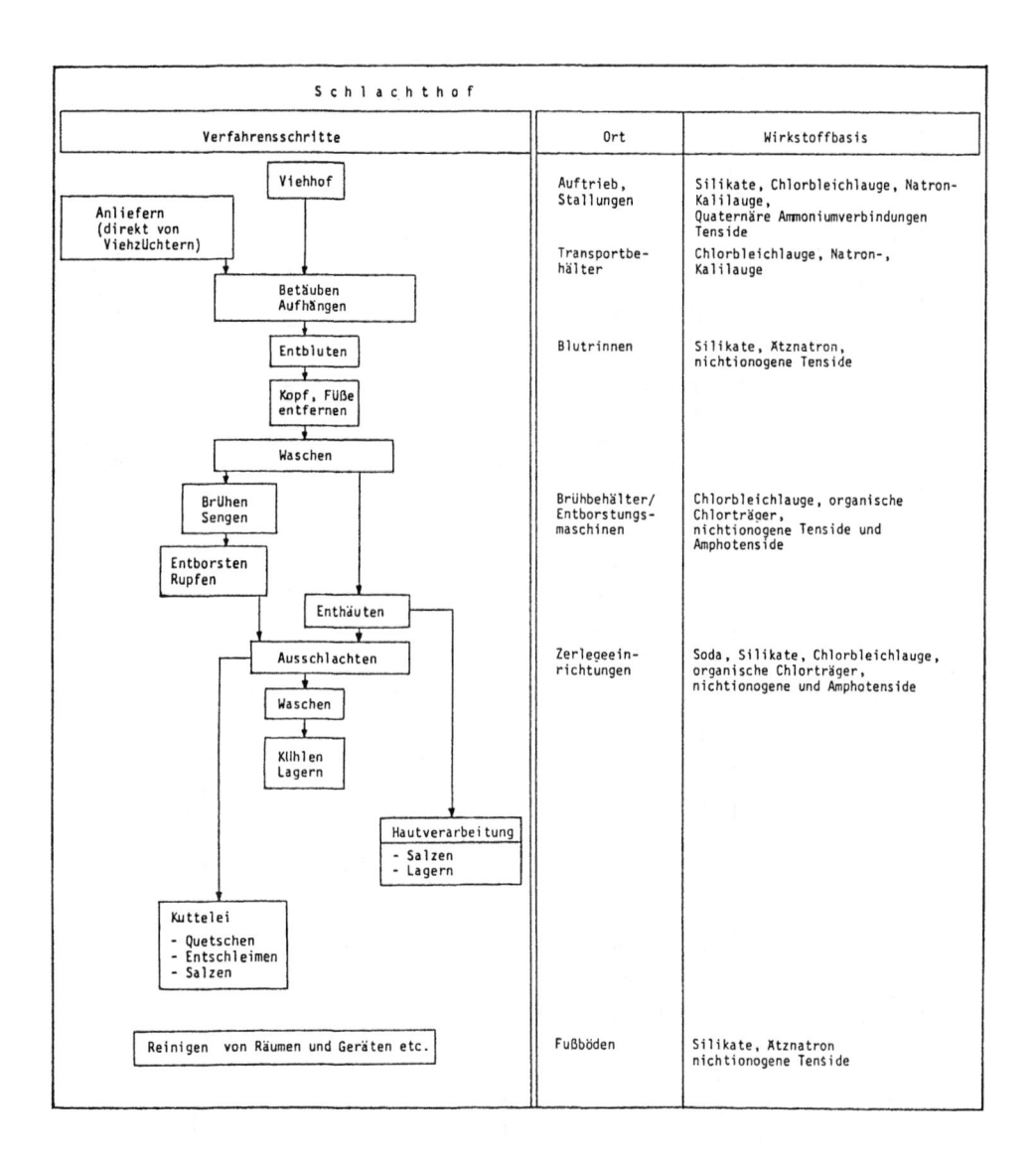

Schlachthof		
Verfahrensschritte	Ort	Wirkstoffbasis
Viehhof / Anliefern (direkt von Viehzüchtern)	Auftrieb, Stallungen	Silikate, Chlorbleichlauge, Natron-Kalilauge, Quaternäre Ammoniumverbindungen Tenside
Betäuben Aufhängen	Transportbehälter	Chlorbleichlauge, Natron-, Kalilauge
Entbluten	Blutrinnen	Silikate, Ätznatron, nichtionogene Tenside
Kopf, Füße entfernen		
Waschen		
Brühen Sengen / Entborsten Rupfen	Brühbehälter/ Entborstungsmaschinen	Chlorbleichlauge, organische Chlorträger, nichtionogene Tenside und Amphotenside
Enthäuten		
Ausschlachten	Zerlegeeinrichtungen	Soda, Silikate, Chlorbleichlauge, organische Chlorträger, nichtionogene und Amphotenside
Waschen		
Kühlen Lagern		
Hautverarbeitung - Salzen - Lagern		
Kuttelei - Quetschen - Entschleimen - Salzen		
Reinigen von Räumen und Geräten etc.	Fußböden	Silikate, Ätznatron nichtionogene Tenside

Abb. 12: Desinfektions- und Reinigungsmittel-Einsatz in der Schlachtung

FLEISCHVERARBEITUNG

Verfahrensschritte	Ort	Wirkstoffbasis
Zerlegen	Zerlegeeinrichtungen	Soda, Silikate, Chlorbleichlauge, organische Chlorträger, nichtionogene Tenside und Amphotenside
(Vorpökeln) Zerkleinern, Mischen, Würzen	Kutter, Fleischwolf, Kneter	Soda, Silikate, Chlorbleichlauge, organische Chlorträger, nichtionogene Tenside und Amphotenside
Pökeln	Pökelbehälter	Phosphorsäure, Tenside
Abfüllen (in Därme) etc.	Füllmaschinen	(siehe Kutter, Fleischwolf)
Erhitzen – Brühen – Garen – Kochen	Kochschränke Kochkessel	Ätznatron, Chlorbleichlauge, Phosphorsäure, Tenside
Räuchern	Räucherkammern	Ätznatron, Chlorbleichlauge, nichtionogene Tenside

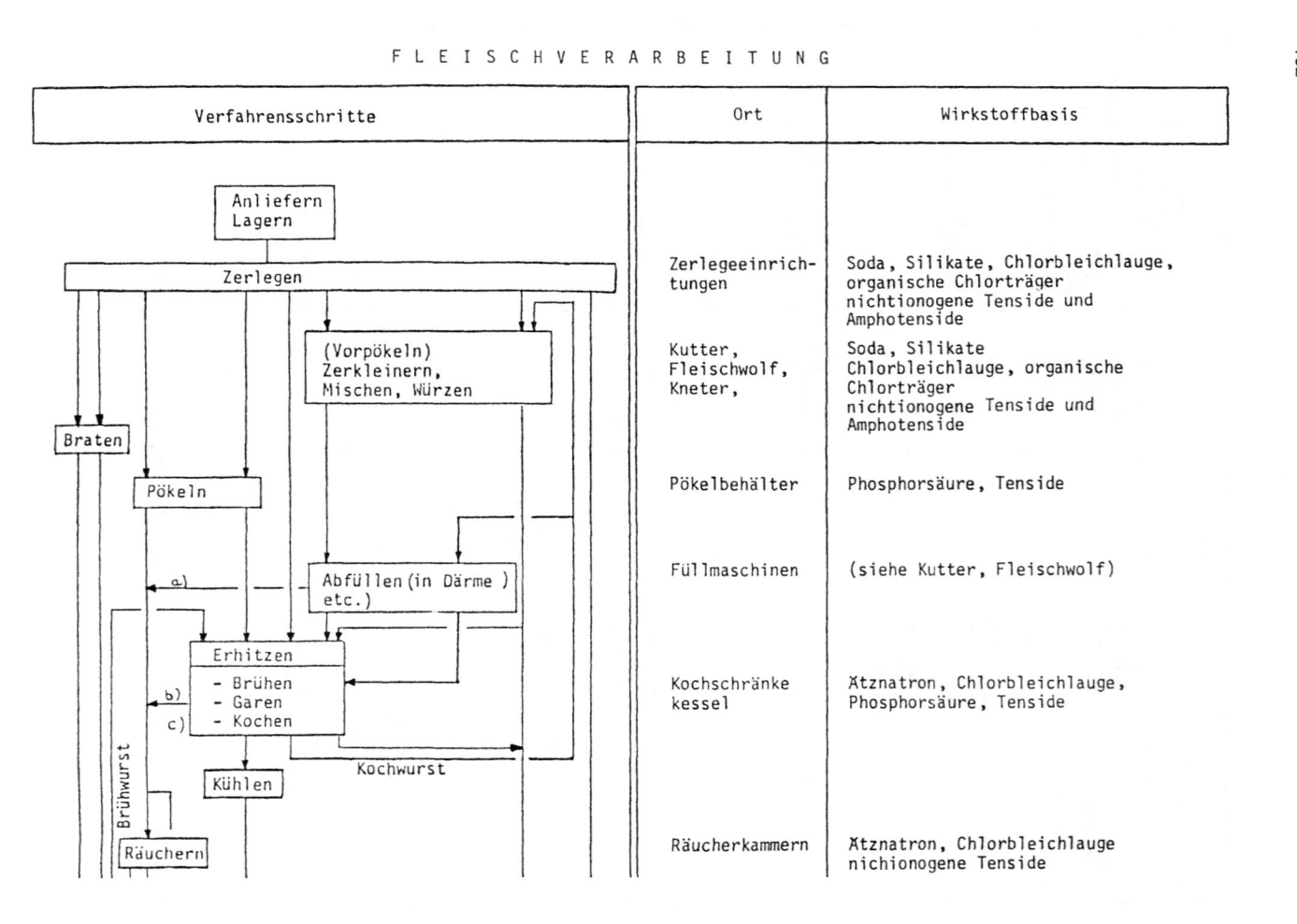

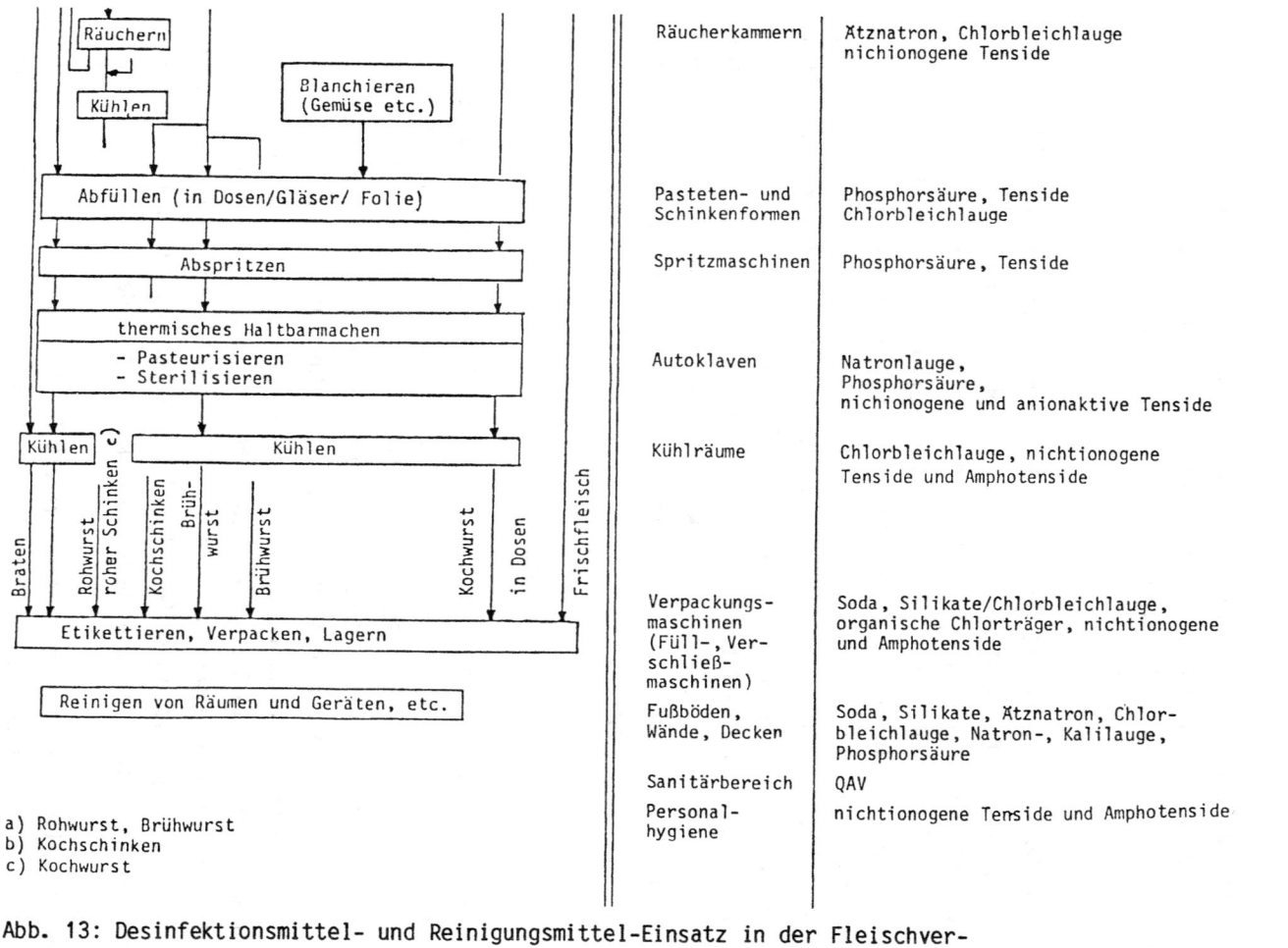

Räucherkammern	Ätznatron, Chlorbleichlauge nichtionogene Tenside
Pasteten- und Schinkenformen	Phosphorsäure, Tenside Chlorbleichlauge
Spritzmaschinen	Phosphorsäure, Tenside
Autoklaven	Natronlauge, Phosphorsäure, nichtionogene und anionaktive Tenside
Kühlräume	Chlorbleichlauge, nichtionogene Tenside und Amphotenside
Verpackungs- maschinen (Füll-, Ver- schließ- maschinen)	Soda, Silikate/Chlorbleichlauge, organische Chlorträger, nichtionogene und Amphotenside
Fußböden, Wände, Decken	Soda, Silikate, Ätznatron, Chlor- bleichlauge, Natron-, Kalilauge, Phosphorsäure
Sanitärbereich	QAV
Personal- hygiene	nichtionogene Tenside und Amphotenside

Abb. 13: Desinfektionsmittel- und Reinigungsmittel-Einsatz in der Fleischver- arbeitung

a) Rohwurst, Brühwurst
b) Kochschinken
c) Kochwurst

(KLEIST, GÜNTHER, 1976). In den Abbildungen 12 und 13 sind in den Verfahrensfließbildern der Schlachtung und Fleischverarbeitung die in häufig verwendeten Reinigungs- und Desinfektionsmitteln eingesetzten Wirkstoffgruppen den Einsatzorten zugeordnet.

Rechtliche Vorschriften (vgl. Abschnitt 2.1.4) erzwingen die Desinfektion in Tierkörperverwertungs-/beseitigungsanstalten. Weil sämtliche mit Tierkörpern in Berührung kommende Teile einer Desinfektion zu unterziehen sind, also auch Anlieferungsfahrzeuge und dergleichen, ergeben sich automatisch lokale, hohe Emissionen. Mit dem zu beseitigenden Tierkörpern können eine Vielzahl pathogener Keime in die Anstalt hinein kommen, die vollständig abgetötet werden müssen. Das führt letztlich dazu, daß auch das gesamte Personal sich einer ständigen Desinfektion unterziehen muß. Dabei müssen z.T. sehr hohe Konzentrationen angewendet werden, z. B. wenn nur kurze Einwirkungszeiten der Desinfektionsmittel eingehalten werden können. Im Abschnitt 4.3 wird auf die Erfahrung mit einer betriebseigenen Kläranlage einer Tierkörperverwertungsanstalt eingegangen.

3.6.6 Zellstoff- und Papierherstellung

In der Bundesrepublik Deutschland gab es 1983 11 Zellstoffwerke und 220 Papierfabriken (von denen ein Teil die Zellstoffproduktion integriert hat). 1983 wurden rund 8,3 Mio t Papier und Pappe erzeugt, wovon 4,1 Mio t auf grafische Papiere (Zeitungsdruck-, Zeitschriften, gestrichene Papiere u.a.), 2 Mio t auf Papiere für Verpackungszwecke, 1,2 Mio t auf Karton und Pappe für Verpackungszwecke und rund 1 Mio t auf Hygiene-, technische und Spezialpapiere entfielen. Die Statistik (STAT. BUNDESAMT, 1983c) weist für das Jahr 1981 einen Gesamtabwasseranfall für die Zellstoff-, Holzschliff-, Papier- und Pappeerzeugung von rund 686,6 Mio m³ aus, wovon rund 267,5 Mio m³ in betriebseigenen Abwasserbehandlungsanlagen gereinigt wurde.

Von der Zellstoff-Inlandsproduktion (rund 0,8 Mio t im Jahre 1983) entfallen ca. 80 % auf Papierzellstoff, der Rest auf Chemie- und Edelzellstoff. Der Papierzellstoff wird in der Regel in integrierten Betrieben, d.h. in Betrieben mit nachfolgender Papierproduktion, erzeugt. Zur Produktion von gebleichtem Papier- oder Chemiezellstoff werden rund 400 m³ Wasser/t verbraucht; bei wassersparenden, im Gegenstrom arbeitenden Verfahren noch rund 80 - 150 m³/t (BRECHT, DALPKE, 1980).

Bei der Zellstofferzeugung werden Holzschnitzel durch einen Kochprozeß entweder alkalisch (Sulfat-) oder sauer (Sulfitverfahren) aufgeschlossen. In der BRD wird ausschließlich Sulfitzellstoff hergestellt. Dabei werden abgesehen von den Fasern die wasserunlöslichen Holzbestandteile mittels Kalziumbisulfit oder Magnesiumbisulfit unter Wärmezufuhr in eine wasserlösliche Form umgewandelt und mit Wasser ausgewaschen. Die dabei entstehende Ablauge wird üblicherweise eingedampft und kann nach einer Regenerierung erneut zum Holzaufschluß verwendet werden. Die bei der Eindampfung entstehenden Brüden, die beim Sulfitzellstoffverfahren u.a. Furfurol, Essigsäure, Methanol, Ameisensäure u.ä. enthalten, werden kondensiert und bilden ein hochbelastetes Abwasser. Teilweise werden die genannten Inhaltsstoffe in der Ablaugenverwertung voneinander getrennt und als chemische Grundstoffe weiterverwendet.

Zellstoffasern für gebleichtes Papier werden nach der Wäsche mit chlorhaltigen Mitteln (Chlor, Chlordioxid, Hypochlorit), seit 1981 in einem Werk auch mit Sauerstoff, gebleicht. Bei der an jede Bleichstufe sich anschließenden Wäsche geraten die gebildeten chlorierten Verbindungen in das Abwasser. Als besonders problematisch sind dabei Chlor-Ligninverbindungen wegen ihrer toxischen und schwach mutagenen Wirkung anzusehen. Obwohl Chlorbleichverfahren durch eine Sauerstoff-, Ozon- oder Peroxidbleiche ersetzt werden könnten (FhG-ISI, 1974), ist eine vollständige Substitution der Chlorbleiche nicht zu erwarten (BRECHT, DALPKE, 1980).

Die Papierindustrie ist einer der größten industriellen Wasserverbraucher. In ständigem Kontakt und Austausch mit dem Papier oder der Pappe finden sich im Wasser alle Ausgangsprodukte, Produktionsstoffe und -hilfsstoffe wieder. Zum Teil repräsentieren die Abwasserinhaltsstoffe Stoffanteile, die als Produktverlust anzusehen sind, zum Teil aber auch Stoffanteile, die nicht oder nur in geringsten Anteilen im Papier verbleiben und somit vollständig im Abwasser wiederzufinden sind (meist jedoch in veränderter, z. T. metabolisierter Form). Zur Papierherstellung und -veredelung - ausgenommen einige Spezialpapiere - werden zahlreiche Stoffe benötigt, die nachgewiesenermaßen eine hemmende Wirkung auf den Stoffwechsel von Mikroorganismen ausüben oder diese abtöten (vgl. Tabelle 22). Dazu gehören Leime, Naßfestmittel, optische Aufheller, einige Farbstoffe, Bindemittel, Retentions- und Flockungsmittel, Entschäumer sowie vor allem auch Schleimbekämpfungsmittel.

Die Anwendung von Papierhilfsstoffen ist für Produkte mit Kontakt zu Lebensmitteln in der XXXVI Empfehlung zum Lebensmittelbedarfsgegenständegesetz

Tabelle 22: Toxische Grenzkonzentration von Papierhilfsstoffen (DEMEL, MÖBIUS, 1983)

	Verwendung	Mögl. Konzentration im Abwasser g/l	TTC-Test Tox. Grenzkonzentration g/l	Hemmtest Hemmschwelle g/l
verschiedene Papierhilfsmittel	**Leimungsmittel**			
	Harzleim	0,20	0,04	0,03
	Synth. Leimungsmittel	0,20	0,02	0,01
	Naßfestmittel	0,50	1,00	0,06
		0,30	0,30	0,16
		0,30	-	0,015
		0,20	0,25	0,01
	Hilfsstoffe zur Beeinflussung weiterer Papiereigenschaften			
	Kat. Stärke	0,30	0,002	-
	Opt. Aufheller	0,10	4,500	0,500
	Farbstoff	0,05[1]	0,008	0,004
		0,05	0,002	0,001
	Oberflächenleimungsmittel	0,20[2]	4,00	0,60
	Hilfsstoffe für die Papierstreicherei			
	Bindemittel für Streichfarben	1,00[2]	4,00	0,25
	Viskositätsregler für Streichfarben	0,50[2]	0,80	0,50
	Bindemittel für Streichfarben	1,00[2]	8,00	0,06
	Pigmentbindemittel	1,00[2]	1,00	0,0001
	Retentions- und Flockungsmittel	0,050	0,20	0,170
		0,050	0,07	0,008
		0,02	0,25	0,03
		0,003	0,40	0,001
		0,040	0,70	0,040
		0,030	1,00	0,008
	Entschäumer	0,20	0,06	-
		0,05	1,50	0,25
		0,02	2,00	-
	Netz-, Dispergier-, Lösungsmittel	0,10	0,40	-
		0,07	0,40	0,13
		0,05[2]	0,05	0,04
	Schleimbekämpfungsmittel	0,10[2]	0,03	0,01

[1] Die möglichen Farbstoffkonzentrationen wurden durch Messung im Abwasser ermittelt.

[2] Die möglichen Konzentrationen im Abwasser wurden geschätzt.

(LMBG, 1975) geregelt. Da niemand ausschließen kann, daß alle Papiere auch zum Einpacken von Lebensmitteln Verwendung finden und kein Papierhersteller sich dem möglichen Risiko einer Verletzung der XXXVI Empfehlung aussetzen wird, genügt bereits die Empfehlung zur breiten Anwendung begrenzender Auflagen in der Papierindustrie. Erst nach umfangreichen Untersuchungen und Nachweisen der Unbedenklichkeit für den Menschen bzw. geringer oder fehlender Faseraffinität finden neue Wirkstoffe oder deren Mischungen Eingang in die Listen der XXXVI Empfehlung; die Testungen sind bislang jedoch nicht nach ökologischen Kriterien erfolgt.

Gezielt mikrobizid werden bei der Papierherstellung Schleimbekämpfungsmittel und Konservierungsstoffe eingesetzt. Letztere dürfen nur in Mengen verwendet werden, die erforderlich sind, um die Roh-, Hilfs- und Veredlungsstoffe vor dem Verderb zu schützen; das Verpackungsmaterial darf keinesfalls selbst eine konservierende Wirkung auf die verpackten Lebensmittel ausüben (zugelassen sind: Sorbinsäure, p-Hydroxybenzoesäureethyl- und/oder -propylester, Ameisen- und Benzoesäure sowie ein Addukt aus 70 % Benzylalkohol und 30 % Formaldehyd, wobei insgesamt im Extrakt der Fertigerzeugnisse, wegen der Möglichkeit Formaldehyd zu weiteren Verwendungszwecken einzusetzen, der nachweisbare Formaldehydgehalt höchstens 1 mg/dm² betragen darf).

Schleimbekämpfungsmittel werden in unterschiedlichem Maße in Abhängigkeit verschiedener Randbedingungen (integrierte Fabrik: Zellstoff + Papier oder Holzschliff + Papier; Faserart: Zellstoff, Holzschliff, Altpapier; verwendete Chemikalien; Wasserqualität; Wassertemperatur; Grad der Wasserkreislaufschließung; Art des Produktes: Papier, Karton, Pappe, s. d. a. GELLER, 1984) eingesetzt. Sie verhindern die Bildung von schleimigem Bewuchs, der sich infolge des günstigen Milieus (Feuchte, Wärme) und guten Nährstoffangebots (organische Stoffe, Polymere, Fettsäuren und deren Ester, Stärke, Zellulose) vor allem bei zunehmender Kreislaufeinengung entwickeln kann, zumindest soweit zu vermindern, daß die Produktion nicht durch reißende Papierbahnen (Produktionsstillstand) oder Flecken- und Batzenbildung (Löcher, Schwachstellen) behindert wird. Die Störungen verursachenden Agglomerate und Ablagerungen entstehen fast immer aus einem Gemisch aus Schleim-, Holz-, Schaum- und Fasernverkrustungen. Die zunehmende Häufigkeit des Auftretens von Störungen durch Ablagerungen steht in Verbindung mit
- der zunehmend engeren Schließung der Wasserkreisläufe mit dem Ziel einer besseren Ausnutzung des Fabrikationswassers,
- der Verwendung schnellaufender, komplizierter Produktionsanlagen, wobei

die schnellaufenden Maschinen auch größere Kreislaufwassergeschwindigkeiten mit sich bringen, die sich wiederum negativ auf die biogene Entfaltung von Mikroorganismen auswirken und weniger Ablagerungen zur Folge haben können,
- dem steigenden Einsatz chemischer Hilfsmittel und nicht-faseriger Zuschlagsstoffe sowie
- der zunehmenden Verwendung billiger Faserstoffe, wie Halb- oder Hochausbeutezellstoffe und Altpapier (vgl. SCHARSCHMIED, SLANINA, 1974).

Durch die Kreislaufeinengung (vgl. Abb. 14) und höheren Temperaturen bildet sich vor allem eine resistente anaerobe Flora aus, wobei Sonderformen auch bei Temperaturen um 70 °C existieren können (Problem auch der biogenen Korrosion, Lochfraß). Durch die Schleimbekämpfung wird die Mikroorganismendichte verringert, was einerseits zur Anzahlverminderung, andererseits - weil aus Kostengründen eine totale Abtötung nicht vertretbar ist - zur Selektion resistenter Organismenstämme führt. Diesem Problem kann man nur durch Variation der Schleimbekämpfungsmittel oder Erhöhung der Wirkstoffkonzentration beikommen. Ungeklärt ist heute noch, inwieweit z.B. durch die Art und Vielzahl der mit den Zellstoff- und sonstigen Fasern eingetragenen Organismen eine Selektion vermieden wird und ggf. gesteuert werden kann (HENKELS, 1984).

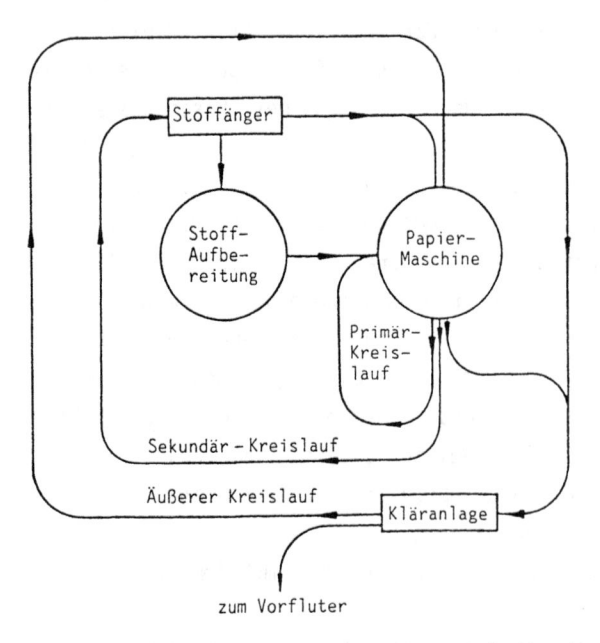

Abb. 14: Wasserführung einer Papierfabrik mit eingeengtem Wasserkreislauf

Zusätzliche Probleme für den Wasserkreislauf wie auch für das Abwasser aus der Papierindustrie ergeben sich durch die Verwertung von Altpapier als Faserstoff, weil die im Altpapier enthaltenen Hilfsstoffe, wie etwa Leime, Füllstoffe und Biozide bei der Stofflösung und den nachfolgenden Prozeßschritten wieder frei werden. Beim Einsatz von Lumpen wurde zum Schutz der Mitarbeiter bereits sehr früh desinfiziert, so daß auch Desinfektionsmittel in den Wasserkreislauf gelangen können. Die Verwertung von Altholz kann es mit sich bringen, daß mikrobizide Stoffe, die in Verbindung mit Holzschutzmitteln ins Holz gelangt sind, aus diesem Einsatzbereich sich in Papierabwässern wiederfinden.

Insgesamt kann man von einer Einsatzmenge von 100 - 200 g Schleimbekämpfungsmittel pro Tonne Papier ausgehen, worin je nach Wirkstoff 10 - 50 % Wirkstoffanteil enthalten sind (HENKELS, 1984). Je nach Papiersorte und Fabrikationsbetrieb, insbesondere aber bei Altpapier-verwertenden Betrieben werden auch höhere Mengen eingesetzt: so wurden in unserer Befragung sogar Einsatzmengen von bis zu 950 g/t Papier genannt. Unter Zugrundelegung eines durchschnittlien Wasserverbrauchs von 35 m^3/t Papier errechnet sich der Anteil von Schleimbekämpfungsmitteln zu 3-6 mg/l bzw. der Anteil mikrobizider Stoffe aus Schleimbekämpfungsmitteln zu 0,3 bis 3 mg/l, wobei fallweise um den Faktor 5 höhere Konzentrationen - abgesehen von ohnehin zu erwartenden Konzentrationsschwankungen - durchaus möglich sind. DEMEL und MÖBIUS (1983) schätzen 100 mg/l Schleimbekämpfungsmittel im Abwasser (vgl. Tab. 22). Insbesondere bei der Produktion grafischer Papiere, bei der bereits Wassermengen von lediglich 10 m^3/t Produkt erreicht werden, ist mit Konzentrationen mikrobizider Stoffe aus Schleimbekämpfungsmitteln zwischen 1 und 10 mg/l zu rechnen.

Synergistische Effekte für die Wirkung von Schleimbekämpfungsmitteln haben Dispergiermittel, die ein Absetzen von Schmutz und Schleimpartikeln verhindern, und mit dem Altpapier eingetragene Reste von meist anders formulierten und auf anderen Wirkstoffen basierenden Schleimbekämpfungsmitteln, die infolge ihrer Faseraffinität ins Papier gelangt sind. Inwieweit dieser Anteil in Zukunft aufgrund der Forderung nach Nicht-Faseraffinität zurückgehen wird, ist derzeit schwer abzuschätzen.

In Tabelle 22 sind toxische Grenzkonzentrationen und Hemmschwellen für nicht adaptierte Belebtschlämme einer rechnerisch ermittelten, möglichen Konzentration von Papierhilfsstoffen im Abwasser gegenübergestellt. Der TTC-Test und der nach Offhaus modifizierte Sauerstoffzehrungs-Hemmtest (siehe Abschnitt 4.2.2) sind willkürlich gewählte Teste, so daß auch die ermittelten Grenzkonzentrationen nur einen groben Anhaltswert liefern können. Insgesamt gesehen muß man - unterstellt, die rechnerisch ermittelten Konzentrationen im Abwasser liegen größenordnungsmäßig richtig - davon ausgehen, daß rund ein Viertel der untersuchten Produkte eine toxische (biozide) Wirkung und rund drei Viertel eine hemmende (biostatische) Wirkung auf Belebtschlammorganismen ausüben können (DEMEL, MÖBIUS, 1983). Neben den Schleimbekämpfungsmitteln dürften vor allem Leime, Naßfestmittel auf Harnstoff- oder Melaminformaldehydharzbasis sowie Azofarbstoffe für Beeinträchtigungen der Funktionstüchtigkeit von Kläranlagen mit Papierfabriksalzwasserzuläufen in Betracht kommen (vgl. auch Fallbeispiele im Anhang).

4 Beeinträchtigung der Funktionstüchtigkeit von Kläranlagen am Beispiel mikrobizider Stoffe

Schwerpunkt dieses Kapitels ist die Erfassung und Erläuterung von Ursachen und Ausmaß von in ihrer Funktionstüchtigkeit durch bestimmungsgemäß eingeleitete Stoffe beeinträchtigte biologische Kläranlagen. Dabei wird besonderes Gewicht auf die mikrobiziden Stoffe gelegt. In der Regel fallen mikrobizide Stoffe aufgrund ihres ständigen Gebrauchs kontinuierlich an und sind außer bei ihrer industriellen Produktion als bestimmungsgemäß (s. Abschnitt 4.2.1) eingeleitete Stoffe zu betrachten - es sei denn, Stapellösungen werden stoßweise abgelassen oder Stapelbehälter werden undicht (hier handelt es sich dann um einen Verstoß gegen das Wasserhaushaltsgesetz bzgl. Transport und Lagerung wassergefährdender Stoffe; § 18 WHG, 1976).

In Anbetracht der bekannten Schwankungen von Kläranlagenabläufen ist zunächst zu definieren, was als Beeinträchtigung der Funktionstüchtigkeit einer Kläranlage überhaupt verstanden werden soll, zumal jene Fälle seltener vorkommen, in denen Kläranlagen so gestört sind, daß sie ihrer Funktion über Tage und Wochen nicht gerecht werden können, andererseits aber aufgrund fehlender intensiver Überwachung kaum quantifizierbare Ergebnisse über schwankende Kläranlagenabläufe verfügbar sind. Da keine geeigneteren Datenangaben zur Verfügung stehen, wird in dieser Untersuchung die Funktionstüchtigkeit einer Kläranlage als beeinträchtigt definiert, wenn die aufgrund vergleichbarer Kläranlagentypen wahrscheinlich erreichbaren, durchschnittlichen Reinigungsleistungen permanent, vorübergehend oder periodisch nicht erreicht werden bzw. wenn der Kläranlagenbetrieb sich in einem labilen Zustand befindet, der sich in deutlich wahrnehmbaren Anzeichen wie Bläh- oder Schwimmschlamm bemerkbar macht. Zur Reinigungsleistung zählen dabei der Abbau gelöster organischer Verbindungen und die Elimination absetzbarer Stoffe sowie - entsprechend der Aufgabe der Kläranlagen - auch gegebenenfalls die Stickstoffelimination.

4.1 Zusammenfassung biotechnologischer Grundlagen im Hinblick auf mögliche Beeinträchtigungen von Kläranlagen

Bis heute gibt es - obwohl man seit ca. 40 Jahren darum bemüht ist, Einblicke in das Artenspektrum der dominierenden Bakterienpopulation in Kläranlagen zu gewinnen - nur wenige wirklich handfeste Ergebnisse. Generell weiß man, daß die Biocoenose von der Zusammensetzung des Abwassers und der Belastung des Systems mit gelöster organischer Substanz bestimmt wird, wobei bestimmte Abwasserkomponenten zur Selektion von Organismen führen und nicht akkumulierbare Stoffe, wenn sie nicht toxisch sind, zu einer enzymatischen Adaptation der selektierten Organismen führen. In kommunalen Abwässern finden sich hauptsächlich gram-negative Keime wie Pseudomonas, Acinetobacter, Alcaligenes und Flavobacter-Cytophaga-Arten sowie Enterobakterien, Arthrobacter, Micrococcus, Streptococcus und Bacillus (DGHM, 1984). Bis heute ist noch nicht eindeutig geklärt, welche Bakterienstämme in welchem Maße am Reinigungsprozeß beteiligt sind und in wieweit eine Organismengattung die "Arbeit" einer anderen übernehmen kann. Als gesichert gilt jedoch, daß die Hauptarbeit der Elimination gelöster organischer Substanz die Bakterien verrichten. Die Aufnahme partikulärer schwebender Substanzen (Kolloide und freischwimmende Bakterien) schreibt man den Protozoen und höheren Organismen zu. Man kann davon ausgehen, daß mit zunehmender Konzentration an Hemm-/Schadstoffen zunehmend niedriger angesiedelte Organismengruppen beeinträchtigt werden, wobei eben bei geringen Konzentrationen schon die Spezialisten im Abwasser abgetötet werden können, ohne daß der Abbau der gelösten organischen Substanz merklich vermindert wird.

4.1.1 Biologische Merkmale gängiger Abwasserreinigungsverfahren

Der Vollständigkeit halber wird nachstehend auf prozeßtechnische Randbedingungen der in der Bundesrepublik vorwiegend anzutreffenden Abwasserreinigungsverfahren eingegangen; die biologischen Merkmale werden kurz erläutert. Dies geschieht im Hinblick darauf, daß - abgesehen davon, daß jede Kläranlage ohnehin eine eigene Biocoenose entwickelt - Kläranlagen mit gleichem Verfahren ähnlichen Wirkungsketten bei Einleitung schädlicher Substanzen unterliegen. Grundlegende Erläuterungen zur Verfahrenstechnik der jeweiligen Klärverfahren sind der einschlägigen Fachliteratur (ATV-Handbücher etc.) zu entnehmen.

Neben den im ländlichen Raum häufiger vorkommenden Teichanlagen sind in der Bundesrepublik an technischen Klärsystemen Belebtschlammanlagen am weitesten verbreitet; vorwiegend bei kleineren Einzugsgebieten und bei 2-stufigen Anlagen findet man heute auch noch Tropfkörperanlagen und Scheibentauchkörperanlagen. In Anbetracht der höheren Raum-Zeit-Ausbeute haben sich in den letzten Jahren jedoch die Belebtschlammverfahren insgesamt durchgesetzt, wobei diese abgesehen von den verschiedenen Sonderformen technischer Art, die in jüngster Zeit speziell für industrielle Bereiche gebaut wurden (Biohochreaktoren, Deep-shaft-Verfahren, etc.), nach biotechnologischen Merkmalen in hoch-, mittel- und schwachbelastete Anlagen zu unterscheiden sind.

In Tabelle 24 sind biologische Merkmale und biocoenotische Randbedingungen dieser Anlagentypen aufgelistet. Bei zweistufigen Verfahren, die meist Kombinationen der aufgeführten Anlagentypen darstellen, gelten in der Regel für jede Stufe die in Tabelle 23 aufgeführten Zusammenhänge.

Ziel der biologischen Abwasserreinigung ist bekanntlich die Überführung organischer - gelöster und suspendierter - Schmutzstoffe in CO_2, H_2O und sedimentierbare Organismenmasse, die dem Reinigungssystem in Form von Überschußschlamm entzogen wird. Hauptträger der Reinigungsleistung sind heterotrophe Bakterien, die durch Dissimilation (= Veratmung) der gelösten, organischen Substanzen ihren Energiebedarf zur Aufrechterhaltung der Lebensfunktionen decken (= Betriebsstoffwechsel) und durch Assimilation (= Aufbau) gelöste organische Substanzen in körpereigene Bausteine umwandeln (= Baustoffwechsel), was zu einer Vermehrung der Organismen führt.

Bei der Bemessung von Abwasserreinigungsanlagen geht man von - meist durch Erfahrung gewonnenen - Parametern aus und versucht durch Vorhaltung ausreichender Sicherheiten (Sauerstoffeintrag, Aufenthaltszeit etc.) hinreichende Bedingungen für den weitgehenden Abbau der gelösten organischen Substanz und beispielsweise zur Oxidation von organischen Stickstoffverbindungen zu schaffen. Dabei kommt den Betreibern und Planern von Kläranlagen zugute, daß eine Vielzahl von Mikroorganismen, die im wesentlichen alle den Abbau gelöster organischer Verbindungen bewirken können, sich an dieser Aufgabe beteiligen. Weitergehende Anforderungen (z.B. biologische Stickstoff- und Phosphatelimination) können nur noch von wenigen Organismen, sogenannten Spezialisten bewältigt werden.

Tabelle 23: Biologische Merkmale von Belebtschlamm- und Tropfkörperverfahren

	Belebtschlammverfahren				Tropfkörperverfahren	
	hoch-belastet	mittel-belastet	schwach-belastet	Stabili-sierung	hoch-belastet	schwach-belastet
Bezugsgröße	Beckenvolumen				Tropfkörperfüllung	
Strömungs-richtung	horizontal				vertikal	
aktive Bio-masse	Belebtschlammflocke				biologischer Rasen	
- Vorkommen	mobil				sessil	
- Verteilung	gleichverteilt (theoretisch)				differenziert	
- O_2-Kontakt	ständig				abhängig vom Strömungsweg	
Schlammbe-lastung 1)	>0,6	0,1 - 0,6	<0,1	≅ 0,05	-	-
Raumbela-stung 2)	>0,75	0,25 - 0,5	<0,25	<0,125	(1,1 - 0,7) 0,7 - 0,4	0,08 - 0,4
Schlammalter	~0,8 - 1,2	~1 - 3 d	>3 d	>20 d	-	-
Aufenthalts-zeit des Ab-wassers im BB (Trocken-wetter)	~1 h	~2 h	~4 h	~2 - 3 d	-	-
Ziele der Abwasserbe-handlung	C-Abbau	C-Abbau, ein-setzende Ni-trifikation bei B_{TS}<0,3	C-Abbau und Nitrifika-tion	C-Abbau und Nitrifika-tion sowie Schlammsta-bilisierung	(Teilreini-gung) C-Abbau	C-Abbau und Nitrifikation (B_R<0,2)
Zusammenset-zung der Biocoenose	Bakterien, wenige Protozoen	Bakterien, Protozoen, Nitrifikan-ten	Bakterien, Protozoen u. andere tierische Organismen, Nematoden, Nitrifikan-ten	Bakterien, Protozoen u. andere Organismen, Kieselalgen	Bakterien, wenige Pro-tozoenarten, Nematoden	Bakterien, Protozoen, Insektenlar-ven, Milben, Nematoden, Nitrifikanten, Schwefeloxi-dierer

1) B_{TS} (kg BSB_5/kg TS d)

2) B_R (kg BSB_5/m^3 d)

Anaerobe Abwasserreinigungverfahren werden in der Bundesrepublik nur industriell eingesetzt, wobei man speziell in diesen Bereichen im voraus testet, wie Begleiterscheinungen des Produktionsprozesses sich auf die Reinigungsleistung auswirken. Im allgemeinen gilt der anaerobe Behandlungsprozeß als störanfälliger; außerdem erfordert er höhere Substratkonzentrationen, weshalb er für kommunale Abwässer bisher nirgends in der Bundesrepublik eingesetzt wurde. Die im Schlamm akkumulierten Stoffe können sich allerdings bei der in kommunalen Kläranlagen anzutreffenden anaeroben Schlammbehandlung negativ auf die Faulgasproduktion und Schlammstabilisierung auswirken. Anaerobe Verfahren sind jedoch nicht Gegenstand dieser Untersuchung.

4.1.2 Belebtschlamm- und Tropfkörperbiocoenosen

Mit der Erschließung gelöster, organischer Abwasserinhaltsstoffe bilden die Bakterien das erste Glied einer Nahrungskette, dem sich immer höhere Organismenformen anschließen, so daß sich - im Batch-Versuch - über den zeitlichen Verlauf oder die räumliche Aufeinanderfolge der Abbauprozesse verschiedene Phasen beobachten lassen (I. Phase: heterotrophe Organismen als Destruenten (Bakterien), Konsumenten 1. und 2. Ordnung; II. Phase: autotrophe Organismen als Produzenten (Algen); III. Phase: heterotrophe Konsumenten 3. Ordnung (Rotatorien, Cladoceren, Copepoden)).

Je nach Verfahrensweise (Tab. 23), Nährstoffangebot und sonstigen Abwasserinhaltsstoffen sowie im Abwasser schon vorhandenen Organismen können sich in Kläranlagen unterschiedliche Biocoenosen ausbilden, deren Zusammensetzung zusätzlich durch chemisch-physikalische Faktoren beeinflußt wird (vgl. Abschnitt 4.1.3). Da sich Kläranlagen neben betrieblichen Parametern vor allem in der Zusammensetzung des zufließenden Abwassers und den täglichen, monatlichen und jahreszeitlichen Zulaufschwankungen unterscheiden, bildet sich eine für jede Kläranlage typische Biocoenose aus, die sich in ihrer Leistungsfähigkeit und Schadstoffempfindlichkeit von Biocoenosen anderer Kläranlagen unterscheidet. Angaben zur Hemmung von Stoffwechselaktivitäten in Kläranlagen oder zur Bakterientoxizität sind somit relativiert zu betrachten; eine Übertragung von Ergebnissen von einer Kläranlage auf eine andere ist deshalb nur unter Vorbehalt möglich.

Organismen biologischer Klärsysteme

Die Lebensgemeinschaften der meisten technischen Klärsysteme sind - bedingt durch die Belastungssituation - nicht nur auf Bakterien beschränkt: bakterienfressende und räuberische Protozoen (Einzeller) sowie unter Umständen auch mittlere Metazoen (Mehrzeller) sind in Abhängigkeit der eingestellten Betriebszustände und gewählten Systeme mit diesen vergesellschaftet. Photoautotrophe Organismen sind in technischen Klärelementen aufgrund der ungünstigen Lichtverhältnisse kaum anzutreffen (ausgenommen Tropfkörperoberfläche und extrem schwach belastete Belebtschlammanlagen).

Grundsätzlich gilt für alle Biocoenosen, daß jede einzelne Organismenart nur die "Dichte" erreichen kann, die ihr durch ihre eigenen physiologischen Fähigkeiten, durch die Tätigkeiten der vorausgehenden Arten und durch die Aktivitäten der folgenden Arten sowie durch Art und Umfang des Nährstoffangebots und physikalisch-chemischen Einflußgrößen ermöglicht wird. Jede Störung wirkt sich in unterschiedlichem Maße auf die Lebensgemeinschaft aus, wobei es völlig ungestörte Systeme nicht gibt. Eine Art innere Störung ist beispielsweise die genetische Veränderung der Organismen innerhalb der Lebensgemeinschaft (HARTMANN, 1983) oder die allmähliche Selbstvergiftung durch die eigenen Abbauprodukte.

Bei der systematischen Einteilung der Bakterien werden neben morphologischen Kennzeichen wie Form (z.B. Kokken, Stäbchen, Spirillen), Beweglichkeit (z.B. gleitende Fortbewegung) und Färbbarkeit (Gram-Färbung) vor allem physiologische Fähigkeiten als wichtigste Unterscheidungsmerkmale herangezogen. Die in den aeroben Abwasserreinigungsverfahren (Belebungs- und Tropfkörperverfahren) vorkommenden Bakterien gehören vorwiegend zu der großen Gruppe der Eubakterien (echte Bakterien). Sie sind Aerobier (oder fakultative Anaerobier) und gewinnen ihre Energie und Zellbausteine aus der Oxidation der im Abwasser enthaltenen, organischen gelösten oder hydrolisierten Substanzen (chemoorganotrophe Bakterien); Anaerobier, die sich z.B. in sauerstofffreien Bereichen von Tropfkörpern entwickeln können, spielen eine untergeordnete Rolle. Zu den Eubakterien gehören auch einige chemolithotrophe Bakterien wie z.B. die Nitrifikanten, die anorganische Substanzen - in diesem Fall Ammonium und Nitrit - oxidieren können. Neben den Eubakterien existieren noch eine Reihe von Sondergruppen - gestielte, photoautotrophe, gleitende Bakterien u.a.m. - von denen u.a. die Scheidenbakterien als "Abwasserpilz" (z.B. Sphaerotilus natans) bei den Kläranlagenbetreibern gefürchtet sind.

Die relativ große Oberfläche der Bakterienzelle im Verhältnis zum Zellvolumen begünstigt einen hohen Stoffumsatz. Da aufgrund der Einfachheit der Bakterienzelle nur relativ wenig Energie zur Aufrechterhaltung des Betriebsstoffwechsels benötigt wird, wird der größte Teil der Energie in den Baustoffwechsel gesteckt, was bei den organotrophen Bakterien unter geeigneten Bedingungen eine hohe Vermehrungsgeschwindigkeit mit Generationszeiten im Idealfall zwischen 15 und 60 Minuten, i.d.R. bis zu 2 h zur Folge hat. Die chemolithotrophen Nitrifikanten, die ihre Zellsubstanz selbst mit Hilfe von CO_2 aufbauen, benötigen für eine Zellteilung 0,8 -1,2 Tage. Diese gravierenden Unterschiede sind für weitere Betrachtungen der Ökologie von Belebtschlamm- und Tropfkörperbiocoenosen von großer Bedeutung.

Protozoen sind Einzeller mit einem echten Zellkern, von denen die meisten aquatischen Formen zwischen 10 und 500 µm groß sind. Protozoen als Konsumenten 1. Ordnung ernähren sich vorwiegend von Bakterien sowie von partikulären Schwebstoffen; Protozoen, die sich von anderen Protozoen ernähren, werden als Konsumenten 2. Ordnung eingestuft. Zu den Protozoen, die regelmäßig in biologischen Klärsystemen anzutreffen sind, gehören Geißeltierchen (Flagellaten), Wurzelfüßler (Rhizopoden) und Wimpertierchen (Ciliaten). Unter ihnen sind vor allem die Ciliaten (wie z.B. Cilien, Cirren, Membranellen oder Tentakeln) wegen ihrer z.T. hoch differenzierten Organellen hervorzuheben, die gerade auch wegen ihrer weiten Verbreitung und des großen Formenreichtums als Leitorganismen zur Charakterisierung mikrobieller Ökosysteme herangezogen werden. Die ökologischen Ansprüche mancher Arten sind bereits soweit bekannt, daß ihr gehäuftes Auftreten in biologischen Kläranlagen eine Feindifferenzierung des Belastungsgrades erlauben (HARTMANN, 1983; BUCK, 1979, EICKELBOOM, 1983).

Die Organismen der III. heterotrophen Phase innerhalb der Selbstreinigung sind Mehrzeller (Metazoen) aus vielen, systematisch unterschiedlichen Tiergruppen. Am häufigsten vertreten sind Rädertierchen (Rotatorien), die ihre Nahrung (Bakterien) mittels eines auffälligen "Räderorgans" herbeistrudeln, sowie Plattwürmer (Plathelminthen) und Fadenwürmer (Nematoden), die sich allesamt durch eine nahezu unüberschaubare Artenvielfalt auszeichnen. In Tropfkörpern und schwachbelasteten Belebungsanlagen können sich vielfach schon Kleinkrebse wie z.B. Ruderfüßer (Copepoden, z.B. "Hüpferlinge") und Wasserflöhe (Cladoceren, z.B. Daphnien) entwickeln. In Tropfkörpern sind daneben auch noch höhere Würmer und Insektenlarven (z.B. von Eintags- und Tropfkörperfliegen) zu beobachten.

Biocoenosen biologischer Klärsysteme

Als Biocoenose bezeichnet man die Gesamtheit der in einem bestimmten Lebensraum miteinander vergesellschafteten Organismen. Sie ist ein dynamisches Gefüge, das durch exogene Faktoren (Nahrung (Belastungsgrad), Verfügbarkeit von Sauerstoff, Temperatur, pH-Wert) und endogene Faktoren (Freßkette, Nahrungskonkurrenz, Mutation) beeinflußt wird. In den Belebungsbecken finden alle biologischen Abbauprozesse in einem gleichmäßig durchmischten Raum statt, während in Tropfkörpern die verschiedenen Abbauprozesse räumlich getrennt sind. Diese Unterschiede wirken sich auf die Ausprägung der vorherrschenden Biocoenose aus.

Bislang geht man davon aus, daß für die Bildung des Belebtschlammes feste Ansatzflächen notwendig sind: Bakterien setzen sich also auf anorganischen oder organischen Schwebstoffen fest, vermehren sich und bleiben dabei in einer gemeinsamen Matrix miteinander verbunden. Die unterschiedliche Nährstoffversorgung einzelner Stellen dieser Kolonie hat unterschiedliche Vermehrungsgeschwindigkeiten zur Folge. Dadurch bekommt die Kolonie eine unregelmäßige Oberfläche mit Fortsätzen und Nischen, in die andere Bakterien einwandern. Auf der Oberfläche des Partikels siedeln sich - in Abhängigkeit von den Milieuverhältnissen - Protozoen an. Da die Sauerstoffversorgung sich nur auf die peripheren Zonen erstreckt, laufen in den tieferen Schichten anaerobe Vorgänge ab. Die Festigkeit des Gebildes geht zurück.

Erhält Belebtschlamm keine oder nur wenig Nahrung (z.B. in Anlagen mit aerober Stabilisierung), geht bei fortdauernder Belüftung die Stabilität des Gebildes weiter zurück; die Partikel zerbrechen zu immer kleineren Einheiten. Dies hat praktische Konsequenzen für die Lagerungsdichte (= Schlammindex) und Abtrennleistung (wie auch auf die nachgeschaltete Schlammbehandlung). Die Partikelgröße von Belebtschlammflocken ist demnach ein Ergebnis der biologischen Vorgänge, aber auch der herrschenden hydraulischen Kräfte (mittlerer Flockendurchmesser ca. 80 µm; Maximalgrößen bei etwa 250 µm).

Obwohl eine Vielzahl verschiedener Bakterienarten aus Belebtschlammanlagen isoliert wurden, gibt es heute praktisch noch keine Erfahrungen über die Häufigkeit der einzelnen Formen in Abhängigkeit der Betriebszustände oder der Abwasserzusammensetzung. Noch viel weniger liegen Kenntnisse über die wechselseitige Beeinflussung oder Abhängigkeit der verschiedenen Bakterienarten vor. Von manchen dieser Arten ist nur bekannt, daß sie in flüssigen Medien in Kolonieform wachsen können und somit also die Voraussetzung für die Flockenbildung gegeben ist. Mit Sicherheit muß angenommen werden, daß innerhalb der Belebtschlammpartikel eine vielfältige Bakterienbiocoenose lebt, von denen die Einzelmitglieder in einem regen Stoffaustausch miteinander stehen. Weitgehend unbekannt sind heute noch die Vorgänge, die zur Bildung von Blähschlamm führen. Unter bestimmten Bedingungen - häufig bei Einleitung großer Mengen gut abbaubarer Nährstoffe - neigen eine Reihe von Organismen (nicht weniger als 32 Typen wurden bislang erfaßt; DGHM, 1984) zur Bildung langer Fäden, die den physikalischen Absetzvorgang verzögern oder gänzlich verhindern.

Der Anteil der freien, nicht an die Flocke gebundenen Bakterien hängt vom Belastungszustand, vom Schlammalter und damit von der Besiedlung ab; sie ist gering bei schwach belasteten Anlagen, da das Auftreten bakterienfressender Flagellaten (z.B. Bodo Saltans, Bodo putrinus) und Ciliaten (Glockentierchen: z.B. Vorticella, Opercularia; freischwimmenden Ciliaten: z.B. Chilodonella, Colpidium, Glaucoma, Uronema) ihr Vorkommen stark eingeschränkt. Daneben können auch vereinzelt Rotatorien und Nematoden beobachtet werden. Die Entwicklung der Ciliaten wird im wesentlichen durch den niedrigen Sauerstoffgehalt und die hohe Ammoniumkonzentration im Belebungsbecken beeinflußt. Es gibt nur wenige Arten, die bei diesen Extrembedingungen leben und sich gegebenenfalls schnell vermehren können.

Die Tropfkörperbiocoenosen bestehen aus einer Vielzahl von Tierarten. Nicht nur auf der Oberfläche, sondern auf dem gesamten brockigen Material innerhalb des Tropfkörpers bildet sich ein biologischer Rasen, dessen Schichtdicke von den hydraulischen Verhältnissen und von der Sauerstoffversorgung abhängt. Protozoen und eine sehr viel größere Anzahl von vielzelligen tierischen Organismen als in Belebtschlammbiocoenosen besiedeln den Tropfkörperrasen. Wie beim Belebungsverfahren verändert sich in Abhängigkeit der Nährstoffzufuhr die Diversität der Organismen und zwar insoweit, als bei hohem Nährstoffangebot nur wenige, angepaßte Organismenarten mit hoher Vermehrungsrate zum Zuge kommen, wogegen sich bei geringerem Nährstoffangebot die Artenzahl entsprechend vergrößert. So weisen schwachbelastete Tropfkörper eine deutliche Schichtung/Zonierung in Abhängigkeit der Randbedingungen (Sauerstoffangebot, Nährstoffangebot) auf, so daß sich über die Länge des Sickerweges die anfangs erwähnten Besiedlungsphasen räumlich anordnen, wobei eine Lebensgemeinschaft die Grundlage für die nachfolgende schafft (FRIETSCH, 1981; HARTMANN, 1983).

4.1.3 Verhalten der Biocoenosen bei Veränderungen von biologischen, physikalischen und chemischen Parametern

Innerhalb der komplexen mikrobiellen Lebensgemeinschaft einer Kläranlage dominieren jene Organismenarten, deren Entwicklungsoptimum den herrschenden Milieubedingungen am nächsten kommt und die schädigenden Einflüsse am besten tolerieren können. Sind für zwei Organismenarten die Umweltbedingungen optimal, so entscheidet in der Konkurrenz um die gleiche Nahrungsquelle die Vermehrungsgeschwindigkeit. Jede Veränderung eines Umweltfaktors - Temperatur, pH-Wert, Nahrungsangebot, Schadstoffbelastung etc. - führt zu einer Reaktion innerhalb der Biocoenose, indem sich die Lebensbedingungen für ein oder mehrere Organismenarten vom Optimum entfernen oder sich ihm nähern. Jede Verschlechterung eines Umweltfaktors wird mit einer Fortpflanzungsreduktion bzw. im Extremfall durch Absterben der Mikroorganismen beantwortet.

Veränderung der Nährstoffkonzentration

Je nach spezifischem Nährstoffangebot unterscheidet man in der Abwasserreinigung zwischen hoch-, mittel und schwachbelasteten Systemen (s. Tabelle 23). Ein unterschiedliches Nährstoffangebot führt zu einer veränderten Zusammensetzung der Biocoenose, was eine Veränderung der Leistungsfähigkeit - gemessen als BSB_5-, CSB- und DOC-Abnahme, Stickstoffoxidation und Mineralisationsgrad - zur Folge hat. In den Tabellen 24 und 25 werden hoch-, mittel und schwachbelaste Belebtschlamm- sowie Tropfkörperbiocoenosen anhand von biochemischen Parametern miteinander verglichen. Zur Charakterisierung der Leistungsfähigkeit wurden die prozentuale BSB_5-Abnahme, der Plateau-BSB (BSB_{PL}) und die Stickstoffoxidation gewählt, sowie die sauerstoffzehrenden Prozesse in ihre verursachenden, biologischen Komponenten aufgespalten.

Wie die beiden Tabellen zeigen, verändern sich die Biocoenosen beider Systeme bei unterschiedlicher Nährstoffkonzentration in ihrer qualitativen und quantitativen Zusammensetzung:

- Belebtschlammbiocoenosen (Tab. 24):
  o Hochbelastete Belebungsanlagen enthalten fast keine Protozoen, während sich in schwachbelasteten eine z.T. sehr differenzierte Protozoengemeinschaft mit einer relativ hohen Artenvielfalt und geringen Individuendichte ausbildet. Zwischen diesen beiden ökologischen Extremen liegt der mittlere Belastungsbereich, in dem sich tolerantere Protozoenarten massenhaft entwickeln können.
  o In mittelbelasteten Belebungsbecken dominiert die Zoogloeenflocke. Mit steigender Belastung nehmen freischwimmende Bakterien zu, die Zoogloeenflocke kann durch die Sphaerotilusflocke abgelöst werden (schlechtere Absetzbarkeit: Blähschlamm). Sie ist der Zoogloeenflocke aufgrund ihrer größeren aktiven Oberfläche in der Nahrungskonkurrenz überlegen. Die Mechanismen, die ihre Verbreitung begünstigen, sind nur wenig bekannt (WAGNER, 1982).
  o In schwachbelasteten Belebungsbecken zerfällt die Zoogloenflocke aufgrund autoxidativer Vorgänge (endogene Atmung) und aufgrund von Freßtätigkeiten höherer Organismen. Die Flocke ist kleinkörnig und bereits stark mineralisiert. Freischwimmende Bakterien gibt es kaum. Bei Nähr-

stoffunterversorgung wurde in Kläranlagen eine Zunahme von Bacillusarten beobachtet (BLAIM, 1984).

Tabelle 24: Belebtschlammbiocoenosen bei unterschiedlichen Belastungen

biochemische Parameter	Belastung		
	hoch [1]	mittel [2]	schwach [3]
BSB_5-Abnahme:	80 - 85 %	85 - 90 %	90 - 95 %
Elimination gelöster organ. Substanzen (BSB_{PL}):	<100 %	100 %	100 %
O_2-zehrende Prozesse:			
o Substrateliminaton (DOC):	hoher Anteil	hoher Anteil	hoher Anteil
o endogene Atmung, Sekundärfressertätigkeit:	keinen Anteil	geringer Anteil	hoher Anteil
o Stickstoffoxidation:	keine	unvollständig - keine	nahezu vollständig
Bakterien:			
Belebtschlammflocke:	Sphaerotilusflocken Mikroflocken	Zoogloeenflocken	Abnahme der aktiven Oberfläche (Zerfall)
freie Bakterien:	viele	wenige	keine
Flockendegeneration:	anaerobe Degeneration	aerobe und anaerobe Degeneration	aerobe Degeneration (Autoxidation)
Stickstoffgehalt (N:TS):	6,5 - 8 %	6 - 7 %	5,5 - 6 %
Protozoen:			
Artenvielfalt:	fast keine	niedrig	relativ hoch
Individuendichte:	Protozoen	hoch	niedrig - hoch
Leitformen:	-	Flagellaten, Glockentierchen (Vorticella, Opercularia), Colpidium spec., Uronema	Flagellaten, Glockentierchen, Ciliatenräuber (Podophrya fixa, Lionotus spec.) Aspidisca costata
Metazoen:			
Vorkommen:	keine	wenige	viele
Leitformen:	-	Rotatorien, Nematoden	Rotatorien, Nematoden Kleinkrebse, Wassermilben, Würmer

[1] $(0,6 < B_{TS} < 2,0$ kg BSB_5/kg TS · d)

[2] $(0,15 < B_{TS} < 0,6$ kg BSB_5/kg TS · d)

[3] $(B_{TS} < 0,15$ kg BSB_5/kg TS · d)

Tabelle 25: Tropfkörperbiocoenosen (Schönungstropfkörper)

biochemische Parameter	Belastung		
	hoch 1)	mittel 2)	schwach 3)
BSB_5-Abnahme:	< 75 %	> 75 %	> 85 %
Elimination gelöster organischer Substanzen (BSB_{PL}):	100 %	100 %	100 %
O_2-zehrende Prozesse:			
o Substratelimination (DOC):	hoher Anteil	hoher Anteil	mäßiger Anteil
o endogene Atmung, Sekundärfressertätigkeit:	mäßiger Anteil	hoher Anteil	hoher Anteil
o Stickstoffoxidation:	unvollständig	vollständig	vollständig
Bakterien:			
oberer Abschnitt:	dicker Bakterienfilm	dicker Bakterienfilm	dünner Bakterienfilm
mittlerer Abschnitt:	± dicker Bakterienfilm	dünner Bakterienfilm	kaum besiedelt
unterer Abschnitt:	dünner Bakterienfilm	kaum besiedelt	kaum besiedelt
freie Bakterien:	evtl. noch im mittleren Abschnitt	nur im oberen Abschnitt	keine
Nitrifikation:	im unteren Abschnitt	im mittleren und unteren Abschnitt	evtl. noch im oberen Abschnitt
Protozoen:			
Artenvielfalt, oben:	niedrig	niedrig	± hoch
Mitte:	± niedrig	hoch	niedrig
unten:	± hoch	± hoch	niedrig
Individuendichte, oben:	hoch	hoch	niedrig
Mitte:	hoch	niedrig	niedrig
unten:	± niedrig	niedrig	niedrig
Leitformen, oben:	Vorticella spec., Opercularia spec., Urotricha, Uronema, Chilodonella, Colpidium spec.	Vorticella spec., Opercularia spec., Urotricha, Uronema, Chilodonella, Colpidium spec.	Lionotus spec., Paramaecium spec., Podophyra fixa, Aspidisca costata, Vorticella spec., Opercularia spec.
Mitte:	Vorticella spec., Opercularia spec., Urotricha, Uronema, Chilodonella, Colpidium spec.	Lionotus spec., Paramaecium spec., Podophyra fixa, Aspidisca costata, Vorticella spec., Opercularia spec. + zzgl. Oxytricha spec., Carchesium polypinum	
unten:	Lionotus spec., Paramaecium spec., Podophyra fixa, Aspidisca costata, Vorticella spec., Opercularia spec. + zzgl. Oxytricha spec., Carchesium polypinum	Carchesium polypinum, Aspidisca costata, Vorticella convallaria	
Metazoen:			
Vorkommen, oben:	wenige	± wenige	viele
Mitte:	± wenige	viele	± viele
unten:	viele	viele	wenige
Leitformen:	erst im unteren Abschnitt Zunahme der Diversität	ab dem mittleren Abschnitt Zunahme der Diversität	Rotatorien, Nematoden, Kleinkrebse, Wassermilben, Larven von Tropfkörperfliegen, Würmer

1) $B_R > 750$ g $BSB_5/m^3 \cdot d$
2) $300 < B_R < 750$ g $BSB_5/m^3 \cdot d$
3) $B_R < 300$ g $BSB_5/m^3 \cdot d$

o Mit zunehmender Mineralisierung sinkt die Überschußschlammproduktion, und da das Schlammalter über die Generationszeit der Nitrifikanten ansteigt, steigt der Anteil der Nitrifikanten. Außerdem werden sie weniger von chemoorganotrophen Bakterien überwuchert, so daß wegen der verminderten Abbautätigkeit genügend Sauerstoff für die Stickstoffoxidation zur Verfügung steht.
o Als Leitorganismus nitrifizierender Belebungsanlagen wurde der Ziliat Aspidisca costata beobachtet (SCHERB, 1957).
o Mit fallender Belastung nimmt die Diversität der mehrzelligen Organismen (Metazoen) zu.
- Tropfkörperbiocoenosen (bei den in Tabelle 25 beschriebenen Tropfkörpern handelt es sich um sogenannte "Schönungstropfkörper", die als zweite Reinigungsstufe unterschiedlich belasteten Belebungsbecken nachgeschaltet werden):
o In den Tropfkörpern ist mit steigender Belastung eine Verschiebung der verschiedenen heterotrophen Besiedlungszonen in tiefere Bereiche zu beobachten.
o Die Artenvielfalt der Protozoen und Metazoen nimmt im Anschluß an die I. heterotrophe Besiedlungszone zu. Diese ist in schwachbelasteten Tropfkörpern auf den obersten Abschnitt beschränkt und verschiebt sich mit steigender Belastung in tiefere Schichten.
o Die Nitrifikation beginnt ebenfalls unterhalb der I. heterotrophen Besiedlungszone und wird mit steigender Belastung immer unvollständiger.

Veränderung des pH-Wertes

Die verfügbaren Angaben zu den Einflüssen des pH-Wertes auf mikrobielle Lebensgemeinschaften sind sehr allgemein gehalten und erlauben keine differenzierte Betrachtung. Kläranlagen zeigen auch im pH-Bereich zwischen 6,5 und 7,5, den in der Regel das kommunale Abwasser aufweist, z.T. signifikante Leistungsunterschiede. Periodische oder aperiodische Abweichungen vom Neutralwert (z.B. aufgrund industrieller Alkalien- oder Säureeinleitung) stören biologische Vorgänge immer, während konstante Werte auch im schwachsauren oder -alkalischen Bereich einer biologischen Behandlung (HARTMANN, 1983) nicht unbedingt im Wege stehen.

Ökologische Untersuchungen an Ciliaten des Saprobiensystems zeigen, daß die NH_4^+-Toleranz stark vom herrschenden pH-Wert abhängt, da sich bei pH-Werten über 7,5 das Dissoziationsgleichgewicht des Ammoniums zugunsten des stark giftigen Ammoniaks (NH_3) verschiebt (s. Abb. 15).

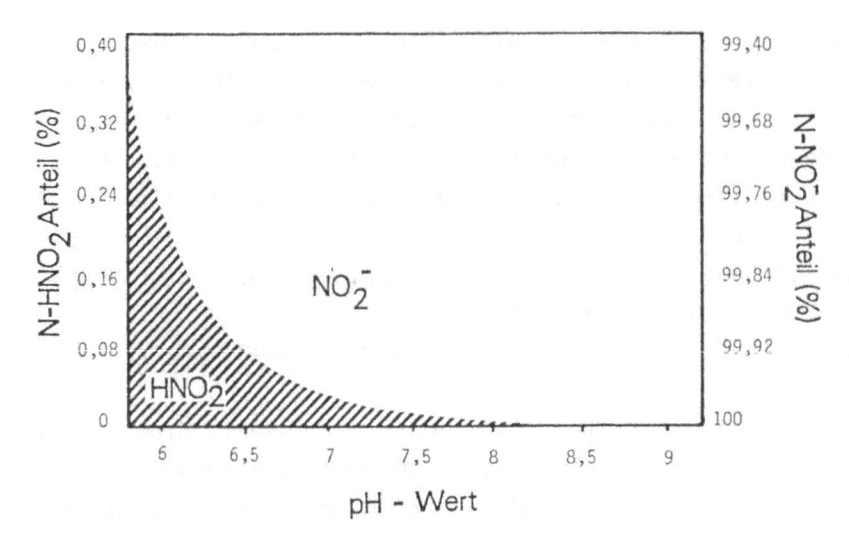

Abb. 15: pH-abhängige Verteilung des anorganischen Stockstoffes in NH_4^+ und NH_3 (BERGERON, 1978)

Da die Dissoziation des Nitrits ebenfalls pH-abhängig ist, hängt in einem nitrifizierenden System, in dem die Nitrifikanten NH_3 und HNO_2 als Substrate benötigen, die Nitrifikationsrate vom pH-Wert ab. Somit führen periodische oder aperiodische pH-Schwankungen zu starken Beeinträchtigungen der Nitrifikation (vgl. auch Abbildung 16).

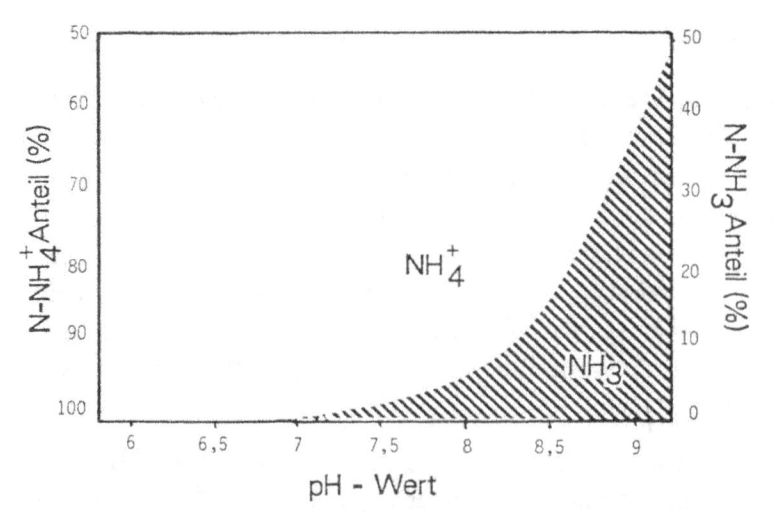

Abb. 16: pH-abhängige Verteilung des anorganischen Stickstoffes in NO_2 und HNO_2 (BERGERON, 1978)

Die Wahrscheinlichkeit des Eintritts von pH-Schwankungen hängt vom Säurepufferungsvermögen des Abwassers (=Säurekapazität) ab. Dieses resultiert im wesentlichen aus der mittleren Carbonathärte des Trinkwassers im Einzugsgebiet der Kläranlage, aus der Carbonathärte des Abwassers (bedingt durch anwesende Ammoniumionen) und zu einem geringen Teil auch aus der Anwesenheit von Phosphorverbindungen. Durch die biochemischen Prozesse während der biologischen Reinigung wird die Säurekapazität in der Regel erniedrigt, was jedoch nicht unbedingt mit einer pH-Wert-Abnahme einhergehen muß; in schwachbelasteten Belebungsanlagen verringert sich die Säurekapazität zusätzlich noch durch die Nitrifikation (KAPP, 1983). In Gegenden mit "weichem Wasser" - also geringer Säurekapazität - kann daher eine Einleitung säurehaltigen Abwassers eher zu einer Störung der biologischen Reinigungsprozesse führen als in Kläranlagen, deren Abwasser ein hohes Pufferungsvermögen besitzt.

Veränderung der Temperatur

Die Entwicklung aller Organismen ist stark temperaturabhängig: das Optimum der meisten im Abwasser lebenden Bakterien und Protozoen liegt im mesophilen Bereich zwischen 10 °C und 35 °C. Von ihnen sind die meisten eurytherm, das heißt sie tolerieren Temperaturen, die von ihrer Vorzugstemperatur mehr oder weniger stark abweichen. Daneben existieren eine Reihe von Mikroorganismen, die z.T. in nur eng begrenzten Temperaturbereichen lebensfähig sind (stenotherm). Unter den Ciliaten sind z.B. Leitorganismen bekannt, die streng stenotherm hohe oder niedrige Temperaturen benötigen (WOLFF, 1979), so daß innerhalb eines bekannten Systems nach Temperaturveränderungen eine artspezifische Sukzession beobachtet werden kann.

Von den Abwasserbakterien sind vor allem die Stickstoffoxidierer temperaturabhängig: unter 10 °C wird die Nitratbildung weitgehend eingestellt (abhängig vom Schlammalter und der Neubildungsrate). Der Abbau der gelösten organischen Abwasserinhaltsstoffe ist ebenso wie die Nitrifikation eine enzymkatalysierte Reaktion, die den Gesetzmäßigkeiten der Enzymkinetik entsprechend temperaturabhängig ist: mit steigender Temperatur - in gewissen Temperaturbereichen - steigt daher auch die Abbaugeschwindigkeit.

Verhalten bei Schadstoffbelastung

Im Zusammenhang mit mikrobiziden Stoffen interessieren neben Schadstoffgehalten in akut-toxischen Konzentrationen, wie sie z.B. bei unsachgemäßer

Einleitung oder Unfällen auftreten, vielmehr Schadstoffkonzentrationen im chronischen und subchronischen Bereich. Wie bereits erläutert, reagieren Mikroorganismen unter Umständen bei Verschlechterung nur eines Milieufaktors mit einer verminderten Vermehrungsrate. Das bisher zusammengetragene Wissen über die Beeinflussung der mikrobiellen Lebensgemeinschaften durch unterschiedliche Parameter (s.o.) läßt den Schluß zu, daß viele Schadstoffe die qualitative und quantitative Zusammensetzung der Kläranlagenbiocoenosen be-reits in Konzentrationen beeinflussen, die unterhalb der in Reinkulturen ermittelten MHK-Werte (Minimale Hemmkonzentration) liegen. Erschwerend kommt im Vergleich zu anderen Milieufaktoren bei akkumulierbaren Schadstoffen hinzu, daß sie sich in den Organismen anreichern können und ihre Wirkung erst nach einer gewissen Latenzzeit (latente Intoxikationen) sichtbar wird.

Die Wirkung von Fremdstoffen im Klärsystem hängt nicht nur von deren Abbaubarkeit, Toxizität und Akkumulierbarkeit ab, sondern auch von der Zusammensetzung der Biocoenose, ihrer Adaptationsfähigkeit und dem Betrieb der Kläranlage. Die Kenntnisse über Auswirkungen von Schadstoffbelastungen auf die komplexen mikrobiellen Lebensgemeinschaften der Kläranlage resultieren meist aus der Untersuchung über die Wirkung von stark überhöhten Fremdstoff-Konzentrationen. Über kontinuierliche Belastungen liegen abgesehen von wenigen Untersuchungen (s.u.) nur allgemeine, kaum schadstoffspezifische Untersuchungen zur Veränderung der Biocoenosen vor:
- Die bakterielle Artenzusammensetzung in einem Belebtschlamm bleibt langfristig relativ konstant, eine adaptierte Flora besteht nur aus wenigen Spezies (BLAIM, 1984).
- Coryneforme Bakterien (z.B. Corynebacterium, Arthrobacter, Mycobacterium, Nocardia) sind sehr schadstoffempfindlich, so daß ein vermehrtes Vorkommen in Kläranlagen auf keine oder geringe Schadstoffkonzentrationen schließen läßt (BLAIM, 1984).
- Nach Belastungsstößen konnten in Kläranlagen der chemischen Industrie Populationsverschiebungen innerhalb der Belebtschlammflora beobachtet werden. Dabei traten verschiedene Zoogloea-Arten kurz nach den Belastungsstößen vermehrt auf: ihr hohes Verwertungsspektrum, ihre hohe Hemmstoffresistenz (z.T. wegen der ausgeprägten Schleimkapsel) und ihre kurze Generationszeit sowie ihr Adaptionsvermögen verschafft dieser Gruppe gegenüber der restlichen Flora einen eindeutigen Selektionsvorteil (BLAIM, 1984).
- Pseudomonaden können schwer abbaubare Substanzen wie Thymole, Kresole und Chlorphenole, die auch natürlichen Ursprungs sein können, verwerten; sie

sind somit eine wichtige Gruppe innerhalb der Bakterienpopulation biologischer Kläranlagen.
- Die Belastung einer Laborbelebtschlammanlage mit einer bakteriziden quaternären Ammoniumverbindung führte schließlich zu einer Bakterienselektion: der Belebtschlamm bestand anschließend fast ausschließlich aus Pseudomonas- und Comamonasarten (FENGER et al., 1973).
- In Abhängigkeit von der chemischen Struktur und der Konzentration im Zulauf setzen quaternäre Ammoniumverbindungen die Nitrifikationsleistung herab (GERIKE et al., 1978).
- Ähnlich der bakteriellen Lebensgemeinschaft ändert sich auch die Zusammensetzung der Protozoen- und Metazoenbesiedlung unter Schadstoffeinfluß. Freischwimmende Tiere entfernen sich vom Ort der Schadstoffeinwirkung, Glockentierchen lösen sich von ihren festsitzenden Kolonien als Schwärmer ab oder encystieren sich durch Ausbildung von Schutzhüllen aus Tektin (STILLER, 1962). Der hochdifferenzierte Bau der Protozoenzellen läßt unter Schadstoffeinwirkungen Degenerationserscheinungen erkennen.

4.1.4 Bilanzierung der Auswirkungen von Störfaktoren auf Kläranlagen

Wie oben bereits angedeutet, erfahren die in die Kanalisation eingeleiteten Stoffe im Abwassersammler Veränderungen durch
- Verdünnung und Hydrolyse,
- Abbau über Enzymaktivitäten (am bekanntesten ist wohl die chemische Aufspaltung von Harnstoff durch das Enzym Urease in NH_4^+ und CO_2) und Metabolisierung; autolytische Prozesse bei Anwesenheit von Sauerstoff durch Oxidation von Zucker und Fettsäuren sowie bei Sauerstoffmangel durch Reduktion von Sulfat zu H_2S,
- Bildung von Haloformen bei Anwesenheit von reaktivem Chlor durch Chlorierung vorhandener Kohlenstoff- und Kohlenwasserstoff-Verbindungen,
- Fällungsreaktionen,
- Adsorption und Chemisorption,
- Chelatisierung und Komplexbildung.

Die genannten Veränderungen können zur Folge haben, daß die toxische Wirkung zunächst aufgehoben bzw. gemindert wird, daß aber im Verlauf des Reinigungsprozesses durch den Abbau oder Umbau von Komplexen oder Reaktion mit anderen Inhaltsstoffen die toxische Wirkung sich wieder entfaltet. Es ist bekannt, daß durch Metabolisierung auch toxischer wirkende Substanzen entstehen können.

Beim biologischen Abwasserreinigungsprozeß spielen letztlich die sogenannten sekundären Umweltbedingungen eine wichtige Rolle hinsichtlich der Schadwirkung eines Stoffes:
- Temperatur,
- Sauerstoffgehalt,
- pH-Wert,
- Karbonathärte und die
- Anwesenheit organischer sowie
- anorganischer Begleitstoffe.

Bekanntlich erhöht sich die Umsetzungsrate von Mikroorganismen mit zunehmender Temperatur bis hin zum Temperaturoptimum; neben der Substrat-Konzentration ist der Sauerstoff-Gehalt ein limitierender Faktor für die Umsetzungsrate. pH-Wert und Karbonathärte sind wichtig, was die toxische Wirkung abwasserrelevanter Chemikalien (z.B. wirken manche Stoffe nur im sauren oder alkalischen Milieu toxisch), bzw. die Pufferkapazität im Hinblick auf säurebildende Reaktionen anbelangt (z.B. besteht bei der Nitrifikation und weichem Wasser die Gefahr der Bildung salpetriger Säure). Die Anwesenheit von leicht abbaubaren Kohlenstoffquellen ermöglicht häufig erst den Abbau oder die Adaptation an Hemmstoffe, dagegen bewirken die in der Kläranlage noch aktiven Tenside den Transport des Wirkstoffs an den Wirkort und ermöglichen damit erst die Schädigung der Mikroorganismen.

Eine Vielzahl möglicher synergistischer und antagonistischer Effekte wirkt sich somit auf die aktuelle Beschaffenheit und Zusammensetzung der jeweiligen Belebtschlamm-/Tropfkörperbiocoenose aus und determiniert das Reinigungsvermögen. Eine Vorhersage der Entwicklung des Reinigungsgeschehens bei Einleitung einer bestimmten Substanz ist aufgrund der bislang wenig erforschten Zusammenhänge allenfalls für synthetisches Abwasser möglich; das Vielstoffgemisch "kommunales Abwasser" dagegen läßt sich nicht ausrechnen. Im Hinblick auf eine Optimierung des Kläranlagenbetriebs und einer Steuerung von Kläranlagen sind diese Effekte unbedingt zu berücksichtigen, weil die Verminderung von Reaktionstoträumen zwar vorübergehend Kosteneinsparungen bringen kann, dann aber die manchmal benötigten Reserven fehlen.

4.2 Allgemeine Erfassungsmöglichkeiten von Beeinträchtigungen

Die biologische Reinigung kommunaler Abwässer kann durch eine Vielzahl von Abwasserinhaltsstoffen in ihrer Effektivität beeinträchtigt werden. Im Vor-

dergrund dieser Untersuchung stehen als Ursachen:
- die akute Toxizität der eingeleiteten Stoffe und
- die Akkumulation chronisch-toxisch wirkender Stoffe.
Eine schnelle Änderung der Sauerstoffzehrung spielt im Zusammenhang mit mikrobiziden Stoffen keine Rolle.

Die Einleitung akut-toxisch wirkender Stoffe steht im wesentlichen, wie in Abschnitt 4.4 eingehender erläutert wird, in Zusammenhang mit der Einleitung entsprechender Schadstoffkonzentration infolge eines unsachgemäßen, fahrlässigen oder vorsätzlichen Handelns. Sie steht eigentlich im Widerspruch zur Begrenzung auf die bestimmungsgemäß eingeleiteten Stoffe (s. Definition in Abschnitt 4.2.1). Es können sich jedoch akut-toxische Konzentrationen ergeben, wenn zwar jeder einzelne Indirekteinleiter die ihm gemachten Auflagen einhält, gleichzeitig aber mehrere Einleiter gleichartige Abwasserinhaltsstoffe einleiten. Beispiele hierfür sind insbesondere Einleitungen von Winzerbetrieben, Brennereien und Fruchtsaftherstellern, die räumlich meist konzentriert auftreten, oder aus metallverarbeitenden Betrieben, die ebenfalls in bestimmten Regionen in größerer Anzahl vertreten sind. Schließlich stellen Niederschlagswässer ebenfalls eine bestimmungsgemäße Einleitung dar; sie zeichnen sich bekanntlich durch einen hohen ersten Schmutzfracht- und Wassermengenstoß aus. Auch Sickerwässer aus Deponien können durchaus Substanzen in akut-toxischen Konzentrationen enthalten.

Neben diesen Stoffeinleitungen sind im Zulauf von Kläranlagen noch Folgereaktionen zu berücksichtigen. So sind z.B. die Metaboliten der Phenoxyalkylcarbonsäure (halogenierte Phenole) stärker bakterizid wirksam als die biozide Ausgangssubstanz (DGHM, 1984). Ähnlich verhält es sich mit den Metaboliten polycyclischer aromatischer Kohlenwasserstoffe, die aus Reifenabrieb und Verbrennungsprodukten mit dem Niederschlagswasser in die Kanalisation eingespült werden. Weiterhin besteht die Möglichkeit, daß durch Chlorierung vorhandener Kohlenstoff-/Kohlenwasserstoffverbindungen (beispielsweise beim Ablassen von Schwimmbad- oder Kühlwasser) Haloforme wie Chloroform und Bromoform gebildet werden. Im allgemeinen muß man jedoch davon ausgehen, daß eine Reihe physikalischer, chemischer und biologischer Inaktivierungsmechanismen in den Zuleitungskanälen zur Kläranlage (vgl. Abschnitt 4.4) wirksam werden, die außer bei extremen Störfällen die akut-toxische Wirkung mildern oder aufheben; es sind aber durchaus noch chronisch toxische Wirkungen möglich.

Störungen durch akut-toxische Einleitungen kündigen sich in der Regel ähnlich an, wie die nachstehend beschriebenen Vorkommnisse, führen aber in der

Folge zu einer deutlich sichtbaren Beeinträchtigung, fallweise bis zu einem totalen "Umkippen" der Kläranlagen (vgl. Abschnitt 4.3). Ganz anders sieht es aus, wenn sich infolge unmerklicher Belastungen nur graduelle Verschiebungen im Reinigungsergebnis zeigen, die Funktionstüchtigkeit der Anlage aber sehr wohl beeinträchtigt ist. In Anbetracht der heute üblichen Überwachungspraxis in Kläranlagen kann man jedoch z.B. keine Aussagen machen, ob eine Kläranlage, die 95 % Reinigungsleistung - bezogen auf den BSB_5 - erbringt, nicht doch beeinträchtigt ist, und eigentlich 96 oder 97 % Reinigungsleistung aufweisen könnte (vgl. Definition in der Einleitung zu Kapitel 4).

4.2.1 Definition und Beispiele bestimmungsgemäß eingeleiteter Substanzen

Wie das Wort "bestimmungsgemäß" schon sagt, fallen darunter alle Abwässer die willentlich (vgl. § 2 Abfallbeseitigungsgesetz: subjektiver Abfallbegriff) bzw. in Kauf nehmend produziert werden. Bei der Körperpflege angefangen bis hin zu Produktionsabwässern, die nicht mehr zurückgewonnen und im Prozeß wieder eingesetzt werden können, sind nach der Abwasserentsorgungspflicht der Kommunen und Gebietskörperschaften die Abwässer zu behandeln (vgl. objektiver Abfallbegriff).

Neben der Belastung mit Stoffen aus Haushaltungen und durch den Niederschlagsabfluß, die man im allgemeinen als diffuse Quellen bezeichnet, können auch die Abwassereinleitungen aus gewerblichen, punktförmigen Quellen, wie sie Gewerbe und Industriebetriebe darstellen, als bestimmungsgemäße Einleitungen gelten, wenn eine ordnungsgemäße Vorbehandlung erfolgt ist. Infolge physikalisch-chemischer Gesetzmäßigkeiten enthalten diese Einleitungen trotz Behandlung (s. Beispiel Chemisch-Reinigungen in Abschnitt 3.6.3) immer Restkonzentrationen der eingesetzten Prozeßlösungen oder abgespülter Einsatzstoffe. Die verschiedenen Ortsentwässerungssatzungen, die auf den Indirekteinleiter-Richtlinien (BADEN-WÜRTTEMBERG, 1977) oder dem ATV-Arbeitsblatt A 115 basieren, berücksichtigen dies z.T. durch die Festlegung bestimmter nach dem Stand der Technik oder nach den allgemein anerkannten Regeln der Technik einhaltbarer Maximalkonzentrationen. Eine Null-Emission kann nirgends gefordert werden, weil einmal die Löslichkeit einer Substanz im Wasser berücksichtigt werden muß und andererseits die Anwesenheit weiterer Substanzen die Eliminationsvorgänge behindern können. Nullemissionen sind daher nur bei Prozessen möglich, in denen überhaupt kein Abwasser mehr entsteht.

In den Abbildungen 17 und 18 ist dies am Beispiel von Schwermetallen erläutert: während der optimale Ausfäll-pH-Wert bei alleiniger Anwesenheit eines Metalls - wie in Abbildung 17 angegeben - bei einem bestimmten pH-Wert liegt, verschiebt sich der optimale Ausfäll-pH-Wert bei Anwesenheit weiterer Schwermetalle. Aus diesen beiden Abbildungen geht deutlich hervor, daß bei einem Metallgemisch durch Ausfällung nur eine ganz bestimmte Eliminationsrate erzielt werden kann. Verschiebt sich der pH-Wert, erhöhen sich auch in der Regel die Schwermetallkonzentrationen im abgeleiteten Abwasser. Die nicht zurückgehaltene Fracht bei ordnungsgemäß eingestelltem pH-Wert muß im Sinne dieser Definition auch als bestimmungsgemäße Einleitung betrachtet werden.

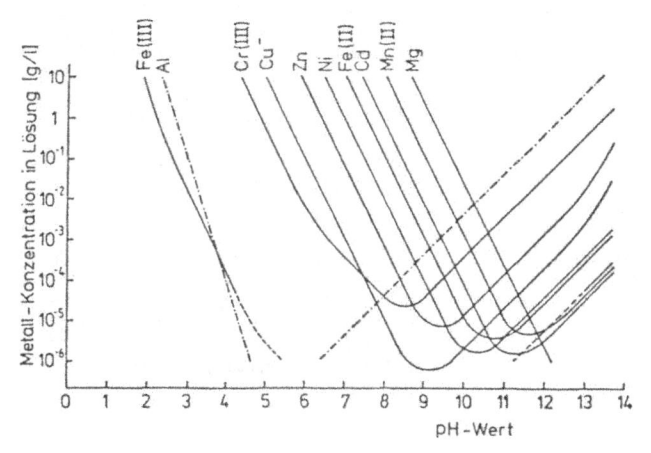

Abb. 17: Löslichkeit von Schwermetallionen in Abhängigkeit vom pH-Wert bei alleiniger Anwesenheit der jeweiligen Metalle (BÖHM, KUNZ, 1982)

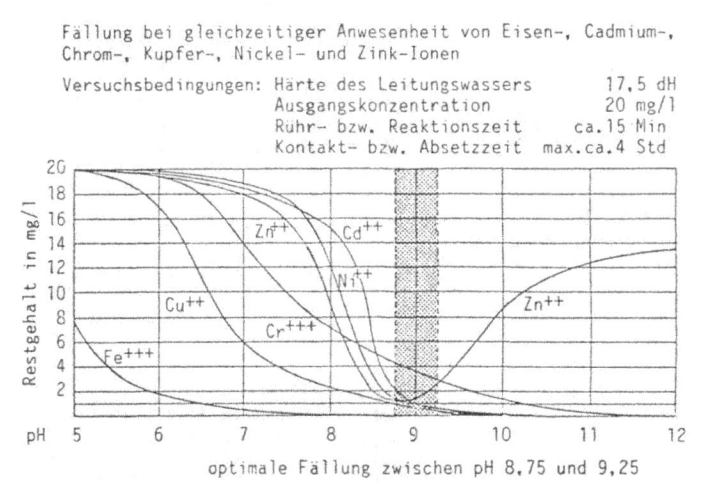

Abb. 18: Beispiel für die Verschiebung der Löslichkeit bei Anwesenheit mehrerer Metall-Ionen (SCHLEGEL, 1963)

Tabelle 26: Abwasserrelevante Stoffe aus indirekteinleitenden Betrieben

indirekteinleitende Betriebe	§ 7a WHG/ATV	Anzahl der Betriebe	relevante Abwasserinhaltsstoffe
Gewinnung und Verarbeitung von Steinen und Erden (ohne Feinkeramik und Glas)	26.VwV	3618	
- Herstellung von Zement, Kalk und Mörtel (Asbestzementwerke)	26.VwV A 115	158 25	Laugen chlorierte Kohlenwasserstoffe (CWK)
- Ziegeleien		235	
- Verarbeitung von Glas-/ Mineralfasern			Kohlenwasserstoffe (insbesondere Phenole, Formaldehyd)
- H.v. feuerfester Grobkeramik und Glas	17.VwV A 115	565 5268	KW (Phenole), KW + CKW (Tenside, Emulgatoren), Halogene (Flouride)
- H.v. Betonerzeugnissen		616	Lösemittel, Säuren (Ligninsulfon-,
- H.v. Transportbeton	A 115	703	Carbon-) Schwefel-Verbindungen (Sulfonate), Halogene (Fluate) KW (insbesondere Melaminformaldehydkondensate und Naphtalinformaldehydderivate)
Mineralölverarbeitung	A 115	68	kurz- und langkettige KW, Schwefelverbindungen (Sulfit, Sulfat, H$_2$S)
- Tanklager, Tankstellen			
- Altölaufbereitung			
Eisen, Stahl, Nichteisenmetall und metallverarbeitende Industrie	24.+40.VwV A 115		Schwer- und Edelmetalle (insbesondere Cadmium, Chrom, Kupfer, Nickel, Blei, Zink), Stickstoff-, Schwefelverbindungen, KW + CKW (z.B. als anion-, nichtion-, kation. Tenside in Glanzbildern, Lösemittel, Emulgatoren, Reinigern)
- Eisenschaffende Industrie	24.VwV	100	Stickstoff-Verbindungen (Ammoniak, Cyanide (Thiocyanate)), KW (Phenole), Halogene (Fluoride), Metalle (Zn, Pb), zyklische KW (Nathtalin)
- Ne-Metallerzeugung (Umschmelzwerke, Halbzeug)	27.VwV	161	Schwermetalle (Eisen), Stickstoff-Verbindungen (Cyanide)
- Gießereien	24.VwV	480	Schwermetalle (Eisen), KW (Lösemittel) Säuren (Chromat) KW (Schmiermittel, Kühlungsöle), Konservierungsmittel (für Öle),
- Ziehereien-, Kaltverformung	24.VwV	1585	
- Stahl- und Leichtmetallbau (Mechan. Werkstätten)	A 115	1398 87736	KW (Kühl-, Schmier-, Schleifmittel z.B. Naphtene, Naphtenosulfonate), kation. Tenside), Stickstoffverbindungen (Nitrit), Säuren (z.B. Chromat)
- Maschinenbau, Automobilbau, Zubehörhersteller, Elektrogerätehersteller (Reparaturwerkstätten)	40.VwV A 115	10484 1916	s. Einleitung und Unterpunkte
- Herstellung von Eisen-Blech-Metall-Waren (inkl. Musik-, Spiel und Schreibwaren, Büromaschinen, ADV-Geräten)	24.VwV	2767	s. Einleitung und Unterpunkte
o Galvaniseure und Metallschleifer	40.VwV A 115		Schwermetalle (Cd, Cu, Ni, Zn), Edelmetalle, Halogene (Fluoride, Chloride), Schwefelverbindungen (Sulfid, Sulfat), KW + CKW (s.o.; vor allem Tenside, Lösemittel, Glanzbildner), verschiedene Säuren und Laugen, Stickstoff-Verbindungen (Cyan-Verbindungen, Ammonium, Nitrit).

Fortsetzung Tabelle 26

indirekteinleitende Betriebe	§ 7a WHG/ATV	Anzahl der Betriebe	relevante Abwasserinhaltsstoffe
Fortsetzung: Eisen, Stahl..			
o Beizerei	A 115		Schwermetalle, KW + CKW + CFKW (Lösemittel, Benzin, Trichlorfluormethan) Schwefelverbindungen (Cyan), Säuren, Laugen (NaOH)
o Anodisierbetrieb	A 115		Halogene (Fluoride), Oxidationsmittel, Säuren, Laugen, CKW (Perchloräthylen)
o Brünniererei			Laugen
o Feuerverzinkerei			Schwermetalle (vor allem Zink), KW (s. Galvaniseure)
o Härterei			Stickstoff-Verbindungen (vor allem Nitrate)
o Leiterplattenherstellung			Schwermetalle (vor allem Kupfer), KW (Trägermaterial, Badbeschichtungszusätze, Ätz- und Lösemittel) s.a. Foto, Reprobetriebe
o Batterieherstellung	A 115		Schwermetalle (insbesondere Hg, Cd, Pb, Cu, Ni, Zn), Stickstoff-Verbindungen KW, CKW (s. Galvaniseure)
o Emaillierbetrieb	A 115		Säuren
o Gleitschleiferei			Schwer- und Edelmetalle, KW + CKW (Entgratungs-, Reinigungs- und Schleifmittel)
o Lackierbetrieb	A 115		CKW (Lösemittel), Schwermetalle (Pigmente)
Chemische Industrie		1397	Säuren, Laugen, Schwermetalle, KW, CKW
- H.v. Grundstoffen (mit anschließender Weiterverarbeitung)		219	
(Calciumcarbid)	23.VwV		Stickstoff-Verbindungen (Cyanide), Halogene (Chlor)
(Soda)	30.VwV		Stickstoff-Verbindungen (Ammonium), Halogene (Chloride)
- H.v. chem. Erzeugnissen für Gewerbe, Landwirtschaft, etc.		650	Schwefel-Verbindungen (Sulfide, Sulfate), Halogene (Chloride), Stickstoff-Verbindungen, (Cyan- und Nitroverbindungen)
(Mineralfarben, Füllstoffe, Anstrichfarben) (Chemikalienhandel)	9.VwV A 115		KW + CKW (Lösemittel), Phosphate
- H.v. pharmazeutischen Erzeugnissen	A 115	274	KW + CKW (Lösemittel, insbesondere Aceton, Dichloräthylen, Amylacetat; Detergentien, u.a. Alkylarylsulfonate, Polyoxiäthylene; Pyridinderivate etc.), mikrobizide Stoffe, Antibiotika
- H.v. Seifen, Wasch- und Körperpflegemitteln	A 115	115	Säuren, Laugen, KW, Schwermetalle, Halogene (Chloride), Oxidationsmittel
- H.v. sonstigen chemischen Erzeugnissen für den privaten Verbrauch (Kerzen, Wachsfabriken)	A 115		Lösemittel, KW (Wachse)
- H.v. Chemiefasern		9	
- H.v. Sprengstoffen, Feuerwerkerei			Arsen, s.a. Soda-Herstellung
Maler, Lackieranlagen	(40.VwV)	36821	Schwermetalle, Lösemittel
Fotolaborbetriebe			Alkalien, Säuren, organ. und mineralische Reduktionsmittel, Schwermetalle

Fortsetzung Tabelle 26

indirekteinleitende Betriebe	§ 7a WHG/ATV	Anzahl der Betriebe	relevante Abwasserinhaltsstoffe
Fortsetzung: Fotolaborbetr.			
- Reprobetriebe (ohne Druckereien)			(Ag, Cr, Pigmente), Stickstoff-Verbindungen (Ammoniak), Schwefel-Verbindungen (Sulfate)
- Fotografen, Fotoanstalten		4111	
Holzbe- und -verarbeitung, Zellstoff und Papier, Druckereien	A 115		
- Holzbearbeitung (Holzfaserplatten)	13.VwV	2065	KW (Phenole, Formaldehyd)
- Holzverarbeitung		2422	KW (Phenole, Formaldehyd), Säuren
- Zellstoff-, Holzschliff-, Papier- und Pappeerzeugung	19.VwV	149	Schwermetalle (Zink, Kupfer, Quecksilber, Titan; u.a. in Pigmenten),
- Papier- und Pappeverarbeitung		855	Schwefelverbindungen (Sulfite), KW (Tenside)
- Druckereien, Vervielfältigung		1902	KW + CKW (Öle, Fette, Lösemittel), Schwermetalle, Säuren
Herstellung von Kunststoffwaren und Gummiverarbeitung			Säuren, Laugen, KW (Phenole, Formaldehyd, Methylalkohol, Dimetylformamid), Schwefelverbindungen
- Vulkaniseure			
- Acrylglas			
Lederindustrie	25.VwV		
- Ledererzeugung, Gerbereien	A 115	67/131^x	Schwermetalle (Chrom), KW (Formaldehyd, Phenole, insbesondere Kresole,
- Lederverarbeitung (ohne Pelzveredelung)		630/2838^x	Lösemittel, vor allem Anthracen und deren Sulfosäuren), Schwefelverbindungen (Sulfide, H$_2$S, Natriumarsenit)
- Pelzveredelung		2069	
Wäschereien/Chemisch-Reinigungen	A 115		Laugen, Säuren, KW + CKW (Detergentien, Tri + Per), Desinfektionsmittel
Textilgewerbe + Bekleidung (ohne Färbereien/Chemischreiniger)	A 115	4400	Säuren, Laugen, KW + CKW (Lösemittel, u.a. Aceton), Schwefelverbindungen (Sulfit, Sulfat) Schwermetalle (Zink, Kupfer)
- Spinnerei		105	Schwefelverbindungen (H$_2$S), Schwermetalle (Kupfer), Stickstoff-Verbindungen (Ammoniak), Säuren
- Weberei		244	Säuren, Schwermetalle (Zink), KW (Lösemittel)
- H.v. Stoffen		102	
- Färberei, Chemischreiniger		1902^x	CKW (insbesondere Trichlorbenzol)
- Wirkerei		793	
- H.v. Teppichen		61	
- Textilveredlung		431	Laugen, Säuren, KW + CKW (Lösemittel, Detergentien), Enzymierungsprodukte, Schwefelverbindungen (Sulfide), Farbstoffe, Konservierungsmittel
- H.v. Bekleidung		2590	
Ernährungs- und Genußmittelgewerbe	A 115	4468	Säuren, Laugen, KW (Fette, Eiweiße) Konservierungs- und Desinfektionsmittel, Schwermetalle (Kupfer)
- Mahl- und Schälmühlen		79	
- Stärke-/Kartoffelverarbeitung	8.VwV		Laugen (Natron-), Halogene (vorwiegend Chlor)
- H.v. Nährmitteln		204	

Fortsetzung Tabelle 26

indirekteinleitende Betriebe	§ 7a WHG/ATV	Anzahl der Betriebe	relevante Abwasserinhaltsstoffe
Fortsetzung: Ernährungs- und Genußmittelgewerbe			
- Süßwaren			Blausäure
- H.v. Backwaren		852	
- Zuckerindustrie	18.VwV	57	Laugen (Soda), Säuren, Halogene (Chloride)
- Melasseverarbeitung	28.VwV		
- Obst- und Gemüseverarbeitung	5.VwV	234	
- Molkereien, Käsereien, Milchpräparate etc.	3.VwV	373	Säuren, Laugen, mikrobizide Stoffe
- Ölmühlen, H.v. Speiseöl	4.VwV	18	KW + CKW (organ. Lösemittel), Schwefelverbindungen (Sulfat), Säuren (Phosphorsäure), Laugen (NaOH), Schwermetalle (Nickel), wichtig Soapstock (= Gemisch aus Seifen, Fetten, Schleimstoffen)
- gewerbl. Schlachthäuser	10.VwV	152	Laugen (Natronlauge), Desinfektions- und Reinigungsmittel
- Fleischwarenindustrie	10.VwV	289/31530x	
- Fischverarbeitung	7.VwV		
- Kaffee, Tee etc.		46	KW
- Brauereien	11.VwV	489	Säuren (u.a. Flußsäure), Desinfektionsmittel
- Mälzereien	21.VwV	740x	KW (Phenole)
- H.v. Spirituosen	12.VwV	124	Schwermetalle (Kupfer), organ. Säuren
- Weinbereitung		393x	Schönungsmittel, Desinfektionsmittel
- H.v. Erfrischungsgetränken	6.VwV	300	Laugen
- Futtermittel	14.VwV	262	
- Tabakverarbeitung		54	KW (z.B. Nikotin)
Tierkörperverwertung/-beseitigung	20.VwV		Desinfektionsmittel, Säuren, Laugen
- Hautleim, Gelatine, Knochenleim	A 115		

x = BMWi-Handwerkererhebung

Tabelle 26 gibt eine Übersicht über wichtige abwasserrelevante, bestimmungsgemäß eingeleitete Substanzen aus Gewerbe und Industrie. Als abwasserrelevant und damit potentiell für eine Beeinträchtigung in Frage kommend wurden die gefährlichen Stoffe nach EG-Gewässerschutzrichtlinie (1976), ferner Tenside, Komplexbildner und dergleichen angesehen. Der Vollständigkeit halber wurden in der Tabelle die erlassenen Verwaltungsvorschriften nach § 7a WHG und/oder das Arbeitsblatt ATV A 115 zitiert, wenn in diesen Hinweisen auf die Branchen und Einleitungswerte enthalten waren. Um größenordnungsmäßig die Anzahl der in Frage kommenden Betriebe abschätzen zu können, wurden aus den zu Verfügung stehenden amtlichen Statistiken (BMWi-Daten zum Handwerk; STATISTISCHES BUNDESAMT, 1983) Betriebe mit bis zu 500 Beschäftigten als potentiell indirekteinleitend angesehen oder die von LÜHR (1984) angegebene Anzahl von Direkteinleitern berücksichtigt.

4.2.2 Meß- und Analysenverfahren zur Warnung vor und zum Nachweis von Beeinträchtigungen

Die im Rahmen der Funktionskontrolle und Eigenüberwachung in Kläranlagen - meist stichprobenartig - ermittelten Parameter BSB_5, CSB und absetzbare Stoffe geben nur punktuell Aufschluß über die Reinigungsleistung und lediglich ansatzweise Hinweise auf die Funktionstüchtigkeit der Kläranlage, woraus allenfalls indirekt (vgl. Abschnitt 4.2.3) Rückschlüsse möglich sind, ob hier eine interne oder/und externe Störsituation vorliegt. Neben den Verfahren zur Bestimmung des O_2-Gehalts im Belebungsbecken gibt es eine Reihe von (relativ) kontinuierlichen Verfahren zur Beobachtung von Kläranlagenzuläufen auf toxisch wirkende Inhaltsstoffe, die sich meist ebenfalls auf die Sauerstoffzehrung summarisch als Indikator für eine biozide Wirkung abstützen; biostatische Wirkungen von Stoffeinleitungen werden von diesen Meßgeräten i.d.R. nicht erfaßt.

Eine inzwischen unübersehbare Zahl von Abbaubarkeitstesten wird im Rahmen stofflicher Prüfungen von den Herstellern und Vertreibern bzw. Anwendern von Chemikalien, von Aufsichtsbehörden und vereinzelt von Kläranlagenbetreibern bei der Funktionskontrolle angewendet, um Aufschluß zu erhalten, über den Grad und das Ausmaß der bioziden Wirkung von Einzelsubstanzen, aber auch um auf mögliche Ursachen von festgestellten Hemmungen von Mikroorganismengemeinschaften rückschließen zu können. In einer großen Zahl von Veröffentlichungen (AXT, 1973; BRINGMANN, KÜHN 1982; BRINGMANN, MEINCK, 1964; HARTMANN, 1967; KAMPF, 1971; KNÖPP, 1961; LIEBMANN, 1965; OFFHAUS, 1969; OTT, IRRGANG, 1977; ROBRA, 1976; ZAHN, WELLENS, 1974 und 1980; s. d. auch Abschnitt 4.4.3) werden Testverfahren zur Ermittlung der Abbaubarkeit von Substanzen vorgestellt; nur wenige haben sich jedoch mit der Übertragbarkeit der Ergebnisse auf die Verhältnisse in den biologischen Kläranlagen beschäftigt (vgl. PORT, 1983; FABIG, KÖRDEL, 1984) und Beziehungen hergestellt. In dieser Untersuchung wird deshalb nur auf eine Auswahl von Analysenverfahren eingegangen, die einen Bezug zu Kläranlagenbiocoenosen aufweisen. Die genauen Durchführungsvorschriften sind den Deutschen Einheitsverfahren oder den angegebenen Literaturstellen zu entnehmen.

Messung der Änderung des Gasstoffwechsels

Bei der Bestimmung schädlicher Wirkungen von Abwassereinleitungen in einer Kläranlage spielt die Auswahl von Testorganismen meist eine entscheidende Rolle für die Beurteilung der ermittelten Ergebnisse und ihren Aussagegehalt für das betroffene System. Anders sieht es aus, wenn man Belebtschlamm, der immer eine Mischkultur darstellt, als Inokulum verwendet, wobei es naheliegt, Belebtschlamm aus der betroffenen Kläranlage zu verwenden.

Da die Summenparameter CSB und TOC (gemessen im Ablauf der Kläranlage) erst auf Störungen hinweisen, wenn diese sich in der Kläranlage manifestiert haben und der BSB_5 beispielsweise erst 5 Tage später vorliegt, ist man seit langem bestrebt, Testmethoden einzusetzen, die kontinuierlich den biochemischen Sauerstoffbedarf des Substrates vor Einleitung oder im Reaktionsraum anzeigen. Respirometrische Teste mit dem Sapromat- oder dem Warburg-Gerät ermöglichen dies im Labormaßstab über die Aufzeichnung der Abbaukurve, verschiedene, quasi kontinuierliche Kurzzeitteste auch großtechnisch.

Im Sapromat wird als Inokulum Belebtschlamm und die zu untersuchende Abwasserprobe bei 20 °C 28 Tage in geschlossenen Meßzellen inkubiert (inklusive Blind- und Kontrollwert). Über die Nachlieferung des verbrauchten Sauerstoffs, die aufgrund einer manometrischen Änderung des CO_2-/O_2-Verhältnisses in der über dem Testgut befindlichen Gasphase durch Adsorption des erzeugten CO_2 an Natronkalk geregelt wird, erfolgt die kontinuierliche Registrierung des elektrolytisch erzeugten Sauerstoffs über den Stromverbrauch. Das Prinzip des Warburg-Verfahrens besteht darin, daß als Inokulum das unveränderte Abwasser zusammen mit Luft und Belebtschlamm längere Zeit unter häufigen Schüttelbewegungen aufbewahrt und die durch Bakterienaktivitäten verursachte Sauerstoffabnahme manometrisch angezeigt wird. Die ermittelten Kurven über den Verlauf der Atmungsaktivität liefern ein Bild über das Abbauverhalten und damit den Grad einer Hemmung der Organismentägigkeit. Allerdings täuschen Hemmteste - insbesondere wenn nur verhältnismäßig geringe Belebtschlammengen eingesetzt werden - häufig eine größere Hemmung vor, als sie im praktischen Betrieb aufgrund von Adsorptionseffekten (PORT, 1983) oder anderen Reaktionen (beispielsweise bei Anwesenheit von leichter verwertbaren Kohlenstoffquellen) tatsächlich auftritt.

Nimmt man die Hemmung der Bakterien im Abwasser einer kommunalen Kläranlage als Kriterium für die Beurteilung von schädlichen Abwassereinleitungen (wobei hier eine Abtötung der Protozoen oder der Nitrifikanten bereits erfolgt sein kann, ohne daß die Respiration der Bakterien stark beeinträchtigt wird), ist der Kurzzeit-/Plateau-BSB unter Verwendung des jeweiligen Abwassers geeignet. Im Gegensatz zum BSB_5 wird beim Kurzzeit-BSB (RIEGLER, 1984) und beim Plateau-BSB (HARTMANN, 1974) - wie beim Warburg-Verfahren - eine relativ kleine Abwasserprobe in eine große Belebtschlammenge eingebracht, wodurch die biologisch leicht abbaubaren Stoffe innerhalb sehr kurzer Zeit abgebaut werden; die Zehrung der Nullprobe (nur Belebtschlamm-Grundatmung) und der Abwasserprobe (Gesamtatmung) wird parallel gemessen und die Differenz registriert.

Toxizitätsregistriergeräte

Aufgabe dieser Gerätegruppe ist es, auf mögliche Beinträchtigungen von Kläranlagen durch importierte Schadstoffe rechtzeitig aufmerksam zu machen und dem Klärpersonal Gelegenheit zu verschaffen, entsprechende Gegenmaßnahmen zu treffen. An diesem Ziel gemessen stellen alle bisher großtechnisch erprobten Geräte nur Vorstufen dar, weil einerseits die Vorwarnzeiten zu kurz sind oder Toxizitätsgrade ermittelt werden, die die Funktionstüchtigkeit, zumal wenn diese Stoffe ständig eingeleitet werden und die Kläranlagenbiocoenose sich daran adaptiert hat, nicht unbedingt beeinträchtigen müssen. Darüber hinaus werden aber schleichende Intoxikationen oder geringe Hemmstoffmengen aufgrund der Meßtoleranzen nicht registriert. Dies sind wohl auch die Gründe, warum derartige Geräte keine sehr große Verbreitung in der kommunalen Klärtechnik gefunden haben.

In Tabelle 27 sind einige Toxizitätsregistriergeräte, die im Einsatz sind, zusammengestellt. Allein die Gruppe der parallel zur eigentlichen Kläranlage betriebenen Miniaturkläranlagen, die zudem mit Belebtschlamm aus der großtechnischen Anlage beschickt werden, spiegeln die tatsächlichen Verhältnisse (vgl. Abschnitt 4.4.3), zumindest was die Toxizitätsschwellen größenordnungsmäßig anbelangt, in der kontrollierten Kläranlage wieder. Schleichende Intoxikationen werden aber auch hier nur sichtbar, wenn neben dem Sauerstoffgehalt auch andere Betriebsparameter gemessen, aufgrund der Vielzahl an Ergebnissen notwendigerweise über Rechenprogramme verknüpft und bereits vom Rechner auf Plausibilität geprüft und entsprechend interpretiert werden können.

Wesentliche Voraussetzung für ein geeignetes Toxizitätsregistriergerät ist die Rückkopplung mit der jeweils in der Kläranlage vorhandenen Biocoenose

Tabelle 27: Überblick über Prinzipien und Einsatzgrenzen von Toxizitätsregistriergeräten (vgl. MÜLLER, 1979)

Biocoenose	Prinzip	Toxizitätskenngröße	Einsatzgrenzen	Hersteller, Verwender
biologisches Filter	Mischung von Abwasser und Nährlösung durchfließt ein biologisches Filter	Sauerstoffabnahme und Sollwertvorgabe	keine Quantifizierung der Hemmwirkung, nach Störung muß sich der biologische Filter neu aufbauen, (1)	EUR-Control, Bochum
	Nitrifikation in einem biologischen Filter	Differenz der Ammoniumgehalte	nach Störung muß sich der biologische Filter neu aufbauen, (1)	Severn-Trent-Water-Authority, Birmingham, Großbritannien
Bakteriensuspension	Mischung von Bakteriensuspension aus einer kontinuierlichen Kultur mit Abwasser, Einleitung in eine Meßzelle	Sauerstoffgehalt steigt bei Intoxikation	Nachweisgrenze läßt sich nur begrenzt steigern, (1)	Axt und Pilz/Axt, Berlin BBC, Metrawatt, Heidelberg
	Bakteriensuspension wird aus einer kontinuierlichen Kultur diskontinuierlich abgepumpt und zusammen mit Abwasser in eine Meßzelle geleitet. Zeitspanne für bestimmten O_2-Verbrauch in der Meßzelle wird gemessen und mit Blindprobe verglichen	Differenz der Sauerstoffzehrung zu Blindprobe	lange Ansprechzeit, Wahl der Nachweisgrenze, (1)	Müller, Wellner, Bundesanstalt für Gewässerkunde, Koblenz
	Modellkläranlagen werden mit einem Modellabwasser gespeist; Betriebsparameter werden überwacht	Sauerstoffverbrauch	lange Ansprechzeit, hoher Verbrauch an Nährlösung	Ströhlein, Voigt
Belebtschlamm	Belebtschlamm wird diskontinuierlich mit Abwasser gemischt und in eine Meßzelle geleitet; Zeitspanne für bestimmten O_2-Verbrauch wird gemessen und mit Blindproben verglichen	Sauerstoffverbrauch pro Zeiteinheit Differenz der Sauerstoffzehrungszeit	Vorwarnzeit begrenzt, Ansprechzeit lang	Bayer AG, Leverkusen Hartmann und Braun, Offenbach
	wie vor, jedoch mit Nährlösung	wie vor	wie vor	Ciba-Geigy, Basel
	wie vor, jedoch mehrere Betriebspartner werden erfaßt	wie vor, jedoch zusätzliche Kenngrößen	wie vor	BASF, Ludwigshafen

(1) nicht unbedingt aussagekräftig über tatsächliche Störung der Kläranlagenfunktionstüchtigkeit

und den abwasserseitigen und schlammseitigen Parametern der Kläranlage (pH, Temperatur, Schlammindex). Abgesehen von den infrastrukturellen Problemen, frühzeitig vor dem Eintritt des Abwassers in die biologische Stufe die genannten Voraussetzungen geschaffen zu haben, um ausreichende Vorwarnzeiten zu erzielen, bleibt die Frage offen, welche Maßnahmen zur Unschädlichmachung noch ergriffen werden können, zumal die Toxizitätsmeßgeräte keine Differenzierung nach Ursachen ermöglichen (s. dazu Abschnitt 5.1).

Kläranlagenrelevante Toxizitäts- und Bioabbaubarkeitsteste

Auch wenn der Schadensfall bereits eingetreten ist, ist es im Hinblick auf die Vermeidung künftiger Beeinträchtigungen für den Kläranlagenbetreiber von Bedeutung zu wissen, welche Ursachen zu den beobachteten Auswirkungen geführt haben können. Hierfür kommen eigentlich nur chemische oder physikalische Verfahren in Betracht; allerdings muß von vornherein bereits eingegrenzt werden, wonach man sucht, weil der analytische Aufwand erheblich ist und auch ein adäquates Verfahren (beispielsweise AAS, AES, HPLC oder GC-MS) frühzeitig ausgewählt werden muß. Da diese Verfahren zwar in zunehmendem Maße angewendet, in Kläranlagen aber doch Sonderfällen vorbehalten bleiben werden, wird in diesem Zusammenhang nicht näher darauf eingegangen und auf die einschlägige Literatur verwiesen (s.d.a. ANNA, et al., 1983; HELLMANN, 1980).

Während die chemischen Nachweisverfahren zwar anhand von Stofferkennung und Konzentrationsmessung das Gefahrenpotential ausweisen (unter außer Achtlassung der Probleme mit den Nachweis- und Bestimmungsgrenzen sowie der Probenahme und der Probenaufbereitung), sagen sie nichts aus über den systemspezifischen Grad der toxischen Wirkung. Biologische Testverfahren sind dagegen systembezogene Verfahren, mit deren Hilfe ein (mit allen Vorbehalten behaftetes und vom gewählten Verfahren abhängiges) Bild über den Grad der Beeinträchtigung bzw. den zu erwartenden Verlauf der Kläranlagenfunktion gewonnen werden kann. Die Wirkung einer eingeleiteten Substanz in der Kläranlage liegt nicht so sehr in der Eigenschaft der Substanz selbst begründet (s. Verhalten der Biocoenosen bei systembedingten Veränderungen in Abschnitt 4.1.3 und Inaktivierungsreaktionen in Abschnitt 4.4), sondern ist durch das System insgesamt (= Summentest) bedingt. Neben ihrer Funktion als Abbaubarkeitsteste zur Erkennung von Auswirkungen von Schadstoffen auf die jeweilige Biocoenose haben Bioteste an Bedeutung gewonnen beim Nachweis der Wirkungen von Schadstoffen auch im nachhinein.

Hinsichtlich der Auswahl der biologischen Testverfahren (Screening-Teste, Alarmteste und Teste auf Langzeitwirkung sind wohl am ehesten für die Funktionstüchtigkeit von Kläranlagen aus der Sicht des Betreibers von Bedeutung) orientiert sich der Bedarf des Kläranlagenbetreibers an den abzusehenden Folgen einer Leistungsminderung seiner Kläranlagen. Insofern steht hier mehr die Wirklichkeitstreue als die Reproduzierbarkeit der Ergebnisse im Vordergrund, wie sie durch Verwendung einheitlicher Bakteriensuspensionen (AXT, 1973; PLOTZ, 1974) oder Zugabe von Nährsubstraten (AXT, 1973; LIEBMANN; 1965 oder OFFHAUS, 1969) angestrebt wird.

Screening-Teste haben meist nur orientierenden Charakter für weitergehende Analysen. Sie sollten an möglichst vielen und verschiedenen Organismen (Protozoen, Bakterien im Falle von Kläranlagen) durchgeführt werden, da selbst näher verwandte Formen in Abhängigkeit der sonstigen Parameter unterschiedliche Empfindlichkeiten aufweisen können. Gemessen wird im Falle von Bakterien die Atmung oder von Protozoen die Vermehrungsrate in einer vorher festgelegten Zeit (meist 24 - 96 h). Alarmteste sind so konzipiert, daß in relativ kurzer Zeit große Änderungen der gemessenen Parameter auftreten müssen, um registriert zu werden (s. Toxizitätsregistriergeräte). Substanzen, die sich als verhältnismäßig unschädlich in Testen zur akuten Toxizität erweisen, können sich jedoch subakut-toxisch infolge ihrer Akkumulierbarkeit im System auswirken, indem die Zuwachsrate oder Glieder in der Freßkette beeinträchtigt werden; hierfür sind Teste zur chronischen Toxizität heranzuziehen. Es erübrigt sich im Rahmen dieser Arbeit näher auf die Fülle der angewendeten Abbaubarkeits- und Toxizitätsteste einzeln einzugehen, weil diese andernorts (vgl. Handbuch der Abbaubarkeitsteste; WAGNER, 1985) ausführlich beschrieben und bewertet sind (s.d.a. Deutschen Einheits Verfahren (DEV)). In Tabelle 28 sind überblickshaft jene Bakterien-, Algen- und Protozoen-Teste erläutert, bei denen ein Bezug zum Kläranlagenbetrieb gegeben ist.

Insgesamt ist bei Durchsicht der Literatur zu biologischen Testverfahren festzustellen, daß es eine Vielzahl von Möglichkeiten zur Bestimmung der Toxizität von Abwässern bzw. deren Inhaltsstoffen gibt, die es dem nicht intensiv damit Befaßten unmöglich machen, Testergebnisse zu verstehen und zu interpretieren. Abgesehen davon, daß die Biocoenosen in Kläranlagen auf die Einleitung hemmender Substanzen immer noch anders reagieren können, als mit den Testverfahren abzusehen ist, haben alle Prinzipien, die nicht mit den momentanen Belebtschlämmen der betroffenen Kläranlage arbeiten, nur orientierenden Charakter. Insofern wird es zukünftig auch darum gehen, für spezielle, häufiger beeinträchtigte Kläranlagen geeignete Testverfahren zu entwickeln, die mit dem Belebtschlamm der Kläranlage arbeiten können und in relativ kurzer Zeit den Grad der zu erwartenden Störung anzeigen (s.d. Abschnitt 5.3)

Tabelle 28: Kläranlagenrelevante biologische Testverfahren

Testorganismen	Bezeichnung und Quelle	Prinzip	Wirkungskriterien	Aussagen über	Testdauer
Bakterien					
a) physiologische Teste	Pepton-Test (OFFHAUS, 1969), vgl. a. SAPROMAT	Untersuchung des Abbaus einer mit Abwasserbakterien angeimpften Pepton-Nährlösung in Anwesenheit der Testsubstanz	Hemmung der O_2-Konsumption	Adaption und Persistenz	kontinuierlich - 120 h
	O_2-Konsumptions-Test (ROBRA, 1976)	Untersuchung der Inhibitorwirkung abgestufter Verdünnungen der Testsubstanz, Vergleichsteste	-"-	akute Toxizität	30 min
	Zehrungstest (KNÖPP, 1961)	Untersuchung des bakteriellen Abbaus organischer Stoffe in Abhängigkeit der Testgutkonzentration	-"-	akute Toxizität	24 h
	s.a. SAPROMAT und WARBURG-Anwendung (LIEBMANN, 1966; DEV 1975)	Untersuchung der O_2-Zehrung als Zeitganglinie	-"-		
b) Wachstums-Teste	Mutagenitäts-Test (AMES, 1973)	Untersuchung der Reversion von Salmonellen-Mutanten durch Histidin	Schädigung der DNA, Zellmutation	Mutagenität	Kurzzeittest
	Bakterien-Test (BRINGMANN, KÜHN, 1975) und (SCHUBERT, 1973) "Biozönose-Test" (DIN 38 412-L24, 1981)		Hemmung der Säurebildung und Vermehrungsrate		
c) enzymatische Teste	TTC-Test (DEV L3, 1975)	Untersuchung der Dehydrogenaseaktivität des belebten Schlammes mittels 2, 3, 5-Triphenyltetrazoliumchlorid (TTC) bei Anwesenheit der Testsubstanz durch Photometrie im Vergleich der Verdünnungen	Hemmung der Dehydrogenaseaktivität		
	Enzym-Test (OBST, 1983)	Untersuchung der unspezifischen Enzymaktivitäten für den Kohlenhydrat-, Protein- und Fettabbau sowie der biologischen Redoxreaktionen durch photometrische oder elektrochemische Konzentrationsbestimmungen	Hemmung der unspezifischen Enzymaktivitäten	akute Toxizität	1 min - 24 h ∅ 1 h

Fortsetzung Tabelle 28

Test-organismen	Bezeichnung und Quelle	Prinzip	Wirkungskriterien	Aussagen über	Testdauer
Algen					
a) physiologische Teste	Assimilations-Test (KNÖPP, 1961)	Untersuchung des biogenen Sauerstoffzugangs = photosynthetische Leistung von Planktonalgen in Abhängigkeit der Testkonzentration	Hemmung der O_2-Produktion	quantitative Schadenswirkung	24 h
b) Wachstum	DEV L9 (1968)	Nephelometrische Erfassung der Zellvermehrung (Scenedesmus quadricaudol); Bestimmung der TGK	Hemmung der Zellvermehrung	chronische Toxizität	4 d
	APP-Test (HARTZ, 1977) Nephelometrischer Test (BRINGMANN, KÖHN, 1974)	Nephelometrische Erfassung der Zellvermehrung (Scenedesmus quadricauda); Bestimmung der TGK; mit verschiedenen Algengattungen durchführbar	Hemmung der Zellvermehrung	chronische Toxizität	
Protozoen	(DEV L10, 1975)	Testorganismus: Colpoda maupasi Nephelometrische Erfassung der Zunahme der Bakterienkonzentration als Folge der verminderten Freßtätigkeit gehemmter Protozoen	Hemmung der Nahrungsaufnahme	minimale Hemmkonzentration	20 h
	Zellvermehrungshemmtest (BRINGMANN, 1978)	Hemmung der Zellvermehrung bei verschiedenen Protozoen mittels elektron. Zellzähler	Hemmung der Zellvermehrung	toxische Grenzkonzentration	20 - 72 h
Daphnien	Daphnien-Test DEV L11 = DIN 38412, Teil 11 (Okt. 1982) FISCHER, GODE, 1977	Ermittlung von EC_{50} (rechnerisch aus der experimentellen Bestimmung von EC_0 und EC_{100})	Hemmung der Schwimmfähigkeit	akute Toxizität	24 h

4.2.3 Indikatoren für mögliche Beeinträchtigungen

Da es - wie im vorangegangenen Abschnitt schon erläutert - äußerst schwierig ist, schleichende Intoxikationen überhaupt zu erkennen und beispielsweise von unbeeinflußbaren Schwankungen durch Temperatur- oder Wassermengenänderung zu unterscheiden, bleibt für den Klärwärter vorerst in der Regel nur die Möglichkeit über Indikatoren Rückschlüsse auf die Funktionstüchtigkeit seiner Kläranlage zu ziehen, um in der Folge Maßnahmen zu ergreifen, die die Prozeßstabilität erhöhen und Beeinträchtigungen vermeiden (vgl. Abschnitte

5.1 und 5.2). Allerdings können erkannte Merkmale auch falsch interpretiert werden, was unbedingt zu berücksichtigen ist, bevor allein aufgrund eines Indikators "Korrekturen" vorgenommen werden. Bestes Beispiel hierfür sind die verschiedenen Protozoenarten als Leitorganismen, deren An- oder Abwesenheit Rückschlüsse auf den Kläranlagenbetrieb zulassen. Lediglich die ständige Beobachtung der Zusammensetzung der Lebensgemeinschaft hat eine gewisse Aussagekraft über die Funktionstüchtigkeit einer Kläranlage, eine einmalige mikroskopische Betrachtung sagt dagegen überhaupt nichts aus.

In Tabelle 29 sind nun - z.T. deutlich sichtbar, z.T. erst durch Meßgeräte erfaßbare - Hinweise zur Erkennung von Beeinträchtigungen zusammengestellt. Es ist auf jeden Fall immer zu berücksichtigen, daß die genannten Indikatoren auch aufgrund einer falschen Bedienung der Kläranlage entstehen oder ganz andere, "natürliche" Ursachen haben können.

Tabelle 29: Hinweise zur Erkennung von Beeinträchtigungen

Wahrnehmung	Anzeichen für eine Beeinträchtigung	Voraussetzung
mit bloßem Auge	Blähschlamm-/Schwimmschlammbildung	keine
-"-	Schaumbildung	"
-"-	fehlende Kieselalgen im Auslauf	"
durch geschultes Auge	Veränderung in der Lebensgemeinschaft (Belebtschlammflocken, Protozoen)	Mikroskop (400:1), möglichst tägliche Analyse
bei Auswertung und Beobachtung der Meßergebnisse	plötzlich erhöhte O_2-Gehalte im Belebungsbecken	Sauerstoffmessung im Belebungsbecken
-"-	erhöhte Trübung im Auslauf der Kläranlage	Trübungsmessung im Auslauf der Kläranlage oder Sichttiefenbestimmung in der Nachklärung
aufgrund von Analysen	verminderte Nitrifikation bei Nitrifikationsanlagen, teilweise Nitrit im Ablauf	NH_4-N, NO_2-N-Bestimmung
-"-	unerklärliche Verminderung der Reinigungsleistung	analoge Bestimmung des TOC (neuerdings auch BSB)
-"-	Vergiftung des BSB_5	BSB_5-Bestimmung zeitgleich mit Aufsichtsbehörde
-"-	BSB_5 : CSB < 0,3	häufige zeitgleiche BSB_5- und CSB-Bestimmung

Blähschlammbildung

Das Entstehen von Blähschlamm ist in den meisten Fällen (s. dazu auch Schwimmschlamm) auf die massenhafte Zunahme fädiger Organismen zurückzuführen. Die mikrobiologischen Ursachen der Blähschlammbildung sind bis heute noch nicht geklärt; in einer Reihe von Untersuchungen wurden Einflußfaktoren, wie einseitige Nährstoffzusammensetzung, schnelle Änderung des Nährstoffangebots, Temperaturänderung, NH_4^+-N-Anteil ermittelt, die vermutlich die Blähschlammbildung begünstigen (vgl. Erörterung in den Fallbeispielen, Abschnitt 4.3).

Schwimmschlammbildung

Die Schwimmschlammbildung (Schwimmschlamm wird meist dem Blähschlamm zugerechnet, die Biocoenosen unterscheiden sich aber) beginnt meist im Nachklärbecken und greift durch die Rücklaufschlammförderung auf das Belebungsbecken über. Sie ist häufig auf Entgasungsvorgänge im Nachklärbecken zurückzuführen, die ihre Ursache in einem ungenügenden (gestörten) Abbau organischer Substanz im Belebungsbecken haben können. Bei nitrifizierenden Anlagen findet dann eine unerwünschte Denitrifikation im Nachklärbecken statt, bei fehlenden NO_2^-/NO_3 auch eine Desulfurikation. Außerdem können fakultative Anaerobier den noch vorhandenen Kohlenstoff assimilieren (vgl. Erörterung in den Fallbeispielen in Abschnitt 4.3).

Schaumbildung

Aufgrund der Turbulenzen im Belebungsbecken kann es bei hohen Konzentrationen an oberflächenspannungsreduzierenden Komponenten (Schaumbildner aus Waschmitteln und Huminstoffen) im Abwasser zum Schäumen kommen. Vor allem bei Einzugsgebieten mit einer entsprechenden Produzenten- und Anwenderstruktur ist die Schaumbildung zu beobachten. Ein bislang noch wenig beachteter Effekt kann in der Denaturierung von Eiweiß liegen, die auf die Einleitung toxischer Substanzen schließen läßt.

Fehlende Kieselalgen im Ablauf

Kieselalgen sind in der Regel im Auslauf von Kläranlagen - meist gut sichtbar - vorhanden. Ihre Anwesenheit weist im allgemeinen in den Vorflutern auf Abwassereinleitungen hin. Andererseits sind sie empfindlich gegen Veränderungen der Abwasserzusammensetzung (vgl. hierzu auch die Veränderung des Kieselalgenbewuchses infolge organischer Substanzen in Abbildung 1). Ein Fehlen von Kieselalgen signalisiert insofern eine verschlechterte Abbauleistung oder die Anwesenheit toxischer Stoffe im Auslauf der Kläranlage.

Veränderungen in der Lebensgemeinschaft

Die von BUCK (1979) und EICKELBOOM (1983) herausgegebenen Handbücher zur Beschreibung der Protozoenflora als Indikatoren für die Belastungszustände von Belebungsanlagen können dem geschulten Klärpersonal wichtige Hinweise über die Funktionstüchtigkeit ihrer Kläranlage geben. In einem einseitigen Übersichtsblatt der ATV-Landesgruppe Bayern (1983) sind die wesentlichsten Zusammenhänge zur Beurteilung des biologischen Bildes dargestellt. Eine regelmäßige Beobachtung der Belebtschlammflora hilft somit, Veränderungen zu erkennen und bei auftretenden Störungen diese zumindest qualitativ beurteilen zu können. Vorsicht ist geboten bei der Übertragung von Analysenergebnissen der Floren, weil jedes Abwasser anders ist und damit auch jede Kläranlage eine typische Biocoenose aufweist.

Sauerstoffgehalte im Belebungsbecken

Durch die Hemmung der Aktivitäten von Bakterien und Protozoen geht die Sauerstoff-Zehrung im Belebungsbecken zurück. Da der Anteil der Protozoenaktivität gemessen an der Bakterienaktivität gering ist, wird eine Hemmung der Protozoen kaum merklich veränderte Sauerstoffgehalte zeigen. Sind jedoch Konzentrationen erreicht, die eine Einstellung der Bakterienaktivität zur Folge haben, steigt der Sauerstoffgehalt merklich - im Belebungsbecken im Extremfall bis zur Sättigungsgrenze - an. Dieser Effekt ist allerdings nur festzustellen, wenn der Sauerstoffeintrag nicht gerade durch Eingriffe des Klärpersonals verändert wurde.

Trübung im Auslauf der Kläranlage

Die Hemmung oder Abtötung von Protozoen wirkt sich dann auf das Reinigungsergebnis aus, wenn die höheren Ciliaten ihre Aufgabe zur Aufnahme ungelöster, partikulärer Schwebestoffe, die sich in der Vorklärung nicht abgesetzt haben, und zur Elimination der freischwimmenden Bakterien nicht mehr wahrnehmen. Fällt diese Komponente weg, gelangen schwebende kleinere Flocken mit in den Auslauf. Schließlich sind auch einsetzende Schwimm- und Blähschlammbildung als erhöhte Trübungswerte infolge eines vermehrten Anteils an Feststoffen erkennbar. Die Trübungsmessung ist somit ein wichtiger Hinweisgeber auf latente oder beginnende Beeinträchtigungen des Abbaus gelöster organischer Substanz in Kläranlagen.

Verminderte Nitrifikation

Aufgrund des Spezialistentums nitrifizierender Bakterien (chemolithotrophe Organismen, die CO_2 als Kohlenstoff-Quelle nutzen) ist die Nitrifikationsrate ein besonders geeignetes Kriterium zur Beurteilung möglicher Beeinträchtigungen der Funktiontüchtigkeit, sofern die zur Nitrifikation erforderlichen Voraussetzungen (weitgehender vorangegangener Kohlenstoffabbau, ausreichende Temperatur, entsprechende N-Zulaufkonzentration etc.) gegeben sind: einerseits, weil nicht wie beim Abbau gelöster organischer Substanzen eine große Gruppe von Bakterien existiert, die die Stickstoff-Umsetzung ebenfalls bewerkstelligen könnten, und andererseits Nitrifikationsanlagen eine geringe Schlammbelastung und demzufolge ein hohes Schlammalter aufweisen, so daß sich akkumulierende Effekte hier am ehesten auswirken können. Am Verhältnis NO_2^-/NO_3-N zu NH_4^+-N läßt sich der Grad einer Beeinträchtigung ablesen. Allerdings reicht die Nitrifikationsrate allein als Beurteilungsgröße auf keinen Fall aus, weil die u.a. oben genannten Voraussetzungen mitberücksichtigt werden müssen.

Verminderung der Reinigungsleistung

Eine Verminderung der Reinigungsleistung kann derartig viele Ursachen haben, daß allein aus der Höhe der Verminderung kaum Rückschlüsse gezogen werden können. Allenfalls durch eine zeitrelevante Kontrolle des Zu- und Ablaufs ließen sich unter Heranziehung weiterer gemessener Parameter, wie Abwassermenge und Sauerstoffgehalt, tendenzielle Aussagen machen. In Anbetracht des hohen Aufwandes und des geringen Aussagewertes kommt diesem Indikator nur orientierender Charater zu. Anders sähe es aus, wenn Messungen des BSB-Plateau durchgeführt würden (vgl. Abschnitt 4.2.2).

Vergiftung des BSB_5

Wenn akut-toxische Substanzen in die Kläranlage gelangen, ist auch die Messung des BSB_5 im Zulauf gehemmt. Dies macht sich in einem geringeren Zulauf-BSB_5-Wert bemerkbar, als er gewöhnlich zu erwarten ist (Abb. 19). Es

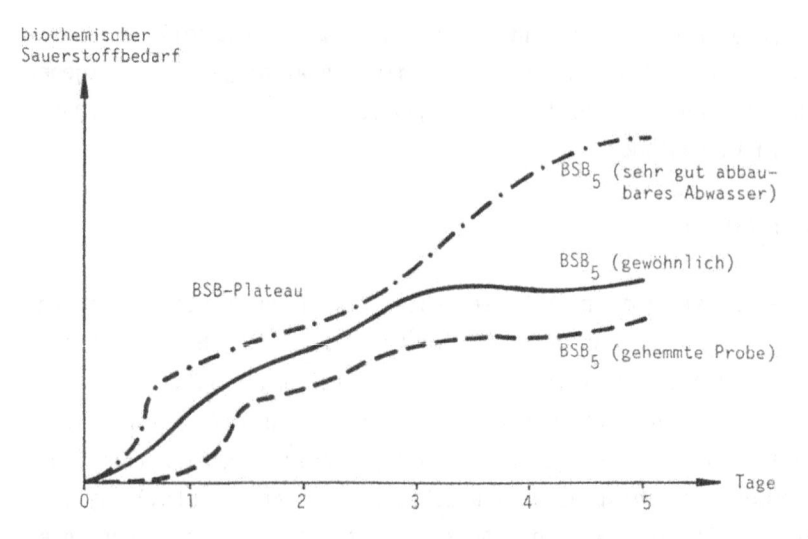

Abb. 19: Qualitative Darstellung einer Hemmung des BSB_5 durch toxische Abwasserinhaltsstoffe

sind aber auch Beispiele von Kläranlagen bekannt geworden, bei denen auffallend gute Ablaufergebnisse festgestellt wurden, die sich allerdings aufgrund von Vergleichsmessungen nach der Verdünnungsmethode als gehemmte BSB_5-Proben herausgestellt haben. Merkmal eines gehemmten BSB_5 ist, daß die O_2-Zehrung erst nach einiger Zeit einsetzt und damit die Zehrungskurve entsprechend dem Beispiel in Abbildung 19, um diese Hemmzeit verschoben, beginnt, bis die Adaption der Mikroorganismen stattgefunden hat.

BSB_5: CSB-Verhältnis

An und für sich liefern BSB-Plateau, DOC oder TOC aussagekräftigere Hinweise auf mögliche Beeinträchtigungen. Diese Meßparameter werden jedoch in der Regel in Kläranlagen nicht bestimmt. Der BSB_5 wurde bereits im vorangegangenen Abschnitt hinsichtlich seiner Aussagekraft erläutert (s. d. a. Abschnitt 4.3.1). Der CSB gibt den Sauerstoffbedarf an, der zur chemischen Oxidation der Abwasserinhaltsstoffe benötigt wird, wobei die Höhe des CSB von der Stärke des eingesetzten Oxidationsmittels abhängt. Anhand von Änderungen des BSB_5: CSB-Verhältnisses läßt sich - wenn auch nur unter Vorbehalt - ablesen, ob eine Beeinträchtigung vorliegt. In der Regel weist Abwasser im Zulauf ein BSB_5: CSB-Verhältnis von 0,33 - 0,5 auf. Von Sonderfällen abgesehen bedeutet das für eine Kläranlage mit einem üblichen Verhältnis zwischen 0,4 und 0,5, daß bei einem Absinken unter diesen Wert eine Hemmung der Organismentätigkeit durch toxische Stoffe vorliegen kann.

Sonstige Hinweise

Die Akkumulation von Stoffen in der Biomasse wirkt sich naturgemäß auch auf die anaerobe, wie auch aerob-thermophile Schlamm-Stabilisierung aus. So kann bei der anaeroben Ausfaulung aufgrund von verminderten Gasproduktionsraten, geringeren CH_4-Gehalten oder höheren H_2S-Gehalten im Faulgas und z.B. auch bei erhöhten Schwermetallgehalten oder Kohlenwasserstoffen im Klärschlamm durchaus auf eine Beeinträchtigung der Reinigungsleistung der Kläranlage rückgeschlossen werden. Ein deutlicher Hinweis auf störende Einleitungen können Gerüche sein; so sind Pestizid-Einleitungen nach Angaben von Klärwärtern betroffener Kläranlagen deutlich am Geruch wahrgenommen worden (LIERSCH, 1984).

4.3 Erläuterung verschiedener Fallbeispiele

Die Frage nach der Beeinträchtigung kommunaler Kläranlagen durch den breiten Einsatz von mikrobiziden Stoffen und der großen Einsatzmengen (vgl. Abschnitt 3.1) sollte sich eigentlich an konkreten Beispielen am besten klären lassen. Dabei ist natürlich zu unterscheiden in Beeinträchtigungen durch Stoßbelastungen und durch schleichende Intoxikationen infolge einer kontinuierlichen, z. T. auch stoßweisen Einleitung von (mikrobiziden) Stoffen.

Kläranlagenprotokolle weisen - zwar in unterschiedlichem Maße - auch alle Schwankungen in den Ablaufergebnissen auf, die meist mit den bekannten Einflußgrößen (Schwankungen der Zulauffracht und -konzentration, Konzentration der Nährsalze, Temperatur, Säurekapazität des Abwassers, etc.) erklärt werden, durchaus aber auch auf betriebliche Mängel (fehlende Wartung, in neuerer Zeit auch Fehlsteuerungen) und auf den Eintrag von Schadstoffen zurückzuführen sein können. Solange die Ablaufschwankungen keine Höchstwertüberschreitung darstellen, wird das Problem von den Kläranlagenbetreibern und vielen Aufsichtsbehörden meist als unabwendbar hingenommen, abgesehen von Hinweisen und Merkblättern beispielsweise des Bayerischen Landesamtes für Wasserwirtschaft (WOLF, 1978 und 1983; SCHLEYPEN, 1980; STIER, 1980), das sich schon länger mit dem Problem der Prozeßstabilität beschäftigt.

In Anbetracht des stärker gewordenen Umweltbewußtseins werden in zunehmendem Maße - insbesondere auch wegen juristischer Konsequenzen bei Überschreitung von Einleitungsauflagen in die Gewässer - Störfälle registriert und diese auch im Nachhinein von den Aufsichtsbehörden untersucht (vgl. Fallbeispiel

17 im Anhang). Die in Abschnitt 4.3.2 zusammengestellten Fallbeispiele ließen sich denn auch nahezu beliebig im Bereich allgemeiner Schadstoffbelastungen erweitern. Die Auswahl orientierte sich jedoch an Ursachen (Desinfektionsmittel), Reaktionsmöglichkeiten (Neutralisation, Impfschlamm) und Nachlauferscheinungen (Stoßbelastung mit nachlaufender Welle infolge Grundwasserkontamination) sowie an Reaktionen des biologischen Systems.

4.3.1 Wirkungsgrad und Ablaufschwankungen kommunaler Kläranlagen

Die Komplexität der in der biologischen Abwasserreinigung ablaufenden, größtenteils bislang noch unbekannten Vorgänge und gegenseitigen Abhängigkeiten (vgl. Abschnitt 4.1.3) bringt es mit sich, daß die Reinigungsleistung und deren zeitlicher Verlauf starken Änderungen, die einmal aus dem System selbst und dann aus dem Zulauf herrühren können, unterworfen ist. Voraussetzung für die Erkennung von Veränderungen der Abwasserbeschaffenheit ist natürlich eine häufige, möglichst zeitrelevante Untersuchung auf bestimmte, hierfür ausschlaggebende Parameter. Unter zeitrelevant ist zu verstehen, daß die Fließzeit des Abwassers in der Kläranlage zu berücksichtigen ist; als ausschlaggebende Parameter sind alle jene zu verstehen, die die Funktion der Kläranlage wiedergeben können, also bei nitrifizierenden Anlagen auch die Nitrifikationsrate.

Bekanntlich sind die Kläranlagen tages-, wochen- und jahreszeitlichen Schwankungen der Zulauffracht und -menge unterworfen, die sich auf das Reinigungsvermögen je nach Kläranlagentyp erheblich auswirken. Anlagen mit langen Aufenthaltszeiten puffern diese Schwankungen stärker ab, trotzdem sind auch diese Anlagen Ablaufschwankungen unterworfen (vgl. PÖPEL, 1971; KOPPE, STOZEK, 1978). Zweistufigen Anlagen sagt man im allgemeinen eine sehr hohe Prozeßstabilität nach, wenn die zweite Stufe unabhängig von der ersten betrieben wird (BISCHOFSBERGER, 1984). Im Rahmen dieser Untersuchung wird nur auf die Stoffimporte als Einflußfaktoren auf die Ablaufkonzentrationen eingegangen, die betrieblichen Gründe hierfür sollten in einer gesonderten Untersuchung einmal eingehend analysiert werden.

Die der Kläranlage bestimmungsgemäß zugeleiteten Stoffe erfahren im Abwassersammler bereits weitreichende Veränderungen, die sich sehr wohl auch ungünstig auf den Kläranlagenbetrieb auswirken können und nicht grundsätzlich, wie immer postuliert wird, aufgrund von Verdünnungen oder pH-Wert-Ausgleich eine Unschädlichmachung erfahren müssen (vgl. Abschnitt 4.4). Dabei spielen der Fremd- und Regenwasserzufluß mit dem ersten Schmutzfrachtstoß sowie Stoßbelastungen durch ansonsten abbaubare Abwasserinhaltsstoffe eine wesentliche Rolle, aber eben auch die Stoffe, die kaum wahrnehmbar eine schleichende Intoxikation bewirken und die Tätigkeit der Mikroorganismen in der Kläranlage teilweise oder gänzlich hemmen.

Während die Bestimmung des Wirkungsgrades - abgesehen von den genannten Problemen, die mittels Summenparametern kaum oder z.T. nur verfälscht erfaßt werden - nur eine betriebswirtschaftliche Kenngröße darstellt, sind Angaben zu den Ablaufkonzentrationen das entscheidende Kriterium für die Prozeßstabilität bzw. für die Funktionstüchtigkeit von Kläranlagen. Auf dem Weg über kontinuierlich messende Geräte (bspw. Trübung oder TOC) sollte in Zukunft in stärkerem Maße der Ablauf kontrolliert und bei gemessenen Veränderungen das gesamte Klärgeschehen bis zum Einlauf zurückverfolgt werden. Die Arbeit von KOPPE und STOZEK (1978) hat gezeigt, wie die Ablaufergebnisse sinnvoll zusammengefaßt (Abb. 20 + 21) und - auf einen Blick ersichtlich - ausgewertet werden können. Im Häufigkeitssummenlinien-Diagramm erkennt man sofort, wo die Summenlinien abknicken (im Beispiel in Abb. 21 zwischen 80 und 90 %). D.h., daß in 10 bis 20 % der Fälle deutlich erhöhte Ablaufwerte aufgetreten sind, die unter Berücksichtigung klärtechnisch bedingter oder sonstiger erklärbarer Veränderungen der Ablaufergebnisse zumeist auf die o.g. Einfluß-

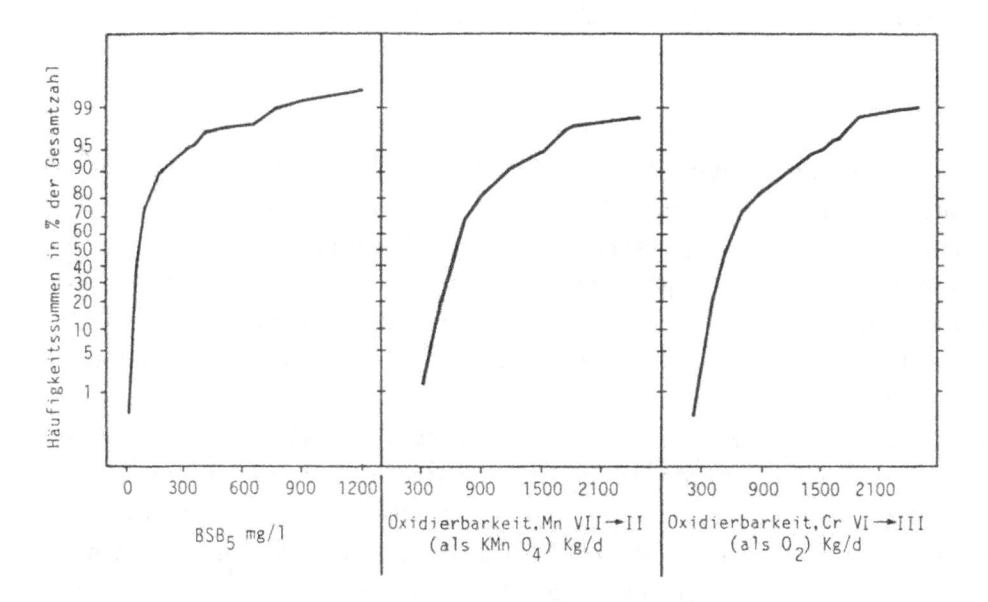

Abb. 20: Häufigkeitsverteilung der Ablauffrachten einer Kläranlage im Wahrscheinlichkeitsnetz (KOPPE, STOZEK, 1978)

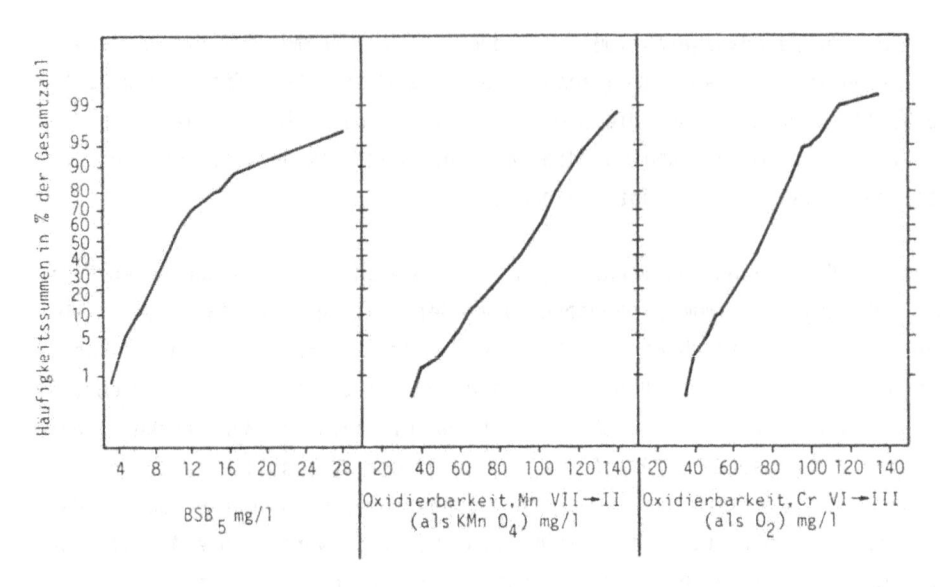

Abb. 21: Häufigkeitsverteilung der Ablaufkonzentrationen einer Kläranlage im Wahrscheinlichkeitsnetz (KOPPE, STOZEK, 1978)

faktoren zurückzuführen sind. Außerdem wird deutlich, wie oft prozentual und in welcher Höhe (Fracht) im Jahr ein bestimmter vorgegebener Wert überschritten wurde und demzufolge Konsequenzen hinsichtlich einer Leistungsverbesserung respektive der Suche nach Störfaktoren zu ziehen sind.

4.3.2 Fallbeispiele

Die im Rahmen dieser Untersuchung angestellten Nachforschungen nach beeinträchtigten Kläranlagen konzentrierten sich - gemäß der in Abschnitt 3.5 erläuterten, für das Abwasser relevanten Einsatzgebiete mikrobizider Stoffe - auf den Bereich bestimmungsgemäß eingeleiteter Stoffe - mit unterschiedlichem Erfolg. Zum Teil konnten in der Literatur dokumentierte Fälle aufgegriffen und im Nachhinein noch einmal unter dieser Fragestellung diskutiert und ausgeführt werden, zum überwiegenden Teil beruhen die Auskünfte jedoch nur auf Mutmaßungen oder subjektiven Wahrnehmungen von Klärwärtern oder Mitarbeitern von Aufsichtsbehörden. Die Angaben sind meist nicht wissenschaftlich belegt (u.a. weil fast nie biologische, biochemische oder chemische Parameter korrelierend analysiert wurden). Zum Teil durften die Ergebnisse nicht veröffentlicht werden, weil die Betroffenen ihre Vermutungen als zu unwissenschaftlich angesehen haben. In den allermeisten Fällen wußte man zu wenig, bspw. hat man den im Zulauf zur Kläranlage gemessenen Schadstofffrachten und den o.g. Indikatoren (vgl. Abschnitt 4.2.3) auch keine Aufmerksamkeit geschenkt oder, wenn die Beeinträchtigung abgeklungen war, das Problem als erledigt angesehen.

Trotz dieser Vorbehalte, insbesondere was die Beispiele aus der Praxis anbelangt, sind im Anhang die interessantesten Fallbeispiele zusammengestellt, um deutlich zu machen, wie komplex das Problem schleichender Beeinträchtigungen von Kläranlagen ist, zumal sich eben häufig innere und äußere Faktoren überlagern. Da manche Hinweise auf schleichende Intoxikationen aus (z. T. auch nur einmaligen) Fällen mit stoßartigem Belastungsverlauf zu entnehmen sind, enthalten die Beispiele auch einige Fälle von Stoßbelastungen. In den Fallspielen ist auf Indikatoren, die in Abschnitt 4.2.3 bereits erläutert wurden, auf Umstände, wie z.B. unzureichende Säurepufferkapazität, und auf unterschiedliche Auswirkungen der einzelnen Kläranlagensysteme und -belastungszustände hingewiesen. In Abschnitt 4.3.3 werden die Ergebnisse diskutiert; in Tabelle 30 sind die Fallbeispiele nach vermuteter Ursache, Auswirkungen und beobachteten Merkmalen zusammengefaßt.

Wie eingangs erwähnt, rühren Stoßbelastungen in den meisten Fällen (s.d. Abschnitte 1.1 und 4.2.1) aus Verstößen gegen die Einleiterrichtlinien nach den Ortsentwässerungssatzungen bzw. gegen § 18 des WHG "Handeln mit wassergefährdenden Stoffen" dar. Wie sehr eine konsequente Überwachung und strikte Anwendung des möglichen Regulariums zur Vermeidung von Stoßbelastungen führen kann, läßt sich bspw. am Rückgang derartiger Fälle beim Abwasserzweckverband Heidelberg (JUNGHANS, 1984) belegen. Die Fallbeispiele (1-7) geben eine Auswahl stoßartiger Belastungen wieder. Sie sollen deutlich machen, daß auch die Wirkung von Stoßbelastungen eine Verkettung verschiedenster Faktoren im Abwasser darstellt. In Fallbeispiel 17 ist zunächst ebenfalls eine Stoßbelastung angesprochen, da aber in der nachfolgend angestellten Untersuchung durch die Aufsichtsbehörde im wesentlichen die kontinuierlichen Zuflüsse aus kontaminiertem Grundwasser erfaßt wurden, ist dieses Beispiel den eher kontinuierlichen Einleitungen zugerechnet.

Einmalige Stoßbelastungen treffen in der Regel auf eine völlig unvorbereitete Biocoenose. Anders sieht es aus, bei z.B. wöchentlich einmal auftretenden Fällen von gleichgearteten stoßartigen Belastungen, hier ist die biologische Stufe "vorbereitet", auch wenn ein Großteil der Mikroorganismen, die sich an die stoßartig eingeleiteten Stoffe adaptiert haben, als Überschußschlamm dem System entzogen worden ist. Da eine Kläranlage wesentlich weniger ausgeprägt

Tabelle 30: Übersicht über die Fallbeispiele zu Beeinträchtigungen der Kläranlagenfunktionstüchtigkeit (s.Anhang)

Fall-beisp.	Ursache	vermutliche Herkunft	Kläranlagentyp	gewässerrelevante Auswirkungen	Merkmale
1	Desinfektionsmittel	Krankenhaus	zweistufige TK-BB-Anlage	reduzierte Abbauleistung	rascher Anstieg des O_2-Gehaltes im Belebungsbecken (BB)
2	Desinfektionsmittel	Krankenhaus	Schwachlastbelebungsanlage	Schlammabtrieb	Verringerung des Schlammvolumens im Belebungsbecken
3	Pflanzenschutzmittel	Kleingärtner, Landwirtschaft	Stabilisierungsanlage	"Umkippen" der biolog. Reinigungsstufe	Anstieg des O_2-Gehaltes, Geruch, leichter Anstieg des pH-Wertes
4	unbekannt	Kunststoffverarbeitung, Brauerei, Molkerei	Belebungsanlage	reduzierte Abbauleistung	Anstieg des O_2-Gehaltes, anschl. rasante O_2-Zehrung
5	Schwermetalle	Galvanik	hochbelastete Belebungsanlage	reduzierte Abbauleistung	starkes Schäumen
6	betriebliche Abwässer, weiches Wasser	Schlachthof, Textilverarbeitung	Schwachlastbelebungsanlage	Schlammabtrieb	geringe Sichttiefe im Nachklärbecken
7	betriebliche Abwässer	Weinbau, Brennereien	zweistufige BB-BB-Anlage	"Umkippen" der biolog. Reinigungsstufe	wenig Ciliaten, aber auch nur wenig fadenförmige Mikroorganismen
8	Sanitärartikel (Desinfektionsmittel)	Kindererholungsheim	Scheibentauchkörperanlage	–	kein Bewuchs auf den Scheiben
9	Desinfektionsmittel	TBC-Krankenhaus	Tropfkörper	nur 50 – 70 % BSB_5	wenig Bewuchs, Verschlammung
10	Konservierungsmittel	Haushaltungen, Krankenhauswäscherei	Wuppertaler Becken	reduzierte Abbauleistung	kleine kompakte Flocken, geringe Sichttiefen, geringe Faulgasausbeute
11	Konservierungsmittel	Papierproduktion	Tropfkörperanlage (mittelbelastet)	reduzierte Abbauleistung	schwankende Ablaufwerte (Trübung, CSB, $KMNO_4$, BSB_5)
12	Konservierungsmittel	Papierproduktion	Mittellastbelebungsanlage	Schlammabtrieb	Reduktion flokkenbildender zugunsten fadenbildender
13	Pflanzenschutzmittel	landwirtschaftliche Zentren	Schwachlastbelebungsanlage	–	alle analytisch erfaßten Verbindungen (außer einer) waren als Vorlastwert im Abwasser bereits enthalten
14	chlorierte Kohlenwasserstoffe	Metallverarbeitung, Textilindustrie, Entlackung	Mittellastbelebungsanlage	reduzierte Abbauleistung	"Knick" in der Häufigkeitsverteilung der Ablaufwerte

Fallbeispiele 1–7: (eher) einmalige Stoßbelastungen
Fallbeispiele 8–14: (eher) kontinuierliche bestimmungsgemäße Einleitungen

Fortsetzung

Fall-beisp.	Ursache	vermutliche Herkunft	Kläranlagentyp	gewässerrelevante Auswirkungen	Merkmale
15	NH_3, H_2S, org. Säuren, Desinfektionsmittel	Tierkörperbeseitigung	zweistufige TK-BB-Anlage	unvollständige Nitrifikation	extreme Nitritanhäufungen
16	Ammonium	landwirtsch. Betriebe und Kleinkläranlagen	Schwachlastbelebungsanlage	erhöhte Ammoniumwerte	zeitweise vergifteter BSB_5
17	Benzin	leckgeschlagener Tankwagen	Stabilisierungsanlage	reduzierte Abbauleistung	Abnahme des org. Trockensubstanzanteils im Belebtschlamm
18	Schwermetalle	Müllklärschlammverbrennungsanlage	Mittellastbelebungsanlage	reduzierte Abbauleistung	geringe Sichttiefen und tiefschwarze Färbung des Schlammes
19	Schwermetalle	Metallverarbeitungsbetriebe	Belebungsanlage	unvollständige Nitrifikation	erhöhte Ammonium- und Nitritwerte im Auslauf
20	Rückstände aus der Rübenextraktion	Rauchgasentschwefelungsanlage einer Zuckerfabrik	zweistufige anaerobe-aerobe (BB)-Anlage	reduzierte Abbauleistung	hohe $CSB:BSB_5$-Verhältnisse starke Trübung

auf Einleitungen reagiert, wenn diese oder ähnlich wirkende Verbindungen in aufeinanderfolgenden Stößen dem System zugeführt werden, wurden häufiger auftretende Belastungen der Gruppe der kontinuierlichen Einleitungen zugeordnet.

4.3.3 Ergebnisse aus den Fallbeispielen

Während Stoßbelastungen für Kläranlagen ein Problem der ungenügenden Verdünnung oder Pufferung darstellen und deswegen überwiegend in kleinen Einzugsgebieten oder höher belasteten Anlagen bemerkbar werden, stellen die bestimmungsgemäß eingeleiteten Stoffe ein sehr viel komplexeres Wirkungsgefüge dar.

Die Fallbeispiele machen - trotz mancher Fehleinschätzungen, die in den Erläuterungen und Vermutungen noch enthalten sein können, und trotz der nicht gänzlich zufälligen Auswahl dieser Stichprobe - jedoch deutlich, daß
- allgemein alle Kläranlagentypen in ihrer Funktionstüchtigkeit durch Stoffeinleitungen beeinträchtigt werden können; Stabilisierungs- und zweistufige Anlagen, denen man eine höhere Prozeßstabilität nachsagt, insbesondere durch persistente (vgl. Fallbeispiel 1+3) oder akkumulierba-

re (vgl. Fallbeispiel 19) Substanzen; hochbelastete Anlagen stärker durch Stoßbelastungen, wobei je nach Konzentration und Fracht bei zweistufigen Anlagen eine Pufferwirkung der ersten Stufe festzustellen ist (vgl. Fallbeispiel 15); teilweise kann sich aber die Beeinträchtigung auch auf die zweite Stufe fortsetzen (Fallbeispiel 1 und 7). Festbettreaktoren zeigen vorwiegend bei schleichenden Belastungen durch akkumulierbare Substanzen verschlechterte Reinigungsergebnisse,

- bei schleichenden Intoxikationen meist mehrere Faktoren eine Rolle spielen und daß sich Wirkungsketten ausbilden können; eine synergistische Wechselwirkung ist beispielsweise bei "weichem Wasser" gegeben, wenn bei der Nitrifikation salpetrige Säure entsteht und die ansonsten resistenten Bakterien demzufolge abgetötet werden,
- entsprechend der höheren Hemmstoffresistenz und Artenvielfalt der am Abbau der organischen Substanz beteiligten euryöken Bakterien die auf den BSB_5 bezogene Reinigungsleistung nicht herabgesetzt zu sein braucht, während die biomechanisch wirksamen Protozoen bereits gehemmt sein können, so daß in der Folge ein erhöhter Anteil absetzbarer Stoffe (vgl. Fallbeispiele 2, 4, 6, 10, 12, 18) oder infolge ausbleibender Nitrifikation (vgl. Fallbeispiele 15, 16) durch Hemmung der chemolithotrophen Spezialisten erhöhte Ammonium-Werte in die Vorfluter gelangen.

Wichtige Nebeneffekte verursachen auch die Tenside, die zwar nach dem Waschmittelgesetz (1975) zu 80 % spätestens in der biologischen Stufe abgebaut werden müssen, der verbleibende Anteil kann jedoch immer noch grenzflächenaktiv und somit wirkungsvermittelnd sein.

Andererseits machen die Fallbeispiele auch deutlich, daß im "System Abwasser" Vorgänge ablaufen, die eine Beeinträchtigung der Kläranlage nach heutigem Überwachungsstand i.d.R. nicht sichtbar werden lassen, weil die Beeinträchtigungen entweder so marginal sind, daß sie im Bereich der Meßungenauigkeiten liegen, die vorhandenen Ablaufschwankungen nicht eindeutig auf eine Beeinträchtigung der Funktionstüchtigkeit zurückgeführt werden können oder die Kläranlagenbiocoenosen sich aufgrund ständiger Einleitungen an die Belastung angepaßt haben. Es zeigt sich auch, daß die bislang angewendeten Abbaubarkeitsteste von Einzelsubstanzen kein adäquates Maß für die Beurteilung möglicher Beeinträchtigungen der Kläranlagenfunktionstüchtigkeit darstellen, weil die synergistischen und antagonistischen Effekte der untersuchten Verbindungen am Einsatzort und bei der späteren Entsorgung im Abwasser gänzlich andere Wirkungsketten beinhalten.

Blähschlamm ist eine Folge von mehreren derartigen Wirkungsketten, weshalb hier auf das Problem Blähschlamm/Schwimmschlamm exemplarisch etwas näher eingegangen wird. Biologisch bedingte Funktionsmängel einer Kläranlage machen sich - wie auch in Fallbeispiel 6 deutlich wurde - häufig in schlecht absetzbaren Schlämmen oder erhöhten absetzbaren Stoffen im Ablauf bemerkbar, wobei grundsätzlich in Schwimmschlamm (meist viskose Schäume bzw. Aufschwimmen von Belebtschlamm) und Blähschlamm (filamentöse Strukturen, kein Absetzverhalten) zu unterscheiden ist. Blähschlamm bildet sich vorwiegend bei einseitigen Nährstoffverhältnissen im Abwasser aus (vgl. Tabelle 31). Blähschlammbildner bewirken in der Regel aber einen ebenso guten Abbau der gelösten organischen Substanz wie flockenbildende Bakterien, setzen sich aber im Nachklärbecken aufgrund ihrer filamentösen Struktur kaum ab, mit der Folge einer Verminderung der Trockensubstanz im Rücklaufschlamm und einer Ankurbelung des fadenbildenden Effekts. In Tabelle 31 sind die von WAGNER (1982) zusammengestellten Erfahrungen über Blähschlamm-begünstigende Faktoren wiedergegeben, die nach POPP (1978) und WOLF (1983) ergänzt wurden.

Tabelle 31: Faktoren, die die Blähschlammbildung begünstigen (nach POPP, 1978; WAGNER, 1982; WOLF, 1983)

abwasserbedingt	anlagenbedingt	betriebsbedingt
o vorwiegend gelöste Verunreinigungen	o lange Vor- oder Nachklärzeiten	o mittlere bis niedrige Schlammbelastung (Teilnitrifikation)
o organische Säuren	o Stauräume, angefaulte Abwässer	o Raumbelastung zwischen 0,4 und 0,7 kg/m³d
o extreme CSB/BSB$_5$-Verhältnisse	o total durchmischte Belebungsbecken	o zu niedriger O_2-Gehalt (Denitrifikation in der Nachklärung)
o niedrige Säurekapazität (geringe Wasserhärte, "weiches Wasser")	o verteilte Abwasserzuführung	o Turbulenz, Durchmischung
o niedrige P-Konzentrationen, schlechte P-Bindung in den Schlammflocken	o zu langsame Nachklärbeckenräumung	o Schlammspeicherung in der Nachklärung
o hoher Glühverlust (hohe C- und/oder N-Konzentrationen)	o hydraulisch falsche Gestaltung des Abwassereinlaufs und des Schlammabzugs in der Nachklärung	o Schlamm- oder Schlammwasser-Stöße bzw. Schlammkreisläufe (Trübwasserrücknahme)
o niedrige REDOX-Werte		
o schwefelwasserstoffhaltige Abwässer		
o extreme pH-Werte		
o Temperatur		

Die Blähschlammbildung ist somit ein gutes Beispiel für die Abhängigkeit der Reinigungsleistung (BSB_5, absetzbare Stoffe) von Abwasserinhaltsstoffen und Betriebsbedingungen. Während eigentlich die ökologische Anforderung "Abbau gelöster organischer Substanzen" von den Blähschlammbildnern erfüllt wird (WAGNER, 1980), also stoffwechselphysiologisch das System den Anforderungen genügt, versucht man technisch die an die erschwerten Umstände (Stoßbelastungen, einseitige Abwasserzusammensetzung) angepaßte Biocoenose absetzbar zu machen, ohne die eigentlich näherliegende Möglichkeit zu wählen, das Nachklärbecken beispielsweise in ein Flotationsbecken umzubauen und sich damit der angepaßten Biocoenose anzupassen.

Durch diese Anpassung läßt sich voraussichtlich in geeigneter Weise die gebildete Biomasse vom geeigneten Abwasser abtrennen; zudem wird ein akzeptables Rücklaufschlammverhältnis wieder erreicht und auch eine "Auszehrung" von Biomasse im Belebungsbecken vermieden, so daß der bislang instabile Kläranlagenbetrieb stabilisiert werden kann. Auch das Problem des Schwimmschlamms könnte damit gelöst werden. Es bleibt zu untersuchen, inwieweit sich die Kosten für die Flotation gegen die eingesparte Abwasserabgabe aufrechnen lassen.

4.4 Inaktivierung mikrobizider Stoffe im Abwasser

Die Anwendung mikrobizider Stoffe, sei es als Wirkstoffe in Desinfektionsmittelformulierungen, sei es als Konservierungsstoffe, zielt auf die Hemmung oder vollständige Abtötung von Mikroorganismen - meist in feuchtem Milieu - ab. Insofern ist auch der Weg der mikrobiziden Stoffe ins Abwasser vorgezeichnet (abgesehen von beispielsweise Hautdesinfektionsmitteln oder Konservierungsstoffen in Anstrichen, die vorwiegend in die Atmosphäre gehen).

In Tabelle 32 sind jene Anwendungsfälle zusammengefaßt, bei denen überwiegend mit einer mikrobiziden Abwasserbelastung zu rechnen ist (vgl. auch Tabelle 1). Allerdings erfahren die Desinfektionsmittel, wie auch die Konservierungsstoffe bei ihrer Anwendung eine Veränderung; beispielsweise durch den Kontakt mit pathogenen Keimen in Krankenhäusern, wodurch die abverbrauchten Anteile ihre Wirkung verlieren, oder bei Lebensmittelkonservierungsstoffen bei der Verdauung durch lysierende, enzymatische Vorgänge und Überführung der Wirkstoffe in leichte oder gut abbaubare Verbindungen (vgl. Abschnitt 4.4.2).

Tabelle 32: Abwasserrelevante Anwendungsfälle mikrobizider Stoffe

	Anwendungsfälle
allgemein:	Produktion von mikrobiziden Stoffen Verarbeitung von Wirkstoffkonzentrationen
Desinfektionsmittel: (pathogen und technisch-schädlicher Bereich)	Instrumentendesinfektion (Füll-, Tauchverfahren) Flächendesinfektion (Naßwisch-, Füll-, teilweise Sprühverfahren)
Konservierungsstoffe: (techn.-schädl. Bereich)	Lebensmittel: Oberflächenbehandlung von Citrusfrüchten, Bananen Kosmetik: Mundwässer, Zahnpasta, Seifen, Badepräparate chem.-techn. Produkt: Tensidlösungen, ionogene Waschmittel, Kühlschmierstoffe, Farben, Textilausrüstung, Häute, Leder
sonstige mikrobizide Stoffe: (techn.-schädl. Bereich)	Trinkwasser (aus pathogenen Gründen), Brauchwasser, Kühlwasser-, Prozeßwasserkreisläufe, Klimaanlagen Schleimbekämpfung: Papierindustrie (+ Wasserkreisläufe) Chemikalientoiletten WC + Sanitärreiniger Waschmittel-, Waschhilfsmittel

Im Hinblick auf eine Beeinträchtigung der Funktionstüchtigkeit von Kläranlagen sind - wie eingangs erläutert - die Anwendungsfälle von Bedeutung, die einen unverminderten, ständigen, respektive punktuell erhöhten Wirkstoffeintrag ins Abwasser mit sich bringen. Welche Veränderungen die so eingeleiteten Verbindungen im Abwassersammler und in Kläranlagen erfahren können, ist in diesem Kapitel zusammengestellt. In Abbildung 22 sind einige die Stoffimporte in biologische Stufen der Kläranlagen bestimmende Faktoren und dort ablaufende Effekte im Zusammenhang dargestellt; daraus geht noch nicht hervor, wie sich die Erscheinungsformen und strukturspezifischen Eigenschaften der Einzelverbindungen verändern.

4.4.1 Physikalische und chemische Mechanismen

Naturgemäß werden bei Nennung von Inaktivierungsmöglichkeiten zuerst immer die Verdünnungen, die Schadstoffe bei Einleitung in den Abwassersammler erfahren, aufgeführt. Der Verdünnungsmechanismus betrifft aber allein die akut-toxische Wirkung eines Stoffes und berücksichtigt nicht seine Akkumu-

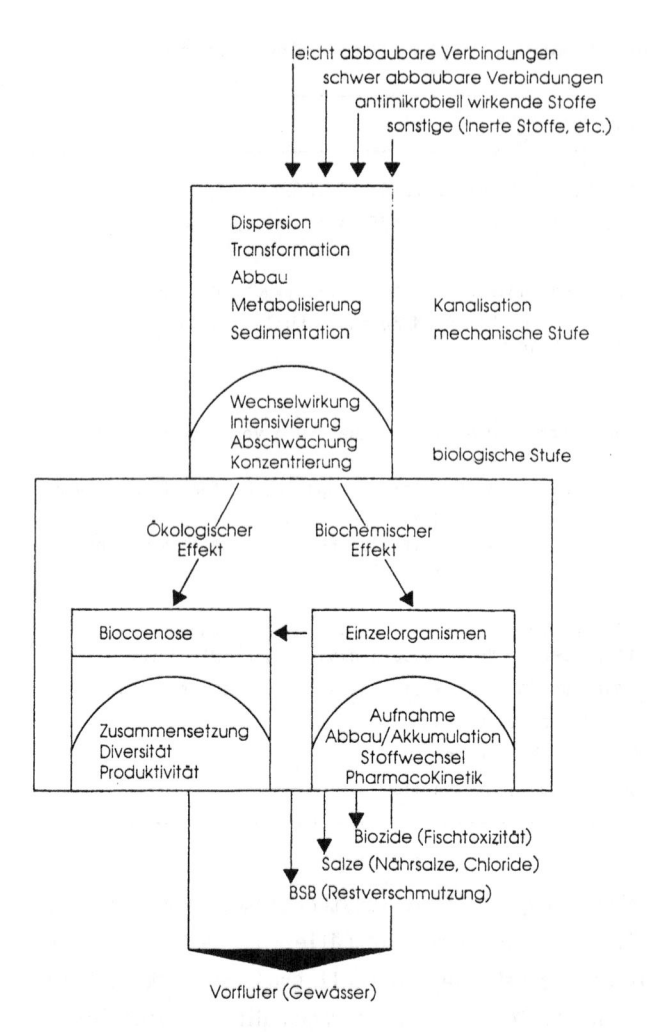

Abb. 22: Effekte von Stoffimporten auf die biologische Stufe von Kläranlagen

lierbarkeit und Persistenz; hierfür spielt im wesentlichen die Fracht (und eben nicht die Verdünnung) die entscheidende Rolle. Die Verdünnung eines mikrobiziden Stoffes unter seine im Labor ermittelte minimale Hemmkonzentration (MHK) ist insofern eine notwendige Voraussetzung zur Vermeidung von Beeinträchtigungen, aber noch keine hinreichende, wobei selbst bei Unterschreitung der MHK störende Einwirkungen auf die Biocoenose (vgl. Abschnitt 4.1.3) erfolgen und in Abhängigkeit synergistischer Faktoren eine wichtige Rolle spielen können. In Abbildung 23 ist qualitativ die Verdünnungsfolge eines mikroboziden Stoffes von der Anwendung bis zum Vorfluter wiedergegeben.

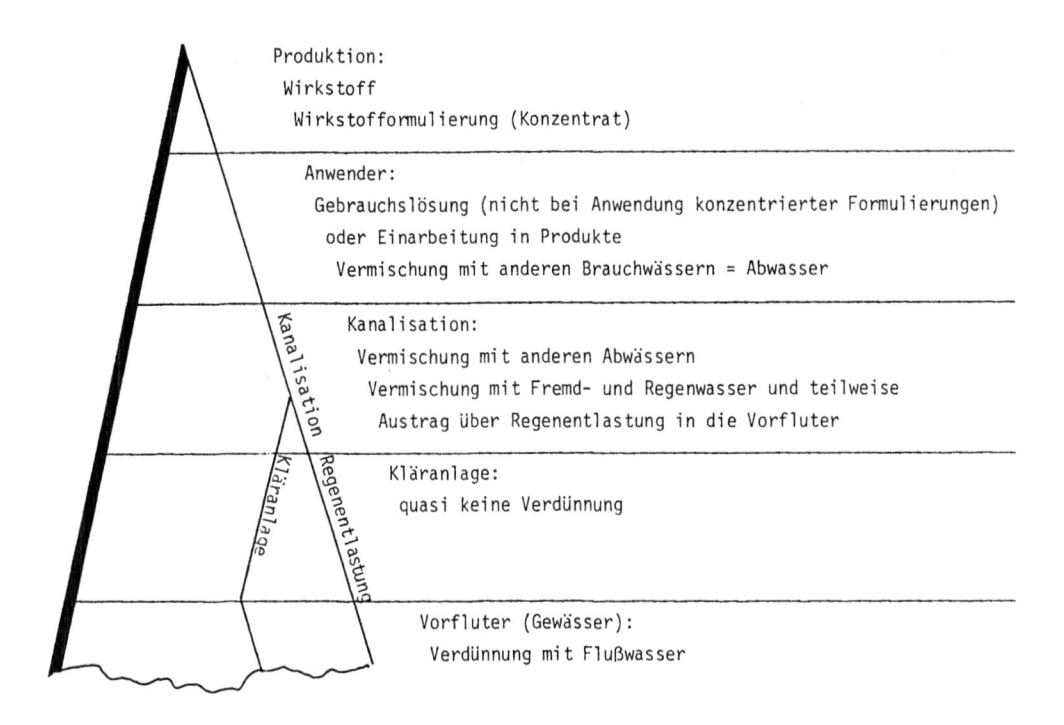

```
        Produktion:
           Wirkstoff
           Wirkstoffformulierung (Konzentrat)
     ─────────────────────────────────────────────────────────
        Anwender:
           Gebrauchslösung (nicht bei Anwendung konzentrierter Formulierungen)
           oder Einarbeitung in Produkte
           Vermischung mit anderen Brauchwässern = Abwasser
     ─────────────────────────────────────────────────────────
        Kanalisation:
           Vermischung mit anderen Abwässern
           Vermischung mit Fremd- und Regenwasser und teilweise
           Austrag über Regenentlastung in die Vorfluter
     ─────────────────────────────────────────────────────────
        Kläranlage:
           quasi keine Verdünnung
     ─────────────────────────────────────────────────────────
        Vorfluter (Gewässer):
           Verdünnung mit Flußwasser
```

Abb. 23: Verdünnungsreihe eines mikrobiziden Stoffs (qualitativ und ohne Berücksichtigung von Veränderungen in der Zusammensetzung)

Bei Einleitung einer sauren oder alkalischen Gebrauchslösung mikrobizider Stoffe und Vermischung mit dem kommunalen Abwasser erfolgt - ein ausreichendes Puffervermögen vorausgesetzt - ein pH-Wert-Ausgleich in Richtung des neutralen Bereichs, wodurch die mikrobizide Wirkung einiger Stoffe (vgl. Tabelle 33) z.B. durch hydrolytische Zersetzung oder nach Ausfällen durch Veränderung des Löslichkeitsproduktes herabgesetzt wird. Allerdings wirken im pH-Bereich gewöhnlicher Abwasserzusammensetzungen noch eine Reihe durchaus häufig eingesetzter Mikrobizide (p-Chlor-m-Xylenol, Oxazolidine, Dithiocarbamate). Die Abhängigkeit der Löslichkeit einiger Schwermetalle vom pH-Wert zeigt Abbildung 17, bzw. Abbildung 18 bei Anwesenheit auch anderer Metallionen (s.d. Abschnitt 4.2.1). Es ist außerdem bekannt, daß eine Vielzahl organischer Verbindungen leicht zu hydrophilen Produkten hydrolysiert werden (gut untersucht ist bspw. die Verseifung von Pestiziden; KORTE, 1980). Die im Abwassersammler möglichen Oxidationsreaktionen, sogenannte Autoxidationen, werden durch Peroxide und Spuren von Metallionen beschleunigt. Bevorzugt werden C-H-Bindungen hoher Reaktivität angegriffen, bspw. Aldehyde bei Anwesenheit von Metallionen (KORTE, 1980).

Tabelle 33: Abhängigkeit der antimikrobiellen Wirkung mikrobizider Stoffe vom pH-Wert (nach WALLHÄUSSER, 1984)

mikrobizide Stoffe	wirksam im pH-Bereich von-bis/um	abwasserrelevant
Aldehyde		
- Formaldehyd (Formalin)	2,8 - 4,0	
- Glutaraldehyd	5,0	x
- Adamantanchlorid	4,0 - 10,0	x
- Dimenthylolhydantoin	4,5 - 9,5	x
Phenole		
- o-Phenylphenol	8 - 12	
- p-Chlor-m-kresol	sauer	
- p-Chlor-m-xylenol	über weiten pH-Bereich	x
- 2,4,4'-Trichlor-2'-hydroxy-diphenylether	4 - 8	x
Tenside		
- Benzalkoniumchlorid	4 - 10	x
- Dodecyl-di(aminoethyl)-glycin	5 - 9	x
Halogene		
- Hypochlorite	alkalisch	x
- Chloramin T	6 - 7	x
- Dichlorisocyanursäure	6 - 10	
- Iod	sauer	
- Iodophore	2,5 - 4,0	
Organ. Schwermetallverbindungen		
- Phenylquecksilber (II) acetat	7,0 - 7,5	x
- Bis-Tributylzinnoxid	4,6 - 7,8	x
PHB-Ester	3,0 - 9,5	x
Carbonsäureamide		
- Chloracetamid	4 - 8	x
Heterocyclen		
- Isothiazoline	4 - 8	x
- Oxazolidine	6 - 11	x
- Benzimidazole	2 - 12	x
- Phtalimid-Derivate	sauer	x
- Pyridin-Derivate	7 - 10	x
Dithiocarbamate	über weiten pH-Bereich	x

Eine gewisse - allerdings kleine - Rolle spielt mit Sicherheit auch die
Flüchtigkeit des Wirkstoffs aus der wässrigen Lösung, die sich aus der
Dampfdruckkurve (in Abhängigkeit der Temperatur und der Löslichkeit) ergibt.
Besonders bei Aldehyden ist wohl auch hier mit einer Verminderung der Wirkstoffkonzentration im Abwassersammler zu rechnen.

Eine weitere Inaktivierung für Desinfektionsmittel ergibt sich aus der Temperaturabsenkung der antimikrobiellen Wirklösung bei Einleitung in den Abwasserkanal. Ein großer Anteil mikrobizider Stoffe (Flächendesinfektionsmittel) wird bevorzugt in höheren Temperaturbereichen eingesetzt, weil die Temperatur als Wirkungsvermittler dient, insofern ist auch mit einer geringeren, akuten Wirkung dieser Desinfektionsmittel im Abwasser bei Temperaturen zwischen 5 und 10° C im Winter und um 20° C im Sommer zu rechnen. Während im Sommer zwar die Temperaturen, was die antimikrobielle Wirksamkeit betrifft; etwas ungünstiger liegen, ist andererseits auch das Leistungsvermögen der Mikroorganismen bei diesen Temperaturen größer, da ihre Regenerationsrate ansteigt, sofern keine vollständige Abtötung der gesamten Mikroorganismenflora erfolgt.

Die wohl bedeutendste Reaktion mikrobizider Stoffe im Abwassersammler ist die Reaktion mit organischen Abwasserinhaltsstoffen ("Eiweißfehlern") und natürlich mit den Mikroorganismen, auf die sie abtötend oder hemmend wirken sollen. Es ist davon auszugehen, daß bakterizid wirkende Verbindungen weitgehend mit den ständig im Abwasser vorhandenen Bakterien reagieren, wobei sie teilweise in Anbetracht ihres Wirkungsprinzips abverbraucht, reaktiv an Zellwände angelagert oder in den lipophilen Gerüstmolekülen der Zellwände akkumuliert werden, wobei eine spätere Reaktion durch Milieuveränderungen im Abwasser, durch Zerstörung von Zellwänden oder in der Nahrungskette möglich ist. Inwieweit Fungizide ebenfalls mit den ständig vorhandenen Bakterien reagieren, hängt von der Wirkungsweise des Mikrobizids ab. Abgesehen von den Fällen, in denen auch der im Zulauf der Kläranlagen gemessene BSB_5 (vgl. Abschnitt 4.2.3) noch gehemmt ist, ist davon auszugehen, daß die mit "Eiweißfehler" behafteten mikrobiziden Stoffe nicht mehr bakterizid/bakteriostatisch wirken können. In Tabelle 34 sind für einige ausgewählte Mikrobizide inaktivierende/enthemmende Reaktionspartner aufgeführt, wobei - wohlgemerkt - eine Inaktivierung auch nur vorübergehend erfolgen kann.

Eine Inaktivierung mikrobizider Stoffe im Hinblick auf ihre Wirkung auf die biologischen Prozesse in einer Kläranlage kann auch über Sorptions- und Kom-

Tabelle 34: Mögliche Inaktivierungsreaktionen antimikrobieller Wirkungen durch Reaktion mit anderen Abwasserinhaltsstoffen (nach WALLHÄUSSER, 1984)

mikrobizide Stoffe	unverträglich mit	Inaktivierung im Abwassersammler
Aldehyde		
- Formaldehyd (Formalin)	Ammoniak, Alkali, H_2O_2, Iod, Fe Schwermetallsalze, Proteine, Gelatine,	sehr wahrscheinlich
- Glutaraldehyd	Ammoniak, primäre Amine	möglich
- Adamantanchlorid	-	weder durch Tenside noch durch Proteine
- Dimethylolhydantoin	-	-"-
Phenole		
- o-Phenylphenol	nichtionogene Tenside, QAV, Proteine	wahrscheinlich
- p-Chlor-m-kresol	nichtionogene Tenside, QAV und Fe-Salzen	kaum
- p-Chlor-m-xylenol	nichtionogene Tenside, QAV	kaum
- 2,4,4'-Trichlor-2'-hydroxy-diphenylether	nichtionogene Tenside, kation. Verbindungen, Chlor	kaum
Tenside		
- Benzalkoniumchlorid	Seifen, Anion-Tensiden, Hypochlorit	sehr wahrscheinlich
- Dodecyl-di(aminoethyl)-glycin	anionische, nichtionogene Tenside teilweise Proteine	teilweise
Halogene		
- Hypochlorite	organische Substanzen, Proteine	sehr wahrscheinlich
- Chloramin T	-	möglich
- Iod	organ. Subst., Proteine, SH-Gruppen	sehr wahrscheinlich
- Iodophore	Proteine, SH-Gruppen enthaltende Verbindungen, Alkalien, reduzierende Stoffe	teilweise
Organ.Schwermetallverbindungen		
- Phenylquecksilber (II) acetat	anion., nichtionogene Tenside, Halogene, Sulfide, Ammoniumverbindungen	wahrscheinlich
- Bis-Tributylzinnoxid	-	kaum
PHB-Ester	nichtionogene Tenside, Proteine	sehr wahrscheinlich
Carbonsäureamide		
- Chloracetamid	starke Säuren und Alkalien	kaum
- 3,5,4'-Tribromsalicylanilid	Proteine	wahrscheinlich
Heterocyclen		
- Isothiazoline	Bleichmittel, pH>8, Natriumthioglykolat, Amine	fallweise
- Benzimidazole	-	kaum
- Oxazolidine	-	kaum
- Pyridin-Derivate	nichtionogene Tenside, Chelatbildung mit Schwermetallionen	fallweise
Dithiocarbamate	-	kaum

plexbildungsreaktionen wie auch durch die Reaktionen des Mikrobizids mit anderen Abwasserinhaltsstoffen (vgl. Tabelle 34) erfolgen. Allerdings sind hier keine generellen Aussagen möglich, da über die mikrobiziden Stoffe im einzelnen noch viel zu wenig bekannt ist (Ausnahme - Tenside):

Von den Kation-Tensiden (hierzu zählen auch die QAV) ist bekannt, daß sie über eine Kationenaustauscherreaktion an die im Abwasser reichlich vorhandenen Schichtsilikate irreversibel angelagert werden (WEISS, 1982) und sich damit zum Großteil aus dem System eliminieren lassen. Inwieweit das Sorptionsverhalten von Bakterienoberflächen mit ihren negativ geladenen Polysaccharidstrukturen ebenfalls eine Rolle spielt, ist noch nicht geklärt. Insgesamt sind die Adsorptions-/Desorptionsgleichgewichte (einschließlich ihrer Einstellgeschwindigkeiten) von Kation-Tensiden in Anwesenheit von anionischen und nichtionischen Tensiden an andere partikuläre suspendierte Abwasserinhaltsstoffe (z.B. Fäkalienteilchen) unbekannt (HUBER, 1983). Zu berücksichtigen ist bei biochemischen Prozessen, daß sich Stoffe mit einem hohen Sorptionsvermögen durch irreversible Bindung bestimmter Stoffe dem Zugriff von Mikroorganismen teilweise entziehen können, was eine Verlangsamung metabolischer und cometabolischer Abbauprozesse bedingt (DGHM, 1984).

Außer über Sorption reagieren die Kation-Tenside unter Bildung von Elektroneutralsalzen mit den im Überschuß vorhandenen Anion-Tensiden; diese Reaktion läuft nachrangig zur Sorption ab, ist jedoch immer noch groß genug, um niedrige Gleichgewichtskonzentrationen im Wasser einzustellen (WEISS, 1982). Die unlöslichen Komplexsalze, die meist kolloidal im Abwasser vorliegen, werden im Abwasser Fällungsreaktionen zugänglich, wobei offen ist, welche dies sind und inwieweit hier Reaktionspartner vorhanden sind. Ein weites, noch offenes Feld stellen insbesondere die Konkurrenzreaktionen in Anwesenheit von Komplexbildnern dar. Nach HUBER (1983) ist zu vermuten, daß kationische Tenside mit Schwermetallen im Abwasser um Bindungsplätze an Bakterienoberflächen oder natürlichen und syntetischen Komplexbildnern als kationischen Liganden konkurrieren und damit verstärkt in Lösung bleiben.

Die Bedeutung der Metalle im Abwasser wurde im Rahmen der Untersuchungen zur Festlegung der Mindestanforderungen nach dem WHG und

der Klärschlammaufbringungsverordnung bereits umfangreich diskutiert (vgl. u.a. DFG, 1982; BÖHM, KUNZ, 1982). Neben einer der biotischen Umwandlung der Metalle bzw. Metallionen vergleichbaren synthetischen Reaktion von z.B. Quecksilber und Zinn zu organischen Derivaten, die zur Erhöhung der Lipidlöslichkeit bei der Herstellung mikrobizider Stoffe vorgenommen wird (in der Natur: Biomethylierung nach Oxidation der unlöslichen Metallsulfide über Sulfit zum Sulfat), spielen die abiotischen Prozesse der
- Adsorption vorwiegend von Metallkationen an mineralische Partikel und an das hauptsächlich anionische Zellmaterial,
- Komplexierung/Chelatisierung und
- Redox-Rektionen

eine wichtige - aber (wie eingangs erwähnt) in ihrem vollständigen Ausmaß noch unbekannte - Rolle für die Wirkung mikrobizider Stoffe in Kläranlagen und die Auswirkungen auf das Gewässer.

Das Ausmaß der Komplexierung hängt im wesentlichen von folgenden Faktoren ab (FRIMMEL, 1982):
- Konzentration und Art der an den Komplexen beteiligten Metalle und Liganden bzw. ihrer Ionen,
- pH-Wert, Redox-Potential,
- Matrixeffekte aufgrund hoher Salzkonzentrationen,
- Konkurrenzreaktionen mit Bildung anderer Komplexe und/oder schwerlösliche Verbindungen und
- biologische Umwandlungen.

Als Liganden im Abwasser kommen vor allem Chlorid, Cyanid, Ammoniak, Natriumpyro- und -triphosphat, NTA und EDTA in Betracht. Eine exakte Erfassung und repräsentative Beurteilung wird erschwert durch die Konzentrationsänderungen, denen sowohl die Ionen der Metalle als auch Liganden unterworfen sind, wobei letztere auch eine biotische Umwandlung (Abbau von NTA in Kläranlagen und Freisetzung der Metalle) erfahren. Bei Kenntnis von Art und Konzentration der Wasserinhaltsstoffe läßt sich die Bedeutung der verschiedenen Komplexe aufgrund ihrer Stabilitätskonstanten erkennen (vgl. Abb. 24). Im Abwasser ist die genaue stöchiometrische Zusammensetzung der an den verschiedenen Reaktionsgleichgewichten beteiligten Teilchenarten nur schwierig zu bestimmen, abgesehen davon, daß sie ständigen Änderungen unterworfen ist.

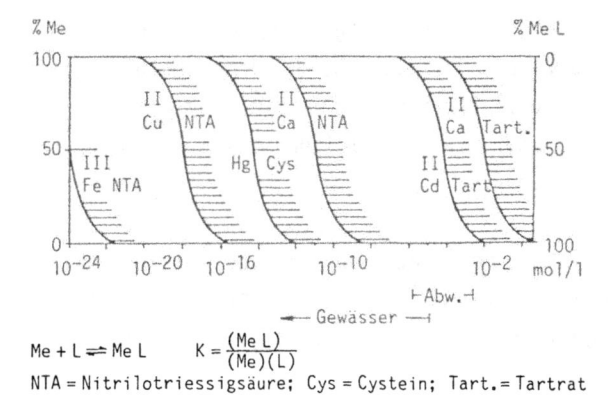

Abb. 24: Stabilitätsbereiche einiger Koordinationsverbindungen (FRIMMEL, 1982)

Die photochemische Umwandlung spielt frühestens in der Kläranlage eine Rolle und ist allem Anschein nach relativ unbedeutend für die Inaktivierung in der biologischen Stufe, während im Gewässer dieser Reaktion wohl große Bedeutung zukommt.

Bei der Testung von Desinfektionsmitteln werden gezielt Reaktionspartner als Inaktivierungsmittel (Enthemmer) eingesetzt, um bis zur Auswertung von Wirksamkeitsprüfungen eine bakteriostatische Wirkung der Desinfektionsmittel nach Ablauf der vorgegebenen Einwirkungszeit zu vermeiden. Hierfür gibt es unterschiedliche Inaktivierungssubstanzen, von denen einige zwar gut die Desinfektionsmittelreste inaktivieren, aber selbst auf Mikroorganismen toxisch wirken. Die DGHM (1981) empfiehlt einige polyvalente Inaktivierungsmittel auf der Basis von Tween 80, einem wasser- und alkohollöslichen Polyethylenderivat (ca. 80 Oxyethylengruppen) mit Netzmitteleigenschaf- ten, sowie Aminosäuren und/oder Lecithin, Saponin und Natrium-Thiosulfat. Die Wirksamkeit dieser Inaktivierungsmittel beruht im wesentlichen auf dem Eiweißfehler der meisten mikrobiziden Stoffe. Zur Inaktivierung von Schwermetallen wird die schwefelhaltige Aminosäure Cystein verwendet, da Schwermetalle bevorzugt mit SH-Gruppen reagieren.

4.4.2 Biologischer Abbau mikrobizider Stoffe

Unter biologischer Abbaubarkeit ("biodegradability") versteht man allgemein die Strukturveränderung eines Stoffes durch die Tätigkeit von Mikroorganismen: ein Primärabbau ("primary biodegradation") liegt vor, wenn eine charakteristische Stoffeigenschaft beseitigt wurde, während der Totalabbau ("ultimate biodegradation") sowohl eine Mineralisation des Stoffes zu CO_2, H_2O, Oxiden oder Salzen als auch eine Umwandlung in zelleigene Bestandteile beinhaltet.

Zur Überprüfung der Abbaubarkeit umweltrelevanter Chemikalien existieren eine Vielzahl von Testen, von denen eine Auswahl in die OECD-Richtlinie (1981) zur Chemikalientestung übernommen wurde. Der Abbau der Testsubstanzen kann über verschiedene Parameter verfolgt werden:

- durch direkte Messung der Schadstoffabnahme mittels spezifischer Analyse oder über die Erfassung des gesamten gelösten organischen Kohlenstoffs (DOC),
- durch Messung des Gasaustausches (entweder O_2-Verbrauch oder CO_2-Produktion),
- durch Erfassung des Bakterienwachstums, z.B. mittels Trübungsmessung.

Gemäß den Bestimmungen der OECD-Richtlinie (1981) gilt eine Substanz als abbaubar, wenn 80 % der Testsubstanz durch eine spezifische Analyse nicht mehr nachweisbar sind, die DOC-Abnahme größer 70 % ist oder bei der Messung des Gasaustausches der gemessene O_2-Verbrauch bzw. die CO_2-Produktion größer 60 % des theoretisch zu erwartenden Wertes bei vollständiger Veratmung beträgt. Ein BSB : CSB-Verhältnis von größer als 0,5 deutet ebenfalls auf einen Abbau hin. Diese Eliminierungsraten müssen in den Screening-Testen (s.u.) innerhalb von 10 Tagen nach Beginn des Abbaus - festgesetzt als 10%ige DOC-Abnahme - erreicht werden.

Bei der Testung der biologischen Abbaubarkeit von Chemikalien unterscheidet man drei Stufen (s. dazu auch Tabelle 35):

1. Stufe: Testung der leichten Abbaubarkeit ("ready biodegradability"): Die OECD-Richtlinie (1981) stellt hierzu fünf verschiedene Screening-Teste (Auswahlteste) vor, in denen die Abbaubarkeit mit relativ wenig Bakterien in einem mineralischen Testmedium geprüft wird. Diese Teste sind schnell und billig durchzuführen und haben orientierenden Charakter: Substanzen, die unter diesen Bedingungen abgebaut werden, gelten als leicht abbaubar und müssen keiner weiteren Prüfung unterzogen werden.

2. Stufe: Testung der strukturbedingten Abbaubarkeit ("inherent biodegradability"): Auf dieser Ebene wird die prinzipielle Abbaubarkeit von Substanzen geprüft, die in den Screening-Testen nicht abgebaut wurden (s. dazu Tabelle 36). Bei diesen Testen handelt es sich um halbkontinuierliche Versionen des Belebtschlammverfahrens, die mit hochkonzentriertem Schlamm und zusätzlichen organischen Nährstoffen durchgeführt werden.

Tabelle 35: Testmethoden zur Prüfung der biologischen Abbaubarkeit chemischer Substanzen (GERIKE, FISCHER, 1979; KING, 1981, OECD, 1981; ROTT et al., 1982)

Testmethode	gemessene Parameter	Test-dauer	Modell für	Inokulum (Konzentration)	Konzentration der Testsubstanz (mg/l)
I. Screening-Teste					
- Closed-Bottle-Test	O_2		Oberflächenwasser	Ablauf Kläranlage (1 Tropfen: $0,25 \times 10^2$ Keime/ml)	2 - 10
- modif. OECD-Test	DOC		Oberflächenwasser	Ablauf Kläranlage Oberflächenwasser, Bodenaufguß (0,05 %)[1]	5 - 40
- AFNOR (frz.)	DOC	28 d	Flußwasser	Ablauf Kläranlage (5×10^5 Keime/ml)	40
- MITI (japan.)	O_2, DOC		Kläranlage	versch. Schlämme (30 mg TS/l; $2\text{-}10 \times 10^5$ Keime/ml)	100
- Sturm	CO_2		Oberflächenwasser	Überstand von homogenisiertem Belebtschlamm (2×10^5 Keime/ml)	10
II. Generelle Abbaubarkeiten					
- SCAS	DOC	3 m	Kläranlage	Belebtschlamm (hohe Konzentration)	nicht-toxische Konzentration
- Zahn-Wellens-Test	DOC, CSB	28 d	Industriekläranlage	Belebtschlamm (1 gTS/l: $0,6\text{-}3 \times 10^7$ Keime/ml)	50 - 400
- Bunch/Chambers (engl.)	BSB			+ Hefeextrakt	
III. Simulationsteste					
- Confirmatory-Test	Tensidabnahme	9 Wo	komm. Kläranlage	Kläranlagenablauf oder Schlamm (2,5g TS/l)	12
- Coupled-Units-Test Test[2]	DOC		" "		

[1] $0,5 - 2,5 \times 10^2$ Keime/ml

[2] nicht von der OECD-Guideline erfaßte Methode (FISCHER et al., 1979)

3. Stufe: Simulationsteste: sind komplexe Teste, die die Eliminierbarkeit chemischer Substanzen unter praxisnahen Bedingungen verfolgen. In dem von der OECD-Richtlinie (1981) empfohlenen Confirmatory-Test (Bestätigungstest) wird in einer Laborbelebtschlammanlage eine biologische Abwasserreinigungsanlage zur Testung des Primärabbaus anionischer und nichtionischer Tenside simuliert, die in Abwandlung (Coupled-Units-Test) auch zur Testung des Totalabbaus verwendet werden kann.

Substanzen, die auf keiner dieser Testebenen abgebaut werden, werden als nicht abbaubar bezeichnet. Die Auswahl der Teste ist im wesentlichen durch die chemisch-physikalischen Eigenschaften der Testsubstanzen vorgegeben: der Abbau unlöslicher Chemikalien kann z.B. nur über die CO_2-Produktion oder den O_2-Verbrauch, nicht jedoch über die DOC-Abnahme gemessen werden.

Die Ergebnisse in Tabelle 36 zeigen, daß nur selten alle zur Verfügung stehenden Methoden zur Untersuchung der Abbaubarkeit einer Substanz geeignet sind, Ergebnisse verschiedener Teste sind i.d.R. nicht miteinander vergleichbar (GERIKE, FISCHER, 1979; ROTT et al., 1982). Die Übertragung von Testergebnissen auf ökologische Zusammenhänge bzw. in die Praxis der Abwasserreinigung ist nicht unproblematisch, da die Teste die realen Umweltbedingungen nicht simulieren:
- In geschlossenen Testsystemen entfällt die ständige Erneuerung der Bakterienkultur, wie sie z. B. in Kläranlagen durch den Abwasserzufluß gegeben ist.
- Viele Teste arbeiten mit sehr niedrigen Bakterienausgangskonzentrationen und zum Teil sehr hohen Chemikalienkonzentrationen.
- Die Messung des O_2-Verbrauchs kann in einigen Testen durch Nitrifikationsprozesse verfälscht werden.
- Die Bildung von toxischen oder nicht abbaubaren Spaltprodukten kann den Abbau der Testsubstanz beeinflussen.

Bei den Testergebnissen muß grundsätzlich zwischen dem biologischen Abbau der Substanz und ihrer Eliminisation unterschieden werden: im Confirmatory-Test (OECD, 1981) sind nicht-biologische Eliminationsvorgänge - z. B. Adsorption an Schlammpartikel oder Gefäßwände - nicht ausgeschlossen und werden auch nicht gesondert erfaßt; entsprechend wird auch in der Literatur bei Angaben zur Abbaubarkeit nicht immer zwischen diesen beiden Eliminationsvorgängen differenziert. Die spezifische Stoffanalyse im

Tabelle 36: Abbaubarkeit mikrobizider Stoffe - Vergleich der Ergebnisse verschiedener Abbaubarkeitsteste

Abbaubarkeitsteste		mikrobizide Stoffe							
						amph. Tenside		Desinf.-mittel	
Bezeichnung	Meßgröße	2,4,6-Trichlorphenol	Pentachlorphenol	BDMDAC (QAV)	CTAB (QAV)	TEGO-Betain L7	Aminoxid WS 35	TEGO 51	TEGO 103G
Closed-Bottle-Test	$BODT_{28}$ (%)	48	-	0	0	-	-	-	-
modifizierter OECD-Screening-Test	DOC-Abn. (%)	0	5	8	7	-	-	-	-
AFNOR-Test	DOC-Abn. (%)	-	-	0	0	-	-	-	-
MITI-Test	DOC (%)	-	-	0	0	-	-	-	-
	$BODT_{14}$ (%)	-	-	0	0	-	-	-	-
Sturm-Test	CO_2 (%)	-	-	50	0	-	-	-	-
	DOC (%)	-	-	95	0	-	-	-	-
Zahn-Wellens-Test	DOC (%)	96	-	78	53	-	-	-	-
	Zeit (d)	15	-	14	14	-	-	-	-
Coupled-Units-Test	DOC	-	-	83±7 54±16	109±19 106±6*	71±2,2	77±2,3	-	-
	Einarbeitungszeit (d)	-	-	7	14	-	-	-	-
Confirmatory Test	Substanzabnahme (%)	-	-	-	-	98±0,5	98±0,3	98±1,4	98±1,9
	Einarbeitungszeit (d)	-	-	-	-	8,5	11	35	27

0 = kein Abbau, - = keine Angaben, + = 6 h Ø Aufenthaltszeit

Confirmatory-Test erlaubt nur eine Aussage über den Primärabbau: z. B. bei Tensiden versteht man darunter den Verlust der oberflächenaktiven Eigenschaften; es ist jedoch nicht ersichtlich, wieviel organische Substanz als chemisch verändertes oder teilweise abgebautes Tensid im Wasser noch vorhanden ist. Der Vergleich zwischen der analytischen Erfassung des Abbaus eines linearen Alkylbenzolfsulfonats (mittels MBAS/BiAS) und der DOC-Analytik zeigt sehr deutlich, daß noch Tensidanteile und Spaltprodukte im Wasser verblieben sind und im Confirmatory-Test somit nur ein Primärabbau gemessen wird (Abb. 25).

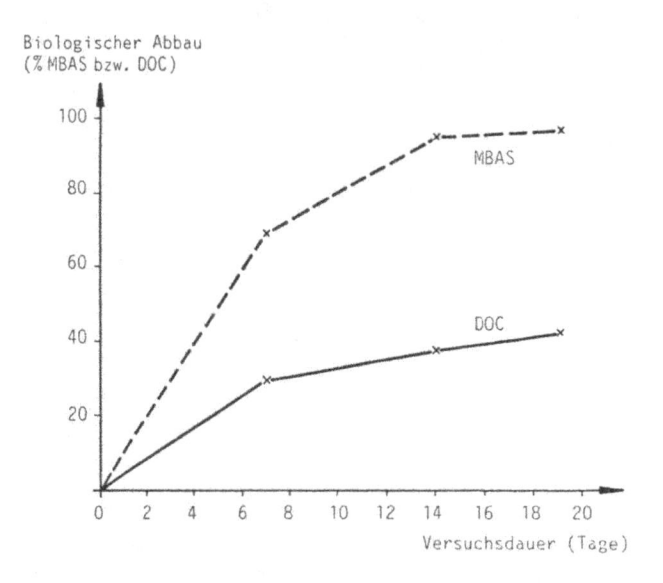

Abb. 25: Abbau von linearem Alkylbenzolsulfonat im OECD - Screening - Test (SCHEFER, 1983)

Es ist daher beispielsweise irreführend, Substanzen, die im Confirmatory Test zu 98 % nicht mehr analytisch erfaßt werden, als "hervorragend biologisch abbaubar" zu bezeichnen, solange nicht der Nachweis eines vollständigen Abbaus anhand ergänzender Teste erbracht wurde. Trotz aller Bemühungen um eine Objektivierung der Testmethoden sind aufgrund der testspezifischen Ergebnisse Möglichkeiten vorhanden, diejenigen Teste auszuwählen, die die günstigsten Ergebnisse liefern. Die Vergleichbarkeit von Testergebnissen wird weiterhin noch dadurch erschwert, daß viele Teste in den Laboratorien modifiziert werden: so ist bspw. die durchschnittliche Aufenthaltszeit in der Laborbelebtschlammanlage des OECD-Confirmatory-Tests auf drei Stunden festgelegt, in biologischen Abbautesten für Tributyl-Zinnverbindungen wurden jedoch Aufenthaltszeiten von ca. 7 und 12 Stunden gewählt (STEIN, KÜSTER, 1977 und 1982).

Die biologische Abbaubarkeit eines Stoffes ist konzentrations- und zeitabhängig. Die Konzentrationsabhängigkeit ergibt sich aus der Toxizität des abzubauenden Stoffes. Da mikrobizide Stoffe eigens dafür eingesetzt werden, Mikroorganismen abzutöten, liegt die Schwellenkonzentration der Abbaubarkeit sehr niedrig (unterhalb der Toxizitätsschwelle, je nach Wirkstoff im Bereich von nur wenigen mg/l). Die Abbauzeit hängt vor allem von der Art des Stoffes und der Relation Mikroorganismenmasse zu Stoffkonzentration ab. Sind die zum Abbau erforderlichen Enzymsysteme bereits vorhanden, was vor allem bei natürlichen Metaboliten ähnelnden Stoffen der Fall ist (z. B. manche Aldehyde, Alkohole und Carbonsäuren), so setzt ein spontaner Abbau ein. Je weniger ein mikrobizider Stoff natürlichen Metaboliten ähnelt und/oder je toxischer er ist, umso länger dauert die Adaptationsphase der Mikroorganismen. Während der Adaptation können entweder ruhende Enzymsysteme wieder aktiviert werden (relativ kurze Adaptationszeit) oder es findet auf dem Weg genetischer Veränderungen eine Enzymneubildung statt, die durch polyvalente Bakterienbiocoenosen mit relativ hohen Bakterienkonzentrationen begünstigt wird und mit einer anschließenden Selektion der abbaufähigen Bakterien verbunden ist (meist lange Adaptationszeiten). Adaptationszeit und Abbaugeschwindigkeit (Persistenz) sind zwei völlig unabhängige Größen: die Dauer der Adaptationsphase beeinflußt nicht die anschließende Geschwindigkeit des mikrobiellen Stoffumsatzes. Mit zunehmender Mikroorganismenmasse (bei konstanter Stoffkonzentration) verkürzt sich die Stoffumsatzrate.

In biologischen Abbautesten hängt die Adaptationszeit auch von der "Vorgeschichte" der eingesetzten Bakterien ab; bspw. ob sie mit der zu testenden oder einer ähnlichen Substanz schon einmal in Berührung gekommen sind oder nicht. Abbauzeit und Abbaugeschwindigkeit sind testspezifische Größen. Sie können zusammen mit dem Abbaugrad zur ungefähren Abschätzung des Verbleibs der Testsubstanzen in Klärsystemen herangezogen werden. In konkreten Fällen müssen sie für die betreffenden Kläranlagen ggf. durch modifizierte Teste bestimmt werden. Aufgrund der Verschiedenartigkeit der biologischen Klärsysteme (auch wenn sie auf dem gleichen technischen Prinzip beruhen) lassen sich so gewonnene Testergebnisse nur bedingt auf andere Kläranlagen übertragen.

Die Auswahl der in den Tabellen 36 und 37 aufgeführten mikrobiziden Stoffe zeigt, daß chemisch ähnliche Verbindungen auch ein ähnliches Abbauverhalten

Tabelle 37: Abbauparameter mikrobizider Stoffe (AUGUSTIN, 1980; BARUG, 1981; FENGER et al. 1973; GLEDHILL, 1975; JANICK, HILGE, 1979; PAULI, FRANKE, 1971; STEIN, KÜSTER, 1977; STEIN, KÜSTER, 1982; WALLHÄUSER, 1984; ZAHN, WELLENS, 1980)

		Abbauparameter					
		biologischer Abbau		Adaptationszeit (d)	Abbaugeschwindigkeit nach Adaptation (% CSB/d)	Abbaumetaboliten	Bemerkungen
		Grad (%)	Zeit (d)				
Aldehyde	Formaldehyd Glyoxal Glutardialdehyd	100		~1		Ameisensäure Glyoxylsäure Glutardisäure	
Phenole	o-Phenylphenol	100	1	1-1,5		Dihydroxyphenol u.a.	
	Benzylphenol p-Chlor-m-Kresol	100	1	2,5-3,5		Hydroxybenzaldehyd u.a.	
	p-Chlor-o-Benzyl-phenol						
	p-Chlorxylenol	<40		14			
	Pentachlorphenol	<40		14			
QAV	TBBA (Tetradecyl-dimethylbenzyl-ammoniumchlorid)	73-75	21	7-14		Essig-, Benzoe-säure, Tetradecyl-dimethylamin	
Ampho-tenside	Tego 51 Tego 103 G	98 98		35 27			Primärabbau
Per-Verbind.	Peressigsäure	78 90					ohne Voradaptation mit Voradaptation
Schwer-metalle	TBTO (Tributyl-zinnoxid)	>87* 50**		91		mono- und Dibutyl-zinnderivate, anor-ganische Zn-Verbin-dungen (ZnO$_2$), CO$_2$	* adaptiert
Carbonsäuren	Essigsäure Chloressigsäure Benzoesäure Salicylsäure Dehydracetsäure	>90 >90 (25-43)* >90 >90 >90	3 5,5 2 4 7	1 1 0 1 2,5	40 17 48 27 20		* ohne Voradapta-tion
Amide	Chloracetamid 3,4,4'-Trichlor-carbamilid -p-Chloranilin 3,4-Dichloranilin	>90 97 50 <5	6	0 10-16	16	p-Chloranilin 3,4-Dichloranilin	
Hetero-cyclen	Isothiazolinon Isocyanursäure	~100 10-12		14*			* 0,6 ppm Aus-gangskonzentra-tion; Halbwert-zeit 4 d

aufweisen, während chemisch verschiedene Stoffe sich meist sowohl in der zum Abbau erforderlichen Adaptionszeit als auch im Abbaugrad und in der Abbaugeschwindigkeit unterscheiden. Mit Hilfe chemischer Strukturmerkmale kann die relative Persistenz bzw. Abbaubarkeit eines Stoffes abgeschätzt werden.

So sind z.B. geradkettige Alkylgruppen leichter abbaubar als verzweigte, Alkene (ungesättigte Kohlenwasserstoffe) leichter abbaubar als Alkane (gesättigte Kohlenwasserstoffe) und diese wiederum sind leichter abbaubar als aromatische Verbindungen. Darüberhinaus hängt die Persistenz eines Stoffes von der Art, Anzahl und Stellung von Substituenten am Grundmolekül ab.

Ein Primärabbau muß jedoch nicht immer mit einer Detoxifikation einhergehen, dies zeigt das Beispiel 3,4,4'-Trichlorcarbanilid (TCC): beim Abbau dieses Bakteriostatikums entstehen chlorierte Aniline als Abbauprodukte, von denen das 3,4-Dichloranilin persistenter und toxischer als die Ausgangsverbindung ist (GLEDHILL, 1975). Auch beim Pentachlorphenol wurden ähnlich persistente, toxischere Abbauprodukte (z.B. verschiedene Tetrachlorphenole, Chlordioxine) gefunden.

Von den mikrobiziden Stoffen sind die Alkohole, Aldehyde und Carbonsäuren am leichtesten abbaubar (Tab. 37). Ihre Abbaubarkeit wird durch Halogenierung (vgl. Essigsäure und Chloressigsäure) negativ beeinflußt. Die Trägermoleküle der aldehydabspaltenden Verbindungen sind meist heterocyclischer Natur (s. Abschn. 2.2.1) und werden langsamer abgebaut als die Aldehyde selbst.

Phenole können vor allem durch Pseudomonaden über Spaltung des Phenolringes abgebaut werden (KIESLICH, 1976). Ihre Abbaubarkeit nimmt mit der Zahl der Substituenten am Phenolring ab. Von den substituierten Phenolen sind die Alkylphenole (z. B. Kresol, Thymol, Xylenol) leichter abbaubar als die Arylphenole (z. B. Benzylphenol). Am schwersten abbaubar sind die höher chlorierten Phenole. Eine geringere CO_2-Freisetzung aus 4-Chlorphenol gegenüber 2-Chlorphenol in Abbauversuchen deutet darauf hin, daß bei Dechlorierungsschritten die Stellung des Chlors eine wichtige Rolle spielt (HAIDER et al., 1974).

Die kationischen Benzalkoniumchloride (QAV) sind nach längerer Adaptationszeit abbaubar. Die Abbaugrade einzelner Verbindungen unterscheiden sich z. T. je nach Abbautest erheblich (Tab. 35). Als Abbauprodukt entsteht im Falle des TDBA neben relativ leicht zu metabolisierenden Carbonsäuren (Essig-,

Benzoesäure) auch Tetradecyclomethylamin, über dessen Wirkung und Verbleib nichts bekannt ist. Die Informationen zur Abbaubarkeit mikrobizider Ampho-tenside sind spärlich. Die in Tabelle 37 angegebenen Abbaugrade beziehen sich nur auf den Primärabbau. Die sehr langen Adaptionszeiten deuten jedoch auf einen schweren und unvollständigen Abbau hin.

Halogene und Peroxide setzen sich aufgrund ihrer Reaktivität mit anderen Stoffen im Abwasser rasch um. Persäuren sind sehr unbeständig und zerfallen chemisch in Wasser, Sauerstoff und die entsprechenden Carbonsäuren, die relativ leicht metabolisierbar sind. Wasserstoffperoxid kann in subtoxischen Konzentrationen von vielen Bakterien mittels dem Enzym Katalase in Wasser und Sauerstoff gespalten werden. Halogene können nicht abgebaut werden. Sie werden durch Reduktion ionisiert und fallen als Salze funktionell aus. Die heterocyclischen Trägerverbindungen (Isocyanursäure, Pyrrolidon) sind teilweise schwer abbaubar.

Organische Schwermetallverbindungen, wie z.B. die Triorganozinnverbindungen, sind meist erst nach längeren Adaptationszeiten abbaubar, die Metallionen- und -moleküle akkumulieren sich. Die beim TBTO entstehenden Metaboliten sind ebenfalls noch toxisch, wenn auch nicht so stark wie die Ausgangsverbindungen. Quecksilber kann durch Mikroorganismen methyliert werden, was eine Erhöhung seiner Toxizität und Akkumulierbarkeit zur Folge hat. Einige Mikroorganismen können Methylquecksilber zu metallischem Quecksilber und Methan reduzieren.

Über den Abbau von mikrobiziden Heterocyclen liegen keine konkreten Untersuchungsergebnisse vor. Anhand der nicht näher erläuterten Abbauzeit von Isothiazolon (Tab. 37) ist eine ausführlichere Erörterung einer so heterogenen Stoffgruppe nicht möglich. Es kann jedoch angenommen werden, daß ähnlich wie bei den aromatischen Verbindungen die halogenierten Heterocyclen eine höhere Persistenz aufweisen. Außerdem weist die Anwendung (bspw. Isothiazoline zur Konservierung von Kühlschmiermitteln) auf eine hohe biologische Halbwertszeit hin. Da die für den chemisch-technischen Bereich konservierten Produkte bis zu einem Jahr und länger verwendet werden sollen, ist eine hohe Persistenz der eingesetzten Mikrobizide erforderlich (erwünschte Persistenz), woraus zu folgern ist, daß diese Verbindungen auch im Abwasser noch eine vergleichsweise hohe Persistenz aufweisen. Von Triazinderivaten (Hexahydrotriazin, Cyanursäure) ist bekannt, daß sie persistenter als der aromatische Benzol-Ring sind (KORTE, 1980): das Grundgerüst der chlorabspaltenden Trichlorisocyanursäure (Isocyanursäure, Trihydroxy-triazin) ist im CoupledUnits Test nur zu 10 - 12 % abbaubar.

4.4.3 Toxizitätsschwellen

Ein Stoff ist toxisch (giftig), wenn er direkt oder indirekt (z.B. über die Nahrungskette) einen Organismus beeinträchtigt. Zum Nachweis toxischer Wirkungen von chemischen Substanzen auf Mikroorganismen existieren zahlreiche Testverfahren, in denen die Beeinträchtigung der Lebensfunktionen anhand von Stoffwechselaktivitäten (Sauerstoffverbrauch, Substratverwendung, Enzymaktivität, Bildung von spezifischen Stoffwechselendprodukten) oder der Vermehrungsrate gemessen wird (s. Abschnitt 4.2.2). Die Grenzwerte für die Hemmung von bakteriellen und protozoischen Reinkulturen - seltener von komplexen Biocoenosen - durch Schadstoffe werden meist als Letalkonzentrationen (LC), minimale Hemmkonzentrationen (MHK), toxische Grenzkonzentrationen (TGK) oder als no-observed-effect-concentrations (NOEC) angegeben (s. Abschnitt 2.1.5). Der Typ der Hemmung kann über den kontinuierlich gemessenen Sauerstoffverbrauch (z. B. Warburg-Technik, Sapromat) verfolgt und mittels enzymkinetischer Kenngrößen (Reaktionsgeschwindigkeit, Michaelis-Konstante) beschrieben und u. U. klassifiziert werden. Die bei der Beobachtung höherer Organismen getroffene Klassifizierung toxischer Wirkungen nach der Einwirkungsdauer der Schadstoffe in akute, sub-akute, sub-chronische und chronische Toxizität (s. Abschn. 2.1.5) ist bei der Testung von Mikroorganismen streng genommen nicht möglich, da bereits kurze Testzeiten von 30 min bei den meisten in biologischen Kläranlagen vorkommenden Bakterien wegen der (unter optimalen Versuchsbedingungen) kurzen Generationszeiten mindestens einen Lebenszyklus umfassen können und somit die Schadwirkung, gemessen an der Lebenszeit eines Bakteriums, immer auch eine chronische ist. Im folgenden werden in Anlehnung an die Literatur "akut-toxisch" und "letal" bzw. "totale Hemmung" synonym gebraucht, während der Begriff "sub-akute Toxizität" bzw. "sub-toxisch" für die Auswirkungen nichtabtötender - sub-letaler - Konzentrationen verwendet wird.

Die Toxizität eines Schadstoffs ist primär abhängig von seiner Konzentration und der Sensitivität der betroffenen Organismen. Die Hemmung des Gesamtsystems läßt sich in Anlehnung an die Theorie der Enzymkinetik mit Hilfe von verschiedenen, meist sich überlagernden Hemmtypen (kompetitive, nicht- und unkompetitive Hemmung) beschreiben, wobei sowohl reversible (meist Enzymhemmungen) als auch irreversible (z.B. Eiweißdenaturierung) Schädigungen möglich sind (HARTMANN, 1983).

Die Reaktionen der Mikroorganismen auf die verschiedenen Schadstoffe sind artspezifisch: der Zellbau und die genetisch fixierte Enzymausrüstung geben den Rahmen physiologischer Reaktionsmöglichkeiten (Adaptation, Speicherung, Abbaubarkeit) vor, der unter Umständen noch durch mutagene Vorgänge erweitert werden kann. Die Akkumulation (Anreicherung) eines Schadstoffes im Organismus ist oft ein passiver Vorgang und hängt von seiner Konzentration und seinem Verteilungskoeffizienten ab (s. Abschnitt 2.1.5). Daneben existieren sekundäre Faktoren, die die Schadwirkung beeinflussen. Dies können spezifische Abwasserinhaltsstoffe sein, die die Toxizität des Schadstoffes erhöhen oder vermindern (synergistisch bzw. antagonistisch wirkende Substanzen), indem sie z.B. seine Reaktivität oder Mobilität verändern. Die unter "Milieufaktoren" zusammengefaßten Parameter sind zum einen durch die Abwasserzusammensetzung und die darin ablaufenden biologischen Reaktionen vorgegebene Faktoren wie z.B. pH-Wert, Temperatur, NH_4^+, DOC und O_2-Gehalt und zum anderen technisch gesteuerte Faktoren (Betriebsparameter) wie z.B. Nährstoffbelastung, Schlammkonzentration und Schlammalter.

In Abbildung 26 sind die Einflußgrößen der Schadwirkung schematisch zusammengestellt. Die Gegenwart des Schadstoffes führt zu relativ schnellen Reaktionen innerhalb der Bakterienzelle (enzymatische Adaption), die langfristig die Konkurrenzfähigkeit des Organismus innerhalb der Biocoenose bestimmen (biocoenotische Adaptation). Die Vielzahl der beeinflussenden Faktoren und die Komplexität der Reaktionsmöglichkeiten des biologischen Systems auf der Ebene der Organismen bzw. der Biocoenosen ermöglichen jedoch keine verbindliche Bestimmung toxischer Grenzkonzentrationen für biologische Klärsysteme.

Ein grundsätzliches Problem liegt dabei in den Toxizitätstesten, die durch den Einsatz von Reinkulturen und die Wahl der Versuchsbedingungen lediglich ein statisches, "unnatürliches" System simulieren, in dem überwiegend die in der Praxis vorherrschenden Einflußgrößen nicht berücksichtigt sind. Praxisnahe Biocoenoseteste bestimmen allerdings auch nur Grenzwerte für den jeweils getesteten Schlamm - eine allgemeingültige Übertragung auf die Verhältnisse in anderen Kläranlagen ist aufgrund der biocoenotischen Unterschiede nicht möglich. Bei der Bestimmung der minimalen Hemmkonzentration eines Schadstoffes wird innerhalb eines relativ kurzen Zeitraumes - gemessen an biocoenotischen Adaptationsvorgängen - die unmittelbare Reaktion der Mi-

```
                    Antagonismen
                    Synergismen
                         │
                         ▼
┌──────────────┐  ┌──────────────────────────────────┐  ┌──────────────┐
│ Schadstoff:  │  │ Bakterienzelle                   │  │ Wirkungen:   │
│              │  │  ┌─────────────┐ ┌─────────────┐ │  │              │
│-Konzentration│  │  │ Sensitivität│─│ Reaktionen: │ │  │-biocoenotische│
│              │  │  ├─────────────┤ │             │ │  │ Adaptation   │
│-Dispersion   │─▶│  │ Adaptation  │ │-enzymatische│ │─▶│              │
│              │  │  ├─────────────┤ │ Adaptation  │ │  │-Leistungsfähigkeit│
│-chemisch-    │  │  │ Mutation    │ │-Stoffwechsel-│ │  │ des Systems  │
│ physikalisches│  │  ├─────────────┤ │ leistung    │ │  │              │
│ Verhalten    │  │  │ Akkumulation│ │-Vermehrungs-│ │  │              │
│              │  │  ├─────────────┤ │ rate        │ │  │              │
│              │  │  │ Abbaubarkeit│ │             │ │  │              │
└──────────────┘  └──────────────────────────────────┘  └──────────────┘
                         ▲
                    Milieufaktoren:

              a) pH-Wert, Temperatur, $NH_4^+$- und $O_2$-Gehalt
              b) Nährstoffbelastung, Schlammkonzentration, Schlammalter
```

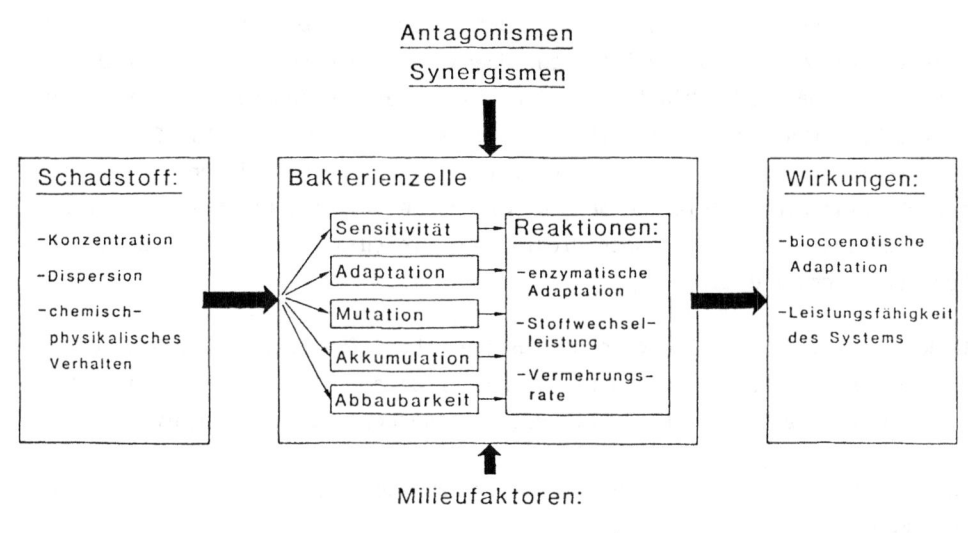

Abb. 26: Einflußgrößen auf die Wirkung eines Schadstoffes

kroorganismen gemessen. Es zeigt sich jedoch auch, daß eine kontinuierliche Belastung von Mischpopulationen unterhalb dieser Schwelle zu Populationsverschiebungen führen kann. SCHUBERT (1980) stellte fest, daß z.B. der Einsatz von o-Bromphenol in einer unter dem MHK-Wert liegenden Konzentration den Abbau von Abwasserinhaltsstoffen verzögert und führt die als Restverschmutzung in Kläranlagenabläufen gemessenen nicht abbaubaren Substanzen auf den Einfluß subtoxischer Schadstoffkonzentrationen zurück.

Ein weiteres Problem bei der Bestimmung von Toxizitätsschwellen ist die Quantifizierung adaptiver und akkumulativer Vorgänge. Voraussetzung für die Erhaltung einer einmal erworbenen Adaptation an eine bestimmte Substanz ist ein regelmäßiger Kontakt mit dieser Substanz, so daß verschiedentlich schon vorgeschlagen wurde, den Adaptationszustand einer Kläranlage durch kontinuierliche Schadstoffzugabe aufrechtzuerhalten (STEIN, KÜSTER, 1982). Es ist schwer zu erfassen, inwieweit die Adaptation bei den bekannten Belastungsschwankungen in Abhängigkeit der Kläranlagen-Betriebsparameter (Schlammbelastung, Schlammalter) aufrecht erhalten werden kann. Trotz Adaptation kann somit angenommen werden, daß eine Kläranlagenbiocoenose zu verschiedenen Zeiten unterschiedlich auf einen zufließenden Schadstoff reagiert. Durch akkumulative Prozesse können sich Stoffe, die in subtoxischen Konzentrationen eingeleitet werden, anreichern, bis nach einer gewissen Zeit die toxische Schwellenkonzentration erreicht bzw. überschritten wird. Die Wirkung akkumulierbarer Schadstoffe hängt vor allem von der Schlammkonzentration, der Schlammbelastung und der Nährstoffkonzentration im Abwasser ab. Die Angabe von Akkumulationsfaktoren (s. Abschnitt 2.1.5) für verschiedene Organismen erlaubt zwar eine vergleichende Beurteilung der Akkumulierbarkeit verschiedener Schadstoffe, sagt jedoch nichts über die quantitative Veränderung der Toxizitätsschwelle aus.

Um wenigstens einen größenordnungsmäßigen Anhalt für toxische Schwellenkonzentrationen mikrobizider Stoffe in biologischen Kläranlagen zu erhalten, sind in Tabelle 38 die in der Literatur gefundenen Daten zur Hemmwirkung zu-

Tabelle 38: Hemmkonzentrationen mikrobizider Stoffe auf Bakterien und Belebtschlamm-Proben

Wirkstoffe	Vermehrungshemmung[1] Pseudomonas putida (mg/l)	Atmungshemmung[2] Pseudomonas putida (mg/l)	Toxische Grenzkonzentrationen Belebtschlamm	Akkumulationsfaktor	Gefährdungsstufen[3] Bakterientoxizität					
					I 1 mg/l	II 1 - 100 mg/l	III 100 1000 mg/l	4)	5)	6)
Formalin 35 %ig	14	100	0,005 % HCHO				HCHO	6,5	4,5	22
Benzaldehyd	132	320				x		22	12	0,29
Hexamethylentetrazin	-	-				x				
Phenol	64(350)	190				x		144	65	
o-Kresol	33(80)	66				x		31	132	17
m-Kresol	53(180)	110				x		62	114	31
o-Phenylphenol	100	-	0,002 %							
3-Chlorphenol	30	-								
Chlor-m-Kresol	70	-	0,002 %							
2-Benzyl-4-Chlorphenol	70	-								
2,3-Dichlorphenol	6(80)	50								
2,4-Dichlorphenol	70	-				x		1,6	5,8	0,5
3,5-Dichlorphenol	10	-				x				
2,4,5-Trichlorphenol	20	9				x				
2,4,6-Trichlorphenol	170			40						
2,4,4'-Trichlor-2'-hydroxi-diphenylether	-	-	2 mg/l							
2,3,4,5-Tetrachlorphenol	12	-								

Wirkstoffe	Vermehrungshemmung[1] Pseudomonas putida (mg/l)	Atmungshemmung[2] Pseudomonas putida (mg/l)	Toxische Grenzkonzentrationen Belebtschlamm	Akkumulationsfaktor	Gefährdungsstufen[3] Bakterientoxizität			[4]	[5]	[6]
					I 1 mg/l	II 1 - 100 mg/l	III 100 1000 mg/l			
Pentachlorphenol	60	1		1.100						
QAV	-	-	15 mg/l			x				
Dimethyl-benzyl-cocosfett-alkyl-ammoniumchlorid	-	-	0,002 %							
Amphotensid	-	-	0,0005 %							
Chlor	-	-	0,002 %	x						
Aktivchlor	-	-	0,002 %							
Iodophor	-	-	0,001 %							
Wasserstoffperoxid	11	-	0,005 %			x				
Ethanol	6.500	10.000						6.120	10.000	65
1-Propanol	2.700	10.000					x	568	175	38
2-Propanol	1.050	10.000					x	3.425	104	4.930
Benzylalkohol	658	-					x			
Triethylenglykol	320	10.000					x	10.000		
Tributylzinnoxid	-	-	5 mg/l, adaptiert							
Tributylzinnoxid			1 mg/l, nicht adaptiert							
HgCl$_2$	0,001	0,5	0,3-1,0 mf Hg/l					0,015	0,067	0,018
Benzoesäure	480	50					x	31	356	218
Salicylsäure	465	-					x			
Trichloressigsäure	1.000	50						435	2.279	798

1) beginnende Hemmung der Zellvermehrung (EC_{10}) nach BRINGMANN, KÜHN, 1977
2) beginnende Hemmung des Sauerstoffverbrauchs (EC_{10}) nach ROBRA, 1976
3) Einteilung nach Landesamt für Wasserwirtschaft Nordrhein-Westfalen, 1984
4) Uronema parduczi (BRINGMANN, KÜHN, 80)
5) Chilomonas paramaecium (BRINGMANN u.a.)
6) Entosiphon sulcatum (BRINGMANN, 1978)

sammengefaßt. Die Konzentrationsangaben haben zur Abschätzung möglicher Beeinträchtigungen nur orientierenden Charakter. Ein grundsätzliches Problem ist es, daß in den Bakterientests die Schadstoffhemmung nach unterschiedlichen Kriterien (Vermehrungs- und Atmungshemmung) gemessen wird, so daß ein Vergleich der Hemmkonzentrationen der verschiedenen Stoffe im Grunde nicht möglich ist.

Außerdem werden für diese Teste entweder Schlämme aus Kläranlagen oder Reinkulturen typischer Bakterien des Belebtschlammes (z.B. Pseudomonas putida) verwendet. Wichtige Schadstoffindikatoren wie z.B. Nitrifikation oder Protozoen, werden nicht oder selten getestet. Wie die Ausführungen in Abschnitt 4.1.3 zeigen, reagieren gerade in nitrifizierenden Systemen die an der Nitrifikation beteiligten Organismen sehr empfindlich auf Milieuveränderungen. Es kann daher angenommen werden, daß die Toxizitätsschwellen für diese Bakterien niedriger liegen, als die der organotrophen Bakterien. Für einige Protozoen wurden vor allem von BRINGMANN et al., 1979 und 1980 toxische Grenzkonzentrationen ermittelt. Die Ergebnisse von Protozoen-Testen (Tab. 38) zeigen, daß auch die protozoischen Mikroorganismen i.d.R. empfindlicher auf Schadstoffe reagieren als die organotrophen Bakterien.

Eine Arbeitsgruppe des LANDESAMTes für WASSER und ABFALL in Nordrhein-Westfalen (1984) hat eine vorläufige Einteilung wassergefährdender Stoffe in Gefährdungsstufen vorgenommen (vgl. Tab. 38). Der Einteilung liegt die Annahme zugrunde, daß Stoffe mit hoher Bakterientoxizität auch eine hohe Toxizität gegenüber Belebtschlamm aufweisen. Dies ist jedoch nur bedingt korrekt und hängt von den jeweiligen biologischen und technischen Gegebenheiten in den betroffenen Kläranlagen ab (Abschnitt 4.1.3). In dieser Einteilung ist außerdem z.B. 2,4,5-Trichlorphenol in dieselbe Gefährdungsstufe (1 - 100 mg/l) wie Phenol eingeordnet; der Vergleich der Atmungshemmung nach ROBRA (Tab. 38) zeigt jedoch, daß nach diesem Testkriterium 2,4,5-Trichlorphenol mindestens 20 mal toxischer ist als Phenol. Hier müssen also noch Feinabstufungen vorgenommen werden.

Eine Möglichkeit hierfür ist die Einbeziehung der Resistenz der Mikroorganismen gegenüber der Hemmwirkung von Schadstoffen oder des Akkumulationsfaktors. Die Resistenz (Tab. 39) der in Kläranlagen isolierten Bakteriengruppen kann mittels Selektivnährböden für verschiedene Substanzen ermittelt werden und gibt Aufschluß über den Adaptationszustand der Kläranlagenbiocoenose (BLAIM, 1984). Ein hoher Akkumulationsfaktor deutet auf zu erwartende zeit-

Tabelle 39: Hemmstoffresistenz von dominierenden Bakteriengruppen in Kläranlagen (BLAIM, 1984)

Substanz	Bakteriengruppe				
	schleim-bildende-Zoogloeen	Zoogloeen ohne Schleim-bildung	restistente Alcaligenes	sensitive Alcaligenes	Pseudo-monaden
Phenol	2	2	2	1	2
2-Chlorphenol	1	1	1	2	3
3- "	2	2	2	1	2
4- "	2	2	2	1	2
O-Kresol	1	1	2	1	2
Benzalkoniumchlorid	5	3	4	2	1
Iod-Kaliumiodid	1	1	1	1	1
Quecksilber(II)-chlorid	1	1	2	1	2

relative Resistenz : "1"-geringste Resistenz, "5"-höchste Resistenz

liche Verzögerungen der Hemmwirkung von Schadstoffkonzentrationen hin, die unterhalb der in Kurzzeittesten ermittelten Hemmkonzentrationen liegen. Zu beiden Parametern liegen über mikrobizide Stoffe jedoch kaum Meßdaten vor.

Abschließend kann gesagt werden, daß die Toxizitätsschwellen für Kläranlagen nur unter den jeweiligen Milieubedingungen praxisorientiert bestimmt werden können. Die Angabe allgemeiner Grenzwerte der toxischen Hemmung ist somit nur ein Hinweis auf die im praktischen Betrieb unter Umständen zu erwartenden Beeinträchtigungen, sie muß vorerst als Übergangslösung betrachtet werden.

4.5 Abschätzung der Relevanz mikrobizider Stoffe hinsichtlich einer Beeinträchtigung der Funktionstüchtigkeit kommunaler Kläranlagen

Die Tatsache, daß abgesehen von wenigen Störfällen durch meist unsachgemäße, stoßweise Ableitung mikrobizider Stoffe aus Produktion und punktueller Anwendung in Krankenhäusern und einigen Industriezweigen kaum durch mikrobizide Stoffe beeinträchtigte Kläranlagen bekannt wurden, darf nicht zu dem Schluß verleiten, daß es in dieser Hinsicht keine Probleme gibt. Die

vorangestellten Abschnitte machen deutlich, daß das Geschehen im Abwasserbereich sehr differenziert zu betrachten ist, und man muß berücksichtigen, daß eine Vielzahl von Faktoren auf die Funktion einer Kläranlage Einfluß haben. Als Zwischenergebnisse sind festzuhalten, daß Kläranlagen
- aus einer Vielzahl von Anwendungsfällen (Desinfektionsreinigern, kosmetischen Produkten; vgl. Tabelle 1) kontinuierlich mit unterschiedlich wirkenden mikrobiziden Stoffen und
- zusätzlich von punktuellen, stoßartigen Einleitungen konzentriert angewendeter Gebrauchslösungen (Flächen-, Instrumentendesinfektion, Chemietoiletten, etc.; vgl. Tabelle 1)

beaufschlagt werden. Bei näherer Betrachtung der Anwendungsfälle mikrobizider Stoffe (vgl. Kapitel 3) sind - abgesehen von der Produktion, von unsachgemäßem Gebrauch oder unerlaubter, schlagartiger Ablassung von Stapeltanks - alle Einleitungen in das Kanalnetz als bestimmungsgemäße Einleitungen anzusehen, die - bislang wenigstens - auch rechtens eingeleitet werden. Aus Sicht des Kläranlagenbetreibers bedeutet dies, daß die Kläranlage mit diesen potentiell störenden Einleitungen zurechtkommen muß.

Biochemisch gesehen ist dabei von Vorteil, daß zumindest einige mikrobizide Stoffe vorwiegend aus dem Anwendungsbereich gegen pathogene, teilweise aber auch technisch schädliche Mikroorganismen ständig ins Abwasser gelangen und die Kläranlagenbiocoenosen sich daran adaptieren können. Problematisch sind aber jene mikrobiziden Stoffe, die sich überwiegend nicht in ständigem Gebrauch befinden, bei denen eine hohe Persistenz erwünscht ist und die eventuell auch noch stoßartig in die Kanalisation eingeleitet werden. Eine sehr wichtige Funktion im Hinblick auf mögliche Beeinträchtigungen kommt bei mikrobiziden Stoffen dem Verbindungskanal zwischen Einleitung und Kläranlage zu, da in ihm Reaktionen stattfinden können, die eine negative Auswirkung auf die Kläranlagenbiocoenose abschwächen oder ganz verhindern.

4.5.1 Wirkungsmodell mikrobizider Stoffe im Abwasser

In Anbetracht dessen, daß über die Wege, die Wirkung und den Verbleib mikrobizider Stoffe nur sehr wenig bekannt ist, wird hier eine Wirkungskette erläutert, die die einzelnen in dieser Untersuchung zusammengetragenen Ergebnisse miteinander verknüpft. In analytischen Folgeuntersuchungen ist diese Theorie zu verifizieren. Aufbauend auf den Ergebnissen aus den Fallbeispielen und unter Berücksichtigung der biochemischen Vorgänge in den Abwasserreinigungsanlagen wird schließlich in Abschnitt 4.5.2 erläutert, in welchen

Kläranlagen mit Beeinträchtigungen durch mikrobizide Stoffe am ehesten zu rechnen ist.

Anwendung mikrobizider Stoffe

Wohl alle mikrobiziden Stoffverbindungen erfahren bei ihrer Anwendung mehr oder weniger eine Veränderung durch den Kontakt mit den abzutötenden Mikroorganismen, in dem sie je nach Wirkungsweise mit Bestandteilen der Zellmembran oder des Zellinnern reagieren (vgl. Abschnitt 2.2). Ein Hinweis hierauf ist beispielsweise der Eiweißfehler verschiedener Wirkstoffe, z.B. von Aldehyden und Halogenen. Theoretisch dürften zumindest bei den stark reagierenden Präparaten durch exakte Einhaltung der erforderlichen Wirkstoffkonzentrationen kaum noch reaktionsfähige Bestandteile der Wirkstoffgruppen mehr ins Abwasser gelangen. In der Praxis ist dem jedoch nicht so, weil einerseits die erforderliche Wirkstoffkonzentration nie so exakt feststellbar ist, daß optimal dosiert werden kann, andererseits das eingesetzte Präparat in seiner gesamten Formulierung zu sehen ist. Diese Formulierung soll gezielt synergistisch wirkende Bedingungen schaffen, wobei auch Vorbehandlungsmaßnahmen vor dem Einsatz mikrobizider Stoffe zu synergistischen Effekten führen können. Außerdem reagieren nie alle Wirkstoffe mit allen Mikroorganismen, weil kein hinreichender Kontakt mehr zu den abzutötenden/zu hemmenden Mikroorganismen geschaffen werden kann und außerdem Wirkstoffanteile durch ohnehin anwesende Agenzien (Schmutzpartikel, Reinigerrückstände) verändert und teilweise gebunden und inaktiviert werden. Dies gilt vor allem für Per-Verbindungen und für Halogene, insbesondere Chlor, aber auch Schwermetalle im Anwendungsbereich der Desinfektionsmittel. Aufgrund der o.a. Zusammenhänge gelangen Überschüsse an noch antimikrobiell wirkenden Verbindungen in Form punktueller, stoßartiger Einleitungen ins Abwasser. Der CSB dieser Verbindungen ist vergleichsweise für die Abwasserreinigung unbedeutend.

Etwas anders stellen sich die Emissionen mikrobizider Stoffe aus dem Einsatzbereich gegen vorwiegend technisch-schädliche Mikroorganismen dar. Mit der Konservierung bestimmter Produkte (Schaumbäder, Weichspülmittel, Bohremulsionen, Textilhilfsmittel etc.) will man gerade erreichen, daß über lange Zeit kein mikrobieller Verderb eintritt; bei vorzeitiger Emission ist also mit antimikrobiell wirkenden Verbindungen mit hoher Persistenz zu rechnen - teilweise kontinuierlich aus dem Haushaltsbereich, teilweise diskontinuierlich aus der industriellen Anwendung konservierter Produkte.

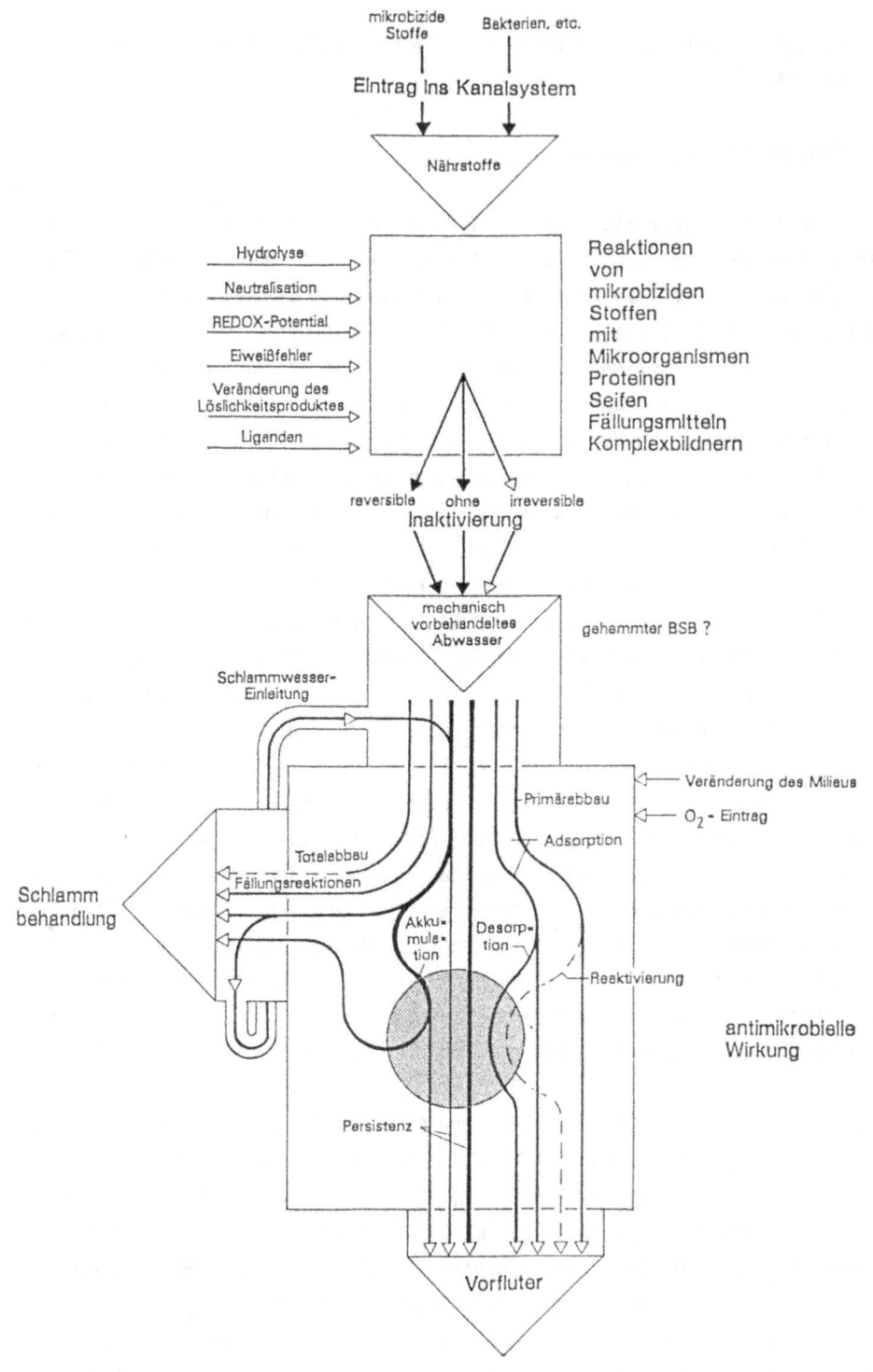

Abb. 27: Schematische Darstellung der Inaktivierungs-/Reaktivierungsreaktionen mikrobizider Stoffe in Abwasser und ihrer Wirkung in Kläranlagen

Reaktionen mikrobizider Stoffe im Abwassersammler

Bei Einleitung ins kommunale (oder industrieeigene) Abwassernetz erfolgt in der Regel eine Verdünnung, aber auch ein Kontakt mit anderen reaktionsfähigen Partnern (so weiß man beispielsweise von Chlor, daß infolge des hohen Chlorzehrungsvermögens von Abwasser nur einige Meter nach der Einleitung kein freies Chlor mehr feststellbar ist). Eine ausreichende Verdünnung bringt es mit sich, daß die antimikrobielle Wirkung auf die Biocoenose einer Kläranlage zu schwach ist, um sie vollständig abzutöten oder auch nur zu hemmen. Eine große Zahl mikrobizider Stoffe ist damit irreversibel inaktiviert. Der im Zulauf gemessene BSB_5 ist hierfür ein Indikator (s.a. Abb. 27). Akkumulierbare Stoffe (d.s. Mikrobizide, die vorwiegend lipophilen Charakter haben) und Verbindungen mit langen biologischen Halbwertszeiten behalten dagegen ihre Bedeutung.

Weitere Inaktivierungsvorgänge ergeben sich durch Adsorption (beispielsweise von QAV an Silikatteilchen, an organische Partikel oder inerte Stoffe), durch Hydrolyse, pH-Wert-Verschiebung und Temperaturabsenkung. Es sind reversible (Komplexbildung), z.T. aber auch irreversible (Aldehydreaktion) Veränderung der mikrobiziden Stoffe bereits im Abwassersammler möglich. Allerdings bedeutet - je nachdem - eine irrevesible Reaktion auch eine Festlegung antimikrobieller Wirkstoffverbindungen, weil diese nun länger im System verbleiben können, bis sie metabolisiert oder cometabolisiert werden können.

Schließlich kann im Kanalsystem unter aeroben oder anaeroben Bedingungen bereits je nach Wirkstoffart zumindest teilweise ein Total-Abbau (enzymatische Aufspaltung) stattfinden (beispielsweise bei Aldehyden), so daß die verbleibenden Restkonzentrationen unter der Nachweisgrenze liegen und nur durch komplizierte Anreicherungsverfahren überhaupt noch analytisch nachgewiesen werden können.

Mikrobizide Stoffe in der biologischen Stufe

In die biologische Stufe gelangen demzufolge nur noch die reaktiven Wirkstoffe, die so im Überschuß dosiert wurden oder anderweitig ins Abwasser gelangten, daß entweder
1. die Reaktionszeit zu kurz war oder kein ausreichender Kontakt mit den Mikroorganismen zustande kam,
2. keine ausreichende Zahl von Reaktionspartnern vorhanden war oder

Mikrobizide nur gering bakterizid (beispielsweise einige Fungizide) wirken,

3. eine Reaktion mit Mikroorganismen stattgefunden hat, der Wirkstoff aber nicht abverbraucht wurde, zwar lokal gebunden ist, aber in einer Belebtschlammflocke reaktiv bleibt,

4. eine Reaktion mit mehreren Reaktionspartnern möglich ist, weil der Wirkstoff Depotcharakter hat oder ganz allgemein auch die Metaboliten eine hohe Persistenz aufweisen und noch mikrobizid wirken,

5. eine Reaktion mit Mikroorganismen stattgefunden hat und der Wirkstoff sich in lipidhaltigen Kompartimenten der Bakterien akkumuliert,

6. eine Reaktion im Abwassersammler stattgefunden hat, diese aber durch Milieuveränderungen in der Kläranlage wieder rückgängig gemacht wird (Entkomplexierung durch biotischen Abbau der Liganden oder ganz allgemein Reaktivierung).

D.h., daß abgesehen von Fällen kurzer Sammlerlängen oder Einleitung kurz vor der Kläranlage (1.) vorwiegend mit Beeinträchtigungen durch persistente (2.-4.) und/oder akkumulierbare (5.+ 6.) mikrobizide Stoffe zu rechnen ist, weil keine irreversible Inaktivierung (Metabolisierung) stattfinden konnte, bzw. die mikrobiziden Stoffe im Abwasser aufgrund ungünstiger Bedingungen (Temperatur, pH-Wert, Anwesenheit von Netzmitteln) nicht so verändert werden, daß sie in der biologischen Stufe der Kläranlage nicht mehr reagieren können. Derartige Belastungen machen sich dann auch in einer Vergiftung der im Zulauf gemessenen BSB_5-Probe bemerkbar.

Problematisch sind die schleichenden, unterschwelligen Schadstoffkonzentrationen, die lokal begrenzt in der Belebtschlammbiocoenose zu einer Abtötung oder Hemmung der Reinigungsträger (Bakterien) führen und sich, wenn häufig und genau genug gemessen wird, in einer geringeren Assimilationsleistung bemerkbar machen. Diese graduellen Verschlechterungen des Reinigungsergebnisses werden aber nur selten erkannt. Daneben spielen <u>akkumulierbare</u> Stoffe eine Rolle, die die Vermehrungsrate der Bakterien herabsetzen, weil sie sich in in den Lipidteilchen der Zellwandstrukturen anreichern und sich schädlich auf die Zellteilung auswirken. Andererseits hemmen sie aber auch die Bakterienfresser (Protozoen) in ihrer Aktivität, wenn infolge Nährstoffarmut die Protozoen auf ihre eingelagerten Reserven zurückgreifen und die darin angereicherten mikrobiziden Stoffe reaktiviert werden.

Aufgrund der permanenten Einleitung mikrobizider Stoffe ins Abwasser ist damit zu rechnen, daß innerhalb der Bakterienpopulation die adaptierten Bakteriengruppen zumindest teilweise einen enzymatischen Aufschluß persistenter Verbindungen bewirken und einen Teilabbau herbeiführen (bei Organometallen führt der Abbau zu den weniger, aber noch immer toxischen anorganischen Metallverbindungen). Es besteht aber auch die Möglichkeit, daß je nach Nährstoffsituation und Belastungszustand der Kläranlage die nicht physikalisch-chemisch eliminierten Anteile mikrobizider Stoffe verstärkt in die Vorfluter gelangen, weil nur wenige Bakterien mit diesen Stoffen in Kontakt kommen oder sie sich erst den leicht abbaubaren Stoffen zuwenden. Die an kolloidale, schwebende Teilchen adsorbierten persistenten Wirkstoffe können von freischwimmenden Protozoen - z.T. wenigstens - inkorporiert werden und dann zu ihrer Hemmung oder Abtötung führen.

In Abbildung 28 ist für einige mikrobizide Stoffgruppen in Anlehnung an die in Abschnitt 4.4 erläuterten Zusammenhänge und entsprechend der Reaktionen

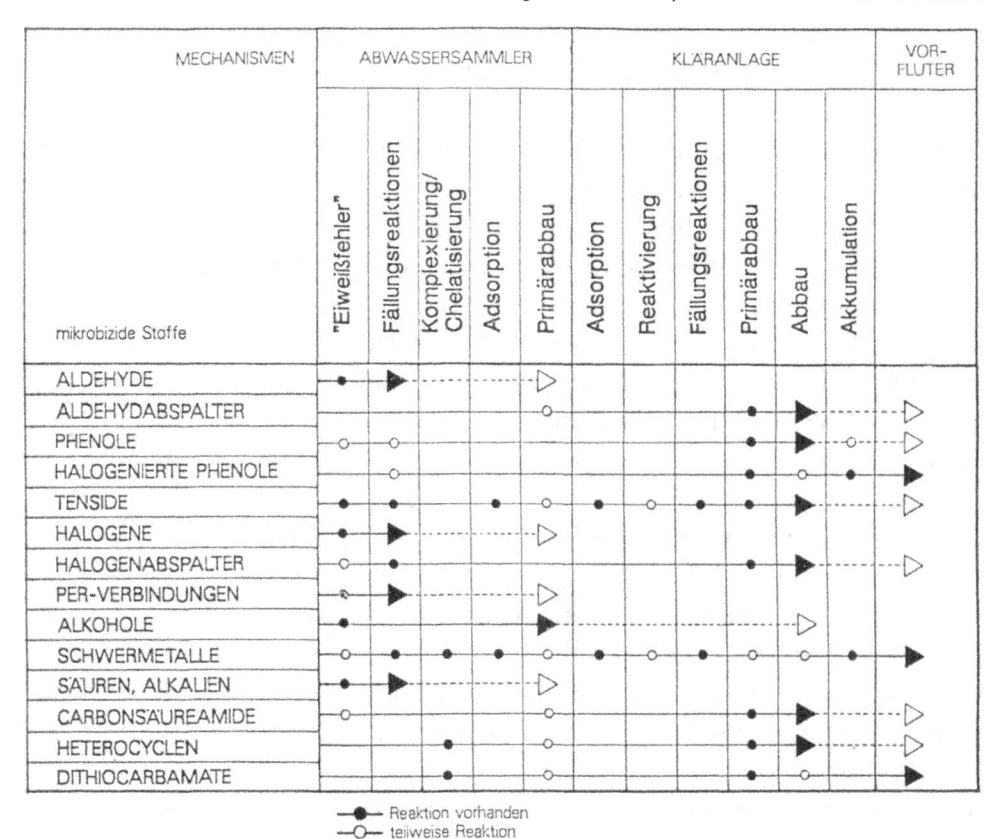

mikrobizide Stoffe	ABWASSERSAMMLER "Eiweißfehler"	Fällungsreaktionen	Komplexierung/ Chelatisierung	Adsorption	Primärabbau	KLÄRANLAGE Adsorption	Reaktivierung	Fällungsreaktionen	Primärabbau	Abbau	Akkumulation	VOR- FLUTER
ALDEHYDE	●	▶			▷							
ALDEHYDABSPALTER					○				●	▶		▷
PHENOLE	○	○							●	▶	○	▷
HALOGENIERTE PHENOLE	○								●	○	●	▶
TENSIDE		●		●	○	●		○	●	▶		▷
HALOGENE	●	▶			▷							
HALOGENABSPALTER	○								●	▶		▷
PER-VERBINDUNGEN	●	▶			▷							
ALKOHOLE					▶						▷	
SCHWERMETALLE	○		●	○		○		○	●	●		▶
SÄUREN, ALKALIEN	●	▶			▷							
CARBONSÄUREAMIDE	○				○				●	▶		▷
HETEROCYCLEN			●		○				●	▶		▷
DITHIOCARBAMATE			●		○				●	○		▶

●— Reaktion vorhanden
○— teilweise Reaktion
—— vorwiegend
- - - - einige Verbindungen

Abb 28: Globale Abschätzung der Wege mikrobizider Stoffe von der Anwendung bis zum Vorfluter

nach Abbildung 28 überblickhaft erläutert, welche davon hauptsächlich in Kläranlagen noch wirksam sein können bzw. auch noch für die Vorfluter von Bedeutung sind. Dabei ist von vornherein klar, daß die Mikrobiziden mit einer in ihrem Anwendungsfeld erwünscht hohen Persistenz auch in Kläranlagen potentiell hemmend auf die Bakterientätigkeit wirken. Infolge der kaum akut-toxischen Konzentrationen aus den Anwendungsfällen persistenter mikrobizider Stoffe ist damit zu rechnen, daß zunächst die Protozoen und nitrifizierenden Bakterien beeinträchtigt werden, bevor mit einer Beeinträchtigung der chemoorganotrophen Bakterien zu rechnen ist. Somit kann zwar der Abbau der gelösten organischen Substanz noch (weitgehend) vollständig sein, die Ablaufwerte an Nitrit und Ammonium bzw. absetzbaren Stoffen oder allgemein Trübstoffen können aber unter den eigentlich zu erwartenden Ergebnissen der betroffenen Kläranlage liegen.

4.5.2 Bedeutung mikrobizider Stoffe für Beeinträchtigungen und Abschätzung von Schaden-Eintritts-Wahrscheinlichkeiten

In Abbildung 27 ist die zuvor erläuterte Wirkungskette zusammengefaßt: Im Zulauf von Kläranlagen sind vorwiegend akkumulierbare und persistente mikrobizide Stoffe noch von Bedeutung, seltener infolge punktueller stoßartiger Einleitungen und ungenügender Reaktionsmöglichkeiten im Abwassersammler (gehemmter/vergifteter BSB_5 im Zulauf) auch noch solche mikrobiziden Stoffe, die einen hohen Eiweißfehler aufweisen. Die in Abbildung 28 skizzierten Wege und Reaktionsmechanismen einzelner mikrobizider Verbindungsklassen verdeutlichen, welche mikrobiziden Stoffgruppen als kläranlagenrelevant einzustufen sind.

Emissionssituation im Einzugsbereich betroffener Kläranlagen

Generell ist festzuhalten, daß persistente und akkumulierbare mikrobizide Stoffe überwiegend aus dem Einsatzbereich gegen technisch-schädliche Mikroorganismen ins Abwasser gelangen und aufgrund ihrer großen Verbreitung ständig - in unterschwelligen Konzentrationen - im Abwasser wiederzufinden sind.
Relevante Mengen mikrobizider Stoffverbindungen mit hoher Persistenz werden eingesetzt
- zur Desinfektion überwiegend von Flächen (halogenierte Phenole; relativ kontinuierliche Einleitungen), teilweise von Wäsche und Instrumenten (halogenierte Phenole; stoßartig),

- zur Konservierung von Kosmetika (Heterocyclen; kontinuierlich), von chemisch-technischen Produkten (halogenierte Phenole, Organometallverbindungen, Heterocyclen und Dithiocarbamate; eher diskontinuierlich) und
- zum sonstigen Einsatz in der Brauchwasserbehandlung und zur Schleimbekämpfung (Organometalle, Heterocyclen, Dithiocarbamate; sowohl stoßartig als auch kontinuierlich) sowie in Waschhilfsmitteln (halogenierte Phenole, kontinuierlich).

Verbindungen mit mäßiger Persistenz im Hinblick auf die in Kläranlagen ablaufenden Prozesse finden Anwendung
- bei der Desinfektion von Flächen (Tenside, kontinuierlich) und Wäsche (Tenside, z.T. Halogenabspalter, stoßartig),
- bei der Konservierung von Kosmetika (Aldehydabspalter, Carbonsäureamide; kontinuierlich), von chemisch-technischen Produkten (Aldehydabspalter; Phenole, Carbonsäureamide; eher diskontinuierlich) und
- beim sonstigen Einsatz in der Wasserbehandlung (Tenside; sowohl kontinuierlich als auch stoßartig) und Chemietoiletten (Tenside; stoßartig).

Darüber hinaus spielt die Akkumulierbarkeit der Mikrobizide, die auf ihrem lipophilen Charakter (halogenierte Phenole und Organometalle) beruht, in den genannten Einsatzbereichen eine wichtige Rolle.

Zusammenfassend kann man sagen, daß somit wohl allen Kläranlagen relativ kontinuierlich mikrobizide Stoffe zugeleitet werden, wobei
° aus der Gruppe der Mikrobiziden mit Eiweißfehler durch die ohnehin im Abwasser vorhandenen Bakterien und organischen Verbindungen in der Regel ein Abverbrauch der antimikrobiellen Wirkung bis zum Eintritt in die Kläranlage erfolgt,
° aus der Gruppe der persistenten Mikrobiziden trotz möglicher Inaktivierungsreaktionen eine antimikrobielle Wirkung vorhanden ist, weil kein vollständiger Abverbrauch bzw. keine Inaktivierungsreaktion stattgefunden hat oder eine Reaktivierung stattfinden konnte.

Diesen kontinuierlichen Einleitungen überlagert sind nun stoßartige Ablassungen mikrobizider Gebrauchslösungen oder hochkonservierter Produkte, wobei hier davon auszugehen ist, daß es sich teilweise um Verbindungsgruppen handelt, die nicht ohnehin auch kontinuierlich eingeleitet werden.

Immissionssituation betroffener Kläranlagen

Es ist davon auszugehen, daß ständig noch antimikrobiell wirkende Verbindungen aus der Anwendung mikrobizider Stoffe in die Kläranlagen gelangen und dort in unterschiedlichem Maße zu einer Abtötung oder Hemmung von Mikroorganismen auch unterhalb der minimalen Hemmkonzentrationen (MHK) führen. Infolge der hohen Vermehrungsrate der chemoorganotrophen Bakterien unter ansonsten günstigen Milieuverhältnissen (pH-Wert, Temperatur und O_2-Gehalt) und vor allem wegen einer ausreichenden Nährstoffzufuhr, wird dieser antimikrobielle Effekt sich kaum sichtbar auf die Reinigungsleistung (bezogen auf den BSB_5) der Kläranlagen auswirken. Keine Beeinträchtigung liegt vor, wenn die Vermehrungsrate der verbliebenen Bakterien aufgrund ihres Selektionsvorteils die Hemmungs-, respektive Abtötungsrate ausgleicht oder übersteigt. Je weiter das Verhältnis von Vermehrungs- zu Abtötungsrate unter "1" absinkt, desto eher werden Beeinträchtigungen auch sichtbar (vgl. Abschnitt 4.2.3).

Liegen die Konzentrationen antimikrobiell wirkender Verbindungen unter der akut-toxischen Konzentration einer (selektierten) Organismengruppe, ist damit zu rechnen, daß sie mit der Zeit auch mineralisiert werden, zumindest teilweise. Voraussetzung hierfür ist aber, daß Mikroorganismen diese Verbindungen "verwerten" können und wollen. Dies setzt vor allem die weitgehende Mineralisierung gelöster organischer Substanzen voraus, was in schwachbelasteten Anlagen weitgehend der Fall ist. Allerdings können dabei auch toxische Metaboliten entstehen, die sich wiederum hemmend auf die Organismentätigkeit auswirken.

Da die Nitrifikanten wesentlich empfindlicher als chemoorganotrophe Bakterien auf schädigende Stoffeinleitungen reagieren und sich relativ nur sehr langsam vermehren, wird die Nitrifikationsleistung zuerst zurückgehen. Da die ständigen Einleitungen mikrobizider Stoffe in Kläranlagen meist auch noch unter den minimalen Hemmkonzentrationen dieser Bakteriengruppe liegen, ist jedoch zu vermuten, daß - wenn nicht eine Milieuveränderung ohnehin die Nitrifikanten stört - die Nitrifikationsleistung einer Kläranlage nicht vollständig herabgesetzt wird.

Abgesehen von der direkten Beeinträchtigung der Protozoen, die unmittelbar bei akut-toxischen Einleitungen mikrobizider Stoffe erfolgen und durch eine mikroskopische Betrachtung des Belebtschlammes festgestellt werden kann, können diese auch über die in den Bakterienzellen angereicherten mikrobiziden Stoffe beeinträchtigt werden. Während die Bakterien in Abhängigkeit des Nährstoffangebotes wachsen und sich vermehren, speichern die bakterienfressenden Protozoen in gewissem Umfang auch Reservestoffe. Haben sich in den Lipidteilchen dieser Organismen dabei antimikrobielle Stoffe akkumuliert, kommt es zur Hemmung oder Abtötung in Abhängigkeit des Akkumulationsgrades. Für den Kläranlagenablauf hat die Beeinträchtigung der biomechanisch wirksamen Protozoen erhöhte Trübungswerte zur Folge, verbunden mit einer unerwünschten Verschlammung der Vorfluter.

Abschätzung der Schaden-Eintritts-Wahrscheinlichkeit

Insofern ist also festzuhalten, daß besonders Kläranlagen mit hohem Schlammalter, also Schwachlast- und Stabilisierungsanlagen sowie Schwachlast-Festbettreaktoren am ehesten von mikrobiziden Stoffeinleitungen betroffen sind, da
- hier das Nährstoffangebot gering ist und sich somit Intoxikationen durch hohe Vermehrungsraten nicht kompensieren lassen,
- hier die aktive Biomasse ohnehin recht gering gehalten wird und
- sich hier akkumulierende Effekte einiger mikrobizider Stoffe am ehesten auswirken können.

Nur in diesen Anlagentypen kann aber aufgrund des geringen Nährstoffangebots an gelösten organischen Substanzen eine Metabolisierung mikrobizider Verbindungen erfolgen.

Insbesondere Stabilisierungsanlagen sind in kleinen Einzugsgebieten anzutreffen, in denen sich (und das ist ja mit ein Grund für den Bau "puffernder" Anlagen) im Abwassersammler keine ausreichende Verdünnung, respektive Vermischung mit reaktionsfähigen Partnern einstellen kann und meist auch die Reaktionsstrecke sehr kurz ist, so daß die Kanal-Inaktivierungseffekte nur wenig zum Tragen kommen. Weiterhin ist zu vermuten, daß durch mikrobizide Stoffe die Nitrifikationsleistung herabgesetzt wird, da Nitrifikanten allgemein anfälliger sind, als die Bakterien, die gelöste organische Substanzen abbauen. Schließlich sind auch die zahlreichen höheren Organismen aufgrund von Akkumulationseffekten bzw. niedrigeren Hemmkonzentrationen als diejenigen der Bakterien wohl eher betroffen.

Sieht man einmal von Störfällen ab, zeigen Hochlastanlagen die geringsten Beeinträchtigungen durch mikrobizide Stoffe, da hier die "Aufgabenstellung" lautet, hohe Stoffwechselumsätze (den DOC betreffend) zu erzielen, die ein hohes Nährstoffangebot und hohe Vermehrungsraten implizieren. Während hier also geringere BSB-Abbauraten infolge meist zu kurzer Kontaktzeiten in Kauf zu nehmen sind, können Schwachlast-/Stabilisierungsanlagen infolge Einleitung mikrobizider Stoffe verschlechterte Reinigungsleistungen (BSB_5, Ammonium, Nitrit, absetzbare Stoffe) aufweisen. Bei der häufig genannten, höheren Prozeßstabilität dieser Anlagen wird nämlich oft nicht berücksichtigt, daß die dem Zulauf korrespondierenden Größen im Ablauf meist nachts gemessen werden müßten, weil die Aufenthaltszeiten entsprechend lang sind, und 24-Stunden-Mischproben keine sehr große Aussagekraft bezüglich der hier relevanten Schwankungen mehr besitzen. Die Beeinträchtigung der Protozoenaktivität dürfte sich - entsprechend dem Nährstoff- und Schadstoffprofil des Zulaufs - vor allem am Wochenende - bemerkbar machen.

Eine zukünftige Sicherstellung stabiler Ablaufergebnisse (Reinigungsleistung) einer Kläranlage und Metabolisierung mikrobizider Stoffe wird man deshalb nur in mehrstufigen Anlagen erreichen können, in denen man
- in einer Hochlaststufe einen weitgehenden Abbau der gelösten organischen Substanz anstrebt und einen relativ guten Puffer für schwankende Zuläufe (organisch abbaubare Stoffe, in gewissen Grenzen auch Stoßbelastungen verschiedenster Art) schafft, wobei auch die Bioadsorption eine nicht unwesentliche Rolle spielen dürfte und der Abbau persistenter Verbindungen eingeleitet werden kann, um
- in weiteren Stufen den restlichen Abbau gelöster organischer Substanz, die Elimination freischwimmender und partikulärer Schwebstoffe, die Elimination von Stickstoff-, bzw. Phosphat sowie einen weitgehenden Abbau persistenter Verbindungen vorzunehmen.

Damit wird man auch in weit größerem Maße den biochemischen und ökologischen Mechanismen gerecht.

Zusammenfassende Bewertung

Gemessen an den sonstigen Einflußfaktoren auf die Reinigungsleistung von Kläranlagen spielen also mikrobizide Stoffe keine einheitliche Rolle, weil zum einen zu differenzieren ist zwischen kontinuierlichen und stoßartigen Belastungen der Lebensgemeinschaften in Kläranlagen und zwischen wenig, mäßig und sehr persistenten Verbindungen, wovon ein Teil außerdem aufgrund seiner Lipophilität auch noch akkumulierbar ist.

Zusammenfassend läßt sich folgern, daß kontinuierlich überhaupt nur noch wenige antimikrobiell wirkende Verbindungen aus der Gruppe der mikrobiziden Stoffe in die Kläranlagen gelangen (d.h. keine Hemmung des BSB_5 im Zulauf), weil ein Großteil irreversibel mit Mikroorganismen, Proteinen oder anderen Reaktionspartnern im Abwassersammler reagiert hat und damit die antimikrobielle Wirkung weitgehend aufgehoben oder soweit reduziert ist, daß die gesamte Biocoenose nach außen hin nicht beeinträchtigt wird. Eine Hemmung einzelner Bakterienstämme kann durch resistentere, andere Stämme kompensiert werden, die an deren Stelle den Abbau der gelösten organischen Substanzen - eventuell aber nicht so vollständig - übernehmen. In Abhängigkeit der Nährstoffversorgung wird in diesen Fällen nach außen hin kaum eine Beeinträchtigung sichtbar. Intern hat sich jedoch die Biocoenose verändert, möglicherweise in Richtung eines "labileren" Zustandes, so daß andere Störfaktoren sich gravierender auswirken als ohne Belastung durch mikrobizide Stoffe.

Stoßartige Überlagerungen dieser kontinuierlichen Einleitungen mikrobizider Stoffe können sich bis in die Kläranlagen fortsetzen, wobei einesteils damit zu rechnen ist, daß eine enzymatische und biocoenotische Adaptation aufgrund stofflicher Ähnlichkeiten mit kontinuierlich eingeleiteten mikrobiziden Stoffen bereits erfolgt ist, so daß sich diese nur wenig gravierend auf die vorhandene Biocoenose auwirken, andernteils aber die Biocoenose unvorbereitet ist. Mit steigenden Konzentrationen noch antimikrobiell wirkender mikrobizider Stoffe bzw. mit zunehmender Persistenz erhöht sich auch der Grad der Hemmung der Bakterien, insbeondere der Nitrifikanten und der bakterienfressenden Protozoen und Metazoen.

Zunächst geht aufgrund der geringeren Toxizitätsschwellen die Protozoenaktivität zurück, die in einer erhöhten Trübung sichbar wird, weil Protozoen als biomechanisches Filter die Entnahme freischwimmender Bakterien und kolloidaler partikulärer Verbindungen bewirken. In der Folge sinkt - meist bevor der BSB_5-Abbau beeinträchtigt ist - die Nitrifikationsleistung. Schließlich geht in Abhängigkeit der Konzentration antimikrobiell wirkender Verbindungen der Abbau der gelösten organischen Substanzen zurück. Bei Einleitung unterschwelliger Konzentrationen von akkumulierbaren Verbindungen oder durch den Abbau organischer Liganden komplexgebundener mikrobizider Stoffe, respektive durch Reaktivierungsreaktionen kann sich ein zusätzlicher negativer Effekt auf die Funktionstüchtigkeit der Kläranlage einstellen. Dies ist möglich, wenn infolge der genannten Vorgänge oder durch Anreicherung dieser Verbindungen im System die Toxizitätsschwellen der betroffenen Bakterienstämme in der Kläranlage erreicht werden oder wenn die bakterienfressenden höheren Organismen infolge Nährstoffarmut Reservestoffe aufzehren und festgelegte, antimikrobiell wirkende Verbindungen in der Zelle wieder reaktivieren.

Die oben erläuterte Wirkungskette macht deutlich, warum die Befragungsaktion von Klärwärtern durch die Abwassertechnische Vereinigung zum Problem der mikrobiziden Stoffe keinen Erfolg haben konnte: die Beeinträchtigungen spielen sich (abgesehen von wenigen Fällen hochkonzentrierter stoßartiger Belastungen oder verstärkt durch synergistische Effekte durch Klärbetrieb und andere Stoffeinleitungen) in einer Art und Weise ab, die vom Klärwärter nicht erkannt werden kann, insbesondere in den Kläranlagen nicht, die am ehesten betroffen sind, nämlich den kleinen Kläranlagen, weil die sporadische Kontrolle (beispielsweise BSB_5 einmal pro Woche oder Monat) keine Hinweise auf schwankende Betriebsergebnisse vermitteln kann. Schließlich liegen auch keine absoluten Vergleichswerte vor, welches Reinigungsergebnis eine Kläranlage bringen muß, worauf gemessene Abweichungen bezogen werden könnten. Berücksichtigt man nun noch die eingangs genannten Ursachen für mögliche Ablaufschwankungen und implizite Beeinträchtigungen der Kläranlagenfunktionstüchtigkeit (bspw. Maschinenausfall, ungünstige Betriebsweise wie z.B. zu späten Schlammabzug oder sonstige Stoßbelastungen) können die vorwiegend graduellen Einflüsse durch mikrobizide Stoffe mit herkömmlichen Methoden nicht erfaßt und zugeordnet werden.

Abgesehen von Störfällen durch mikrobizide Stoffeinleitungen ist insgesamt gesehen mit Beeinträchtigungen durch vorwiegend stoßartig eingeleitete, persistente, akkumulierbare Verbindungen in Kläranlagen mit geringer Schlammbelastung (d.h. geringes Nährstoffangebot, hohes Schlammalter, ausgeprägte Freßkette) am ehesten zu rechnen. Sofern die mikroziden Stoffe biologisch abbaubar sind, besteht allerdings in den schwachbelasteten Anlagen am ehesten die Möglichkeit, die Metabolisierung persistenter mikrobizider Stoffe einzuleiten, weil die Bakterien infolge Nährstoffarmut an gelösten leicht abbaubaren Stoffen immer schwerer abbaubare Kohlenstoff-Verbindungen aufzuschließen versuchen. In den Vorflutern werden sich infolge toxischer Effekte oder/und Metabolisierungseffekten im Ablauf schwachbelasteter oder mehrstufiger Kläranlagen mikrobizide Stoffe in geringem Maße wiederfinden lassen. Es ist zu erwarten, daß die im Abwassersammler reversibel inaktivierten Mikrobizide nur teilweise in der Kläranlage wieder reaktiviert werden, so daß sich in der Folge durch die Milieuveränderungen auch noch biozide Wirkungen im Vorfluter einstellen können, insbesondere weil die Toxizitätsschwellen höherer Organismen meist unter denjenigen von Bakterien und Protozoen liegen.

Die Beeinträchtigung der Funktionstüchtigkeit von Kläranlagen ist also generell eine Frage des Kläranlagentyps und hängt wesentlich von den Reaktionen im Abwassersammler und der Veränderungen des Abwassers im Vorfeld der biologischen Behandlung (mit/ohne Vorklärung, Vorfällung etc. ab). Da die meisten Kläranlagen inzwischen gebaut sind, existiert eine Lösung darin, daß die Anwendung mikrobizider Stoffe danach ausgerichtet wird, in welchen Typ der Kläranlage die mikrobiziden Gebrauchslösungen eingeleitet werden und welche Inaktivierungsreaktion diese auf dem Weg dorthin erfahren können. Fallweise kann die antimikrobielle Wirkung dadurch aufgehoben werden, daß gezielt Inaktivierungsmittel zudosiert werden (s. dazu Kapitel 5).

5 Ansatzpunkte zur Vermeidung von Beeinträchtigungen biologischer Abwasserreinigungsanlagen durch Stoffimporte

Die Ausführungen in Kapitel 4 haben deutlich gemacht, daß es in Kläranlagen meist zu spät ist, um auf beeinträchtigende Stoffeinleitungen zu reagieren: einerseits, weil die Ansprechzeiten der in Frage kommenden Meßgeräte zu lang sind, andererseits, weil kaum Möglichkeiten bestehen, spezifisch zu reagieren (Abschnitt 5.1). Das Hauptgewicht bei der Vermeidung von Beeinträchtigungen muß deshalb bei den Vorsorgestrategien (Abschnitt 5.2) ansetzen. Hierfür sind verstärkt Entwicklungsarbeiten notwendig, um den Erfordernissen auf der Anwenderseite gerecht zu werden, aber auch Forschungsarbeiten zur Untersuchung der Wirkung von Stoffeinleitungen auf biologische Klärsysteme, die in Abschnitt 5.3 erläutert werden. Aufbauend auf diesen Untersuchungen wird man gezielter mit erfolgversprechenden Gegenmaßnahmen und Vorsorgestrategien und auch mit administrativen Maßnahmen (Abschnitt 5.4) ansetzen können.

In Anbetracht der Tatsache, daß mikrobizide Stoffe aufgrund ihrer vielfältigen Einsatzbereiche in Lebensmitteln und Gütern des täglichen Bedarfs ständig ins Abwasser gelangen, spielen zunächst einmal die bestimmungsgemäß, den Kläranlagen kontinuierlich zufließenden Abwässer mit mikrobiziden Inhaltsstoffen eine wesentliche Rolle. Zu dieser mikrobiziden Stofffracht kommen nun mikrobizide Stoffe aus der gezielten Anwendung beispielsweise in Krankenhäusern und im industriellen Bereich hinzu, die fallweise zu stoßartigen Konzentrationserhöhungen mikrobizider Stoffe im Abwasser führen können. Insofern müssen die Ansatzpunkte zur Vermeidung von Beeinträchtigungen sowohl dem regulären Betrieb als auch diesen eher stoßartigen Belastungen gerecht werden. Das Ausmaß einer Beeinträchtigung hängt potentiell vom Klärverfahren, vom Auslastungsgrad, von der Betriebsweise - um nur einige, wichtige Randbedingungen herauszugreifen - ab.

Aufgrund der bislang geringen Kenntnis biochemischer Vorgänge in Kläranlagen und der nur stichprobenartigen Überwachung der Kläranlagenabläufe, insbesondere aber auch der Zuläufe, orientieren sich die Ansatzpunkte, die die Kläranlagenseite anbelangen, auch an der Verbesserung des derzeitigen Informationsstandes, unabhängig ob eine Beeinträchtigung vorliegt oder nicht. Eine gezielte Detoxifikation mikrobizider Stoffe (beispielsweise durch Neutralisation oder Fällung) erst in der Kläranlage ist ökonomisch nicht sinnvoll, abgesehen davon, daß sie wenig erfolgversprechend ist. Schwerpunkte der nachstehend aufgeführten Ansatzmöglichkeiten liegen deshalb in der Erhöhung der Prozeßstabilität allgemein, in der Anpassung der Kläranlage an die emissionsseitigen Randbedingungen durch Vermeidung interner Stoßbelastungen (durch Trübwasser, Schlammwasser) oder durch Erhöhung des Nährstoffangebotes beispielsweise durch gezielte Trübwassereinleitung, wenn mit toxischen Stoffen im Abwasser zu rechnen ist.

Da infolge der Trägheit des Systems "Kläranlage" dort Anpassungen nur in geringem Umfang möglich sind, müssen auf der Emissionsseite entsprechende Vorkehrungen getroffen werden. Dies sollte u.a. durch eine generelle Umstellung auf abwasserverträglichere, mikrobizide Stoffe enthaltende Produkte, aber auch in Fällen erhöhter Anwendung durch Verwendung nur solcher Wirkstoffe erfolgen, die den am Schluß der Wirkungskette liegenden Kläranlagentyp nicht beeinträchtigen können. Dabei spielen dann auch die Einzugsgebiets-spezifischen Randbedingungen wie Länge der Vermischungsstrecke, Puffer-Effekte und Inaktivierungsreaktionen im Abwassersammler eine Rolle.

Insofern orientieren sich die administrativen Ansatzpunkte neben generellen Umweltchemikalien-Aspekten an der Schaffung besserer Voraussetzungen für die Gewinnung von Informationen über die Kläranlagenfunktionstüchtigkeit und an der Vorsorge vor potentiellen Gefahren durch akkumulierbare und persistente Verbindungen im Wasser.

5.1 Reaktionsmöglichkeiten in Kläranlagen

Im allgemeinen werden unter Gegenmaßnahmen gegen oder bei einer Störung der biologischen Reinigungsstufe durch antimikrobiell wirkende Stoffeinleitungen meist Reaktionen auf Stoßbelastungen verstanden. Schwankenden Reinigungsleistungen wurde bislang nur begrenzte Aufmerksamkeit gewidmet und dieses Problem eher hingenommen. Lediglich bei Kläranlagen mit permanent erhöhten Ablaufwerten wurden Leistungsverbesserungen oder ein Ausbau vorgenommen, weil als Ursachen meist Überbelastungen in Frage kamen. Es gibt aber auch eine Reihe von Reaktionsmöglichkeiten für Kläranlagen, die mit dem Problem schleichender Intoxikation bzw. stark schwankender Reinigungsergebnisse ständig oder periodisch zu kämpfen haben. In Abbildung 29 sind in Abhängigkeit von Ausmaß und Häufigkeit von Beeinträchtigungen - gleich ob es sich um stoßartige oder schleichende Belastungen handelt - einige Gegenmaßnahmen exemplarisch zusammengestellt.

Während bislang das Hauptaugenmerk auf Stoßbelastungen kommunaler Kläranlagen gerichtet war und auch nur diese aufgrund einer plötzlichen Änderung im Reinigungsgeschehen für den Klärwärter und fallweise für die Aufsichtsbehörden erkennbar wurden, haben die im Zuge der Klärschlammaufbringungsverordnung (AbfKlärV, 1981) durchgeführten Untersuchungen zum Problem der Schwermetallanreicherung im Klärschlamm erkennen lassen, daß Akkumulationsphänomene eine wichtige Rolle spielen können. Die in diesem Zusammenhang sporadisch angestellten Untersuchungen zur Beeinträchtigung der Funktionstüchtigkeit der so belasteten Kläranlagen wiesen zwar aus, daß die vorgefundenen Schwermetallkonzentrationen meist unter den im Labor bestimmten, minimalen Hemmkonzentrationen lagen; es wurden aber keine Angaben gemacht über den Typ der Kläranlage, die Nährstoffversorgung oder zur Zusammensetzung der mikrobiellen Flora, so daß nicht eindeutig geklärt ist, ob die betroffenen Kläranlagen zwar im Rahmen ihres Reinigungsvermögens hinreichend gute Ablaufwerte erbracht haben, ohne Schwermetallbelastung aber ein besseres Reinigungsergebnis hätten erzielen können.

Der Hinweis auf die Schwermetalluntersuchungen sollte deutlich machen, daß - bevor man an die Frage der Gegenmaßnahmen herangehen kann - zu klären ist, welche Ablaufwerte die jeweilige Kläranlage mit beispielsweise 95 % Wahrscheinlichkeit unterschreiten müßte. Ein großes Problem dabei ist (vgl. Aufstellung von Bewirtschaftungsplänen), daß diese Randbedingungen für jede Kläranlage anders aussehen können. Erst wenn ein konkretes Anforderungsprofil an die Kläranlagen gestellt ist, kann der Kläranlagenbetreiber seine Maßnahmen daraufhin abstellen. Allerdings fehlt bislang auch noch gänzlich die (politische und rechtliche) Bewertung der Folgen des Abschlags schadstoffhaltigen Abwassers unmittelbar in den Vorfluter unter Umgehung der biologischen Stufe, versus einer Inkaufnahme einer möglicherweise mehrwöchigen verschlechterten Reinigungsleistung durch Beeinträchtigung der biologischen Stufe. Solange aber Ablaufschwankungen mehr oder weniger hingenommen werden, sofern keine Höchstwertüberschreitung nachgewiesen wird und damit die

```
                    Zulauf
        ┌─────────────────────────────────────┐
        │ Beeinträchtigung der biologischen Stufe │
        └─────────────────────────────────────┘
           nein          ja
                          ↓
                ┌─────────────────────────┐
                │ Abschlag in den Vorfluter │
                └─────────────────────────┘
                     ja        nein
                                ↓
   ┌──────────┐      ┌─────────────────────┐
   │ Betrieb  │◄─────│   Gegenmaßnahmen    │
   │ wie bisher│     └─────────────────────┘
   └──────────┘
```

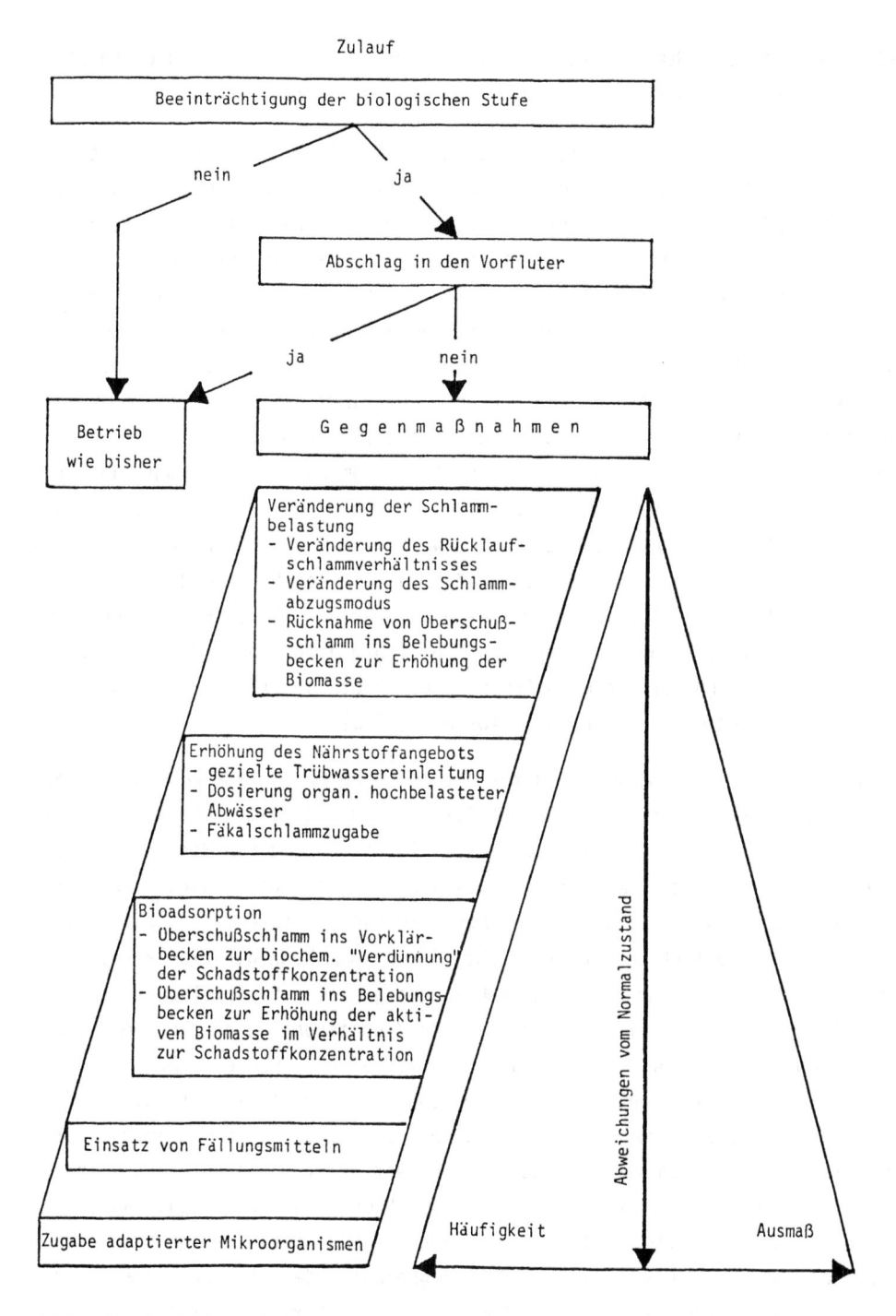

Veränderung der Schlamm-belastung
- Veränderung des Rücklaufschlammverhältnisses
- Veränderung des Schlammabzugsmodus
- Rücknahme von Überschußschlamm ins Belebungsbecken zur Erhöhung der Biomasse

Erhöhung des Nährstoffangebots
- gezielte Trübwassereinleitung
- Dosierung organ. hochbelasteter Abwässer
- Fäkalschlammzugabe

Bioadsorption
- Überschußschlamm ins Vorklärbecken zur biochem. "Verdünnung" der Schadstoffkonzentration
- Überschußschlamm ins Belebungsbecken zur Erhöhung der aktiven Biomasse im Verhältnis zur Schadstoffkonzentration

Einsatz von Fällungsmitteln

Zugabe adaptierter Mikroorganismen

Häufigkeit ← Abweichungen vom Normalzustand → Ausmaß

Abb. 29: Reaktionsmöglichkeiten auf Stoffimporte in Kläranlagen

Halbierung der zu zahlenden Abwasserabgabe verloren geht, wird (und braucht) sich der Kläranlagenbetreiber nicht um konstantere Ablaufwerte bemühen.

In Abbildung 29 ist angedeutet, in welcher Form auf beeinträchtigende Stoffeinleitungen in Abhängigkeit von Höhe und Häufigkeit derartiger Belastungen reagiert werden kann. Schwierigkeiten macht in jedem Fall die Identifikation akut-toxischer Stoffeinleitungen früh genug vor ihrem Eintreten in die biologische Stufe (vgl. Abschnitt 4.2.2). Bei chronisch-toxischen Einleitungen, bei denen die meisten Toxizitätsregistriergeräte überhaupt nicht anzeigen, können die in Abschnitt 4.2.3 erläuterten Indikatoren durchaus genügen, weil es in diesem Fall seitens des Klärwärters mehr darum geht, die schädigenden Stoffe aus dem biologischen System frühest möglich zu entnehmen, ggf. eine Adaptation der Biocoenose an die Stoffeinleitungen zu beschleunigen und die Funktionstüchtigkeit zu erhalten bzw. kurzfristig wieder herzustellen. Eine gezielte Behandlung schadstoffhaltigen Abwassers mit subakut-toxisch wirkenden Konzentrationen ist ohnehin nicht möglich, ein Abschlag in den Vorfluter nicht erlaubt. Die in Abbildung 29 zusammengefaßten Möglichkeiten stellen nur Beispiele interessanter verfahrenstechnischer Anpassungen dar, die generell einmal im Hinblick auf eine Erhöhung der Prozeßstabilität von Kläranlagen untersucht werden sollten (vgl. Abschnitt 5.3).

Der Wechsel von einer schwachbelasteten in eine hochbelastete Fahrweise der Kläranlage führt zu einer gezielten Selektion von Organismen mit hoher Vermehrungsrate, so daß einerseits nur partielle Abtötungen von Mikroorganismen eintreten und nicht das Gesamtsystem vollständig geschädigt wird, andererseits eine chronische Toxizität von akkumulierbaren Stoffen nicht zum Tragen kommt, weil diese sich dann meist nicht bis zur Hemmkonzentration anreichern können. Durch eine Erhöhung des Nährstoffangebotes beispielsweise durch Trübwasserabzug aus dem Faulbehälter, durch Zudosierung organisch hochbelasteter Abwässer aus der Nahrungs- und Genußmittelindustrie o.ä. können ähnliche Effekte erzielt werden. Fallweise kann - wenn festgestellt wird, daß die Biomasseaktivität zurückgeht - durch Kläranlagen-eigenen Impfschlamm beispielsweise aus dem Voreindicker - zumindest teilweise eine Reaktivierung stattfinden und das System vor einem Zusammenbruch bewahrt werden. Eventuell wirkt auch das von PORT (1978) vorgeschlagene System der Bioadsorption durch Rücknahme von Überschußschlamm ins Belebungsbecken oder in die Vorklärung. Hinter der Bioadsorption steht die Überlegung, daß toxische Abwasserinhaltsstoffe stets mit einer Festlegung von Hemmstoffmolekülen bzw. -ionen an die Organismen verbunden ist, wodurch die Hemmstoffkonzentration im freien Wasser herabgesetzt wird.

Fällungs- oder Flockungsmittel können eingesetzt werden, wenn der Schadstoff sich aufgrund des eingesetzten Mittels auch ausfällen läßt, bzw. wenn die Schadstoffe überwiegend an schwebende Partikel adsorbiert sind und dadurch aus dem System entfernt werden, bevor sie in die biologische Stufe gelangen. Die Zugabe adaptierter Organismen, die im Handel erhältlich sind, ist nicht auf einmalige Störungen ausgelegt, das biologische System muß über eine längere Zeit mit diesen Organismen angeimpft werden, weil durch den Überschußschlamm je nach Generationszeit ständig diese Spezialisten wieder aus dem biologischen System entnommen werden. Ihr Einsatz wird von wissenschaftlicher Seite sehr kritisch betrachtet (KUNST, 1984); fallweise sollen sie jedoch bei saisonal belasteten Kläranlagen nützlich gewesen sein.

Die erläuterten Beispiele lassen sich kläranlagenspezifisch noch stark erweitern. Gerade im Zuge der häufig propagierten Optimierung von Kläranlagen sollten jedoch die möglichen Beeinträchtigungen immer berücksichtigt und im Zuge von Optimierungskonzepten entsprechende Strategien ausgearbeitet werden.

5.2 Vorsorgestrategien

Vorsorgemaßnahmen setzen meist beim Verursacher an; aber auch das Abwasserreinigungsverfahren kann vorsorglich so konzipiert und betrieben werden, daß sowohl nur einmalig auftretende Stoßbelastungen abgepuffert als auch schleichende Intoxikationen wirkungsvoll gemindert werden können. In Tabelle 40 sind Vorsorgestrategien für die Emissionsseite, in Tabelle 41 von seiten der Kläranlage zusammengestellt.

Grundsätzlich ist vor allem das Zusammenwirken mehrerer oder quasi aller genannten Vorsorgemaßnahmen sinnvoll. Verbraucheraufklärung nützt in der Regel nur, wenn sie ständig beim Gebrauch der entsprechenden Produkte wiederholt wird bzw. wenn der Verbraucher weiß, wie er sich umweltschonend eines antimikrobiell wirkenden Produktes entledigen kann. Für bestimmte Einsatzbereiche mikrobizider Stoffe bietet sich an, mit der Verpackung des entsprechenden Präparates das Inaktivierungsmittel mitzuliefern: so könnten beispielsweise den Wirkstoffkonzentraten bei der Flächendesinfektion, die im Naßwischverfahren eingesetzt werden, oder zur Instrumentendesinfektion (neben Dosierbeuteln für die mikrobizide Anwendung) auch entsprechend konzentrierte Inaktivierungsmittel separat ebenfalls in Dosierbeuteln beigefügt werden, die dann kurz vor dem Wegschütten der Gebrauchslösung miteinander zu vermischen sind. Es versteht sich von selbst, daß zu diesem Zweck keine toxisch wirkenden oder im Abwasser möglicherweise toxisch wirkende Reaktionsprodukte bildenden Inaktivierungsmittel eingesetzt werden.

Tabelle 40: mögliche Vorsorgemaßnahmen seitens verschiedener Institutionen zur Vermeidung von Beeinträchtigungen der Kläranlagenfunktionstüchtigkeit

Vorsorgemaßnahme	Zweck	Zuständige Institutionen je nach den Zielgruppen	
		Haushaltungen, Gastronomiebetriebe Geschäfte, etc.	Krankenhäuser Produktionsanlagen
Aufklärung durch Merkblätter und Informationsveranstaltungen	sparsamer, sicherer Gebrauch und Entsorgung	Bundesgesundheitsamt Verbraucherzentralen Medien	Hersteller Bundesgesundheitsamt Deutsche Gesellschaft für Hygiene + Mikrobiologie
Hinweise auf/in Reinigungs-/Desinfektionsmittel-Verpackung im Hinblick auf erforderliche Schutzmaßnahmen, Gebrauch- und Entsorgung	Wiederholung der Aufklärung	Hersteller	Hersteller
Inaktivierungsmittel in die Desinfektionsmittel-/Desinfektionsreiniger, Verpackungen	nach Gebrauch und vor Entledigung in den Ausguß Aufhebung der mikrobiziden Wirkung	Hersteller (ggf. Verordnung durch den Gesetzgeber)	Hersteller (dito)
Einsatz- und Verwendungsempfehlungen, Dosierhilfen, Hygienepläne	Begrenzung auf das erforderliche Maß, Hinweise auf Alternativen, Verwendung ökologisch unbedenklicher, abwasserverträglicher Präparate	Medizinische Landesuntersuchungsämter, Gesundheitsämter und dergleichen Hygieneinstitute Verbraucherzentralen Hersteller	Kläranlagenbetreiber Landesuntersuchungsämter Aufsichtsbehörden Hersteller Forschungseinrichtungen
Einrichtung alternativer Beseitigungswege	Fernhaltung nicht verbrauchter Chemikalien, "kritischer" Gebrauchsgegenstände von Hausmüll- und Abwasseranlage	Kläranlagenbetreiber Kommune (Maßgabe nach Abfallbeseitigungsgesetz)	Kläranlagenbetreiber Kommune (Sonderabfälle)
Abwasservorbehandlung	Inaktivieren mikrobizider Stoffe		Spezialentgiftung - Neutralisation - Zugabe von Inaktivierungsmitteln

Tabelle 41: Vorsorgemaßnahmen in der Kläranlage

Vorsorgemaßnahmen	Kläranlagenbetriebsweise	Kläranlagen"verwaltung"
Vermeidung interner Stoßbelastungen	Trübwasser Schlammabzug	durch entsprechende Steuerungen (z.B. durch Relais und kleinere Pumpen)
Erhöhung der Prozeßstabilität der vorhandenen Anlage	sichere Fahrweise, Ausnutzung leistungsverbessernder Maßnahmen bei überlasteten Anlagen etc.	
Transparenz des Betriebsgeschehens		kontinuierliche Ablaufkontrolle (bspw. durch Trübungsmessung)
Erstellung von kläranlagenspezifischen Alarmplänen		Checkliste für Betriebsstörungen aufgrund allgemeiner Merkblätter über die ATV
Adaption der kläranlagenspezifischen Biocoenose	Selektion der Mikroorganismen durch Schaffung von Streßbedingungen	
Erhöhung der Prozeßstabilität durch Ausbau der bestehenden Anlage	dauernde oder zeitweise Einrichtung einer mehrstufigen Anlage	

Generell sollte der Einsatz mikrobizider Stoffe auf ihre Notwendigkeit hin überprüft werden, insbesondere in Haushaltungen und bei routinemäßiger Verwendung. Überall dort, wo aber auf den Einsatz chemischer Desinfektionsmaßnahmen nicht verzichtet werden kann und speziell lokal große Mengen mikrobizider Stoffe zum Einsatz kommen, sollte sich die Auswahl der Wirkstoffe oder die Beseitigung (Inaktivierung) von verbrauchten Lösungen am Klärverfahren bzw. an den kläranlagenspezifischen Randbedingungen (im Abwasser vorhandene Inaktivierungsmittel durch gewerbliche Einleitungen, Sammlerlänge, etc.) orientieren. Das setzt aber eine intensive Abstimmung zwischen Anwender und Kläranlagenbetreiber voraus.

Sonderfällen vorbehalten, aber nichts destoweniger wichtig ist das geplante Vorgehen des niedersächsischen Landesamtes für Wasserwirtschaft (NEUMANN, KLEIN, 1984) bei der Auswahl mikrobizider Stoffe für den Einsatz in einer Tierkörperbeseitigungsanlage, in der notwendigerweise auch chemisch desinfiziert werden muß. Mittels Sapromatversuchen sollen die maximal zulässigen Konzentrationen der jeweiligen Formulierungen im Abwasser ermittelt und auch in Langzeitversuchen die Wirkung schleichender Intoxikationen einbezogen werden. Durch generelle Untersuchungen der Wirkung mikrobizider Stoffe im Abwasser und auf die Kläranlagenfunktionstüchtigkeit, die in Abschnitt 5.3 erläutert werden, dürfte es jedoch möglich sein, global "abwasserverträglichere" Wirkstoffe in Abhängigkeit von kläranlagenspezifischen Randbedingungen auszuwählen. Ein erster Orientierungsschritt in dieser Richtung stellt Abbildung 28 in Abschnitt 4.5 dar.

Die Einrichtung alternativer Beseitigungswege zu Abwassersammler und Hausmülltonne zielen nicht so sehr auf Gebrauchslösungen und dergleichen sondern mehr auf Konzentrate und hochkonservierte Produkte ab, die auch nach ihrer Entsorgung mikrobizid wirken können. Schließlich ist denkbar, daß bei lokal hohen Anwendungsmengen mikrobizider Stoffe Abwasservorbehandlungsanlagen eingerichtet werden, in denen Inaktivierungsreaktionen technisch herbeigeführt werden, beispielsweise bei mikrobiziden Stoffen mit "Eiweißfehler" Zugabe und Vermischung mit hochkonzentrierten organischen Abwässern.

Von seiten des Kläranlagenbetreibers sind ebenfalls eine Reihe Vorsorgemaßnahmen (s.d. auch Tafel 19 in Abschnitt 5.3) möglich, die naturgemäß vom Einzugsgebiet abhängen und sich daran orientieren müssen, welche potentiellen Störfaktoren zu erwarten sind. Wichtige Voraussetzungen sind, daß auch interne Stoßbelastungen vermieden werden und daß die vorhandenen Möglichkeiten zur Ausnutzung leistungsverbessernder Maßnahmen ausgeschöpft werden.

Grundsätzlich von Bedeutung ist die Transparenz des Betriebsgeschehens durch Aufzeichnung und Auswertung weniger, aber relevanter, kontinuierlich bestimmter Betriebsparameter, die durch geeignete Stichproben (mikroskopische Untersuchung des Belebtschlammes) und Korrelationsmessungen biochemischer Parameter (BSB_5, CSB) sinnvoll ergänzt werden müssen. Hierfür wären Arbeitsblätter zu entwickeln, die es dem Klärwärter, wie auch dem Kläranlagenbetreiber ermöglichen, für die eigene Anlage ein adäquates Meß- und Auswertungskonzept zu erstellen (s. Entwurf in Anhang AIV). Darauf aufbauend kann für jede Kläranlage auch eine spezifische Checkliste für Betriebsstörungen (s. Anhang AIV) erstellt werden, die dem Klärwärter helfen soll, in entscheidenden Situationen das Richtige zu tun.

In Fällen, in denen häufiger mit störenden Stoffeinleitungen zu rechnen ist, besteht die Möglichkeit durch Schaffung von Streßbedingungen für die Mikroorganismen durch betriebliche Veränderungen oder gezielte unterschwellige Belastungen des Systems, die allerdings noch in experimentellen Arbeiten zu

untersuchen wären, eine Adaptation vorzubereiten, beispielsweise um eine
Blähschlammbildung einzudämmen oder die Biocoenose auf wöchentliche Stoßbelastungen (freitags nach Betriebsschluß: Ablassen von Stapellösungen; mon-
tags nach Betriebsruhe: Abspülen von Flächendesinfektionsmitteln in der Nah-
rungs- und Genußmittelindustrie) vorzubereiten. Aufgrund der zu erwartenden
weiteren Entwicklungen im Bereich Bekämpfung technisch schädlicher Mikroorganismen wie auch allgemein des Einsatzes antimikrobiell wirkender Stoffe
spielt die Akkumulation dieser Verbindungen im Belebtschlamm und die Persistenz eine wichtige Rolle. Eine Erhöhung der Prozeßstabilität wird deshalb
weniger in einer Stabilisierungsanlage aufgrund der Organismendichte in bezug auf die eingeleitete Menge toxisch wirkender Substanzen, denn in einer
zweistufigen Abwasserreinigungsanlage möglich sein, in der die erste Stufe
ein Puffer bzw. eine Bioadsorptionsstufe darstellt (vgl. Abschnitt 4.4).

5.3 Forschungs- und Entwicklungsbedarf

In einer kürzlich vorgelegten Studie der Kommission "Abwasser- und Umweltmikrobiologie" der Deutschen Gesellschaft für Hygiene und Mikrobiologie (DGHM,
1984) sind aktuelle Forschungsziele und Aufgaben bzgl. notwendiger Untersuchungen von Umweltchemikalien und Kläranlagenfunktionstüchtigkeit ausführlich dargestellt, denen im Hinblick auf die generelle Problematik des hier
behandelten Themenkreises nichts hinzuzufügen ist. Der Übersicht halber sind
in Tabelle 42 stichwortartig die genannten Ansatzpunkte unter "Generelles"
zusammengestellt.

Die auf seiten der Verwender mikrobizider Stoffe erforderlichen/wünschens-
werten Forschungsarbeiten sind teilweise in Kapitel 3 im Zusammenhang bereits erläutert worden. Von besonderem Gewicht sind die in Tabelle 42 aufgeführten Zielsetzungen, da ihnen ein übergreifender Charakter zukommt. Aufgrund der bisher praktizierten Prüfung der Wirkung mikrobizider Stoffe vor-
rangig auf die erwünschte Reaktion im Einzelfall, ggf. auch auf die Humanto-
xizität (insbesondere nach ChemG, 1980), stand bislang allenfalls die
akut-toxische Wirkung mikrobizider Stoffe auf die Kläranlagenbiocoenose im
Blickfeld der toxikologischen Bewertung. Hauptargument war demzufolge auch
immer die Verdünnung als relevante Inaktivierungsgröße.

Zukünftig wird man sich notwendigerweise auch den chronisch-toxischen Wirkungen widmen und versuchen müssen, die Anwendung akkumulierbarer, persistenter mikrobizider Stoffe (= kritische mikrobizide Stoffe) lediglich auf

Tabelle 42: Zielsetzungen für Forschungs- und Entwicklungsarbeiten

F&E-Bedarf	
generell	o Lösung der methodischen Schwierigkeiten von Florenanalysen
	o Klassifikation der Belebtschlammbakterien und Entwicklung von Biotop-spezifischen Bestimmungsschlüsseln
	o Bakteriologische Charakterisierung des Belebtschlammes mit indirekten Methoden
	o Protozoenflora als Indikatorkonzept
	o Analyse der Persistenzmechanismen und Bewertung der relativen Persistenz
	o Untersuchung der Schäume in Kläranlagen auf ihre Ursache
	o Belastbarkeit und Adaptierbarkeit von Ökosystemen
	o Modelluntersuchungen zum Einsatz von Spezialkulturen
	o Elimination persistenter Stoffe in Kläranlagen
	o Verbesserung der Leistungsfähigkeit durch Berücksichtigung biotechnologischer Voraussetzungen
	o Verbesserung + Vereinfachung kontinuierlich arbeitender Meßgeräte
	o Meßtechnischer Umgang mit mikrobiellen Ökosystemen
	o Methoden zur Aktivitätserfassung von Biomasse
emissions-seitig	o Substitution "kritischer" mikrobizider Stoffe
	- durch Anpassung/Verbesserung der zu behandelnden Materialien (z.B. thermischen Verfahren zugänglich machen)
	- durch Verbesserung der Wirkstofformulierungen "abwasserverträglicher" Mikrobizider
	o Erarbeitung einer anerkannten Methode zur Ermittlung der erforderlichen Wirkstoffmenge und Ermöglichung einer exakten Dosierung dieser Wirkstoffmenge
	o Verbesserung der Meß-, Steuer- und Regeltechnik bei Einsatzbereichen mikrobizider Stoffe aus Stapeltanks; Spül- und Nachspültechnik
	o Untersuchungen über die Wirkung technisch eingesetzter, mikrobizider Stoffe, insbesondere der Heterocyclen und Dithiocarbamate
immissions-seitig	o Untersuchung der Inaktivierungs-/Aktivierungskette ausgewählter mikrobizider Stoffe von der Anwendung über den Abwassersammler bis zur biologischen Stufe der Kläranlage
	o Untersuchung der Wirkung, der Wege und des Verbleibs eingesetzter mikrobizider Stoffe in Form ihrer Formulierungen in ausgewählten Modell-Kläranlagentypen unter Einbezug von Wechselwirkungen mit anderen Abwasserinhaltsstoffen
	o Untersuchung der Wirkung, der Wege und des Verbleibs eingesetzter mikrobizider Stoffe in bestimmten Branchen (-vertretern) mit eigenen Kläranlagen
	- Kopplung analytischer Untersuchungen mit Florenanalysen
	- Ermittlung der Grenzkonzentrationen und Auswahl geeigneter Mikrobizider
	o Untersuchung von Reaktionsmöglichkeiten in Kläranlagen auf die Einleitung von Schadstoffen mit chronisch-toxischer, aber auch akut-toxischer Wirkung im Hinblick auf eine Minderung des gewässergütewirtschaftlichen Schadens
	o Erstellung von Simulatationsprogrammen zur Steuerung von Kläranlagen mit stark schwankenden Reinigungsergebnissen durch Verifizierung der o.a. Untersuchungsergebnisse

wenige Anwendungsfälle zu beschränken (dies betrifft nicht nur den Bereich der pathogenen, sondern vor allem den Bereich technisch schädlicher Mikroorganismen). Weiterhin können durch Veränderung der zu behandelnden Materialien, wie auch der Wirkstofformulierungen beispielsweise durch rasch wirkende, aber mit "Eiweißfehler" behaftete Mikrobizide die kritischen mikrobiziden Stoffe langfristig substituiert werden. Trotz der unzähligen Untersuchungen seitens der Hygieneinstitute und auch von Herstellerseite verwundert es, daß auch heute noch weder für die Methode noch für die Häufigkeit der Reinigung bzw. Desinfektion sowie für die notwendigen Wirkstoffkonzentrationen exakte Anweisungen existieren (STEUER, 1980). Zur Verbesserung der Wirkstoffausnutzung und zum Chemikalieneinsatz überhaupt sind geeignetere Meßgeräte, wie auch eine angepaßte Steuertechnik in den sogenannten CIP-Anlagen erforderlich. Über einige Wirkstoffe - wie die heterocyclischen Verbindungen und Dithiocarbamate - fehlen allgemein zugängliche Informationen.

Die 5 in Tabelle 41 genannten Forschungs- und Entwicklungsziele für den Kläranlagenbereich ("immissionsseitig"), sind in den nachstehenden Übersichtstafeln ausführlicher erläutert.

Die in den 5 F&E-Tafeln (Tafel 16 - 20) genannten Forschungs- und Entwicklungsaufgaben dienen insgesamt der Überprüfung der Theorie des Wirkungsmodells aus Abschnitt 4.5.1. Wie die hier vorliegende Untersuchung zeigt, ist noch viel zu wenig über Reaktionen im Kanalsystem und in mechanischen Stufen von Kläranlagen bzgl. Reaktivierung oder Inaktivierung von Schadstoffen bekannt. Generell steht die praktische Verwertbarkeit im Vordergrund, d.h., das gesamte Wirkungsumfeld wie Wirkstofformulierung, Anwendung, Reaktionen im Kanalsystem ist in die Untersuchungen mit einzubeziehen bzw. wichtige Indikatoren und Parameter, die summarisch die jeweiligen Effekt wiederspiegeln, sind auszuwählen, damit im Kläranlagenbetrieb auch gezielter reagiert werden kann. Zu berücksichtigen ist, daß vor allem kleinere Kläranlagen, die besonders betroffen sein können, nur zeitweise von Klärpersonal besetzt sind, so daß nach Wegen gesucht werden muß, wie mit wenig Aufwand auch ohne anwesende Klärwärter entsprechend reagiert werden kann.

In Tabelle 42 und bei der Erläuterung der Forschungziele wird häufiger auf die Auswahl mikrobizider Stoffe abgehoben. Im Hinblick auf die Beeinträchtigung der Funktionstüchtigkeit von Kläranlagen stellen - wie eingangs erläutert - mikrobizide Stoffe bereits Modellsubstanzen für antimikrobiell wirkende Umweltchemikalien dar. Entsprechend den Ergebnissen dieser Untersu-

Tafel 16

F&E-BEDARF: Untersuchung der Inaktivierungs-/Aktivierungskette ausgewählter
(1) mikrobizider Stoffe von der Anwendung über den Abwassersammler
bis zur biologischen Stufe der Kläranlage

MÖGLICHE INSTITUTIONEN:	ABSCHÄTZUNG DES AUFWANDES:
vorwiegend biochemisch ausgerichtete Institute (Hygieneinstitute, Landesuntersuchungsämter, interdisziplinär arbeitende Forschungseinrichtungen)	zwei bis drei Meßkampagnen von je 3 Monaten je Verwendungsbereich, mit jeweils ca. 6 Monaten Vor- und Nachbereitung

AUFGABENSTELLUNG (KURZBESCHREIBUNG):

Für zwei bis drei lokal eingegrenzte Verwendungsbereiche (in Krankenhaus, Nahrungs- und Genußmittelindustrie, Papierherstellung) sind Einsatzmengen mikrobizider Stoffe vorwiegend in ihren Anwendungsformulierungen und unter Berücksichtigung sonstiger, eingesetzter antimikrobiell wirkender Stoffe (ggf. auch synergistisch wirkender Stoffe) zu erheben, die Anwendung zu kontrollieren und zu verfolgen: in der Gebrauchslösung, im Abwasserteilstrom, im kommunalen Abwassersammler und in der Kläranlage. Die Verfolgung des Wirkstoffs muß ergänzt werden durch Untersuchung ausgewählter synergistisch und antagonistisch wirkender sonstiger Abwasserinhaltsstoffe. Als Summenparameter der biochemischen Wirkung ist der BSB mittels Sapromat zu bestimmen. Neben den ohnehin eingesetzten mikrobiziden Stoffen wäre fallweise eine gezielt eingesetzte Modellsubstanz mit zu untersuchen.

Tafel 17

F&E-BEDARF: Untersuchung der Wirkung, der Wege und des Verbleibs ausgewähl-
(2) ter mikrobizider Stoffe in Form ihrer Formulierungen in ausgewählten Modell-Kläranlagentypen unter Einbezug von Wechselwirkungen mit anderen Abwasserinhaltsstoffen

MÖGLICHE INSTITUTIONEN:	ABSCHÄTZUNG DES AUFWANDES:
Einrichtungen, die mikrobiologisch-chemisch ausgerüstet sind und bspw. auch die Untersuchungen nach Chem G durchführen	je Wirkstoff (-formulierung) und je Kläranlagentyp ist mit drei Monaten Untersuchungszeitraum zu rechnen

AUFGABENSTELLUNG (KURZBESCHREIBUNG):

Da die Testergebnisse mikrobizider Stoffe mit beliebigen Belebtschlämmen sich nicht auf die Situation in großtechnischen Anlagen ohne weiteres übertragen lassen, ist hier ein Weg zu beschreiben, der einerseits die Untersuchung einiger ausgewählter Wirkstoffe insgesamt erlaubt, andererseits in verläßliche Größenordnungen Kläranlagentypen simulieren kann. Geeignet hierfür erscheint die Untersuchung in drei parallel betriebenen, mit adaptierten Belebtschlämmen bzw. rein häuslichen Abwässern beschickten Modellkläranlagen zu sein, wovon eine Anlage als Kontroll- und die anderen beiden als gegenseitige Referenzanlagen zu betreiben sind. Die Untersuchung ist mit ausgewählten Wirksubstanzen, die markiert werden können, durchzuführen. Neben der stofflichen Eingangskontrolle und der Analyse chemischer Vorgänge in der biologischen Stufe sind die biologischen Reaktionen und Floren zu erfassen. Die Wirkung der mikrobiziden Stoffe in Form ihrer Formulierungen ist auf unterschiedlich belastete (Hoch-, Schwachlast) Anlagen und zweistufige Anlagen zu überprüfen.

Tafel 18

F&E-BEDARF: (3)	Untersuchung der Wirkung, der Wege und des Verbleibs eingesetzter mikrobizider Stoffe in bestimmten Branchen (-vertretern) mit eigenen Kläranlagen - Kopplung analytischer Untersuchungen mit Florenanalysen - Ermittlung der Grenzkonzentrationen und Auswahl geeigneter Mikrobizider	
MÖGLICHE INSTITUTIONEN:	ABSCHÄTZUNG DES AUFWANDES:	
Branchenrichtungen und Fachinstitute mit langjährigen Erfahrungen in den genannten Bereichen	je Branche ca. 1 jährige Meßkampagne	

AUFGABENSTELLUNG (KURZBESCHREIBUNG):

In Anbetracht dessen, daß in verschiedenen Branchen (Papierherstellung, Tierkörperbeseitigung) mikrobizide Stoffe unerläßlich sind - diese Branchen z. T. auch Direkteinleiter mit eigenen Kläranlagen sind - besteht in diesem Bereich die Möglichkeit in großtechnischen Anlagen die Wirkung mikrobizider Stoffe auf (adaptierte) Kläranlagenbiocoenosen zu untersuchen, wobei man davon ausgehen kann, daß die mikroboziden Stoffe ständig auch in nachweisbaren Konzentrationen in die Kläranlagen gelangen. Diese Untersuchungen sind insbesondere wichtig, um genauere Auskunft über den Einfluß von Umweltchemikalien auf Kläranlagenbiocoenosen zu erhalten, wobei nicht unnötig Kläranlagen mit derartigen Stoffen belastet werden müssen, sondern funktionierende Anlagen "beobachtet" werden können. Ziele der Untersuchung sind neben der Klärung der Fragen in der o. a. Themenstellung auch eine dezidierte Untersuchung der Prozeßstabilität dieser Anlagen, wie auch der Ermittlung abwasserverträglicher mikrobzider Stoffe in den Einsatzbereichen bzgl. Grenzkonzentrationen und akkumulierender Wirkung.

Tafel 19

F&E-BEDARF: (4)	Untersuchung von Reaktionsmöglichkeiten in Kläranlagen auf Einleitung von Schadstoffen mit chronisch-toxischer, aber auch akut-toxischer Wirkung im Hinblick auf eine Minderung des gewässergütewirtschaftlichen Schadens	
MÖGLICHE INSTITUTIONEN:	ABSCHÄTZUNG DES AUFWANDES:	
verfahrenstechnisch ausgerichtete, interdisziplinär arbeitende Institute	ca. einjährige Überwachung des Klärgeschehens und ca. 6-monatige Überprüfung eingesetzter Reaktionsmaßnahmen	

AUFGABENSTELLUNG (KURZBESCHREIBUNG):

Für Kläranlagen, die bereits nach heutiger Überwachungspraxis als stark schwankend in ihren Ablaufergebnissen angesehen werden, ist eine Input-Outputkontrolle auf Basis eines Abwasserkatasters und chemischer Analysen im Zu- und Ablauf durchzuführen. Auf dieser Basis ist eine Schadenfallanalyse anzustellen, in der der gewässergütewirtschaftliche Schaden biologisch zu bewerten ist. Auf diese Arbeiten aufbauend sind Konzepte zu entwickeln, wie der Klärwärter ggf. unterstützt durch ein Rechnerprogramm reagieren kann, um den ökologischen Schaden zu begrenzen. Der Aufwand hierfür kann den vermiedenen Kosten (Abwasserabgabe, evtl. auch eingesparter Betriebskosten aufgrund effektiverer Reaktionsweise) gegenübergestellt werden. Aufbauend auf diesen speziellen Reaktionsmöglichkeiten sind generelle Vorschläge (Organisationskonzepte, Checklisten, Ansatzpunkte für Rechnereinsatz) zu entwickeln.

Tafel 20

F&E-BEDARF: (5)	Erstellung von Simulationsprogrammen zur Steuerung von Kläranlagen mit stark schwankenden Reinigungsergebnissen durch Verifizierung der o. a. Untersuchungsergebnisse

MÖGLICHE INSTITUTIONEN:	ABSCHÄTZUNG DES AUFWANDES:
verfahrenstechnisch orientierte Institute mit Erfahrungen in der Software-Entwicklung	ca. zwei Jahre für die Erstellung und den Abgleich der Rechnerprogramme ca. ein Jahr für die Entwicklung zur Serienreife

AUFGABENSTELLUNG (KURZBESCHREIBUNG):

Auf der Basis der in Forschungsziel (4) genannten Input-Output-Kontrolle einer Kläranlage ist nach Installation von hinreichend relevanten, kontinuierlich arbeitenden Meßgeräten (bspw. Trübungsmessung) zunächst ein spezielles Steuerungsprogramm zu entwickeln, das auf der Basis eines freiprogrammierbaren, speicherprogrammierbaren Rechners die Ansteuerung der in (4) genannten Reaktionsmaßnahmen vornimmt. Durch ständigen Abgleich mit einem parallel zum Kläranlagenbetrieb ablaufenden, noch zu entwickelnden Simulationsprogramm werden die Reaktionsmaßnahmen entsprechend den Prozeßerfordernissen variiert. Die Programme sind anschließend so aufzubereiten, daß sie blockweise auf anderen Kläranlagen einsetzbar werden.

chung muß jedoch auch bei den mikrobiziden Stoffen differenziert werden. Es genügt nicht aus den jeweiligen Verbindungsklassen lediglich einige Vertreter auszuwählen. Es sind auch die Einsatzkriterien und -hintergründe zu berücksichtigen. Während beispielsweise Formaldehyd und Chlor in großen Mengen (zu unterschiedlichen Zwecken) eingesetzt werden, aber relativ rasch mit organischen Verschmutzungen reagieren, spielen die akkumulierbaren und persistenten Stoffe, die überwiegend gegen technisch-schädliche Mikroorganismen in vergleichsweise geringen Mengen eingesetzt werden, eine ökotoxikologisch bedeutsamere Rolle. In Abbildung 30 ist der Versuch unternommen, die Kriterien zur Auswahl relevanter Stoffe grafisch darzustellen. Bei der Auswahl ist zu berücksichtigen, daß die Anwendung bestimmter Wirkstoffe Veränderungen durch gesetzliche Beschränkungen, durch Neuentwicklungen und Trenderscheinungen etc. unterworfen ist, die gerade im technischen Bereich nach außen hin nicht in dem Maße sichtbar werden, wie beispielsweise im Bereich der pathogenen Mikroorganismen.

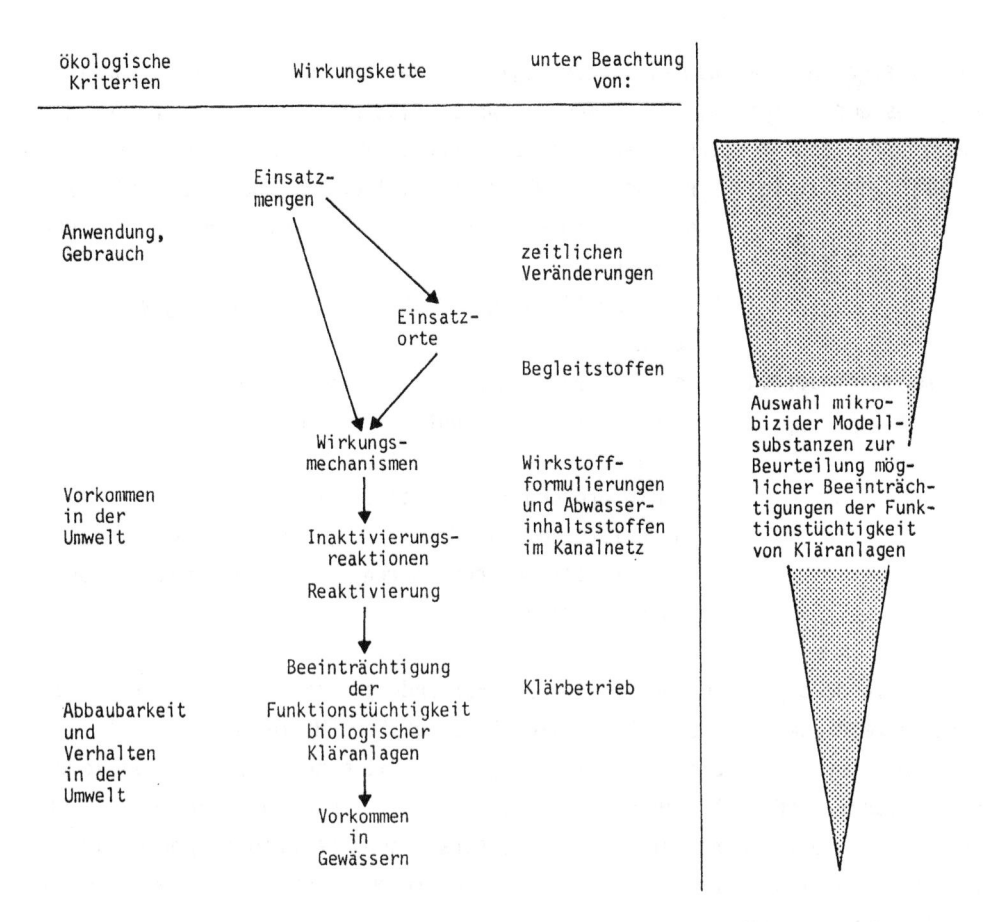

Abb. 30: Kriterien zur Auswahl kläranlagenrelevanter mikrobizider Stoffe

5.4 Administrative Möglichkeiten

Da man auf mikrobizide Stoffe in der heutigen Zeit aus Gründen der Gesundheitsvorsorge, der Hygiene, der Ästhetik, des Lebensmittelschutzes und der Warenerhaltung nicht mehr verzichten kann, obliegt es dem Staat - genauso wie beispielsweise bei der Gesundheitsvorsorge - den Menschen vor unerwünschten Auswirkungen bei der Anwendung mikrobizider Stoffe zu schützen. Während der direkte Kontakt sehr weitgehend geregelt ist (vgl. Abschnitt 2.1.4), sind die indirekten Wege möglicher Beeinträchtigungen des Menschen durch Auswirkungen auf die mikrobiellen Lebensgemeinschaften bislang erst im Chemikaliengesetz (ChemG, 1980) tangierend geregelt. Da das ChemG sich im wesentlichen lediglich auf die Produktion neuer Verbindungen in entsprechenden Mengen (über 1000 Jahrestonnen) bezieht, besteht im Sinne dieses Gesetzes bei mikrobiziden Stoffen noch ein Nachholbedarf.

Im Vordergrund aller administrativ möglichen Maßnahmen steht die Verbreiterung des derzeitigen Wissensstandes, sowohl emissions-, als auch immissionsseitig. Folgende Möglichkeiten, die nachstehend erläutert werden, bestehen:
- emissionsseitig: ° Prüfung der Wirkstofformulierung (und nicht lediglich der Wirkstoffe allein) auf ihre ökotoxikologische Bedeutung,
  ° Vereinheitlichung der Testverfahren zu Vergleichszwecken,
- immissionsseitig: ° Intensivierung der Betriebskonstrolle:
  - durch einfache, kontinuierlich arbeitende Meßverfahren,
  - Meldeprotokolle bei Störungen,
  ° Intensivierung der Überwachung und Beratung seitens der Aufsichtsbehörden durch Einsatz von Mikrobiologen und Biochemikern.

Aus dem Vorsorgeprinzip heraus wäre die Verwendung mikrobizider Stoffe auf ihre Notwendigkeit und Substituierbarkeit zu prüfen (Hygienepläne). Bei Anwendungsfällen mit stoßartigen Belastungen ist die Minderung der Emissionen mikrobizider Stoffe möglich durch gezielte Inaktivierung vor Abgabe in den Abwassersammler, wodurch die punktuelle Aufstockung bestimmungsgemäß eingeleiteter, kontinuierlich den Kläranlagen zufließender Belastungen weitgehend vermieden werden kann.

Die Wirkung mikrobizider Stoffe ist immer im Kontext ihrer Formulierungen zu sehen (vgl. Abschnitt 2.1.2). Es besteht deshalb die Notwendigkeit, die Handelsprodukte (und nicht lediglich die Wirkstoffe allein) auf ihre ökologische Bedeutung hin zu testen. Im Einsatzbereich mikrobizider Stoffe in Desinfektionsmitteln ließe sich die Testung in die Prüfungsrichtlinien zur Aufnahme in die BGA- (respektive auch DGHM-) Listen einbeziehen. Allerdings sind hierfür dann einheitliche Testverfahren auszuwählen, die auch das Geschehen zunächst in biologischen Kläranlagen repräsentieren sollten, da inzwischen der überwiegende Anteil kommunaler Abwässer (vgl. GILLES, 1983) auch in biologischen Kläranlagen behandelt wird. Die Festlegung einheitlicher Testverfahren beispielsweise auf Abbaubarkeit und Persistenz ist ein weiterer kritischer Punkt, der administrativ zu erfolgen hat: es gibt mittlerweile derart viele modifizierte Teste, daß eine einheitliche Bewertung von Testergebnissen überhaupt nicht mehr möglich ist (s.d. Abschnitte 4.4.2/ 4.4.3).

Die Tatsache, daß es fast zu jedem mikrobiziden Stoff ein Inaktivierungsmittel geben muß (vgl. Abschnitt 4.4.1), ermöglicht eine entsprechende Handhabung bei der Entsorgung zumindest einiger mikrobizider Stoffe. Wenn auf irgend eine Art und Weise (Absprache der Hersteller oder Absichtserklärung) sichergestellt wird, daß bestimmten Handelsprodukten (vor allem Flächendesinfektionsmitteln, Sanitärreinigern, Chemietoiletten etc.) untoxische Inaktivierungsmittel in Kombinationspackungen beigefügt werden und für industrielle Anwendungsfälle kenntlich gemacht wird, welche Inaktivierungsmittel beispielsweise in den Abwasservorbehandlungsanlagen eingesetzt werden sollen, ließe sich das Emissionsproblem mikrobizider Stoffe ohne gesetzliche Regelungen zumindest abschwächen.

Für den Einsatz von Desinfektionsmitteln im Nahrungs- und Genußmittelgewerbe und in Krankenhäusern haben die Hersteller bereits in den letzten Jahren Hygienepläne entwickelt, die in anderen Bereichen, vor allem im technischen Bereich noch gänzlich fehlen. Abgesehen von der Wichtigkeit der Hersteller-Hygienepläne sind von seiten der Gesundheitsbehörden (BGA) oder des Arbeitsschutzes neutrale Anwendungs- und Verwendungsempfehlungen zu erarbeiten, da die potentiellen Anwender den Hersteller-Hygieneplänen skeptischer gegenüber stehen.

Von seiten der Überwachungsbehörden ist entsprechend den in dieser Untersuchung aufgeführten, abwasserrelevanten Einsatzbereichen mikrobizider Stoffe zukünftig ein stärkeres Augenmerk zu widmen. Abgesehen von der gezielten Gewässerüberwachung auf Gehalte mikrobizider Stoffe mit hoher Persistenz (vorwiegend aus dem Anwendungsbereich technischer mikrobizider Stoffe) ist zu prüfen, ob nicht in punktuellen Anwendungsfällen mit fallweise erhöhten Konzentrationen, eine gezielte Vorbehandlung mit Inaktivierungsmitteln vorzusehen ist, was in die Ortsentwässerungssatzungen (und in einer Ergänzung zum ATV-Arbeitsblatt A 115) Eingang finden könnte.

Im Kläranlagenbereich liegt der Schwerpunkt auf der Verbesserung des Wissens um die Funktionstüchtigkeit von Kläranlagen. Dabei ist zu sehen, daß die Betriebskontrolle gerade in den vorwiegend betroffenen, kleineren und schwachbelasteten Anlagen nicht so umfassend ist, als daß man hieraus realitätsnahe Rückschlüsse auf das Betriebsgeschehen ziehen könnte. Der Einsatz eines kontinuierlich arbeitenden Trübungsmeßgerätes im Auslauf der Kläranlage ist zwar nur eine erste Näherung zur Beurteilung der Funktionstüchtigkeit; ein Trübungsmeßgerät ist aber relativ preiswert und kläranlagentauglich. Der

Einsatz dieser Gerätegruppe in nur sporadisch überwachten Kläranlagen im Größenbereich um 5000 EGW ist daher sinnvoll.

Ein weiterer Gesichtspunkt, mehr über das tatsächliche Betriebgeschehen in Kläranlagen zu erfahren, ist das Anlegen von Meldeprotokollen bei Störungen, in denen Dauer, Ausmaß, ggf. vermutete Ursachen und Reaktionen festzuhalten sind. Auch wenn dies einen - meist als unnötig empfundenen - verwaltungsmäßigen Mehraufwand darstellt (im industriellen Bereich werden wohlgemerkt bei Anlagen dieser Größenordnung wesentlich umfangreichere Betriebskontrollen durchgeführt), ist es nun nach dem verstärkten Ausbau der Kläranlagen erforderlich, das Betriebsgeschehen zu verbessern und die Betriebsergebnisse zu vergleichmäßigen. Die Meldeprotokolle stellen hierzu einen ersten aktiven Ansatz dar und ermöglichen es, in der Folge aufgrund der umfangreich gesammelten Erfahrungen in den Meldeprotokollen Hinweise zur Erkennung und Vermeidung von Beeinträchtigungen der Funktionstüchtigkeit von Kläranlagen zusammenzustellen.

Im Zuge dieser Entwicklungen sind auch die Aufsichtsbehörden stärker mit Biologen, Mikrobiologen und Biochemikern zu besetzen, da die Erhaltung der Reinigungsleistung, die Vermeidung möglicher Beeinträchtigungen und die Reaktion auf Beeinträchtigungen eher deren Wissensbereich tangiert als den der Siedlungswasserwirtschaftler. In diesem Zusammenhang könnte auch eine entsprechende Betreuung der Kläranlagen durch die Aufsichtsbehörden erfolgen. Denkbar wäre die Einrichtung von Laborfahrzeugen, die so ausgerüstet werden, daß über eine gewisse Zeit nahezu automatisch eine kontinuierliche Überwachung besonders problematischer Kläranlagen erfolgen kann.

6 Zusammenfassung

Eine Verbesserung der Gewässergüte und die langfristige Sicherstellung einer ausreichenden Trinkwasserqualität kann nur erreicht werden, wenn die Reinigungsleistung der inzwischen verstärkt ausgebauten biologischen Kläranlagen nicht durch die Einleitung von Substanzen gefährdet wird, die die Stoffwechseltätigkeit der Bakterien als Reinigungsträger bzw. als Nitrifikanten und die Protozoen als wichtige Organismen für die Entnahme von Schwebestoffen negativ beeinflussen oder gar ihre Entwicklung unterbinden. Je nach dem Grad der Beeinträchtigung der Funktionstüchtigkeit von Kläranlagen steht zu befürchten, daß nicht nur die Verminderung leicht abbaubarer Substanzen wesentlich beinflußt wird, sondern auch die Verminderung schwer oder nicht abbaubarer Stoffe.

Viele Schadstoffe werden jedoch zuerst einmal in unterschiedlichen Produktionsprozessen und Anwendungsbereichen als Wertstoffe benötigt. Derart ausgeprägte Zielkonflikte - Wertstoff-Schadstoff - finden sich bei vielen chemischen Verbindungen, besonders deutlich aber bei den mikrobiziden Stoffen. Mikrobizide Stoffe finden Anwendung in Desinfektionsmitteln, als Konservierungsstoffe und in einigen Sonderbereichen z.B. für Chemikalientoiletten (s. dazu Kapitel 3). Sie sind einerseits für die Allgemeinheit von größter Bedeutung, da sie die Abtötung oder Hemmung von Mikroorganismen zuverlässig bewirken sollen (und müssen), andererseits aber genau diese Funktion in biologischen Kläranlagen nicht mehr entfalten sollen.

Vor diesem Hintergrund war es Ziel dieser Untersuchung, Ursachen für Beeinträchtigungen der Funktionstüchtigkeit von Kläranlagen durch Stoffeinleitungen zu analysieren und am Beispiel mikrobizider Stoffe anhand von Literaturstudien und Expertengesprächen die Möglichkeiten einer Beeinträchtigung der biologischen Abwasserreinigung durch diese Stoffgruppe abzuschätzen. Außerdem war es Aufgabe aufzuzeigen, wo Ansatzpunkte zur Vermeidung von Beeinträchtigungen und zur Minimierung der Folgen zu sehen sind. Dabei war von vornherein klar, daß die Erfassung und Bewertung des Einflusses spezifischer chemischer Verbindungen auf die Veränderung der Biocoenose einer Abwasserreinigungsanlage anhand des sichtbaren Schadensausmaßes schwierig ist und Detailuntersuchungen vorbehalten bleiben muß.

Gegenstand dieser Untersuchung sind allein die Stoffeinleitungen, die eine Schädigung der in der biologischen Stufe für den Abbau der organischen Substanzen benötigten Destruenten bewirken. Hierbei ist zu unterscheiden zwischen Stoffeinleitungen,
- die meist in hoher Konzentration einer Kläranlage infolge von Störfällen, nach einer erforderlichen, aber nicht erfolgten oder unzureichenden Vorbehandlung in einer Abwasserbehandlungsanlage in erhöhter Konzentration zufließen und
- die quasi kontinuierlich (ohne Veränderung seitens des Verursachers) in geringeren Konzentrationen in die Kanalisation abgelassen und dort weiter verdünnt werden, sich aber in der Kläranlage anreichern können.

Daraus ergibt sich bereits ein entsprechendes Konzentrations- und Wirksamkeitsgefälle im Hinblick auf mögliche Beeinträchtigungen der Funktionstüchtigkeit von Kläranlagen.

Die vorliegende Studie ist so aufgebaut, daß zunächst in Kapitel 2 die mikrobiziden Stoffe - in Verbindungsklassen eingeteilt - in einer Übersicht erläutert werden, wobei für jede Verbindungsklasse, bzw. für einzelne Wirkstoffgruppen innerhalb dieser Verbindungsklassen Übersichtstafeln in Abschnitt 2.2 angelegt wurden. Kapitel 3 beschreibt die Anwendungsseite mikrobizider Stoffe (Emission), wobei unterschieden wurde in Einsatzbereiche gegen vorwiegend pathogene Mikroorganismen und gegen technisch-schädliche Mikroorganismen, da hier unterschiedliche Anforderungsprofile vorliegen, die in einem unmittelbaren Zusammenhang zu Akkumulierbarkeit und Persistenz dieser Stoffe in mikrobiellen Lebensgemeinschaften stehen (Kapitel 4).

Da die antimikrobielle Wirkung mikrobizider Stoffe für ihren Einsatz nicht allein ausschlaggebend ist, wurde auf die allgemeinen Bedingungen der Wirkung, insbesondere der Wirkstofformulierungen eingegangen (Abschnitt 2.1.2). So ist beispielsweise zu berücksichtigen, daß Tenside, die nicht eigentlich mikrobizid eingesetzt werden, Wirkungsvermittler darstellen, indem sie durch

Herabsetzung der Oberflächenspannung den Kontakt der mikrobiziden Stoffe mit den Mikroorganismenzellen ermöglichen oder verstärken.

Die Analyse der Literatur zum Thema mikrobizider Stoffe macht deutlich, daß die bisherigen, publizierten Untersuchungen zum Einsatz und zur Wirkung sich schwerpunktmäßig der Anwendung gegen pathogene Keime und verhältnismässig spärlich der Anwendung mikrobizider Stoffe im technisch-schädlichen Bereich gewidmet haben, so daß man auch nur verhältnismäßig wenig über diejenigen Mikrobizide weiß, die von ihrer Aufgabe her eine hohe Persistenz aufweisen sollen. Weiterhin ist zu sehen, daß der Einsatz mikrobizider Stoffe gewissen Tendenzen unterworfen ist, die es zukünftig bei Folgeuntersuchungen und bei der Auswahl von "Modellsubstanzen" (s.d. Abschnitt 5.3) zu berücksichtigen gilt. Die sich ändernden Wirkstoffzusammensetzungen hängen zum einen mit den technischen Entwicklungen im Einsatzbereich, (CIP-Anlagen, Schließung von Wasserkreisläufen), mit den Fortschritten und Entwicklungen in der Chemie (Depotwirkstoffe, Wirkstoffformulierungen) sowie mit Erfahrungen bei der Anwendung ("Eiweißfehler", Unverträglichkeiten), zum anderen in neuerer Zeit auch mit ökotoxikologischen und humantoxikologischen Bedenken (PCP, Formaldehyd) zusammen. Diese Veränderungen in der Wirkstoffauswahl haben einerseits dazu geführt, daß weniger kritische Stoffe (z.B. Perverbindungen) häufiger eingesetzt werden; sie bergen aber auch andererseits die Gefahr in sich, daß gut bekannte Wirkstoffe (z.B. Formaldehyd) durch weniger gut bekannte, evtl. kritischere (z.B. Dithiocarbamate in der Zuckerindustrie) substituiert werden.

Wesentliche Voraussetzung für den adäquaten Einsatz mikrobizider Stoffe stellt der Nachweis ihrer Wirkung im jeweiligen Anwendungsfall dar (Abschnitt 2.1.3). In einer Reihe von Anwendungsfällen, insbesondere aufgrund der historischen Entwicklung im medizinischen Bereich, existieren genormte Prüfungsrichtlinien für die Aufnahme in sogenannte Desinfektionsmittellisten (BGA, DGHM). Im technischen Einsatzbereich mikrobizider Stoffe fehlen derartige Richtlinien und die einer Orientierung dienenden Stofflisten - außer im Veterinär- und Landwirtschaftsbereich. In einigen wenigen Bereichen gibt es lediglich Merkblätter, die dem Anwender eine eigenständige Prüfung ermöglichen sollen. Der Einsatz mikrobizider Stoffe und die Einsatzkonzentrationen zur Konservierung von Lebensmitteln, in Arzneimitteln und in Kosmetika sind z.T. sehr eingehend geregelt (vgl. Abschnitt 2.1.4), häufig jedoch nicht so umfassend, daß nicht auch dieselben Wirkstoffe noch zu anderen Zwecken als zur Konservierung eingesetzt werden dürfen, so daß die Einsatzkonzentrationen insgesamt höher liegen können.

In Kapitel 3 werden in einer Emissionsbetrachtung die Verwendungsbereiche und Einsatzbedingungen mikrobizider Stoffe eingehender auf ihre Abwasserrelevanz untersucht. Obwohl die Anwendungsmenge mikrobizider Stoffe im Hinblick auf Beeinträchtigungen der Funktionstüchtigkeit von Kläranlagen in ihrer Gesamtheit wenig aussagekräftig ist, weil ein großer Teil der rund 200 verschiedenen mikrobiziden Stoffe für eine Vielzahl unterschiedlicher Zwecke eingesetzt wird, wurden die Größenordnungen der jährlich produzierten und eingesetzten Wirkstoffmengen zur Verdeutlichung der Gesamtproblematik abgeschätzt (Abschnitt 3.1): Ohne Säuren, Alkalien, Bleichmittel und einige Anwendungsgruppen, die statistisch nicht gesondert erfaßt sind und damit einer Auswertung nicht zugänglich waren, ist derzeit mit einer Produktion mikrobizider Stoffe von rund 63.000 t/a zu rechnen, wovon - bereinigt durch den Außenhandel - knapp 50.000 t/a in der Bundesrepublik auch verbraucht werden. Ziemlich genau ein Drittel des Inlandverbrauchs werden vorwiegend zur Bekämpfung pathogener Keime, zwei Drittel zur Bekämpfung technisch-schädlicher Mikroorganismen eingesetzt.

In den Abschnitten 3.2 bis 3.4 werden die Einsatzbereiche mikrobizider Stoffe erläutert, um deutlich zu machen, aus welchen Quellen vorwiegend mit welchen Wirkstoffen zu rechnen ist. Da es eine Reihe von Anwendungsfällen mikrobizider Stoffe gibt, die eine Zwischenstellung zwischen Desinfektion und Konservierung einnehmen oder deren Aufgabe eigentlich nicht die Abtötung von Mikroorganismen aus pathogenen Gründen und auch nicht zu Konservierungszwecken ist, wurde auf die sonstigen Mikrobizide in Wasserbehandlungs- und Schleimbekämpfung in Wasserkreisläufen, für Chemikalientoiletten, in Toilettenreinigern und als Bleichmittel in Waschmitteln gesondert eingegangen (Abschnitt 3.4). Von den Desinfektionsverfahren sind vor allem die Naßwich-, Füll- und Tauchverfahren als abwasserrelevant einzustufen. Abwasserrelevante Konservierungsmittel-Anwendungen sind kosmetische Produkte und eine Vielzahl chemisch-technischer Produkte (Tensidlösungen, ionogene Waschmittel, Kühlschmierstoffe, Farben, Textilhilfsmittel) sowie die o.g. sonstigen Mikrobiziden (Abschnitt 3.5).

Anhand von ausgewählten Beispielen aus den Anwendungsbereichen pathogener, technisch-schädlicher und sonstiger Mikrobizide werden fallweise die Problemfelder erläutert (Abschnitt 3.6). Bei der Untersuchung hat sich gezeigt, daß jeder Anwendungsfall spezifisch zu betrachten ist. Eine pauschale Aussage über spezifische Emissionen aus einem Anwendungsfall heraus ist so gut wie nicht möglich. Den betroffenen Kläranlagenbetreibern und den Aufsichtsbehörden wird es fallweise überlassen bleiben, die jeweiligen Wirkstoffe, Anwendungsmengen und Abwasseremissionen aufbauend auf den in den Beispielen wiedergegebenen Hinweisen zu ermitteln.

Schwerpunkt des Kapitels 4 ist die Erfassung und Darstellung der Ursachen und des Ausmaßes von Beeinträchtigungen der Funktionstüchtigkeit biologischer Abwasserreinigungsanlagen durch stoffliche Einleitungen. Dabei war zunächst zu definieren, was in Anbetracht der "natürlichen" Einflußfaktoren (vgl. Aschnitt 4.3) überhaupt als Beeinträchtigung der Funktionstüchtigkeit verstanden werden soll, zumal nur wenige Fälle bekannt sind, in denen eine Kläranlage wirklich so gestört war, daß sie ihrer Funktion über Tage und Wochen nicht gerecht werden konnte. Die Funktionstüchtigkeit einer Kläranlage wurde hier als beeinträchtigt angesehen, wenn die aufgrund vergleichbarer Kläranlagentypen erreichbaren durchschnittlichen Reinigungsleistungen permanent, periodisch oder vorübergehend deutlich unterschritten werden, bzw. wenn die Kläranlage sich in einem labilen Zustand befindet, der sich in stark schwankenden Reinigungsleistungen bemerkbar macht. Unter Reinigungsleistung wird dabei der Abbau organisch gelöster Verbindungen, die Elimination absetzbarer Stoffe und, entsprechend der Aufgabe der Kläranlagen, ggf. die Stickstoffelimination verstanden.

Im Anschluß an einen Überblick über die in diesem Zusammenhang zu sehenden biotechnologischen Grundlagen (Abschnitt 4.1), insbesondere dem Verhalten der mikrobiellen Lebensgemeinschaften (Biocoenosen) bei Veränderungen, behandelt Abschnitt 4.2 die bestimmungsgemäß eingeleiteten Stoffe, worunter alle Stoffe zählen (vgl. Abschnitt 4.2.1), die willentlich oder in Kauf nehmend ins Abwasser eingebracht und ggf. ordnungsgemäß vorbehandelt über den Abwassersammler abgeleitet werden. Zu den bestimmungsgemäßen Einleitungen gehören auch Niederschlags- und bspw. Deponiesickerwässer. Wenngleich entsprechend der Festlegungen in den Ortsentwässerungssatzungen davon auszugehen ist, daß bei bestimmungsgemäßen Einleitungen keine akut-toxischen Konzentrationen von Hemmstoffen erreicht werden, sind fallweise zeitgleiche Überlagerungen ordnungsgemäß vorbehandelter Abwässer möglich, die sich akut-toxisch auswirken können.

Seit Jahren ist man bemüht, durch quasi kontinuierliche Frühwarnsysteme rechtzeitig auf Schadstoffeinleitungen aufmerksam zu machen, um ein Handeln auf der Kläranlage noch zu ermöglichen. Die bislang eingesetzten Toxizitätsregistriergeräte (Abschnitt 4.2.2) reagieren jedoch meist nicht früh genug, außerdem nur unspezifisch, ohne bspw. den adaptierten Belebtschlamm der betroffenen Kläranlage zu berücksichtigen und meist nur bei akut-toxischen Einleitungen, nicht aber bei schleichenden Intoxikationen. Wenn eine Kläranlage beeinträchtigt ist, können einige Analysenverfahren, die ebenfalls erläutert sind, Hinweise auf den systemspezifischen Grad der toxischen und hemmenden Wirkung der Abwasserinhaltsstoffe geben. In Anbetracht fehlender, einfacher Meßgeräte zur Überprüfung der Hemmwirkung von Schadstoffeinleitungen (insbesondere für kleine Kläranlagen) bleiben den Klärwärtern nur Indikatoren zur Beurteilung möglicher Beeinträchtigungen, die im Überblick in Abschnitt 4.2.3 erläutert und auf ihren Aussagegehalt überprüft werden. Allerdings zeigen Indikatoren erst an, wenn die Beeinträchtigung sich bereits manifestiert hat. Ein geeigneter Indikator zur Erkennung von Beeinträchtigungen ist die Trübung im Ablauf des Nachklärbeckens (vgl. auch Abschnitt 4.4 und 4.5).

Unterschieden nach (eher) Stoßbelastungen und (eher) kontinuierlichen, bestimmungsgemäßen Einleitungen von Abwasser in Kläranlagen werden in Abschnitt 4.3 Fallbeispiele von in ihrer Funktionstüchtigkeit beeinträchtigten Kläranlagen erläutert und (in Anbetracht der nur in Ausnahmefällen durchgeführten Analysen) auf ihre möglichen Ursachen hin interpretiert. Fallweise sind auch in Ergänzung zu den Einsatzbereichen mikrobizider Stoffe in Abschnitt 3.6 ursächliche Zusammenhänge aufgrund der vorherrschenden Emissionssituation diskutiert. Die Fallbeispiele machen deutlich, daß Stoßbelastungen aufgrund einer ungenügenden Verdünnung und Pufferung vorwiegend in kleineren Einzugsgebieten oder höher belasteten Kläranlagen bemerkbar werden. Kontinuierliche bestimmungsgemäß eingeleitete Stoffe - fallweise überlagert durch stoßartige Einleitungen - stellen jedoch ein sehr viel komplexeres Wirkungsgefüge dar, wobei meist mehrere Faktoren eine Rolle spielen und sich Wirkungsketten ausbilden können. Schleichende Intoxikationen infolge subakut-toxischer Stoffeinleitungen (Depotwirkstoffe, sich akkumulierende Stoffe, persistente Stoffe) machen sich vorwiegend dort - häufig durch Schlammabtrieb, erhöhte Trübung im Ablauf und ausbleibender Nitrifikation - bemerkbar, wo die subakut-toxische Wirkung sich eher auswirken kann (z.B. in schwachbelasteten, insbesondere in Stabilisierungsanlagen und Festbettreaktoren).

Die Tatsache, daß nur wenige Fälle beeinträchtigter Kläranlagen aufgrund eingeleiteter antimikrobieller Schadstoffe bekannt werden, liegt in Anbetracht des Schadstoffpotentials einerseits daran, daß die Kläranlagen zu unspezifisch und nur stichprobenhaft überprüft werden und dem Problem schleichender Intoxikationen bislang wenig Aufmerksamkeit geschenkt wurde, andererseits auch daran, daß im Abwassersammler teilweise Inaktivierungsmechanismen stattfinden, über die man bislang noch sehr wenig weiß. In Abschnitt 4.4 werden deshalb mögliche Inaktivierungen mikrobizider Stoffe angesprochen. Neben den physikalischen und chemischen Prozessen (Verdünnung, Adsorption, Hydrolyse, Redox-Reaktionen, Fällungsreaktionen) finden bereits im Kanalsystem und in der Kläranlage biologische Vorgänge (Reaktion mit den vorhandenen Mikroorganismen, enzymatischer Aufschluß) statt. Der biologische Abbau mikrobizider Stoffe wird in Abschnitt 4.4.2 im Detail behandelt. Bei Auswertung der vielfältigen Untersuchungsergebnisse zur biologischen Abbaubarkeit fällt auf, daß die angewandten Testverfahren häufig und teilweise auch stark gegenüber den genormten Testverfahren modifiziert werden. Dies mindert die Vergleichbarkeit und Aussagekraft erheblich. Trotz dieser Schwierigkeiten hinsichtlich der Bewertung der Untersuchungsergebnisse wurden in Abschnitt 4.4.3 zur Orientierung Toxizitätsschwellen für einzelne mikrobizide Stoffe oder Stoffgruppen angegeben, um sie im Hinblick auf die Problematik der Akkumulation und Persistenz einordnen zu können.

Aufbauend auf den Ergebnissen dieser Untersuchung wurde ein Wirkungsmodell mikrobizider Stoffe im Abwasser entwickelt (Abschnitt 4.5.1), das in einer künftigen analytischen Arbeit zu überprüfen wäre. Das Modell erklärt, warum bislang abgesehen von Stoßbelastungen aus Störfällen kaum Veränderungen in der Funktionstüchtigkeit der Kläranlagen - allerdings in Anbetracht der derzeitigen Überwachungspraxis - wahrgenommen werden konnten.

Die Frage einer Beeinträchtigung der Funktionstüchtigkeit biologischer Kläranlagen durch mikrobizide Stoffe kann nach dem derzeitigen Wissensstand dahingehend beantwortet werden, daß zwar infolge unsachgemäßen, nichtbestimmungsgemäßen Gebrauchs mikrobizider Stoffe erhöhte oder sporadisch erhöhte Konzentrationen ins Abwassersystem eingeleitet werden und sich dann noch in der Kläranlage hemmend auswirken können, daß aber ein latentes Problem bei Anwendung persistenter und akkumulierbarer Wirkstoffe - häufig aus dem chemisch-technischen Anwendungsbereich - insbesondere bei den Kläranlagen existiert, die mit einem hohen Schlammalter und geringem Nährstoffangebot betrieben werden. Ingesamt gesehen sind also kleinere Kläranlagen, besonders aber - was nicht so ohne weiteres zu erwarten ist - Schwachlastanlagen und Festbettreaktoren durch mikrobizide Stoffe am ehesten betroffen.

Entsprechend diesen Ergebnissen sind in Kapitel 5 Ansatzpunkte zur Vermeidung von Beeinträchtigungen zusammengestellt, die sich an den oben genannten Problemfeldern orientieren: einerseits werden generelle Reaktionsmöglichkeiten in Kläranlagen aufgezeigt, weil - wie diese Untersuchung auch zeigt - Kläranlagen häufig Ablaufschwankungen aufgrund verschiedener Ursachen aufweisen, andererseits Vorsorgestrategien entwickelt, die sowohl das Problem des unsachgemäßen Gebrauchs auf der Emissionsseite eingrenzen, als auch besonders in Kläranlagen mit stark schwankenden Reinigungsleistungen zu einer Erhöhung der Prozeßstabilität und zur Minderung möglicher Hemmstoffwirkungen beitragen sollen. Die Ansatzpunkte werden ergänzt durch Vorschläge zu Forschungs- und Entwicklungsarbeiten, wobei einerseits Verbesserungen auf Anwenderseite möglich scheinen und Wissenslücken aufzufüllen sind, andererseits Informationen über das Klärgeschehen allgemein und bzgl. Wirkung, Wege und Verbleib ausgewählter mikrobizider Stoffe noch zu beschaffen sind, um zukünftig die Auswahl und den Einsatz der Mikrobizide am jeweiligen Klärverfahren ausrichten zu können.

Von administrativer Seite gibt es eine Reihe relativ rasch wirkender flankierender Maßnahmen, die weitgehend, ohne Verordnungen erlassen zu müssen, eine Verminderung der Anwendung kritischer mikrobizider Stoffe oder deren Inaktivierung vor Einleitung in das Abwassersystem ermöglichen. Derartige Ansatzpunkte sind die Festlegung von Anforderungen zur Aufnahme mikrobizider Produkte in entsprechende Listen, die Vereinheitlichung von Testverfahren und der Einsatz von Kombinationsprodukten (bestehend bspw. aus einem Desinfektionsmittel und seinem Inaktivierungsmittel in einer Verpackung) sowie in der Aufstellung allgemeiner (objektiver) Hygienepläne. Kläranlagenseitig muß unbedingt die Betriebskontrolle vorwiegend in Anlagen mit stark schwankenden Reinigungsleistungen - auch im Interesse des Kläranlagenbetreibers - verbessert werden. Dazu sind sowohl kontinuierlich registrierende Meßgeräte (bspw. Trübung) einzubeziehen, als auch von den Aufsichtsbehörden die Kläranlagen stärker aus mikrobiologischer und biochemischer Sicht zu überwachen und noch stärker beratend zu wirken. Eine Voraussetzung hierfür ist das Anlegen von Meldeprotokollen bei Störungen in Kläranlagen, die Auskunft geben sollen über die beobachteten Veränderungen und eingeleiteten Gegenmaßnahmen.

Nachstehend sind 2 Entwürfe für eine Informationsbroschüre oder ein internes Merkblatt zusammengestellt, die einer gezielten Verbreitung des Wissens über die Funktionstüchtigkeit betroffener Kläranlagen, aber auch der Beseitigung von Störungen dienen können.

Hinweise für ein Meß- und Auswertungskonzept für biologische Kläranlagen zur kontinuierlichen Überwachung der Betriebsergebnisse

Die kontinuierliche Betriebskontrolle in Kläranlagen ist eine wichtige Voraussetzung zur Erkennung von Beeinträchtigungen der Funktionstüchtigkeit der Kläranlage; sie dient der Erkennung von ungenügenden Reinigungsleistungen, ihrer Vermeidung und der Erhöhung der Prozeßstabilität verbunden mit einer effektiveren Betriebsweise und damit möglichen Kosteneinsparungen.

Als geeigneten Indikator für die Beschreibung der Vorgänge in einer biologischen Kläranlage und als korrelierende Größe zur Beschreibung der Reinigungsleistung hat sich die Trübungsmessung im Auslauf der Kläranlage erwiesen, weil sie robust ist, kontinuierlich betrieben werden kann und es inzwischen Geräte gibt, die hohe Standzeiten aufweisen.

Zur Auswertung der Ergebnisse kommen im wesentlichen nur ein Linienschreiber ggfs. noch ein Zähldrucker mit viertelstündlicher Summation und Mittelwert- sowie Minimum-/Maximum-Angabe in Betracht. Das Trübungsmeßgerät muß außerdem mit einem Signalgeber ausgerüstet sein, damit Grenzwertüberschreitungen akustisch angezeigt und optisch festgehalten werden können und der Klärwärter unmittelbar beim Eintritt einer Störung informiert wird.

Die Auswertung des Meßprotokolls des Trübungsmeßgerätes muß werktäglich erfolgen, damit der Klärwärter ungewöhnliche Veränderungen der Meßergebnisse korrelierend zu anderen gemessenen Parametern (wie Abwassermenge, O_2-Gehalt, Sichttiefe im Nachklärbecken) oder Erfahrungen nach dem persönlichen Augenschein unmittelbar in Beziehung setzen kann. Nach vorzugebenden Intervallen (stark schwankende Reinigungsergebnisse bzw. schwankende Trübungsmeßergebnisse bedingen kürzere Intervalle, 1 h, 6 h oder 12 h - ansonsten tägliche) werden die Mittelwerte der Trübungseinheiten (TE/F, ppm, mg/l) in Fünferblocks (1-5, 6-10, 11-15 etc.) ggfs. auch Zweier- oder Einerblocks eingeteilt und blockweise aufsummiert, die prozentualen Anteile der Summen der einzelnen Blöcke gebildet und in aufsteigender Reihenfolge über den Trübungseinheiten als Summenlinie ins Wahrscheinlichkeitsnetz eingetragen (vgl. Abbildung 21 im Hauptteil).

Der Punkt, an dem die Summenlinie abknickt, kennzeichnet die Prozeßstabilität dieser Kläranlage; das 50- und 90-Prozent-Perzentil (die Trübungswerte, die dem 50 % - und dem 90 % - Punkt im Wahrscheinlichkeitsnetz zugeordnet sind) geben das Betriebsergebnis dieser Kläranlage an. Je näher diese beiden Werte beieinander liegen (d.h. auch je steiler die Kurve ist), desto höher ist die Prozeßstabilität der Kläranlage.

(Für die Ausführung als Merkblatt wäre hier nun ein Meßwertprotokoll als Beispiel anzuschließen und eine Auswertungsrechnung durchzuführen).

Hinweise zur Aufstellung einer Checkliste

Reaktionen bei Störungen des Klärbetriebs durch Stoffimporte

Aufbauend auf den Ergebnissen der Betriebskontrolle lassen sich einige kläranlagenspezifische Vorgänge und Handgriffe systematisieren, die in Absprache mit den Aufsichtsbehörden sicherstellen helfen, daß der Klärwärter in entscheidenden Situationen das Richtige tut. Nachfolgendes Schema dient der Orientierung bei der Aufstellung einer Checkliste; sie ist aber fallweise an den kläranlagenspezifischen Randbedingungen auszurichten:

1. Erstellung eines Abwasserkatasters

   o mit Namen und Anschrift der indirekteinleitenden Gewerbe- und Industriebetriebe resp. anderer potentiell störender Einleiter,

   o mit Name des Umweltschutzbeauftragten oder Betriebsleiters,

   o mit Angabe des Produktionsziels,

   o der Mengen und eingesetzten Stoffe sowie verwendeten Prozeßlösungen,

   o Besonderheiten des Ablassens von Prozeßlösungen bzw. anderer Abwässer in die Kanalisation
   (Nach Vorbehandlung, welche Vorbehandlung, Zeitpunkt).

2. Auflistung vermeidbarer und unvermeidbarer Störungen

    o Beispiele und Maßnahmen gegen äußere Einflüsse

    - Überprüfung des Sicherheitssystems der Indirekteinleiter,

    - Kontrolle des Zustandes von Vorbehandlungsanlagen,

    - kooperatives Vorgehen seitens Indirekteinleiter und Kläranlagenbetreiber/Klärwärter festlegen (Störungsmeldungen, Vorwarnung, Hilfe bei der Überwachung der Vorbehandlungsanlage),

    - Informationsschriften an die Bevölkerung oder bestimmte Kreise bei Feststellung häufig vorkommender unerlaubter Einleitungen,

    - Überprüfung der Ortsentwässerungssatzungen,

    o Beispiele und Maßnahmen gegen kläranlageneigene Störauslöser

    - Anlegen einer Beispielsammlung (Trübwassereinleitung, Schlammabzug, schlagartiger Lastwechsel, Faulbehälterbetrieb und motorentechnische Einflußfaktoren),

    - Erstellung einer Liste für Verbesserungsvorschläge, die sukzessive bei Neuanschaffungen oder ohnehin fälligen Wartungsarbeiten realisiert werden können (wie kleinere Pumpen zur Vergleichmäßigung von Einleitungen; Anbringen von Relais zur Vermeidung der Einleitung gleichzeitiger organischer Lastspitzen etc.),

    - Erstellung einer Liste über mögliche Bedienungsfehler der Kläranlage,

    - Festhalten von Ausfallzeiten, Erstellen einer Ersatzteilliste, Vorratslagerkontrolle zur Sicherstellung hoher interner Verfügbarkeit.

3. Festlegung des Handelns bei Erkennung von Ablaufverschlechterungen oder Störstoffen im Zulauf

    o Erlaubnis des Abschlags in den Vorfluter ab welcher Gefahrenschwelle,

    o Festlegung von Handgriffen und Ablauffolgen,

- Sammlung von Beispielfällen möglicher (ggfs. ausprobierter) Reaktionsmaßnahmen auf Stoffeinleitungen in der eigenen Kläranlage,

- Austausch von Erfahrungen in der Kläranlagennachbarschaft,

- Einbezug eines Planungsbüros bzgl. möglicher verfahrenstechnischer Verbesserungen an der Kläranlage,

- Erstellung eines Alarmplanes,

- Absprache mit der zuständigen Aufsichtsbehörde und Absegnung der Vorgehensweisen,

- Erstellung eines Formblattes mit Kurzbeschreibung der Kläranlage, einzuhaltender Betriebsparameter und der Einleitungsauflagen (wasserrechtlicher Bescheid), mit freien Feldern zur Erläuterung der beobachteten Merkmale vermutlicher Verursacher, von Uhrzeit und Datum sowie eingeleiteter Gegenmaßnahmen (mit 2 Durchschlägen für den Kläranlagenbetreiber und die Aufsichtsbehörde), wobei das Formblatt die weitere Abfolge des Handelns als Frage-/Antwortkatalog enthalten kann (Verständigung der Aufsichtsbehörde, Feuerwehr, Polizei etc.; Aufforderung zur Probenahme etc.).

In diesem Zusammenhang sei auf den Alarmplan von Klärmeister Schneider, Kläranlage Lich, Hessen, und auf die Broschüre ATV-Kläranlagen-Nachbarschaften Nord aus dem Jahr 1983/84 verwiesen.

Fallbeispiele

Die nachstehend wiedergegebenen Fallbeispiele sind ein Auszug aus den Untersuchungsergebnissen von beeinträchtigten Kläranlagen, vorwiegend durch bestimmungsgemäße Stoffeinleitungen. Da im Rahmen der Nachforschungen nach Beeinträchtigungen der Funktionstüchtigkeit von Kläranlagen kaum verwertbare Untersuchungsergebnisse (biologische, biochemische oder chemische Parameter werden im Verlauf von Beeinträchtigungen fast nie systematisch analysiert) vorhanden waren, konnte häufig nur auf subjektive Wahrnehmungen und die wenigen Eigenkontrollmessungen zurückgegriffen werden. Die Hintergründe für die Auswahl der hier vorgelegten Fallbeispiele und die Einschränkungen bzgl. ihrer Aussagekraft sind in Abschnitt 4.3.2 ausführlich dargelegt.

Fallbeispiel Nr. 1

Ursache für die Beeinträchtigung: Desinfektionsmittel

Vermutlicher Verursacher:	Krankenhaus mit Infektionsbau und Zentralwäscherei
Auswirkungen:	Reversible Schädigung der Mikroorganismen, Funktionen des biologischen Teils der Kläranlage vollkommen lahmgelegt
Kläranlagentyp:	zweistufige Anlage mit Hochlasttropfkörper und Belebungsbecken
Ausbaugröße:	10.000 EGW
Auslastungsgrad:	85 %
Abwassermenge:	ca. 100 m^3/h

Erläuterung der Vorgänge in der Abwasserreinigungsanlage:

Während einer routinemäßigen Untersuchung der Kläranlage durch die Aufsichtsbehörde verschlechterten sich die Ablaufwerte der Kläranlage. Im Nachklärbecken aufsteigende weiße Schwaden, die sich zunehmend verdichteten, bis der gesamte Kläranlagenablauf eine weißlich-trübe Färbung aufwies, deuteten auf eine Beeinträchtigung hin. Die mikroskopische Überprüfung des Belebtschlamms seitens der Aufsichtsbehörde zeigte, daß die durch das Mikroskop erkennbaren biologisch aktiven Mikroorganismen ihre Lebensfunktion eingestellt hatten. Nach telefonischer Rücksprache mit dem Klärwerkspersonal wurde, nachdem die Überprüfung abgeschlossen worden war, folgendes noch festgestellt:

o Der Sauerstoffgehalt des Belebungsbeckens bewegte sich vor Zuleitung des biozid wirkenden Abwassers im Bereich zwischen 0,5 - 1,5 mg/l O_2, stieg dann über einen kurzen Zeitraum auf Werte um 9 mg/l O_2 und fiel am späten Nachmittag (ca. 17 Uhr) wieder auf die alten Werte zurück.

o Daraus läßt sich folgern, daß die Mikroorganismen des Belebtschlammes den biozidhaltigen Abwasserstoß zum überwiegenden Teil überlebten und nach Normalisierung der Abwasserverhältnisse ihre normale Stoffwechselfunktionen wieder aufnahmen.

Wäre eine Abtötung der Mikroorganismen erfolgt, hätte sich der Belebtschlamm erneut aufbauen müssen. Dieser Vorgang dauert üblicherweise mehrere Tage bis zu zwei Wochen, sofern von außen kein aktiver Belebtschlamm zugeführt wird.

Anhand der Abwasseruntersuchungsergebnisse vor und nach dem Einleiten der Störstoffe ließ sich lediglich im Ablauf der Kläranlage ein pH-Anstieg von 7,3 auf 8,1 als signifikanter Unterschied festhalten. Der durchgeführte Hemmtest bestätigt die Anwesenheit mikrobizider Stoffe. Sowohl Bakterien als auch Schimmelpilze wurden am Wachstum gehindert und sogar langsam abgetötet:

Testkeim	Hemmhoftest	Suspensionstest		
		Ausgangskeimzahl je 1 ml	Koloniezahl je 1 ml nach 24 Stunden Einwirkung	
			Probe	Blindwert (steriles Wasser)
Escherichia coli	6 mm	9.000.000	5.000.000	28.000.000
Pseudomonas aeruginosa	10 mm	3.900.000	3.300.000	17.000.000
Aspergillus niger	3 mm	6.000	0	10.000

Fallbeispiel Nr. 2

Ursache für die Beeinträchtigung: Desinfektionsmittel

Vermutliche Verursacher:	o Krankenhaus (80 % der Abwassermenge), o Ausflugslokal
Auswirkungen:	Schlammabtrieb
Kläranlagentyp:	mechan.-biolog. Kleinkläranlage (Kreiselbelüftung)
Ausbaugröße:	830 EGW
Auslastungsgrad:	keine Angaben
Abwassermenge:	174 m^3/d

Erläuterung der Vorgänge in der Abwasserreinigungsanlage:

Der Betrieb der Anlage ist weitgehendst automatisiert, so daß lediglich zweimal pro Woche eine Überwachung erforderlich ist. Bei einer dieser Kontrollen war Mitte September 1982 festzustellen, daß der gesamte Belebtschlamm aus den Belebungsbecken ausgetragen war. Da der Vorfall schon eingetreten war, als die Anlage überwacht wurde, konnte speziell in diesem Fall keine nähere Ursachenanalyse mehr angestellt werden. Die Anlage mußte unter Zugabe von ca. 6 m^3 Impfschlamm wieder eingefahren werden.

Da bereits früher immer wieder diesbezügliche Störungen - wenn auch nicht in diesem Ausmaß - auftraten und die Ursache nur im Bereich des Krankenhauses zu suchen war, wurden Gespräche mit der Krankenhausleitung geführt, die zu einer Änderung hinsichtlich des Desinfektionsmittelgebrauches führten:
1. Die Klinikleitung wies das Personal an, Reinigungsmittel nur noch in möglichst geringen - hygienisch noch vertretbaren - Mengen einzusetzen.
2. Es wurde nur noch ein "weicheres" Flächendesinfektionsmittel verwendet.
3. Da am Zulauf zur Kläranlage immer wieder Grenzwertüberschreitungen zum basischen Bereich hin auftraten, sagte die Klinikleitung weiterhin zu, den Einsatz von Spülmittel in den Geschirrspülmaschinen elektronisch abhängig vom Leitwert zu regeln.

Seitdem in der Klinik diese Maßnahmen durchgeführt werden, sind keine diesbezüglichen Störungen mehr im Betrieb der Kläranlage festzustellen.

Fallbeispiel Nr. 3

Ursache für die Beeinträchtigung: Pfanzenschutzmittel

Vermutliche Verursacher:
o Kleingärtner
o Landwirtschaft

Auswirkungen: Umkippen der Kläranlage, Ausfall der biologischen Reinigungsstufe

Kläranlagentyp: Stabilisierungsanlage

Ausbaugröße: 22.000 EGW
Auslastungsgrad: keine Angaben
Abwassermenge: keine Angaben

Erläuterung der Vorgänge in der Abwasserreinigungsanlage

Ein kleiner Peak in der Schreiberanzeige der Abwassermengenmessung und ein Ansteigen des O_2-Gehalts im Belebungsbecken waren das erste Anzeichen für eine Beeinträchtigung, anschließend wurde ein leichter Anstieg des pH-Wertes festgestellt; mit einer zeitlichen Verzögerung von ca. einem halben Tag ist die biologische Reinigungsstufe schließlich vollkommen ausgefallen.

In mikroskopischen Betrachtungen der Belebtschlammorganismen konnten nur noch eingeschränkte Organismenaktivitäten festgestellt werden; die Mikroorganismen verfielen in eine Art "Dauerschlaf". Außerdem fehlten die Glockentierchen, die bei der ansonsten einwandfrei funktionierenden Anlage zahlreich vertreten sind.

Von anderen in ähnlicher Weise belasteten Kläranlagen werden als charakteristisches Merkmal zu Beginn von Störungen fremdartige Chemikaliengerüche angegeben. Die Betriebsschwierigkeiten zeigten sich fallweise auch (vorwiegend in den Monaten Mai, Juni, Juli auftretend) durch langanhaltendes Schäumen an, verbunden mit schlechten Absetzeigenschaften der Schlämme. Die Hemmung des Stoffumsatzes und der Vermehrung der Bakterien äußert sich in verminderten Nitrifikationsleistungen und z. T. auch Kohlenstoff-Abbau-Leistungen sowie in verminderten Gasausbeuten bei der anaeroben Fermentation.

Fallbeispiel Nr. 4

Ursache für die Beeinträchtigung: unbekannt

Vermutliche Verursacher:
o Kunststoffverarbeiter (u. a. Cyclohexan, Toluol, Tetrahydrofuran)
o Brauerei
o Molkerei

Auswirkungen: Schwebschlamm; zuwachsende Belüfterkerzen

Kläranlagentyp: Belebungsverfahren

Ausbaugröße: keine Angaben
Auslastungsgrad: keine Angaben
Abwassermenge: keine Angaben

Erläuterung der Vorgänge in der Abwasserreinigungsanlage:

Die biologische Stufe zeigt ein Verhalten, worüber bislang nirgendwo in der Art berichtet worden ist:
- ohne sichtbare Vorankündigung geht die O_2-Zehrung im Belebungsbecken für ein paar Stunden zurück (O_2-Anstieg auf 5-6 mg/l), um dann in der Folge so rapide einzusetzen, daß ein O_2-Gehalt im BB von etwa 0,5 mg/l nur mit allen verfügbaren Belüfterkapazitäten erreicht werden kann;
- kontinuierlich "wachsen" die Belüfterkerzen zu, wobei ein "echter" Belag nicht wahrgenommen werden kann; durch Trocknung oder Dampfstrahlbehandlung lassen sich die Poren der Belüfterkerzen in der Folge problemlos wieder öffnen, was auf einen Bakterienbewuchs (vor allem sporenbildende) und Pilze schließen läßt; allerdings ist kein Bewuchs bei Herausnahme der Kerzen sichtbar;
- im Nachklärbecken hält sich etwa 20 cm unter der Wasseroberfläche ein gasblasenfreier Schwebschlamm.

Wahrscheinlich finden sporenbildende Bakterien optimale Wachstumsbedingungen vor, vor allem wohl gerade Gattungen, die in hohem Maße O_2 benötigen. Während evtl. Desinfektionsmittel und Lösemittel zu einer "Encystierung" der Mikroorganismen führen, kann nach Einleitung von Nährsubstanzen aus der Lebensmittelverarbeitung ein hohes Zehrungspotential entstehen. Es kann aber auch sein, daß die Anlage von einer Substrat-Hemmung gekennzeichnet ist, und nach einer Verminderungs-/Verdünnungsphase das hohe Nährstoffangebot durch fadenbildende Organismen zuerst genutzt wird, so daß die Voraussetzungen für Schwimmschlamm geschaffen sind.

Fallbeispiel Nr. 5

Ursache für die Beeinträchtigung: Chromat

Vermutlicher Verursacher: Galvanikbetrieb

Auswirkungen: Starke Beeinträchtigung der Reinigungsleistung

Kläranlagentyp: hochbelastete Belebungsanlage

Ausbaugröße: keine Angaben
Auslastungsgrad: keine Angaben
Abwassermenge: keine Angaben

Erläuterung der Vorgänge in der Abwasserreinigungsanlage

Chromatgehalte im Kläranlagenzulauf, verursacht durch die unerlaubte Ableitung eines chromsäurehaltigen galvanischen Bades, wurden im Zulauf zur Kläranlage gemessen. Die Einleitung in die hochbelastete Belebungsanlage dauerte etwa eine Stunde. Der Feststoffgehalt im Belebungsbecken betrug 5,5 g TS/l. Der Belebung wurden in einer Stunde 100 kg CrO_4^{2-}, gelöst in 500 m^3 Abwasser, zugeführt. Die höchste Zulaufkonzentration lag bei 270 mg CrO_4^{2-}/l. Die Belebungsanlage hatte mit sehr starkem Schäumen reagiert. Die Abbauleistung ging zurück. Die Elimination organischer Stoffe, gemessen mittels des Kaliumpermanganatverbrauchs vom Zu- und Ablauf der Belebungsanlage, zeigte folgenden Verlauf:

vor Chromat-Zulauf	ca. 65 %
einige Stunden danach	ca. 25 %
ein Tag danach	ca. 40 %
zwei Tage danach	ca. 45 %
drei Tage danach	ca. 55 %
vier Tage danach	ca. 60 %

Die Reinigungsleistung der Belebungsanlage war somit nachhaltig herabgesetzt worden (Quelle: GTZ, 1984).

Fallbeispiel Nr. 6

Ursache für die Beeinträchtigung: Schlachthofabwässer, Textilabwässer, weiches Wasser, Fremdwasser

Vermutliche Verursacher: o Textilindustrie
o Schlachthof

Auswirkungen:	Auftreiben des Schlammes im Nachklärbecken bis zum "Umkippen" der biolog. Stufe
Kläranlagentyp:	Belebungsverfahren (Schwachlastanlage, keine Nitrifikation vorgesehen)
Ausbaugröße:	13.000 EGW
Auslastungsgrad:	hydr. 100 %, org. 50 %
Abwassermenge:	(teilweise bis 80 l/s) 3.400 m^3/d

Erläuterung der Vorgänge in der Abwasserreinigungsanlage:

Die Kläranlage ist in der Regel funktionstüchtig und wird ordnungsgemäß betrieben. Schlagartig jedoch ändert sich rund ein Dutzend Mal pro Jahr die Sichttiefe im Nachklärbecken, und zwar überwiegend am Montag vormittag. Aufgrund dieser Regelmäßigkeit ist zu vermuten, daß einerseits infolge des Reinigungsvorganges im Schlachthof zu Beginn der Produktion (Abspülen der Flächendesinfektionsmittel) eine erhöhte Biozidkonzentration der Kläranlage zufließt, die anschließend mit einer erhöhten organischen Belastung beaufschlagt wird. Zusätzlich können die Textilhilfsmittel eine weitere Selektion der Zusammensetzung der Biocoenose bewirken, wobei auch das fehlende Säurepuffervermögen eine Rolle spielen dürfte, wie sich an der teilweise ablaufenden Nitrifikation zeigt (pH-Wert im Zulauf um 8, im Ablauf um 6).

Infolge der Überlastung mit organischen Stoffen einer selektierten Biocoenose ist nicht mit einem vollständigen Abbau der gelösten organischen Substanz im Belebungsbecken zu rechnen, so daß auch in der Nachklärung noch eine erhöhte Zehrung stattfindet, die sich infolge O_2-Mangel und Denitrifikationserscheinungen als Flotationseffekte zeigen, wobei die hohe hydraulische Belastung zum raschen Abtreiben der Schlammflocken und damit zur Verminderung des Schlammgehalts im Belebungsbecken führt (Ausdünnung des Rücklaufschlammes), was zusätzlich den Schlammindex infolge fädiger Organismen ansteigen läßt.

Fallbeispiel Nr. 7

Ursache für die Beeinträchtigung:	Weinbauabwässer (Trub aus dem 1. Abstich)
Vermutliche Verursacher:	o Weinbaubetriebe, o Brennereien o Fremdenverkehr o Klinik
Auswirkungen:	Vollständiges "Umkippen" der biologischen Stufe

Kläranlagentyp: Zweistufige Belebungsanlage (ohne Vorklärung) mit feinblasiger Druckbelüftung

Ausbaugröße: 42.000 EGW (78.000 EGW)
Auslastungsgrad: 100 % Auslastung
Abwassermenge: ca. 4.000 m^3/d

Erläuterung der Vorgänge in der Abwasserreinigungsanlage:

Die mikroskopische Betrachtung des Belebtschlammes zeigte im Belebungsbecken 1 neben relativ wenigen Ciliaten nur wenige fadenförmige Mikroorganismen, im Belebungsbecken 2 wurden Thiotrix mit gelartiger Struktur und Wechseltierchen gefunden. Nach drei Tagen konnte die erste Stufe nicht mehr mit O_2 ausreichend versorgt werden. Der Belebtschlamm war tiefschwarz geworden, es trat deutlich wahrnehmbarer Schwefelwasserstoffgeruch auf.

Dieses durch Reduktion gebildete Sulfid vergiftete in den folgenden Tagen die Biomasse der 2. Stufe. Parallel verklebte der gelartige Schlamm die Belüfterkerzen. Nach weiteren 4 Tagen war die gesamte Kläranlage "umgekippt". Erst nach rund 14 Tagen konnte - begünstigt durch die nachlassende Belastung - wieder von einer zufriedenstellenden Anlagenfunktion gesprochen werden.

Fallbeispiel Nr. 8

Ursache für die Beeinträchtigung: Bade-, Dusch- und Desinfektionsmittel
Vermutlicher Verursacher: Kindererholungsheim
Auswirkungen: Abbauleistung relativ gut (< 20 mg BSB_5/l)
Kläranlagentyp: Scheibentauchkörper

Ausbaugröße: 100 EGW
Auslastungsgrad: 50 %
Abwassermenge: keine Angaben

Erläuterung der Vorgänge in der Abwasserreinigungsanlage:

Obwohl die Abbauleistung, was den Kohlenstoff-Abbau als BSB_5 gemessen anbelangt, relativ gut ist, scheint die Kläranlagenfunktionstüchtigkeit beeinträchtigt zu sein. Es zeigt sich nämlich kein Bewuchs auf den Scheiben, was die Vermutung nahelegt, daß die sessilen Organismen sich aufgrund der herrschenden Abwasserzusammensetzung nicht entwickeln können. Es ist zu vermuten, daß - begünstigt durch die geringe Auslastung - der Abbau in der flüssigen Phase abläuft und der dort vorhandene Reaktionsraum sowie der mit dem Eintauchen der Scheiben verbundene O_2-Eintrag für das System soweit ausreichen, daß die BSB_5-Werte nicht auffällig sind.

Fallbeispiel Nr. 9

Ursache für die Beeinträchtigung: Desinfektionsmittel

Vermutliche Verursacher:	o TBC-Krankenhaus mit Flächendesinfektionsmittelverbindung: Formaldehyd, Glyoxal und Tributyl-n-Zinnbenzonal sowie Wäschedesinfektionsmittel auf der Basis von Na-dichlor-isocyanurat
	o Konservendosenfabrik (Weißblech)
Auswirkungen:	chronische Intoxikation der Tropfkörperbiocoenose, verminderte Abbauleistung auf 50 - 70 % C-Abbau
Kläranlagentyp:	Tropfkörperanlage (schwach belastet)
Ausbaugröße:	7000 EGW
Auslastungsgrad:	keine Angaben
Abwassermenge:	15 m^3/h

Erläuterung der Vorgänge in der Abwasserreinigungsanlage:

Die BSB_5-Konzentration im Ablauf der Kläranlage liegt häufig über den Regelwerten und erreichte schon Werte zwischen 400 und 700 mg O_2/l. Die Ursache der verminderten Abbauleistung scheint im Tropfkörper zu liegen: Die Oberfläche zeigt verhältnismäßig wenig Bewuchs (eindeutig aber Aktivitäten von stäbchenförmigen Bakterien und Spirillen, Schwefelbakterien (Beggiatoa), einzelligen Algen, Nematoden, auffällig wenig Protozoen, in etwa 10 cm Tiefe ab der Oberfläche war keine nennenswerte biologische Besiedlung mehr festzustellen, in 20 cm herrschte grobfaseriger, schwarzer Schlamm vor.

Die Beeinträchtigung der Funktionstüchtigkeit der Tropfkörperanlage rührt nach Untersuchungen eines Prüfinstituts aus dem Akkumulationsprozeß mikrobizider Wirkstoffe her, da im Zulauf zum Tropfkörper keine akute Hemmung (Enzymaktivität, Offhaus, Robra, Hemmung der Grund- und Gesamtatmung) nachzuweisen war (akut toxische Konzentrationen liegen bei größer 0,001 %iger Lösung des verwendeten Wäschedesinfektionsmittels). Im Zulauf zum Tropfkörper wurden jedoch nur Konzentrationen zwischen 0,001 und 0,0001 % gemessen. Bei gleichmäßiger Verteilung des Flächendesinfektionsmittels im Abwasser, ist im Ablauf des Krankenhauses mit einer Konzentration von 0,01 % zu rechnen, die aber auf unter 0,001 % durch kommunales Abwasser verdünnt wird. Bei 0,002 % ist allerdings noch eine bakteriostatische Wirkung eindeutig feststellbar.

Es wird angenommen, daß es sich bei der Verminderung der Reinigungsleistung um chronische Toxizitätseffekte handelt. Derartige Anreicherungsvorgänge sind sowohl bei einer Reihe von Metallen als auch organischen Kohlenstoffverbindungen bekannt. Für einen derartigen Effekt spricht der allmähliche Leistungsabfall, der nach einer Reinigung und Neubefüllung aufgetreten ist. In Laboruntersuchungen konnten diese Effekte bestätigt werden.

Fallbeispiel Nr. 10

Ursache für die Beeinträchtigung:	2,4,4'-Trichlor-2'-hydroxidiphenylether bakteriostatischer Zusatz zu - Seifen - Kosmetika - Deodorants - Waschmitteln
Vermutliche Verursacher:	o medizinisch-hygienischer Bereich o Imprägnierung von Textilien o Behandlung von Klinikwäsche u.a.m.
Auswirkungen:	Zu Beginn des Versuchs geringe Sichttiefen, schlechte Ablaufqualität (drohendes Umkippen)
Kläranlagentyp:	Modellkläranlage (Wuppertaler Becken)
Ausbaugröße:	keine Angaben
Auslastungsgrad:	keine Angaben
Abwassermenge:	11 m^3/h

Erläuterung der Vorgänge in der Abwasserreinigungsanlage:

Die Modellkläranlage wurde mit 2 mg/l des oben beschriebenen Mikrobizids belastet; eine etwas anders gestaltete, durchaus aber vergleichbare Kontrollkläranlage wurde parallel betrieben. Die Konzentration von 2 mg/l orientierte sich an Ergebnissen von Labortests: Im Pepton-Test wirkte sich die Konzentration von 2 mg/l nicht hemmend aus; bei der Untersuchung der Grundatmung zeigten sich bei einer Naßschlammkonzentration von 1 g/l erhebliche Beeinträchtigungen der Atmungsaktivitäten (BSB$_1$-Werte von 2 mg/l gegenüber 15 mg/l beim unbelasteten Naßschlamm), während bei 2 g/l Naßschlamm nur noch eine Hemmung der Atmungsaktivität von 21,2 % festgestellt werden konnte. Im Robra-Test war bei 2 mg/l sogar eine leicht stimulierende Wirkung zu beobachten.

Die Modellkläranlage zeigte nun im Vergleich zur Kontrollkläranlage folgende Abweichungen:
- der belastete Schlamm setzte sich wesentlich schneller ab und wurde dichter,
- durch die plötzlich einsetzende, kontinuierliche Zudosierung des Mikrobizids starben sämtliche mikroskopisch leicht erkennbaren Mikroorganismen, auch die Fadenbakterien (!) ab und der Schlamm verlor seine lockere, verwebte Struktur; die Flocken wurden kleiner, kompakter und wiesen ein günstigeres Absetzverhalten auf,
- erst nach mehr als einer Woche wurde der Schlamm wieder von Geißeltierchen und Fadenwürmern (dünn) besiedelt, nach rund 3 Wochen kamen einige Spezies der Wimpertierchen hinzu, nach etwa 6 Wochen wies der Schlamm immer noch kompaktere Flocken, aber wieder dieselben Arten - allerdings weniger individuenreich - auf; nach rund 9 Wochen war kaum noch ein Unterschied zu früher festzustellen,
- die überstehende Schlamm-Wasser-Suspension zeigte eine deutlich stärkere Trübung (Sichttiefen auf die Hälfte reduziert),
- die Abbauleistung - gemessen als TOC, CSB, BSB_5 und TOD - war im Durchschnitt um 10 % (7 - 15 %) verringert (in der Einarbeitungsphase z. T. um 30 %),
- eine nennenswerte vermehrte Bildung von schwer abbaubaren Stoffen ist nicht aufgetreten,
- nach Akklimatisierung der Anlage und bei hohen Schlammkonzentrationen erfolgte eine weitgehende Elimination des Biozids aus dem Abwasser (1 - 1,5 % durch Sorption, 93 - 94 % durch Photolyse oder aeroben Abbau), ca. 5 % gelangten in die Vorflut,
- die Faulgasausbeute lag um 8 % (10 % im Laborversuch) unter der des unbelasteten Schlammes,
- bei der Schlammfaulung erfolgte ein anaerober Abbau von ca. 35 %.
(entnommen OFFHAUS et al., 1978)

Fallbeispiel Nr. 11

Ursache für die Beeinträchtigung: pentachlorphenolhaltige Abwässer

Vermutliche Verursacher:
o Papierfabriken
o Kaserne

Auswirkungen: Verschlechterung der Ablaufbeschaffenheit

Kläranlagentyp: Tropfkörperanlage (mittelbelastet)

Ausbaugröße: 64.000 EGW
Auslastungsgrad: 40 %
Abwassermenge: 185 l/s

Erläuterung der Vorgänge in der Abwasserreinigungsanlage:

Im Rahmen einer einjährigen täglichen Überwachung der Zu- und Ablaufwerte (u.a. Temperatur, Sichttiefe, pH-Wert, absetzbare Stoffe, Leitfähigkeit, Oxidierbarkeit (KMnO, K_2CrO_4), BSB_5, Schlammvolumen, -trockensubstanz und -index) wurden nachstehende Zeitganglinien ermittelt.

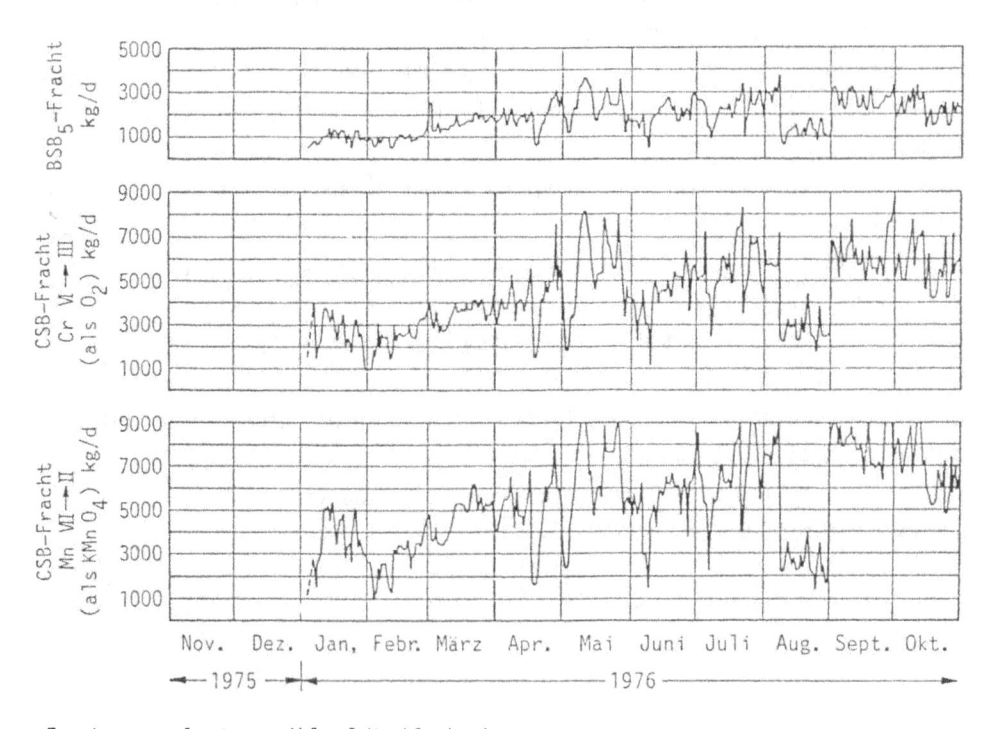

Frachtenganglinien - Ablauf Vorklärbecken

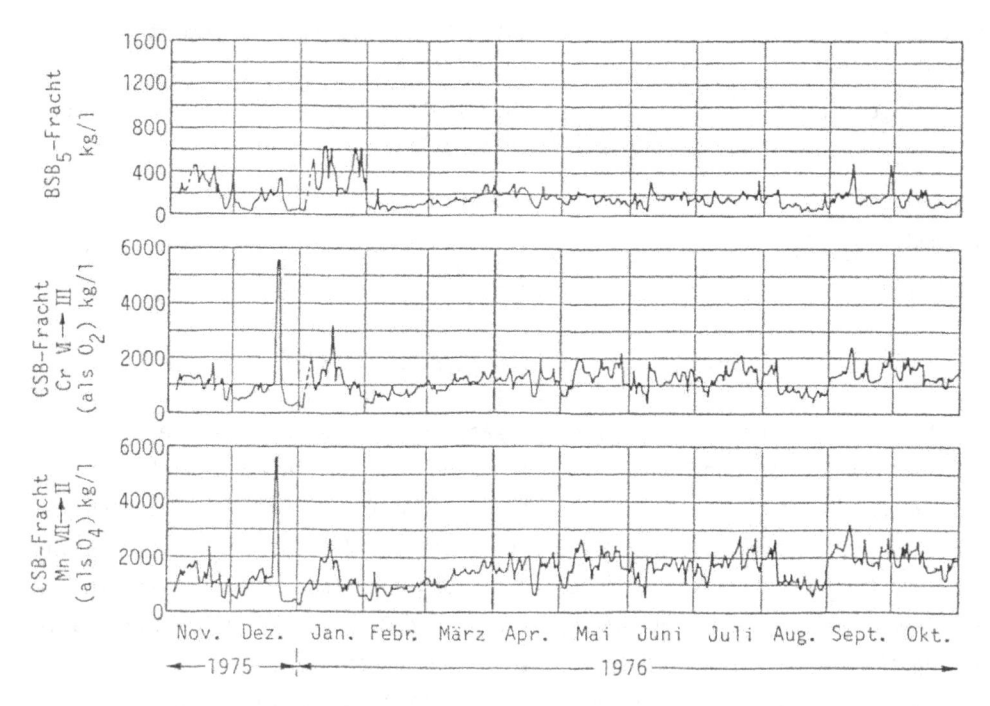

Frachtenganglinien – Ablauf Nachklärbecken

Besonders auffallend in den beiden Darstellungen der Konzentrationszeitganglinien "Ablauf Vorklärung" und "Ablauf Nachklärung" ist die Zeit der Betriebsferien der Papierfabriken im August, hier ist die Ablaufqualität spürbar verbessert; außerdem fallen einige Spitzenwerte auf, die durch Abstoß von pentachlorphenolhaltigen Konservierungsmitteln nachgewiesenermaßen entstanden sind. Insgesamt gesehen sind die Schwankungen im Ablauf der Nachklärung dieser Kläranlage auf mehrere Ursachen zurückzuführen:
- durchschlagende Zulaufschwankungen,
- Änderungen in der Beschaffenheit des Zulaufs,
- toxische Inhaltsstoffe.
(Quelle: KOPPE, STOZEK, 1978)

Fallbeispiel Nr. 12

Ursache für die Beeinträchtigung: Tenside, Konservierungsmittel, "weiches" Wasser

Vermutliche Verursacher:
   o Papierfabrik
     - Anteil der Papierfabrik 30 % der Gesamtabwässer
     - BSB_5-Fracht 600 kg/d
     - CSB-Fracht 1800 kg/d
   o Fremdenverkehr

Auswirkungen: leichter Belebtschlamm, Schlammabtrieb

Kläranlagentyp: Belebungsanlage (Mittellast) mit feinblasiger Belüftung

Ausbaugröße: 42.000 EGW
Auslastungsgrad: 60 %
Abwassermenge: 12.300 m^3/d

Erläuterung der Vorgänge in der Abwasserreinigungsanlage:

Infolge der geringen Karbonathärte des Wassers ist das Säure-Puffer-Vermögen äußerst gering. Hierdurch können allein schon durch einsetzende Nitrifikationsvorgänge Hemmungen sowohl für Nitrobacter als auch für C-Destruenten infolge der Bildung von salpetriger Säure auftreten. Zusätzliche Stoßbelastungen oder Chemikalien aus der Papierherstellung bewirken eine entsprechende Selektion der vorhandenen Bakterienstämme, so daß in der Folge vermehrt fädige Organismen auftreten, die zwar einen guten C-Abbau bewirken, sich selbst aber schlecht absetzen lassen und aus dem Nachklärbecken in den Vorfluter abtreiben.

Die Störungen kündigen sich meist durch helle Wolken im Nachklärbecken an, wobei nach kurzer Zeit das gesamte Nachklärbecken mit Blähschlamm angefüllt ist. Eine Bestimmung des Schlammindex ist in der Folge nicht mehr möglich, weil auch nach Stunden im Absetztrichter keine Trennung Schlamm/Wasser erfolgt.

Zur Behebung des Blähschlammproblems wird in der Kläranlage beim Auftreten der Wolken mit Kalkmilch simultan gefällt und der pH-Wert auf 10 angehoben, wodurch sich relativ kurzfristig die Blähschlammbildung einschränken läßt. Es ist zu vermuten, daß durch die pH-Wert-Anhebung die Blähschlammbildner gehemmt werden und flockenbildende Organismen Wachstumsvorteile gegenüber Fadenbildnern erlangen. Es steht weiterhin zu vermuten, daß beim schnellen Wechsel von Normalzustand zu Blähschlammbildung und wieder zum Normalzustand die Nährstoffganglinien, wie auch die Papierhilfsstoffe im Abwasser eine entscheidende Rolle spielen.

Fallbeispiel Nr. 13

Ursache für die Beeinträchtigung:	Pflanzenschutzmittel (Wirkstoffe: halogenierte Phenoxycarbonsäuren, Lindan, Methoxychlor, Simazin, Prometryn)
Vermutliche Verursacher:	landwirtschaftliche, agrochemische Zentren (400 m^3 Pflanzenschutzmittel-haltige Abwässer)
Auswirkungen:	keine signifikanten
Kläranlagentyp:	Kleinbelebungsanlage (Schwachlast-Nitrifikation)
Ausbaugröße:	keine Angaben
Auslastungsgrad:	keine Angaben
Abwassermenge:	1,2 m^3/d

Erläuterung der Vorgänge in der Abwasserreinigungsanlage:

Die Untersuchung der Wirkung pflanzenschutzmittelhaltiger Abwässer mit Verdünnungen bis zu 1 : 500 (nach 4-wöchiger Adaptation mit einer Verdünnung von 1 : 2000) der oben genannten Wirkstoffe ergab keine negative Auswirkung auf den Abwasserreinigungsprozeß. Die biologische Analyse des Belebtschlammes zeigte die für schwachbelastete Anlagen typischen Lebensgemeinschaften. Veränderungen in der Artenvielfalt und Mikroorganismenzahl lagen im Bereich der natürlichen Schwankungen. Die als sehr empfindlich geltenden Nitrifikanten waren während der ganzen ersten Versuchsphase vorhanden.

Untersuchungen des Zu- und Ablaufs der Kleinbelebungsanlage ergaben, daß außer den halogenierten Phenoxycarbonsäuren alle analytisch erfaßten Wirkstoffe bereits als Vorlastwert im kommunalen Abwasser nachgewiesen werden konnten (Herkunft vermutlich Flächenablauf der Landwirtschaft, aus Kleingartenanlagen und aus Obst- und Gemüsespülwässern der Haushalte).

Die erreichten Eliminationsgrade in der Belebungsstufe schwankten sehr stark und lagen unabhängig vom Verdünnungsverhältnis bei den halogenierten Phenoxycarbonsäuren zwischen 70 und 100 %, bei Lindan zwischen 28 bis 80 %, Methoxychlor wurde nicht eliminiert, Simazin zwischen 43 und 100 % und Prometryn zwischen 15 und 81 %.

In einer zweiten höher belasteten Versuchsphase (Ergänzung der Wirkstoffe Nitrofen, Parathionmethyl und Zineb) wurden unabhängig von der Pflanzenschutz-

mittelzugabe ähnlich gute Ablaufwerte und Eliminationsgrade erreicht (Ausnahme bei einer Verdünnung 1 : 100, teilweise bei 1 : 500). Aus der gemessenen Atmungsaktivität und der biologischen Analyse war keine Störung der Biocoenose des Belebungsbeckens erkennbar.
(Quelle: BIRR et al., 1983)

Fallbeispiel Nr. 14

Ursache für die Beeinträchtigung: Chlorierte Kohlenwasserstoffe

Vermutliche Verursacher:
o Metallverarbeitung
  (Galvaniken, Beizereien, Härtereien)
o Textilfabrik
o Entlackungsfabriken
o Molkerei

Auswirkungen: reduzierte Abbauleistung

Kläranlagentyp: Belebungsverfahren (mittelbelastet)

Ausbaugröße: 67.000 EGW
Auslastungsgrad: 60 %
Abwassermenge: 150 l/s

Erläuterung der Vorgänge in der Abwasserreinigungsanlage:

Im Rahmen einer einjährigen täglichen Überwachung der Zu- und Ablaufwerte (u.a. Temperatur, Sichttiefe, pH-Wert, absetzbare Stoffe, Leitfähigkeit, Oxidierbarkeit ($KMnO_4$, K_2CrO_4), BSB_5, Schlammvolumen, -trockensubstanz und -index) wurden nachstehende Zeitganglinien ermittelt, woraus die nachstehende Häufigkeitsverteilung entwickelt wurde. Bei Betrachtung der Ganglinie fällt auf, daß überlagert zu einem relativ gleichmäßigen Ablauf immer wieder Spitzenwerte auftreten. Die Ursache hierfür war in einigen Fällen (z. B. bei gleichzeitig hohen Zulaufbelastungen durch Molkereiabwässer) leicht auszumachen. Es gibt allerdings Spitzenwerte, die nicht aus Belastungsdaten erklärt werden können. Es wird vermutet, daß es sich um latente Intoxikationen des Systems (z. B. chlorierte Kohlenwasserstoffe usw.) gehandelt hat. Das Abknicken der Häufigkeitssummenlinien zwischen 80 und 90 % (besonders deutlich beim BSB_5) weist auf massive externe und/oder interne Störungen hin, die meist auch bemerkt werden. Im Übergangsfeld (mittlerer Bereich) bewegen sich die ständigen externen und internen Störungen, die meist verborgen bleiben, da jede für sich noch nicht gravierend ist.
(Quelle: KOPPE, STOZEK, 1978)

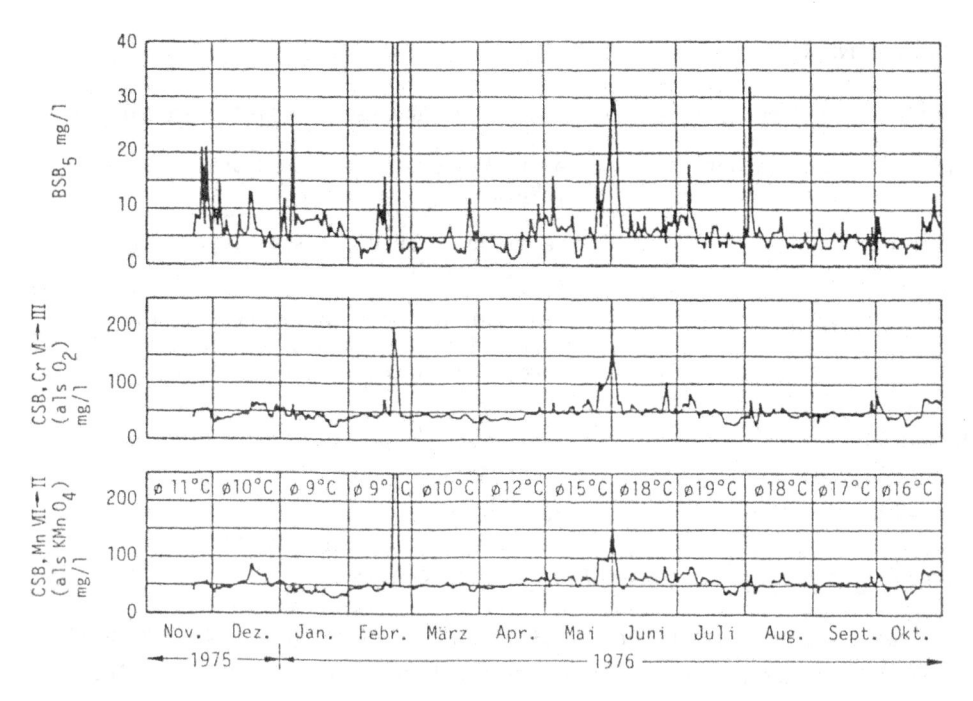

Konzentrationsganglinien – Ablauf Nachklärbecken

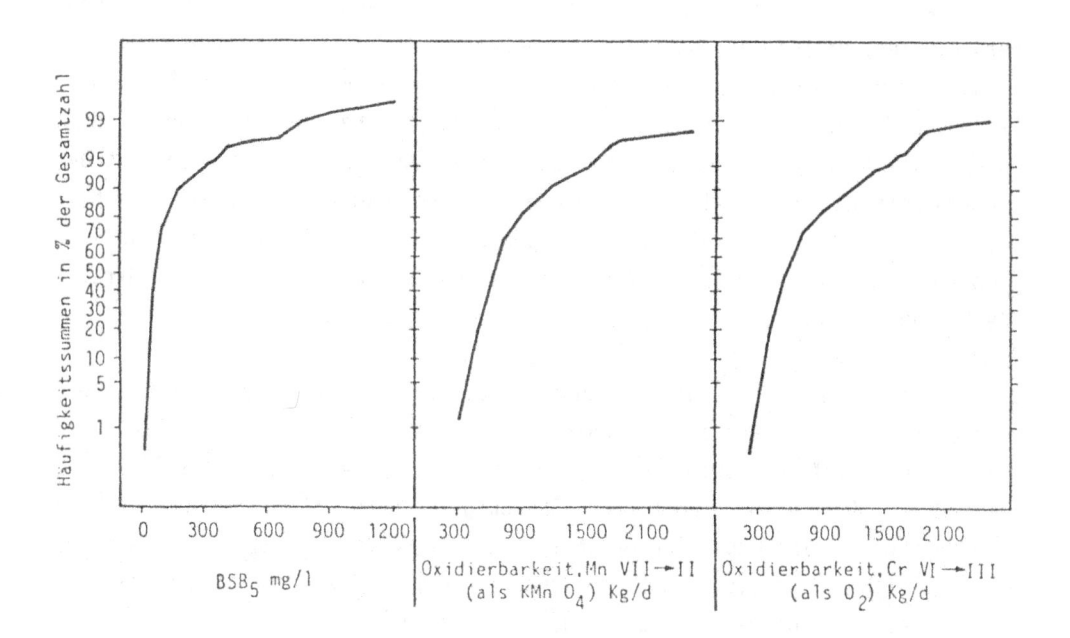

Fallbeispiel Nr. 15

Ursache für die Beeinträchtigung: einseitige Abwässer, Desinfektionsmittel

Vermutliche Verursacher:	o Tierkörperbeseitigungsanstalt (TBA) o Molkerei
Auswirkungen:	verminderte Reinigungsleistung, gehemmte Nitrifikation
Kläranlagentyp:	zweistufige, betriebseigene Kläranlage - zwei Tropfkörper als 1. Stufe - Belebungsgraben als 2. Stufe
Ausbaugröße:	1.070 kg O_2/d
Auslastungsgrad:	keine Angaben
Abwassermenge:	300 m^3/d

Erläuterung der Vorgänge in der Abwasserreinigungsanlage:

Der Gesamtabwasserablauf einer TBA setzt sich im Normalfall aus den Brüdenkondensaten (abhängig vom Tiermaterial, vom Kochverfahren und der Art der Brüdenkondensation), den Sterilisatorabläufen, den Reinigungswässern (reine, unreine Seite) mit Desinfektionsmitteln, häuslichen Abwässern und Kühlwässern zusammen; außerdem können noch Abwässer von Abluftwaschanlagen sowie Regenerationsabwässer aus Aufbereitungsanlagen anfallen. Infolge der leichten Zersetzbarkeit des Ausgangsmaterials (Eiweiß, Fette) entstehen meist anaerob Verbindungen, die die Eigenart der TBA-Abwässer ausmachen: Ammoniak, Schwefelwasserstoff, organische Säuren (Essig-, Propion-, Butter-, Valerian- und Capronsäuren, u.a.m.), aliphatische Amine, Aldehyde, Ketone und Mercaptane. TBA-Abwässer zeichnen sich insgesamt betrachtet durch hohe Ammoniumkonzentrationen, relativ hohe Sulfid- und Schwefelwasserstoffkonzentrationen sowie hohe Fettgehalte bei meist niedrigen Phosphatgehalten und fehlenden Alkali-/Erdalkali-Ionen aus, wobei außerdem die Minima-/Maxima-Werte starke Streubreiten aufweisen.

Der mittlere Wirkungsgrad der 1. Stufe lag bei 87 plus minus 8 % bei einer durchschnittlichen Oberflächenbeschickung von 1 m^3/m^2 · h, einem Rücklaufverhältnis von 600 % und einer Raumbelastung von netto 1,4 plus minus 0,9 kg BSB_5/m^3 · d. Aus der untenstehenden Abbildung der BSB_5-Fracht-Abnahme durch den Tropfkörper sind deutliche Merkmale für eine Beeinträchtigung zu sehen, wobei es sich einerseits um akut toxische Konzentrationen gehandelt haben muß (spitze Zacken); andererseits um länger anhaltende chronische Intoxikationen, die z. T. auch auf die 2. Stufe durchgeschlagen haben können.

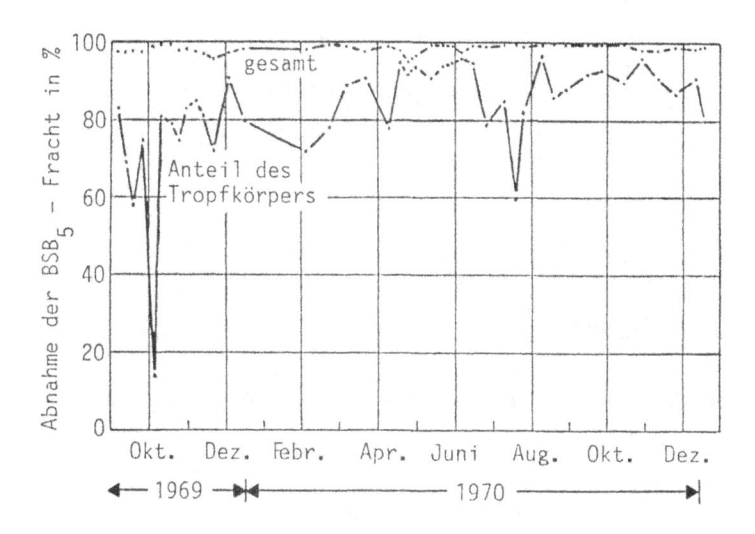

Ein besonderes Problem stellt die Nitrifikation (Substrathemmung) von TBA-Abwässern dar, weil diese mittlere Ammoniumkonzentrationen zwischen 400-7500 mg N/l aufweisen, die bis zu 50x höher sind als in kommunalen Abwässern (i.d.R.), so daß das Nitrifikationsgeschehen (insbesondere auch wegen der übrigen Abwasserkomponenten) nicht oder nur unvollständig abläuft. Deutliche Hemmeffekte sind an extremen Nitritanhäufungen (größer 300 mg NO_2-N/l), also einer Hemmung der Nitratation zu beobachten. Anders als bei kommunalen Abwässern können sich bei TBA-Abwässern bereits im schwach alkalischen Bereich aufgrund des Dissoziationsgleichgewichtes kritische Ammoniakgehalte einstellen, die auch die heterotrophen Abbauvorgänge beeinträchtigen können.

Außerdem spielen Substrathemmungen, einerseits von Nitrosomonas (zwischen 200 und 1000 mg NH_4-N/l) andererseits von Nitrobacter (ab 150 mg NO_2^--N/l) eine Rolle. Schließlich führt die Nitrifikation zu einer biogenen Ansäuerung, die ihrerseits wiederum (ab pH 6) zu einer Hemmung der Nitrifikation führt. Daneben wirken Hydrogensulfidionen (HS^-), Mercaptane und aliphatische Amine schon in relativ geringen Konzentrationen als Nitrifikations-Inhibitoren (Quelle: NEUMANN, 1978).

Fallbeispiel Nr. 16

Ursache für die Beeinträchtigung: Jauche

Vermutliche Verursacher: o Kleinkläranlagen
                           o landwirtschaftliche Betriebe

Auswirkungen: erhöhte Ammonium-Ablaufwerte

Kläranlagentyp: Belebungsverfahren mit B_{TS} = 0,15

Ausbaugröße: 5.000 EGW
Auslastungsgrad: 90 %
Abwassermenge: 540 m^3/d

Erläuterung der Vorgänge in der Abwasserreinigungsanlage:

Durch Fehlanschlüsse von Abwassersammlern aus Gebäuden, die früher eigene Kompaktkläranlagen betrieben haben und durch Anschlüsse von landwirtschaftlichen Gebäuden und Hofentwässerungen, in die zeitweise unmittelbar Jauche überfließt, fließen der Kläranlage im Mittel über 100 mg NH_4^--N/l zu. Unter diesen Umständen kann die Kläranlage nur teilnitrifizieren, so daß im Ablauf z. T. sehr hohe Ammonium- und Nitritwerte festzustellen sind.

Bei der behördlichen Überwachung konnte festgestellt werden, daß der BSB_5 zeitweise Vergiftungserscheinungen aufweist, die auf die Bildung salpetriger Säure zurückzuführen sind. In der biologischen Stufe macht sich dies in einem leichten Schlamm mit mittlerem Index bemerkbar. Aufgrund der demzufolge eintretenden Schlammvolumenerhöhung vermindert sich das Rücklaufschlamm-Verhältnis, was sich wiederum negativ auf die Schlammzusammensetzung auswirkt.

Fallbeispiel Nr. 17

Ursache für die Beeinträchtigung: Mineralöl-verseuchtes Grundwasser

Vermutliche Verursacher: leckgeschlagener Tankwagen
(ca. 12.000 l Superbenzin flossen der Kläranlage sofort, eine unbestimmbare Menge in der Folgezeit über das Grundwasser zu)

Auswirkungen: Beeinträchtigung der Reinigungsleistung auf 69 % BSB_5 und 58 % CSB-Abbau

Kläranlagentyp: Stabilisierungsanlage

Ausbaugröße: 18.000 EGW
Auslastungsgrad: 50 %
Abwassermenge: 4.370 m^3/d

Erläuterung der Vorgänge in der Abwasserreinigungsanlage:

Das Benzin bildete im Kanal mit dem Abwasser ein schmierig, schwarzes Gemisch, das im Sandfang und im Vorklärbecken zu einer ca. 30 cm dicken Schwimmschicht führte. Ein Teil des Benzin-Abwasser-Gemischs emulgierte (z. T. wegen des belüfteten Sandfangs) bzw. adsorbierte an Schwebstoffe. Eine unbestimmte Menge gelangte deshalb (auch wegen erschöpften Retentionsvermögens der Vorklärung) in das Belebungsbecken.

Der Gehalt an gelöstem Sauerstoff sank im Belebungsbecken stark ab. Über einen längeren Zeitraum ging kein Sauerstoff mehr in Lösung. Als Ursache wird ein Film ölhaltiger Verbindungen auf der Grenzfläche gas/flüssig und eine dadurch erschwerte Diffusion des O_2 vermutet. Trotz Adsorption von Kohlenwasserstoffen (KW) an die Belebtschlammflocke verringerte sich der organische Anteil im Belebtschlamm, weshalb auf eine Zunahme der inerten Masse des Schlammes zu Lasten des aktiven Anteils geschlossen werden muß. Die Ursache kann nur ein verstärktes Absterben von Mikroorganismen gewesen sein.

Als Indikator für die Konzentration an benzinhaltigen Verbindungen dient der Gehalt an KW und Blei (Pb). Die Untersuchungsergebnisse zeigen, daß die Bleiverbindungen ausschließlich in gelöster Form vorlagen. Durch Anlagerung von Blei an die Belebtschlammflocke wurden ca. 10 % eliminiert. Die Eliminationsrate von KW relativ kurz nach dem Unfall betrug rund 60 % (überwiegend wohl adsorptiv), wovon 40 % auf die Vorklärung entfielen; ca. 3 Wochen nach dem Unfall hatte sich die Belebtschlammbiocoenose an die Belastung adaptiert und 77 % (0 % in der Vorklärung) wurden eliminiert, was darauf schließen läßt, daß die KW in (kolloidal) gelöster Form vorlagen; der KW-Eliminationsgrad lag bei rund 75 %. Aufgrund der vorgenommenen Massenbilanzierung kann davon ausgegangen werden, daß die KW zu einem erheblichen Teil abgebaut wurden.

Als Reaktion auf den Benzinunfall wurde zunächst verstärkt Überschußschlamm abgezogen, mit dem Ziel
- durch Benzineinwirkung gehemmte und geschädigte Mirkoorganismen aus dem System zu entfernen und
- durch geringes Schlammalter die Vermehrungsrate und das Wachstum adaptierter Mikroorganismen zu begünstigen.

Während der Erfolg dieser Maßnahme sich an den nur unbedeutend schlechteren Absetzeigenschaften des Schlammes einzustellen schien, sank der Trockensub-

stanzgehalt aufgrund des verdoppelten Überschußschlammabzugs auf 60 % des vorangegangenen Wertes ab und rund 4 Wochen nach dem Benzinunfall trat Blähschlamm auf. Da sich nach dem Unfall die Charakteristik des Rohabwassers nicht geändert hat, können als Ursache nur direkte Auswirkungen des Benzin-Abwasser-Gemisches oder betriebliche Ursachen angenommen werden. Die hohen Restkonzentrationen im Kläranlagenablauf und der äußerst niedrige Sauerstoffgehalt im Belebungsbecken weisen auf eine direkte Beeinflussung hin. Die in dieser Phase vorgenommene Umstellung der Kläranlage auf eine Hochlastanlage und der Sauerstoffmangel, der zusätzlich das Wachstum fadenförmiger Mikroorganismen mit großer spezifischer Oberfläche begünstigt, dürften in diesem Fall auslösende Faktoren für den Blähschlammanfall gewesen sein.
(Beispiel entnommen HRUSCHKA, WEINZIERL, 1984)

Fallbeispiel Nr. 18

Ursache für die Beeinträchtigung: Schwermetalle (Quecksilber)

Vermutlicher Verursacher: Müllklärschlammverbrennungsanlage (thermische Schlammkonditionierung)

Auswirkungen: Verschlechterung der Reinigungsleistung, geringe Sichttiefe im Nachklärbecken

Kläranlagentyp: Belebungsanlage (Mittellastanlage)

Ausbaugröße: 200.000 EGW
Auslastungsgrad: 150.000 EGW
Abwassermenge: 1800 m^3/h

Erläuterung der Vorgänge in der Abwasserreinigungsanlage:

Müllverbrennungsanlagen, die mit Naßverfahren arbeiten, erzeugen:
- Kühl- und Reinigungsabwässer aus der Rauchgaswäsche,
- Kühl- und Waschwasser aus dem Naßentascher und
- Abläufe aus Sperr-, Spül-, Spritz- und Produktionswässern.

Abwässer aus der Rauchgaswäsche weisen einen pH-Wert unter 1 auf, sie enthalten vor allem Schwermetallionen und Reststäube. Trotz Neutralisation mit Kalkmilch, durch die ein Großteil der Schadstoffe als Hydroxidschlamm ausgefällt wird, verbleiben mehr als 60 % des Quecksilbers im Abwasser (2,5 mg Hg/l). Von besonderer Bedeutung ist der hohe Chloridgehalt von ca. 10 g/l Abwasser, der eine Bestimmung des CSB und des BSB$_5$ (gehemmter Abbau) behindert.

Im Abwasser aus dem Naßentascher finden sich alle leichtlöslichen Schadstoffe, wie z. B. Chloride (0,5-3 g/l) und Sulfate, wieder. Die restlichen Abwässer enthalten z. T. hohe Konzentrationen an Eisen und Mangan, sowie ölhaltige Verschmutzungen und Verdünnungen der in den Pumpen geförderten Produkte.

Infolge der Kocheffekte bei der thermischen Konditionierung werden durch Freisetzen von Zellflüssigkeiten und durch Zerstörung und Auflösung der Zellmembran (hohe CSB-Belastung) assimilierte und adsorbierte Schwermetallionen und Partikel freigesetzt und der Kläranlage wieder zugeführt. Der Kläranlage flossen jährlich rund 272 kg Quecksilber (17 µg/l), 26,6 kg Cadmium und 160 kg Nickel zu. Im Faulschlamm konnten noch 126 kg Quecksilber/a nachgewiesen werden (rund 1,8 g/m^3 Faulschlamm mit 3 % TS).

Aus dem Zentrifugat vor der thermischen Schlammkonditionierung und aus der Müllverbrennungsanlage gelangten insgesamt 329 kg Hg/a (21 µg/l im Durchschnitt) in die Kläranlage, wobei diese Fracht noch durch den Abwasserstrom aus der Ortsentwässerung aufgestockt wurde (Quelle: REIMANN, 1984).

Die Beeinträchtigung der Kläranlage machte sich vor allem
- in den hohen Quecksilber-Gehalten,
- in schwankenden BSB_5-Ablaufwerten (von unter 20 auf bis zu 35 mg O_2/l),
- in geringen Sichttiefen im Nachklärbecken (von unter 10 auf heute 40-50 cm, Schwebestoffe) und
- in der Färbung des Schlammes (tiefschwarze "Brühe")

bemerkbar und wirkte sich auch erheblich auf die anaerobe Ausfaulung aus (bis an den Rand des Umkippens). Durch eine entsprechende Fällung der Schwermetalle bereits in der Müllverbrennungsanlage und durch Aufgabe der thermischen Schlammkonditionierung konnte die Funktionstüchtigkeit der Kläranlage wesentlich verbessert werden.

Fallbeispiel Nr. 19

Ursache für die Beeinträchtigung:	Schwermetalle
Vermutliche Verursacher:	mehrere mittelständisch-strukturierte Metallverarbeitungsbetriebe
Auswirkungen:	Hemmung der Nitrifikation
Kläranlagentyp:	Belebungsanlage
Ausbaugröße:	77.500 EGW

Auslastungsgrad: etwa 100 %
Abwassermenge: etwa 13.000 m^3/d

Erläuterung der Vorgänge in der Abwasserreinigungsanlage:

Die niedrigen Nitrifikationsleistungen der Kläranlage bei sonst günstigen Verhältnissen (niedrige Schlammbelastung und hohe Abwassertemperaturen) lassen auf eine Hemmung der nitrifizierenden Bakterien durch toxische Abwasserinhaltsstoffe schließen. Es wird seitens der Aufsichtsbehörde vermutet, daß erhöhte Schwermetalleinleitungen, insbesondere Zink, Chrom und Nickel verantwortlich sind. In mehreren Meßkampagnen - durchgeführt von verschiedenen Institutionen (Aufsichtsbehörde, Prüfamt, Hochschulinstitut, u. a. m.) - wurden folgende Gehalte bestimmt (z. T. 2 h bzw. 24 h - Mischproben):

µg/l	Bandbreite	∅ *	Bandbreite	∅ *	Bandbreite	∅
Zink	300 - 57 900	500	125 - 16 200	173	900 - 4 200	2 800
Chrom	13 - 1 412	47	100 - 2 300	200	99 - 981	349
Nickel	12 - 46	35	50 - 440	88	20 - 93	48
Kupfer	54 - 157	72	80 - 950	118	88 - 375	200

Hierbei zeigen sich schon die hohen Grundbelastungen; Belastungen aus stoßweisen Einleitungen werden naturgemäß in 2 h bzw. 24 h Mischproben vergleichmäßigt. Aus der Literatur (vgl. Abschnitt 4.4) liegen Vergleichswerte vor, aus denen hervorgeht, daß in der hier angetroffenen Größenordnung eine Hemmung andernorts eindeutig nachgewiesen werden konnte. Aus den relativ guten Ablaufwerten der Kläranlage ist zu schließen, daß die kohlenstoffabbauenden Organismen durch die Schwermetalleinleitungen nicht beeinträchtigt werden.

Fallbeispiel Nr. 20

Ursache für die Beeinträchtigung: Rückstände aus der Rübenextraktion

Vermutlicher Verursacher: Abwasser der Naßwäscher einer Rauchgasentschwefelungsanlage in einer Zuckerfabrik

Auswirkungen: Rückgang der Abbauleistung

Kläranlagentyp: Anaerobe-aerobe Abwasserreinigung
                              (Anaerob-Tank: 4000 m^3; Belebungsbecken: 3690 m^3)

Ausbaugröße: 68.000 EGW
Auslastungsgrad: 7 - 8 t CSB Abbau
Abwassermenge: 1000-1200 m^3/d

Erläuterung der Vorgänge in der Abwasserreinigungsanlage:

Die zweistufige Kläranlage ist in der Lage, reine Zuckerfabrikabwässer von 6000-8000 mg/l CSB problemlos zu reinigen. 1000-1200 m^3/d hochbelastete Abwässer mit ca. 5 g/l Chloridfracht wurden bis zu 150-180 mg/l CSB und < 15 mg/l BSB$_5$ aufbereitet. 1983 enthielten die Abwässer erstmals Abwässer der Rauchgaswaschanlage. Die Rauchgase von Öl- und Kohlekesseln werden durch Trockentrommeln für extrahierte Rübenschnitzel (die neuerdings mit Dithiocarbamaten anstelle von Formalin behandelt sind) geleitet, um anschließend eine Waschanlage zur Entfernung von Staubanteilen, SO_2 und NO_x zu passieren. Diese Waschwässer sind stark sauer, pH 3,0 - 4,5. Die Leitfähigkeit liegt bei 3-4 mS/cm. Das Rauchgaswaschwasser weist ca. 200 mg/l SO_3^{2-}, ca. 200 mg/l SO_4^{2-}, einen CSB von 2000-4000 mg/l auf, das Schlammvolumen liegt zwischen 8 - 15 ml/l.

In der anaeroben Stufe konnte nur noch (gegenüber 78 %) ein Abbau von 59 % - bezogen auf den CSB - erreicht werden. Die gereinigten Wässer nach der aeroben Stufe blieben trübe, auch bei längeren Belüftungszeiten. Die CSB-Werte fielen nicht unter 330 mg/l. Die BSB$_5$-Werte lagen bei 25 - 30 mg/l. Dabei zeigte das mikroskopische Bild des Belebtschlammes auffallend wenig Ciliaten und nur wenige, fadenförmige Mikroorganismen. Der Schlammindex lag - wie üblich - bei 50 - 60.

Versuche mit kationischen Flockungsmitteln zeigten positive Ergebnisse. Es fiel sofort ein weißgelblicher Niederschlag (Polysaccharide) aus. Das Wasser wurde klar. Einsetzende Niederschläge führten außerdem zu einer erheblichen Verdünnung der gestapelten Abwässer, so daß der Salzgehalt reduziert wurde. Das so veränderte Abwasser konnte wieder problemlos über die aeroben Stufen gereinigt werden.

Literaturverzeichnis

ABFALLBESEITIGUNGSGESETZ (AbfG): Gesetz über die Beseitigung von Abfällen (Bekanntmachung vom 05.01.1977. BGBl I, S. 41), geändert am 28.03.1980 (BGBl I, S. 373)
ADEMA, D.M.M., G.J. VINK: A comparative study of the toxicity of 1,1,2-trichlorethane, dieldrin, pentachlorophenol and 3,4-dichloraniline for marine and fresh water organisms. Chemosphere, 10 (1981) 6, S. 533-554
AEBI, H. et al. (Hrsg.): Kosmetika, Riechstoffe und Lebensmittelzusatzstoffe. Stuttgart: Georg Thieme 1978
AFNOR - Association Francaise de Normalisation. Recueil de normes francaises 1 AFNOR 92080 Paris - La Defense Tour Europe - Cedex 7, 1. Ed. 1981
AMES, B.N., J. MC CANN, E. YAMASKI: Methods for detecting carcinogens and mutagens with the Salmonella-mamalian-microsome mutagenicity test. Mutation Research, 31 (1977), S. 347-364
AMES, B.N.: The detection of chemical mutagens with enteric bacteria. Chemical mutagens, principles and methods for their detection, 1 (1973), S. 267-282
AMG - Arzneimittelgesetz: Bundesgesetzblatt I, S. 2445, vom 24.08.1976
ANNA, J., E. PLÖGER, R. REUPERT: Identifizierung und Bestimmung von organischen Schadstoffen in Klärschlämmen verschiedener Herkunft
ANONYM: Organische Komplexbildner in Gewässern - ihre Wirkung und Bedeutung. Seifen-Öle-Fette-Wachse 108 (1982) 12, S. 366 + 386
ARBEITSSTOFFVERORDNUNG: Verordnung über gefährliche Arbeitsstoffe (ArbStoffV) vom 29.07.1980 (BGBl I S. 1071, ber. S. 1536, 2159) in der Fassung der 2. Änderungsverordnung vom 11.02.1982 (BGBl I S. 145)
ATV - Abwassertechnische Vereinigung: Landesgruppe Bayern: Klärwärterfortbildung. 1983. Dokumentation des biologischen Bildes von Belebtschlamm. München: Hirthammer
ATV - Abwasertechnische Vereinigung: ATV-Regelwerk-Abwasser/Arbeitsblatt A 115: Hinweise für das Einleiten von Abwasser in eine Abwasseranlage
AUGUSTIN, H.: Biologischer Abbau von amphoteren Goldschmidt-Produkten. Goldschmidt informiert. 2 (1980) 51, S. 17-21
AUGUSTIN, H., U. BAUER, E. BESSEMS et al.: siehe unter FA III/6
AXT, G: Kontinuierliche Toxizitätsmessung mit Bakterien. Gewässer Wasser Abwasser 10 (1973) S. 297-306
BADEN-WÜRTTEMBERG: Indirekteinleiterrichtlinien (Ministerium für Ernährung, Landwirtschaft, Umwelt und Forsten). Erlaß über Richtlinien für die Anforderungen an Abwasser bei Einleitung in öffentliche Abwasseranlagen. Gem. Amtsblatt Bad.-Württ. (1977) 33, S. 995-1003
BARUG, D.: Microbial degradation of bis(tributyltin)-oxide. Chemosphere, 10 (1981) 10, S. 1145-1154
BAYERISCHES LANDESAMT FÜR WASSERWIRTSCHAFT: Besprechung vom 05.06.1984

BENNECKE. G.. N. ZULLEI: Ein Beitrag zur toxikologischen Beurteilung von Desinfektionsmitteln mit Hilfe trichaler Blaualgen. Dortmunder Beiträge zur Wasserforschung. 11 (1977). S. 25-38
BERGERON. P.: Untersuchungen zur Kinetik der Nitrifikation. Karlsruher Berichte zur Ingenieurbiologie. Heft 12. Institut für Ingenieurbiologie und Biotechnologie des Abwassers. Universität Karlsruhe 1978
BERNHARDT. H. et al.: NTA-Studie: Die aquatische Umweltverträglichkeit von NTA. St. Augustin: Hans Richarz 1984
BESTMANN. G.: Schülke & Mayr GmbH. Hamburg-Norderstedt, Persönl. Mitt. vom 27.10.1983
BGA - Bundesgesundheitsamt: Liste der vom Bundesgesundheitsamt geprüften und anerkannten Desinfektionsmittel und -verfahren. Stand vom 1. Dezember 1981 (8. Ausgabe). Bundesgesundheitsblatt, 25 (1982) 2. S. 35-43
BGA - Bundesgesundheitsamt: Bekanntmachungen des Bundesgesundheitsamtes, Krankenhausinfektionen. Bundesgesundheitsblatt 23 (1980) 23, S. 356
BGA - Bundesgesundheitsamt: Merkblatt: Einleitung von Krankenhausabwasser in Kanalisationen oder Gewässer. Bundesgesundheitsblatt 21 (1978) 2. S. 34-35
BICK. H.: Ökologische Untersuchungen an Ciliaten des Saprobiensystems. Int. Revue ges. Hydrobiol., 51 (1966) 3. S. 459-520
BIERMANN. E.: Reinigungsmittel-Großverbraucher: Leichtes. jedoch stetiges Mengenwachstum. Chemische Industrie. 31 (1979) 3. S. 141-142
BIRR. R.. K. HÄNEL et al.: Untersuchungen zur Elimination von Pflanzenschutzmitteln und Mitteln zur Steuerung biologischer Prozese in biologischen Abwasserbehandlungsanlagen. Wasserwirtschaft - Wassertechnik. (1983) 4. S. 122-124
BISCHOFFSBERGER. W: Belastungsschwankungen von Kläranlagen. 5. verfahrenstechnisches Seminar. Institut für Siedlungswasserwirtschaft. Karlsruhe. 07.12.84
BLAIM. H.: Floraanalysen an Abwasseranlagen der chemischen Industrie. Dissertation an der Fakultät für Landwirtschaft und Gartenbau. Technische Universität München. 1984
BLAIM. H. u.a.: Microbial population in an activated sludge treatment plant of a chemical combine. Zeitschrift für Wasser- und Abwasser-Forschung. 17 (1984) H. 2. S.37-39, 41. 9
BMWI - Bundesministerium für Wirtschaft: Dokumentation Nr. 264: Bericht über die Lage des Handwerks im Jahr 1983. Referat für Öffentlichkeitsarbeit. Bonn 1984
BÖHM. E.. P. KUNZ: Verminderung der Schwermetallgehalte - vor allem Cadmium - im kommunalen Klärschlamm. Forschungsbericht FhG-ISI-B-7-82 vom 14.05.1982 (Ufoplan-Nr.: 103 01 222). Karlsruhe
BÖHME. H.. K. HARTKE: Deutsches Arzneibuch (DAB). 8. Ausgabe 1978. Kommentar. Wissenschaftl. Verlags-GmbH Stuttgart
BÖHNKE. B: Leistungsfähigkeit und Prozeßstabilität von Belebungsanlagen. Korrespondenz Abwasser 27 (1980) 12. S.805-814
BOKRANZ. A.. H. PLUM: Technische Herstellung und Verwendung von Organozinnverbindungen. Hrsg. Schering AG. Bergkamen 1975
BORNEFF. J.: Flächendesinfektion in Haushalt. Industrie und Krankenhaus. Seifen - Öle - Fette - Wachse. 108 (1982) 2. S.37-39 und S. 67-69
BORNEFF. J.: Zur Problematik der Desinfektionsmittellisten. Hygiene und Medizin. 2 (1977). S. 165-168
BOTZENHART. K.. D. JOBST: Desinfektionsmittelrückstände in Krankenhausabwässern. 38. Tagung der Deutschen Gesellschaft für Hygiene und Mikrobiologie vom 5.-8.10.1981. Göttingen
BPI - Bundesverband der Pharmazeutischen Industrie e.V.: Rote Liste 1984. Verzeichnis von Fertigarzneimitteln der Mitglieder des Bundesverbandes der Pharmazeutischen Industrie e.V.. Frankfurt a.M.

BRECHT. W.. H.-L. DALPKE: Wasser/Abwasser/Abwasserreinigung in allgemeiner Sicht und in der Sicht der Papier- und Zellstoffindustrie. Biberach a.d. Riß: Günther Steub 1980
BRINGMANN. G.: Bestimmung der biologischen Schadwirkung wassergefährdender Stoffe gegen Protozoen. I. Bakterienfressende Flagellaten (Entosiphon sulcatum STEIN). Zeitschrift für Wasser- und Abwasser-Forschung. 11 (1978) 6. S. 210-215
BRINGMANN. G.. R. KÜHN: Bestimmung der biologischen Schadwirkung wassergefährdender Stoffe gegen Protozoen. II. Bakterienfressende Ciliaten. Zeitschrift für Wasser- und Abwasser-Forschung. 13 (1980) 1. S. 26-31
BRINGMANN, G., R. KÜHN: Grenzwerte der Schadwirkung wassergefährdender Stoffe gegen Bakterien (Pseudomonas putida) und Grünalgen (Scenedesmus quadricauda) im Zellvermehrungshemmtest. Zeitschrift für Wasser- und Abwasser-Forschung, 10 (1977) 3/4, S. 87-98
BRINGMANN, G., R. KÜHN, A. WINTER: Bestimmung der biologischen Schadwirkung wassergefährdender Stoffe gegen Protozoen. III. Saprozoische Flagellaten. Zeitschrift für Wasser- und Abwasser-Forschung, 13 (1980) 5, S. 170-173
BSEUCHG - Bundesseuchengesetz: Gesetz zur Verhütung und Bekämpfung übertragbarer Krankheiten beim Menschen vom 18.12.1979, BGBl.I. S. 2262
BUCK. H.: Mikroorganismen in der Abwasserreinigung. München: Hirthammer 1979
BUHLER. D.R., M.E. RASMUSSON, H.S. NAKAUE: Occurence of Hexachlorophene and Pentachlorophenol in Sewage and Water. Environmental Science & Technology, 7 (1973) 10, S. 929-934 BULL. R.J.: Toxicological problems associated with alternative methods of disinfection. Journal American Water Works Association, (1982) 12, S. 642-648
CANTON, J.H., W. SLOOFF: Substitutes for phosphate containing washing products: their toxicity and biodegradability in the aquatic environment. Chemosphere. 11 (1982) 9. S. 891-907
CHAPMAN. G.A.: Do organisms in laboratory toxicity tests respond like organisms in nature? Aquatic toxicology and hazard assessment, 802 (1983). S. 315-327
CHEMG - Chemikaliengesetz: Gesetz zum Schutz vor gefährlichen Stoffen. Bundesgesetzblatt I. S. 1718 vom 16.09.1980
CHOW. B.M.. P.V. ROBERTS: Halogenated Formation by ClO_2 and Cl_2. American Society of Civil Engineers, 107 (1981) EE4, S. 609-618
CHRISTENSEN. E.R.. C.-Y. CHEN. J. KANNALL: The response of aquatic organisms to mixtures of toxicants. IAWPRC Amsterdam 1984
CHRISTENSEN. E.R.. N. NYHOLM: Ecotoxicological assays with algae:Weibull Dose Response Curves. Environmental Science & Technology, 18 (1984) S. 713
COUSINS. CH.M.: The inactivation of vegetative microorganisms by chemicals in the dairying industry. In: Incubation and inactivation. Hrsg.: Skinner, Hugo, Academic Press 1976
DAB 8 - Deutsches Arzneibuch: 8. Ausgabe 1978. Stuttgart: Deutscher Apotheker Verlag 1978
DAMIECKI. R.: Leistung und Prozeßstabilität einstufiger kommunaler Tropfkörperanlagen. Korrespondenz Abwasser 29 (1982) 3, S. 134-141
DASCHNER. F.: Universitätsklinik Freiburg. Persönl. Mitt. vom 06.04.1984
DASCHNER, F.: Sinnvolle Desinfektion in der Klinik. Deutsche Mediziner Wochenschrift, 107 (1982)
DASCHNER. F.: Kostendämpfung im Gesundheitswesen durch sinnvolle Krankenhaushygiene: Desinfektion, Hausreinigung, Einwegartikel. Krankenhaus-Umschau (1982) 8, S. 546-555
DASCHNER, F.: Hygiene in der ärztlichen Praxis. Zeitschrift für Allgemeinmedizin, 57 (1981), S. 2193-2196
DEMEL. I.. C.H. MÖBIUS: Toxische Hemmungen in Papierfabrikationsabwässern. Teil 1. Wochenblatt für Papierfabrikation (1983) 3. S. 95-102
DEUTSCHER BÄDERVERBAND e.V.. Bonn. Persönl. Mitt. vom November 1984

DEV - Deutsche Einheitsverfahren: Verfahren DIN 38412 - L 24. Testverfahren mit Wasserorganismen (Gruppe L). Bestimmung der biologischen Abbaubarkeit unter Anwendung spezieller Analysenverfahren (L 24). April 1981
DFG - Deutsche Forschungsgemeinschaft: Schadstoffe im Wasser. Metalle - Phenole - Algenbürtige Schadstoffe. DFG Kommission für Wasserforschung. Mitteilung IV. Weinheim: Verlag Chemie 1982
DGHM - Deutsche Gesellschaft für Hygiene und Mikrobiologie: Forschungsziele und Aufgaben der Abwasser- und Umweltmikrobiologie. DGHM-Kommission Abwasser- und Umweltmikrobiologie 1984
DGHM - Deutsche Gesellschaft für Hygiene und Mikrobiologie: Prüfung und Bewertung chemischer Desinfektionsverfahren. Anforderungen für die Aufnahme in die VII. Liste. Stand: 1.2.1984. Wiesbaden: mhp-Verlag 1984a
DGHM - Deutsche Gesellschaft für Hygiene und Mikrobiologie: VI. Desinfektionsmittelliste der DGHM. Stand 31.7.1981. Hygiene + Medizin 7 (1982) 11, S. 467-520
DGHM - Deutsche Gesellschaft für Hygiene und Mikrobiologie: Richtlinien für die Prüfung und Bewertung chemischer Desinfektionsverfahren, erster Teilabschnitt, Stand: 1.1.1981. Zentralblatt Bakteriologie und Hygiene, I. Abt. Orig. B, 172 (1981), S. 534
DGHM - Deutsche Gesellschaft für Hygiene und Mikrobiologie: V. Desinfektionsmittelliste der DGMH. Stand 1.2.1979. Hygiene + Medizin 4 (1979), S. 84-105
DGHM - Deutsche Gesellschaft für Hygiene und Mikrobiologie: Richtlinien für die Prüfung chemischer Desinfektionsmittel, 3. Aufl., Hrsg. DGHM, Fischer, Stuttgart, 1973
DILLY: Deutsche Brau-GmbH, Hamburg. Persönl. Mitt. vom 20.10.1983 und 11.04.1984
DIN 53 900: Tenside, Begriffe. Deutscher Normenausschuß. Ausg. Juli 1972
DINKLOH, L.: Umweltchemikalien und Gewässerschutz. Tenside Detergents, 20 (1983) H. 6, S. 302-309
DLG - Deutsche Landwirtschaftsgesellschaft: Prüfrichtlinien zur Verleihung des DLG-Gütezeichens für Reinigungs- und Desinfektionsmittel für Melkanlagen. Stand: 1.1.83, DLG, Frankfurt/M., 1983
DLG - Deutsche Landwirtschaftsgesellschaft: Reinigungs- und Desinfektionsmittel für Melkanlagen. Stand: 2.1.1984. DLG, Frankfurt/M., 1984
DLG - Deutsche Landwirtschaftsgesellschaft: Reinigung und Desinfektion von Melkanlagen. Merkblatt 195. DLG, Frankfurt/M., 1984
DVG - Deutsche Veterinärmedizinische Gesellschaft: 5. Desinfektionsmittelliste der Deutschen Veterinärmedizinischen Gesellschaft (DVG). Stand: 1.10.1984, Hannover: Schlüter 1984
DVG - Deutsche Veterinärmedizinische Gesellschaft: Richtlinien für die Prüfung chemischer Desinfektionsmittel. Giessen 1984 a
EDELMEYER. H.: Zum Einsatz von Reinigungs- und Desinfektionsmitteln in Brauereien. Brauwelt, 123 (1982) 22, S. 986-1004
EDELMEYER. H.: Reinigung und Desinfektion in Geflügelschlachterein. Alimenta, 15 (1976), S. 181-184
EDELMEYER, H.: Desinfektionsverfahren. In: Symposium über Reinigen und Desinfektion lebensmittelverarbeitender Anlagen. VDI-Gesellschaft Verfahrenstechnik und Chemieingenieurwesen. Düsseldorf: 1975
EG-RICHTLINIE - Europäische Gemeinschaft: Kosmetische Mittel, vom 27.7.1976. Amtsblatt der EG, L 46/1 vom 21.2.1976
EG-RICHTLINIE - Europäische Gemeinschaft: Gewässerschutzrichtlinie, 1976 (siehe Rat der Europäischen Gemeinschaft)
EGGENSPERGER, H., H.H. EHLERS, U.EIGENER, H.P.HARKE: Flächendesinfektionsmittel auf der Basis von aktivem Sauerstoff. Hygiene und Medizin, 8 (1983) 5, S. 214-215

EGGENSPERGER, H.: Desinfektionswirkstoffe und ihre Wirkungsmechanismen. Deutsche Apotheker- Zeitung, 113 (1973) 21, S.785-791
EHRHART, G., H. RUSCHIG: Arzneimittel - Entwicklung, Weitung, Darstellung. Bd. 4: Chemotherapeutika, Teil 1. Weinheim: Verlag Chemie 1972
EICHELSDÖRFER, D., J. JANDIK, L. WEIL: Bildung und Vorkommen von organischen Halogenverbindungen im Schwimmbeckenwasser. Arch. Badewasser 34 (1981) S. 167-172
EICKELBOOM: Handbuch für die mikroskopische Schlammuntersuchung. Hirthammer 1983
ERNST, R., C. GONZALES, J. ARDITTI: Biological Effects of Surfactants: Part 6 - Effects of Anionics, Non-ionic and Amphoteric Surfactants on a Green Alga (Chlamydomonas). Environmental Pollution (Serie A), 31 (1983), S. 159-175
FA III/6 - Fachausschuß der Fachgruppe Wasserchemie in der Gesellschaft Deutscher Chemiker: Mikrobizide Wirkstoffe als belastende Verbindungen im Wasser. Vom Wasser 58 (1982), S. 297-340
FABIG, W., W. KÖRDEL: Überprüfung der Aussagekraft des Closed-Bottle-Test und des modifizierten OECD-Screening-Test. Fraunhofer Gesellschaft - ITA - Grafschaft 1984
FENGER, B.H., M. MANDRUP, G. ROHDE, J. SORENSEN: Degradation of a cationic surfactant in activated sludge pilot plants. Water Research, 7 (1973), S. 1195-1208
FETTER, K.: Reinigung und Desinfektion im Betrieb aus mikrobiologischer Sicht. Zeitschrift für flüssiges Obst. (1967), S. 122-134
FHG-ISI - Fraunhofer-Institut für Systemtechnik: Abwasserrelevante Chemikalien aus Gewerbebetrieben, 1984
FHG-ISI - Fraunhofer-Institut für Systemtechnik: Beurteilung von FE-Projekten im Bereich umweltfreundlicher Technik. DECHEMA 1974
FISCHER, W.K., P. GERIKE: Eine Tensidbilanz im Einzugsgebiet einer kommunalen Kläranlage. Tenside Detergents, 21 (1984) H. 2, S. 71-73
FISCHER, W.K., P. GERIKE, W. HOLTMANN: Biodegradability determination via unspecific analyses (chemical oxygen demand, dissolved organic carbon) in coupled units of the OECD Confirmatory Test. I. The Test. Water Research, 9 (1975), S. 1131-1135
FISCHER, W.K., P. GERIKE, R. SCHMID: Methodenkombination zur sukzessiven Prüfung und Bewertung der biologischen Abbaubarkeit synthetischer Substanzen, z.B. organischer Komplexbildner über allgemein gültige Summenparameter (BSB, CO_2, COD, TOC). Zeitschrift für Wasser- und Abwasser-Forschung, 7 (1974) 4, S. 99 ff
FISCHER, W.K., P. GODE: Die Prüfung von Chemikalien auf Toxizität gegenüber Kleinkrebsen (Daphnia magna). Vom Wasser, 48 (1977), S.247-254
FISCHER-BOBSIEN, C.-H.: Mikrobizide und desinfizierende Hilfsmittelprodukte zur modernen Vollreinigung mit "Gesundheitsplus". Tenside Detergents, 18 (1981) 3, S. 151-155
FORMALDEHYD - BERICHT: Formaldehyd. Ein gemeinsamer Bericht des Bundesgesundheitsamtes, der Bundesanstalt für Arbeitsschutz und des Umweltbundesamtes. Berlin, 1. Oktober 1984
FRANCK, R., K.-H. NÜSE: Deutsches Lebensmittelbuch. Köln, Berlin, Bonn, München: Heymann 1982
FRIETSCH, G.: Systemunterschiede bei Tropfkörpern unterschiedlicher Belastung. Zulassungsarbeit am Institut für Ingenieurbiologie und Biotechnologie des Abwassers, Universität Karlsruhe 1981
FRIMMEL, F.H.: Synthetische Chelatbildner und Gewässergüte. Seifen - Öle - Fette - Wachse, 79 (1983) 9, S. 263
FRIMMEL, F. H.: Metalle, Komplexbildung.(Siehe DFG, 1982)
FROST & SULLIVAN: Chemischen Desinfektions- und Sterilisationsmitteln wird in Europa mäßiges Wachstum vorausgesagt. Seifen - Öle - Fette - Wachse, 106 (1980) 8, S. 206

FUTTERMITTELBEHANDLUNGSVERORDNUNG: Bundesgesetzblatt I, S. 1977, vom 28.07.1977
FUTTERMITTELGESETZ vom 28.7.1977, Bundesgesetzblatt I, S. 1745
GELLER, A.: Korrosion, Schleim- und Geruchsbildung bei der Verringerung des spezifischen Abwasseranfalls in Papierfabriken. Wochenblatt für Papierfabrikation, (1984) 2, S. 49-58
GERIKE, P.: Über den biologischen Abbau und die Bioelimination von kationischen Tensiden. Tenside Detergents, 19 (1982) 3. S.162-164
GERIKE, P., W.K. FISCHER: A correlation study of biodegradability determinations with various chemicals in various tests. Ecotoxicology and Environmental Safety, 3 (1979), S. 159-173
GERIKE, P., W.K. FISCHER, W. JASIAK: Surfactant quaternary ammonium salts in aerobic sewage digestion. Water Research, 12 (1978), S.1117-1122
GERIKE, P., P. Gode: Henkel KGaA, Düsseldorf Persönl. Mitt. vom 10.11.1983
GERRIETS, E.: Die Desinfektion. BGBl. 6+7(1972), S. 103-105
GEYER, H., P. SHEEHAN, D. KOTZIAS, D. FREITAG, F. KORTE: Prediction of ecotoxicological behaviour of chemicals: relationship between physicochemical properties and bioaccumulation of organic chemicals in the mussel Mytilus edulis. Chemosphere, 11 (1982) 11, S. 1121-1134
GEYER, H., R. VISWANATHAN, D. FREITAG, F. KORTE: Relationship between water solubility of organic chemicals and their bioaccumulation by the alga Chlorella. Chemosphere, 10 (1981) 11/12, S.1307-1313
GIGER, W., E. STEPHANOU, C. SCHAFFNER: Persistent organic chemicals in sewage effluents: I. Identification of nonylphenols and nonylphenolethoxylates by glass capillary gas chromatography/mass spectrometrie. Chemosphere, 10 (1981) 11/12, S. 1253-1263
GILLES, J.: Stand der öffentlichen Abwasserbeseitigung. Abwasserinvestitionen. Korrespondenz Abwasser, (1983) 10, S. 692-699
GLEDHILL, W.E.: Biodegradation of 3,4,4'-trichlorocarbanilide, TCC, in sewage and activated sludge. Water Research, 9 (1975), S. 649-654
GOSSEL, H.: Untersuchungen zum Verhalten von Belebungsanlagen bei Stoßbelastungen. In: Schriftenreihe WAR. Inst. f. Wasserversorgung, Abwasserbes. und Raumpl. der TH. Bd. 12. Darmstadt: Eigenverlag 1982
GOULD, J.P.: Disinfection. Journal Water Pollution Control Federation, 53 (1981) 6, S. 739-748
GPI - Gesellschaft für Pharmainformationssystem, Frankfurt: Persönl. Mitt. an FA III/6, 1981
GPI - Gesellschaft für Pharmainformationssystem, Frankfurt: Persönl. Mitt. Dezember 1984
GREENBERG, A.E.: Public health aspects of alternative water disinfections. Journal American Water Works Association, (1981) 1, S. 31-33
GROSSGEBAUER, K.: Die Desinfektion. Mat. Med. Nordm., 33 (1981), S. 132-155
GROSSGEBAUER, K.: Merksätze zur chemischen Desinfektion. Mat. Med. Nordm., 23 (1971), S. 142-155
GRÜN, L.: Unzulängliche Keimabtötung durch wässrige Jodophor-Präparate im Hinblick auf die hygienische und chirurgische Händedesinfektion. Hygiene und Medizin, 7 (1982) 4, S.167-170
GRÜN v.d., R., S. SCHOLZ-WEIGL: Marktdaten von Tensiden. Seifen - Öle - Fette - Wachse, 108 (1982) 5, S. 121-126
GTZ - Gesellschaft Für Technische Zusammenarbeit (Hrsg.). Institut Fresenius und RWTH Aachen: Abwassertechnologie. Entstehung, Ableitung, Behandlung, Analytik der Abwässer. Springer Verlag, 1984
GUNDERMANN, P., u.a.: Stellungnahme zur Bedeutung und Anwendung von PVP-Jod im medizinischen Bereich. Hygiene und Medizin, 8 (1983), S. 175
GUNDERMANN, P.: Entwicklung der Desinfektionsverfahren und ihrer Bewertung. Hygiene und Medizin, 6 (1981), S. 356-359
HAAG, W.R.: Die Auswirkungen von Ozon auf chlor- und bromidhaltiges Wasser. EAWAG-News, 17. 2. 1984

HAGERS HANDBUCH DER PHARMAZEUTISCHEN PRAXIS: Arzneiformen und Hilfsstoffe, 7. Band, Teil B: Hilfsstoffe, Hrsg. P.H. Lust, L. Hörhammer. Springer 1977
HAHN, W.: Desinfektionsmittel - Wirkungsweise, Wirkungsspektren und toxikologische Aspekte. Hygiene und Medizin, 6 (1981), S. 458-475
HAIDER, K., G. JAGNOW, R. KOHNEN, S.U. LUN: Abbau chlorierter Benzole, Phenole und Cyclohexan-Derivate durch Benzol und Phenol verwertende Bodenbakterien unter aeroben Bedingungen. Archiv Mikrobiologie, 96 (1974), S.183-200
HANSCHMANN, G., H. SOHR: Zur Toxizität und Spurenanalyse von Tensiden in Wasser. Acta hydrochim. et hydrobiol., 11 (1983) 5, S. 497-509
HARTMANN, L.: Biologische Abwasserreinigung. Berlin, Heidelberg, New York: Springer 1983
HARTMANN, L.: Biologische Reaktionen in Gewässern. Wasserwirtschaft, 73 (1983) 11, S. 442- 446
HARTMANN, L.: Die Plateau-BSB-Messung und ihre Aussagekraft. Umwelthygiene, (1974) 5, S. 99-102
HARTMANN, L.: Die Beziehungen zwischen Beschaffenheit, Leistungsfähigkeit und Lebensgemeinschaft der Belebtschlammflocke am Beispiel einer mehrstufigen Versuchsanlage. Vom Wasser, 27 (1960), S. 107-184
HARTZ, P.: Erfahrungen mit der Algal Assay Procedure, Gas- und Wasserfach - Wasser/Abwaser, 118 (1977)
HASENCLEVER, K.D.: Die Chemischreinigung. Stuttgart: Dr. Spohr 1973
HASKONING Royal Dutch Eng., Dipse Berns. Persönl. Mitt. vom 20.09.1984
HEISS, R., K. EICHNER: Haltbarmachen von Lebensmitteln. Springer 1984
HELLMANN, H.: Zum Begriff der Anreicherung in der Umweltschutzdiskussion. DGM, 27 (1983) H. 5/6, S. 146-153
HELLMANN, H.: Tenside in Fluß- und Abwasser. Gas- und Wasserfach - Wasser/Abwasser, 122 (1981) 4, S. 138-162
HELLMANN, H.: Nachweis von wassergefährdenden Stoffen. DGM, 24 (1980)4/5, S. 107-111
HENKELS: Teroson GmbH, Heidelberg. Persönl. Mitt. vom 20.11.1984
HENNING, J.-D.: Schadlose Beseitigung von Desinfektionslösungen nach Leitungsbauten bzw. Wasserbehälter-Reinigungen. Neue DELIWA-Zeitschrift, 35 (1984) H. 3, S. 102-106
HOFBAUER, M.: Berichte. Antiseptika. Seifen - Öle - Fette - Wachse, 110 (1984) 2, S. 43-44
HOFF, J.C., E.E. GELDREICH: Comparison of the biocidal efficiency of alternative disinfectants. Journal American Water Works Association, (1981) 1, S. 40-44
HRUSCHKA, H., A. WEINZIERL: Auswirkungen eines Benzinunfalls auf Reinigungsleistung und Betrieb einer Belebungsanlage. Gas- und Wasserfach-Wasser/Abwasser, 125 (1984) H. 5, S. 270-273
HUBBS, S.A., D. AMUNDSEN, P. OLTHIUS: Use of chlorine dioxide, chloramines, and short-term free chlorination as alternative disinfectants. Journal American Water Works Association, (1981) 2, S. 97-101
HUBER, L.: Aerobe biologische Abwasserreinigung - Leistungsfähigkeit und -grenzen. Münchner Beiträge zur Abwasser-, Fischerei- und Flußbiologie: Neuere Verfahrenstechnologien in der Abwasserreinigung, Abwasser- und Gewässerhygiene, 38 (1984), S. 11-31
HUBER, L.: Kationische Tenside und ihre Bedeutung für die Umwelt. Tenside Detergents, 19 (1983) 3, S. 178-180
HUBER, L., H. KLINGEL: Abwässer aus Rauchgaswäschen. Münchner Beiträge, Band 31, R. Oldenbourg Verlag
HÜTTINGER, K.J., H. MÜLLER: Antimikrobiell wirkende Aufpfropfschichten. Chem. Ing. Techn., 52 (1980) 1, S. 77
HUGO, W.B.: The inactivation of vegetative bacteria by chemicals. In: Inhibition and activation. Hrsg.: Skinner, Hugo. Academic Press 1976

INDIREKTEINLEITER-RICHTLINIE, Baden-Württemberg: Richtlinie für die Anforderungen an Abwasser bei Einleitung in öffentliche Abwasseranlagen vom 28.06.1978. Amtsblatt Baden-Württemberg (1978) 3, S. 995-1003

INDUSTRIEVERBAND PFLANZENSCHUTZ: Einsatz von Pestiziden in der BRD. Umwelt und Energie, 6, 8.12.83, Freiburg: R. Haufe

JAHRBUCH FÜR PRAKTIKER: Augsburg: Ziolkowsky 1984

JANICKE, W., G. HILGE: Messung der Bioelimination von Chloranilinen. Gas- und Wasserfach - Wasser/Abwasser, 121 (1980) 3, S. 131-135

JENTSCH, G.: Pharmazie, Pharmakologie und Toxikologie der Desinfektionswirkstoffe. Hygiene und Medizin, 2 (1977), S. 184-187

JENTSCH, G.: Fresenius AG, Oberursel/Taunus, pers. Mitt. vom 7.2.1984

JOBST, D., K. BOTZENHART: Untersuchungen über Desinfektionsmittelrückstände in Krankenhausabwässern. Zbl. Bakt. Hyg., I. Abt. Orig. B 180 (1984) S. 21-37

JUHNKE, I., D. LÜDEMANN: Ergebnisse der Untersuchungen von 200 chemischen Verbindungen auf akute Fischtoxizität mit dem Goldorfentest. Zeitschr. f. Wasser- und Abwasser-Forsch., 11 (1978) 5, S. 161-164

JUNG, G., W. STOLL, W. RÜDE, W. SCHLAGETER: Praktische Erfahrungen mit dem Schleimwachstum bei der Herstellung holzartiger Papiere. Wochenblatt für Papierfabrikation, (1979) 6, S. 199

JUNGHANS: Tiefbauamt Heidelberg. Persönl. Mitt. vom 09.08.1984

JUST, I., R. RINGELMANN, M. GLOOR: Toxische und allergische Hautreaktionen durch Desinfektionsmittel im Krankenhaus. Hygiene und Medizin, 2 (1984), S. 136-139

KALMAZ, E.V., G.D. KALMAZ: The health effects and ecological significance of chlorine residuals in water. Chemosphere, 10 (1981) 10, S. 1163-1175

KAMPF, W. D.: Die Prüfung der toxischen Wirkung von Bestandteilen industrieller Abwässer auf den Belebtschlamm mit der "Dreistufen-Methode". Zentralblatt f. Bakteriologie, Parasitenkunde, Infektionskrankheiten und Hygiene 155 (1971), S. 51-57

KAPP, H.: Zur Interpretation der "Säurekapazität des Abwassers". gwf-Wasser/Abwasser 124 (1983) 3, S. 127-130

KIESLICH, K.: Microbial Transformation of Non-Steroid Cyclic Compounds. Stuttgart: Georg Thieme Verlag 1976

KIMMIG, LUSTIG: Chemikalientoiletten. In: Informationen für das Betriebspersonal von Abwasseranlagen. Beilage in Korrespondenz Abwasser. 1983

KING, E.: Biodegradability Testing. Notes on Water Research. Water Research Centre London, Nr. 28 (1981)

KLÄRSCHLAMMAUFBRINGUNGS-VERORDNUNG vom 25.06.1982. BGBl. I, Nr. 2, 26.06.1982 S. 734-739

KLEIN, A.W., M. HARNISCH, H.J. PORANSKI, F. SCHMIDT-BLEEK: OECD chemical testing programms. Chemosphere, Vol 10, No 2, S. 153-207, Sonderdruck

KLEIST, H.U., M. GÜNTHER: Desinfektion und Hygiene im Lebensmittelbetrieb und deren Überwachung sowie die Aufstellung von Hygieneplänen. Alimenta 15 (1976), S. 59-66

KNÖPP, H.: Der A - Z-Test, ein neues Verfahren zur toxikologischen Prüfung von Abwässern. Deutsche Gewässerkundliche Mitteilungen, 5 (1961), S. 66-73

KOLLATSCH, D., A. GOWASCH: Betrachtungen über die Reinigungsleistung konventioneller Kläranlagen, dargestellt an Beispielen im niedersächsischen Raum. GWA 50, 14. Essener Tagung vom 18.03.-20.03.1981

KOPPE, P., A. STOZEK: Resultate der täglichen chemischen Überwachung von sechs biologischen Kläranlagen über ein Jahr. Vom Wasser, 50 (1978), S. 137-176

KORTE, F.: Ökologische Chemie. Stuttgart, New York: Georg Thieme 1980

KOSMETIKVERORDNUNG: Verordnung über kosmetische Mittel, vom 16.12.1977, BGBl. I, Nr. 86, S. 2589-2604; Zusatzverordnung zur Änderung der Kosmetikverordnung vom 22.12.1982, BGBl. I, Nr. 56, 30.12.1982

KREBS, F.: Vergiftung der Selbstreinigung durch toxische Abwässer. Ufoplan 102 04 301 Wasserwirtschaft 1981
KUNERT, E., H.-G. SONNTAG, H.-P. WERNER: Flächendesinfektion im Krankenhaus. Hygiene und Medizin, 8 (1983), S. 491
KUNST, S.: Vergleich der Phenolabbauleistung zweier Belebtschlämme mit und ohne Zusatz von adaptierten Bakterien. Gas- und Wasserfach-Wasser/Abwasser, 125 (1984) H. 5, S. 254-258
LANDESAMT FÜR WASSER UND ABFALL, Nordrhein-Westfalen: Vorläufige Stoffliste für den Erlaß einer Rechtsverordnung gemäß §59 Abs. 1 LWG, Düsseldorf, November 1983
LANG, K. (Hrsg.): Konservierungsstoffe für Lebensmittel. Zeitschrift für Ernährungswissenschaft, Suppl. 7, Darmstadt 1968
LAZARUS, R.: Tests for the ecological effects of chemicals. UBA-Berichte, 10/78. Berlin: Erich Schmidt
LEUBNER, P.: Die Bedeutung von Germall als Konservierungsmittel im kosmetischen Bereich. Concept Symposium "Konservierung pharmazeutischer und kosmetischer Produkte", 4.-5.12.1980, Heidelberg. Seifen-Öle-Fette-Wasser 107 (1981) 1, S. 6
LGA NÜRNBERG - Landesgewerbeanstalt: Studie über Haushaltschemikalien. In Bearbeitung, Abschlußbericht in 1985 zu erwarten
LIEBICH, P.: Desinfektionsmittel in Abwässern. Diplomarbeit. Geisenheim, November 1980
LIERSCH, K. M.: Wasserwirtschaftsamt Göttingen. Persönl. Mitt. vom 10.04.1984
LIEBMANN, H.: Über die Grundlagen der Abwasserphysiologie. Wasserwirtschaft 55 (1965), S. 219-229
LMBG - Lebensmittel- und Bedarfsgegenständegesetz vom 15.08.1974 (BGBl. I, S. 1946)
LÜCK, E.: Chemische Lebensmittelkonservierung, Berlin, Heidelberg, New York: Springer 1977
LÜHR, H. P.: Anforderungen an die Einleitung von Abwasser in Oberflächen- und Grundwasser. In: Umwelt und Energie, Handbuch für die betriebliche Praxis 5 (1984) 6, S. 399-430
LÜHR, H.P.: Symposium Lagerung und Transport wassergefährdender Stoffe - Aachen, 21. - 23.2. 83. Materialien 2/83. Berlin: Erich Schmidt
LUTZ-DETTINGER, U.: Besondere Fragen der Desinfektion und Reinigung in Küchen unter besonderer Berücksichtigung der Krankenhausküchen. Krankenhaus-Umschau, (1982) 4, S. 244-250
MAISE, H.: Substanzen mit "treshold effect" und deren Verwendung in Reinigungsmitteln (Phosphorsäureverbindungen). Seifen - Öle - Fette - Wachse, 110 (1984) 9, S. 267-270
MALZ, F.: Zusammenfassung der Ergebnisse des Fachkolloquiums "Kationische Tenside - Umweltaspekte" durch den Hauptausschuß Detergentien. Tenside Detergents, 19 (1982) 3, S. 182
MARGARITIS, A., E. CREESE: Toxicity of surfactants in the aquatic environment: a review. Wastetreatment and utilisation, Murray Moo-Young, Oxford, (1979), S.445-462
MEVIUS, W.: Desinfektion. DVGM-Schriftenreihe, (1980) 206, S. 19,1-20
MIELICKE, U., E. BÖHM, P. KUNZ, W. MANNSBART: Forschungs- und Entwicklungsbedarf emissionsarmer Technologien im Nahrungs- und Genußmittelgewerbe. 29.02.84, FhG-ISI-B-3-84
MITCHELL, S.C., R.H. WARRING, P.S. DOWELL: Elimination of 2-halogenobenzanilides. Chemosphere, 11 (1982) 6, S. 591-594
MROZEK, H.: Hygiene: Reinigung und Desinfektion in der Lebensmittelindustrie. Ernährungswirtschaft/Lebensmitteltechnik, 6 (1971), S. 418-420
MROZEK, H.: Untersuchungen zum Problem der Resistenzentwicklung gegenüber Desinfektionsmitteln. Brauwissenschaft, 20 (1967) 6, S. 229-234
MÜLLER, D.: Zum Stand der Entwicklung von Toxizitätsregistriergeräten. Korrespondenz Abwasser, 26 (1979) 11, S. 660-662

MÜLLER, H.E.: Alte und neue Probleme der Flächendesinfektion im Krankenhaus. Deutsche Mediziner Wochenschrift, 109 (1984), S. 1696-1700
MUHR, A.C.: Zur Frage der Ungiftigkeit von Desinfektionsmittelrückständen. Swiss-Food, 3 (1981) 12, S. 45-46
NEUMANN, H.: Weitergehende Abwasserreinigung bei Tierkörperbeseitigungsanstalten. ATV-Fortbildungskurs A/4 vom 12.10.1978
NEUMANN, H., KLEIN: Persönl. Mitt. vom 12.12.1984
MURPHY, S.E., A. DROTOR, R. FALL: Biotransformation of the fungicide pentachloronitrobenzene by tetrahymena thermophila. Chemosphere, 11 (1982) 1, S.33-39
NIEHOFF: Institut für Wasser-, Boden- und Lufthygiene, Außenstelle Langen. Pers. Mitt. vom 28.12.84
NOBEL, W., T. MAYER, A. KOHLER: Submerse Wasserpflanzen als Testorganismen für Belastungsstoffe. Zeitschrift für Wasser- und Abwasserforschung, 16 (1983) 3, S.87-90
OBST, U.: Enzymatische Methoden zur Bestimmung der mikrobiologischen Stoffwechselaktivität in Oberflächen- und Grundwässern. Jahrestagung 1984, Fachgruppe Wasserchemie vom 28.-30.05.84, Bad Homburg
OBST, U., W. SCHMITZ: Biochemische Methoden zur Untersuchung von Stoffwechselaktivitäten. Vom Wasser, 61 (1983), Sonderdruck
OECD - Organisation for Economic Cooperation and Development: Guidelines for testing of chemicals. Paris, ISBN 92-64-12221-4, 1981
OECD - Organisation for Economic Cooperation and Development: Pollution by Detergents. Determination of Biodegradability of Anionic Synthetic Detergens. Paris 1971
OEHME, CH.: Trägerbiologien in der Abwassertechnik. Chem. Ing. Techn., 56 (1984) 8, S. 599-609
OFFHAUS, K.: Adaptation, Ausfällung und Sorption - wichtige Vorgänge bei der Entgiftung von Schwermetallionen. Zeitschrift für Wasser- und Abwasser-Forschung, 3 (1970), S. 35-37
OFFHAUS, K.: Abwasserbewertung mit Hilfe von Toxizitäts- und Belebtschlammversuchen. Zeitschr. f. Wasser- und Abwasser-Forsch., 5 (1969), S. 1-9
OFFHAUS, K., H. KLINGEL, K. SCHERB, B. WACHS: Untersuchungen zum Verhalten eines Bakteriostatikums in Kläranlagen. Münchner Beiträge, 30 (1978), S. 29-72
OHGKE, H., M. JAHRKE, R. MILCHNER, T.M. PFEFFERKORN: Schwerpunkte krankenhaushygienischer Verbesserungen. Öffentliches Gesundheitswesen, 46 (1984), S. 141-145
OTT, W., K. IRRGANG: Die Anwendung biologischer Testverfahren zur Ermittlung der Toxizität von Wasserinhaltsstoffen. Wasser, Luft und Betrieb, 21 (1977), S. 396-399
OUDE de, N.T.: Umweltkonzentration von Detergentien. Tenside Detergents, 20 (1983) 6, S. 314-316
PAGGA, U., W. GÜNTHNER: The BASF Toximeter - a helpfull instrument to control and monitor biological wastewater treatment plants. Water Science Tech. 13 (1981), S. 233-238
PATRICK, R., M.H. HOHN, J.H. WALLACE: Nat. Acad. Science, USA 259, 1 (1954). (zit. in STUMM, SCHWARZENBACH, 1979)
PAULI, O., G. FRANKE: Über die Abwasserverträglichkeit von Desinfektionsmitteln. Gesundheitswesen und Desinfektion, 63 (1971) 10, S. 150
PAULUS, W., H. GENTH: Mikrobizide Phenolderivate - eine kritische Betrachtung. I. International Biodeterioration Symposium, Aberdeen 1981
PFEFFERKORN, T.M.: Schwerpunkte krankenhaushygienischer Verbesserungen. Öffentliches Gesundheitswesen 46 (1984), S. 141-145
PFLANZENSCHUTZMITTEL-HÖCHSTMENGENVERORDNUNG (PHmV): Verordnung über Höchstmengen an Pflanzenschutz- und sonstigen Mitteln sowie anderen Schädlingsbekämpfungsmitteln in oder auf Lebensmitteln und Tabakerzeugnissen. Bundesgesetzblatt I, S. 745, vom 24.06.1982

PILZ, U., G. AXT: Weiterentwicklung eines kontinuierlich arbeitenden Bakterientoximeters. Vom Wasser, 62 (1984), S. 91-100

PITT, W.W., Jr.: Chemical analysis of water and wastewater: Continuous monitoring, automated analysis, and sampling procedures. Water Pollution Control Federation, 56 (1984) 6, S. 548-550

PLOOG, U.: Amphotere Tenside, Aufbau, Eigenschaften und Anwendungsmöglichkeiten. Seifen - Öle - Fette - Wachse, 108 (1982) 12, S. 373-376

PLOTZ, J.: Einfaches Verfahren zur Bestimmung der Gesamttoxizität von Wasser- und Abwasserproben für Bakterien. Deutsche Gewässerkundliche Mitteilungen, 18 (1974), S. 77-79

PLUM, H.: Über das Umweltverhalten von Organozinnverbindungen. Hrsg. Schering AG. Bergkamen. 3.8.1981

PÖPEL, J.: Schwankungen von Kläranlagenabläufen und ihre Folgen für Grenzwerte und Gewässerschutz. Gas- und Wasserfach-Wasser/Abwasser, 16 (1971), Habilitationsschrift

POHL, A., P. METZNER, M.B. ERNST: Anwendung von Quats in der Brauerei. Brauwelt, 115 (1975) 42, S. 1404-1407

POLSTER, M., K. HALACKA: 9. Beitrag zur hygienisch-toxikologischen Problematik einiger antimikrobiell gebrauchter Organozinnverbindungen. Ernährungsforschung, 16 (1971) 4, S. 527-535

POPP, W.: Neuere Erkenntnisse über Blähschlamm. Münchner Beiträge, 31 (1978), S. 139-152

PORT, E.: Verwendung von Belebtschlamm zur selektiven Adsorption toxischer Abwasserinhaltsstoffe. Dissertation, Technische Hochschule Darmstadt 1978

PORT, E.: Bestimmung der Toxizität von Abwässern - ein Vergleich von zwei Meßmethoden. Zeitschrift für Wasser/Abwasser-Forschung, 16 (1983) 1, S. 27-30

RAT DER EUROPÄISCHEN GEMEINSCHAFT: Richtlinie des Rates vom 15.02.1971: Anforderungen an die Hygiene in Geflügelschlachtereien

RAT DER EUROPÄISCHEN GEMEINSCHAFT: Richtlinie des Rates vom 4.5.1976 betreffend die Verschmutzung infolge der Ableitung bestimmter gefährlicher Stoffe in die Gewässer der Gemeinschaft. EG-Richtlinien-Amtsblatt L 129 vom 18.5.1976

RAUHUT, A.: Cadmiumbilanz 1976/77. Landesgewerbeanstalt Bayern, Forschungsbericht 1981, für das BMFJG

RAUHUT, A.: Quecksilber-Bilanz 1977-79. Wasser Luft Betrieb (1982) 5, S. 50

REIFF, F., H. WISSEMEIER, H. CAMPHAUSEN, F. RUF: Reinigungs- und Desinfektionsmittel im Lebensmittelbetrieb. In: Handbuch der Lebensmittelchemie. Hrsg. J. Schormüller. Bd. IX: Bedarfsgegenstände, Verpackung, Reinigungs- und Desinfektionsmittel. Springer 1970

REIMANN, D. O.: Belastung von Kläranlagen durch Müllverbrennungsanlagen und/oder thermische Schlammkonditionierung. Kommunalwirtschaft, (1984) 5, S. 156-161

REUTER, H.: Reinigen und desinfizieren im Molkereibetrieb. Chemie Ingenieur Technik, 55 (1983) 4, S. 291-301

RIEBER: Woellner-Werke, Ludwigshafen. Presönl. Mitt. vom 28.03.1984

RIEGLER, G.: Kontinuierliche Kurzzeit-BSB-Messung. Ein neues Verfahren mit vielseitigen Möglichkeiten zur aussichtsreichen Anwendung. Korrespondenz Abwasser, 31 (1984) 5, S. 369-370

RIPPEN, G, u.a.: Merkblätter über Referenzchemikalien. Im Auftrag der KFA Jülich, 2.Aufl. Frankfurt: Battelle 1982

ROBRA, K.H.: Bewertung toxischer Wasserinhaltsstoffe aus ihrer Inhibitorwirkung auf Substratoxidation von Pseudomonas Stamm Berlin mit Hilfe polarographischer Sauerstoffmessungen. Gas- und Wasserfach - Wasser/Abwasser, 117 (1976) 2, S.80-86

RÖDGER, H.J.: Lysoform Dr. Hans Rosemann GmbH, Berlin, Pers. Mitt. vom 8.3. und 21.12.1984

RÖDGER, H.J. (Hrsg.): Desinfektionswirkstoff Formaldehyd. Umwelt und Medizin Verlagsgesellschaft mbH Frankfurt a.M. 1982
RÖMPP, H.: Chemie-Lexikon. Bd. 3, 8. Aufl. Franck'sche Verlagshandlung, Stuttgart, 1983
RÖMPP, H.: Chemie-Lexikon. Bd. 2, 8. Aufl. Franck'sche Verlagshandlung, Stuttgart, 1981 RÖMPP, H.: Chemie-Lexikon. Bd. 1, 8. Aufl. Franck'sche Verlagshandlung, Stuttgart, 1979
RÖMPP, H.: Chemie-Lexikon. Bd. 1-4, 6. Aufl. Franck'sche Verlagshandlung, Stuttgart, 1966
ROESKE, W.: Die Desinfektion des Trinkwassers. Brunnenbau, Bau von Wasserwerken, Rohrleitungsbau, (1982) 7, S. 258-260
ROESKE, W.: Chlor und Chlorverbindungen für die Trinkwasseraufbereitung. Brunnenbau, Bau von Wasserwerken, Rohrleitungsbau, (1980) 8, S. 351-354
ROTT, B., R. VISWANATHAN, D. FREITAG, F. KORTE: Vergleichende Untersuchung der Anwendbarkeit verschiedener Tests zur Überprüfung der Abbaubarkeit von Umweltchemikalien. Chemosphere, 11 (1982) 5, S. 531-538
ROTTER, M.: Realismus in der Krankenhaushygiene: Händedesinfektion. Hygiene und Medizin, 5 (1982) 2, S.47-51
ROTTER, M.: Hygienische Händedesinfektion. Hygiene und Medizin, 8 (1983) 10, S. 399-403
RUF, M.: Aktuelle Fragen zur Abwasserbehandlung und zum Gewässerschutz. Münchner Beiträge zur Abwasser-, Fischerei- und Flußbiologie, 31
RUF, M.: Anaerobe Abwasser- und Schlammbehandlung - Biogastechnologie. Münchner Beiträge zur Abwasser-, Fischerei- und Flußbiologie, 36 (1983)
RUF, M.: Neuere Verfahrenstechnologien in der Abwasserreinigung - Abwasser und Gewässerhygiene. München, Wien: R. Oldenbourg 1984
RUF, M.: Schadstoffe im Oberflächenwasser und im Abwasser. Münchner Beiträge zur Abwasser-, Fischerei- und Flußbiologie, 30 (1978)
RUMP, H.H.: Zum Verhalten von Schadstoffen in kommunalen Kläranlagen. Forum Städte/Hygiene, 32 (1981) 3/4, S. 77-89
RUPP, C.H.: Chlordioxid - Eine Alternative zur Chlorung bei der Wasseraufbereitung. Haustechnik-Bauphysik-Umwelttechnik-Gesundheits-Ingenieur, 104 (1983) 6, S. 278, 351-353
SANDERS, H.L.: American Naturalist, 102 (1968), 243 (zitiert in STUMM, SCHWARZENBACH, 1979)
SCHADEWALDT, H.: Aus der Geschichte der medizinischen Desinfektion. 75 Jahre Lysoform, Dr. Hans Rosemann. Berlin
SCHARSCHMIED, B., U. SLANINA: Umweltschutz und seine Auswirkungen auf die Produktionsbedingungen in der Papier- und Zellstoffindustrie. Papiererzeugung - apr, 42 (1974), S. 1174- 1183
SCHAUERTE, W., J.P. LAY, W. KLEIN, F. KORTE: Influence of 2,4,6-trichlorphenol and pentachlorophenol on the biota of aquatic systems. Chemosphere, 11 (1982) 1, S. 71-79
SCHEFER, W.: Der gelöste organische Kohlenstoff (DOC) im biologischen Abbau-Test. Seifen - Öle - Fette - Wachse, 109 (1983) 15, S. 423-425
SCHERB, K.: Die Beziehung des Ciliaten Aspidisca costata zur Nitrifikation im Belebtschlamm. Mikrokosmos, 47 (1957), S. 4-9
SCHERB, K.: Lösungsmittelhaltige Abwässer bei chemischen Reinigungsanlagen. Korrespondenz Abwasser, 31 (1984) 6, S. 509-513
SCHERB, K., A. STEINER: Zur Toxizität von Schwermetallen bei der biologischen Abwasserreinigung. Abwasserbiologischer Fortbildungskurs, München 1981
SCHERING AG: Toxikologische Daten von Organozinnverbindungen. Bergkamen, 1980
SCHLEGEL, H.: Die Hydroxidfällung der Schwermetalle in galvanischen Abwässern. Metalloberfläche, 5 (1963)

SCHLEGEL, H.: Allgemeine Mikrobiologie. 5. Aufl. Stuttgart, New York: Georg Thieme 1980
SCHLEYPEN, P.: Betriebsergebnisse von Tropfkörper- und Belebungsanlagen in Bayern. Korrespondenz Abwasser 27 (1980) 12, S. 824-831
SCHLEYPEN, P., P. WOLF: Reinigungsleistung von unbelüfteten Abwasserteichen in Bayern. gwf-wasser/abwasser 124 (1983) 3, S. 108-114
SCHLIESSER, Th., J.M. WIEST: Zur Temperaturabhängigkeit der bakteriziden Wirkung einiger chemischer Desinfektionsmittel. Zentralblatt Bakteriologie und Hygiene, I. Abt. Orig. B, 169 (1979), S. 560-566
SCHLÜßLER, H.J.: Rückstände von Reinigungs- und Desinfektionsmitteln auf festen Oberflächen. Chem. Ing. Techn., 52 (1980) 3, S. 246-247
SCHMIDT, U.: Reinigung und Desinfektion in Schlacht- und Fleischverarbeitungsbetrieben. Fleischwirtschaft 62 (1982) 4, S. 427-431
SCHMÜLLING, T., G. ZWIENER: Was wir alles schlucken müssen. natur, (1984) 4, S. 74-79
SCHNABEL, W.: Reinigungskonzentrate - "Karthographie" einer zerstückelten Statistik. Tenside Detergents, 19 (1982) 2, S. 113-114
SCHORMÜLLER, J. (Hrsg.): Handbuch der Lebensmittelchemie. Bd. IX: Bedarfsgegenstände, Verpackung, Reinigungs- und Desinfektionsmittel. Springer 1970
SCHUBERT, R.: Untersuchung zur Limitierung der Selbstreinigung der Gewässer. I. Experimentelle Untersuchungen über die Wirkung abbaubarer und toxischer Stoffe auf die mikrobiellen Selbstreinigungsvorgänge im Gewässer. Zentralblatt Bakteriologie und Hygiene, I. Abt. Orig. B, 171 (1980), S. 497-511
SCHUBERT, R.: Eine Methode zur Bestimmung der Bakterientoxizität von Schadstoffen im Wasser und Abwasser. Zentralbl. Bakteriologie Hygiene, I. Abt. Orig. B, 156 (1973), S. 545-550
SCHÜTZ, H.: Krankenhäuser 1982. Wirtschaft und Statistik, (1984) 8, S. 701-704
SCHWARZER, H.: Reinigungsmittel mit Aktiv-Sauerstoff. Seifen - Öle - Fette - Wachse, 110 (1984) 9, S. 255-257
SCHWEINSBERG, F., G. HAUPTER, K. BOTZENHART: Biologische Wirkungen von Mikrobiziden im Wasser - Ein Literaturüberblick. Gas- und Wasserfach - Wasser/Abwasser, 123 (1982) 11. S. 549-554
SEELIGER, H.: Entstehung und Verhütung von mikrobiellen Lebensmittelinfektionen und -vergiftungen. Paderborn: F. Schöning 1977
SEILER, H., H. BLAIM, M. BUSSE: Ecological studies on bacterial populations in activated sludge aerated with pure oxygen. Zeitschrift für Wasser- und Abwasser-Forschung, 17 (1984), S. 82-86
SEILER, H., H. BLAIM, M. BUSSE: Die Hemmstoffresistenz dominierender Bakteriengruppen in der Belebtschlammanlage eines Chemiewerkes. Zeitschrift für Wasser- und Abwasser-Forschung, 17 (1984), S. 127-133
SELTER, M.: Isothiazolon als "neues" kosmetisches Konservierungsmittel. Seifen - Öle - Fette - Wachse, 56 (1983) 7, S. 187-191
SINELL, H.-J.: Hygiene bei der Fleischverarbeitung. Archiv für Hygiene, 3 (1970), S. 247-254
SONNTAG, H.-G.: Stellungnahme zur Flächendesinfektion im Krankenhaus. Hygiene und Medizin, 8 (1983), S. 438
SONNTAG, H.-G.: Umfrage zur Durchführung von Desinfektionsmaßnahmen in Gesundheitsämtern und Krankenhäusern Schleswig-Holsteins. Hygiene und Medizin, 5 (1980) 1, S. 17-23
SONNTAG, H.-G., J. BECKERT, J. BORNEFF, u.a.: Stellungnahme zur Flächendesinfektion im Krankenhaus. Hygiene und Medizin, 8 (1983), S. 438-439
SPICHER, G., J. PETERS: Wirksamkeitsprüfung von Desinfektionsmitteln an Oberflächen in Modellversuchen. II. Mitteilung: Abhängigkeit der Versuchsergebnisse von der Methodik der Desinfektion (Sprühen,

Verteilen, Wischen). Zentralblatt für Bakteriologie und Hygiene, I. Abteilung Original B, 170 (1980), S. 431-448
STATISTISCHES BUNDESAMT: Produktion nach Güterarten und Güterklassen. Statistisches Bundesamt, Fachserie 4, Reihe 31, 1983
STATISTISCHES BUNDESAMT: Außenhandel nach Waren und Ländern (Spezialhandel). Statistisches Bundesamt, Fachserie 7, Reihe 2, 1983
STATISTISCHES BUNDESAMT: Betriebe, Beschäftigte und Umsatz im Bergbau und im verarbeitenden Gewerbe nach Beschäftigtengrößenklassen. Fachserie 4, Reihe 4.1.2, 1983
STATISTISCHES BUNDESAMT: Öffentliche Wasserversorgung und Abwasserbeseitigung. Fachserie 19, Reihe 2.1, 1979
STATISTISCHES BUNDESAMT (Hrsg. Presse- und Informationsamt der Bundesregierung): Gesellschaftliche Daten. Freiburg: Rombach 1982
STATISTISCHES JAHRBUCH 1984. Stuttgart, Mainz: Kohlhammer 1984
STEFFENS, K.-J.: Konservierungsmittel. In: Hagers Handbuch der pharmazeutischen Praxis. 7.Bd.: Arzneiformen und Hilfsstoffe, Teil B: Hilfsstoffe. 1977
STEIN, T., K. KÜSTER: Untersuchung zur Prüfung von Tributylzinnfluorid und Tributylzinnoxid auf die biologische Abwasserreinigung. Zeitschrift für Wasser- und Abwasser-Forschung, 10 (1977) 1, S. 12-19
STEIN, T., K. KÜSTER: Der biologische Abbau von Tributylzinnoxid (TBTO) in einer Belebtschlammanlage. Zeitschrift für Wasser- und Abwasser-Forschung, 15 (1982) 4, S. 178-180
STEINER, W.: Reinigung und Desinfektion im Krankenhaus. Arzt und Krankenhaus, (1980) 12, S. 32-33
STEUER, W.: Medizinisches Landesuntersuchungsamt, Stuttgart. Persönl. Mitt. vom 07.08.1984
STEUER, W.: Reinigung und Desinfektion im Krankenhaus. Arzt und Krankenhaus, (1981) 12, S. 32-33
STIER, E.: Klärwärtertaschenbuch. 6. Aufl. München: Hirthammer 1980
STIFTUNG WARENTEST: WC-Reiniger: "Trotz der Werbung - keiner kann alles." Test, 11 (1982), S.54-58
STIFTUNG WARENTEST: Allzweckreiniger: "Die billigen tun es auch." Test, (1980) 2, S.46-49
STILLER, J.: Die biologische Bedeutung der Schutzhüllenbildung bei peritrichen Ciliaten und ihre Bedeutung als Bioindikator bei der Beurteilung des Wassers. Annales historico-naturales Musei nationalis Hungarici, Pars Zoologica, 54 (1962), S. 231-236
STRAUCH, D.: Reinigung und Deinfektion in der Rinder- und Schweinehaltung. In: Desinfektion in Tierhaltung, Fleisch- und Milchwirtschaft. Hrsg. T. Schliesser und D. Strauch. Stuttgart: F. Enke 1981
STUMM, W., R. SCHWARZENBACH: Die Schadstoffe in unserer Umwelt und ihre Auswirkung auf Ökologie, Mensch und Tier. IAWR 7. Arbeitstagung, Basel 1979
SUNTRUP, F.: Jodophore, eine neue Desinfektionsmittelart für Brauereien und Getränkebetriebe. Brauwelt, 107 (1967) 40, S. 760
SUNTRUP, F.: Wissenswertes über Quats. Brauwelt, 101 (1961) 20, S. 390
SWIDERSKY, K.-P.: Dr. Nüsken Chemie GmbH, Kamen. Persönl. Mitt. vom 7.2.1984
SWISHER, R.D.:Surfactant Biodegradation. New York: Marcel Dekker, Inc.1970
TÄUBER, G., A. MAY: Chemismus, Eigenschaften und Anwendung der kationischen Tenside. Tenside Detergents, 19 (1982) 3, S. 151- 154
THAMM, R.: Merz+Co., Frankfurt a.M.. Persönl. Mitt. vom 22.3.1984
THOR, W., M. LONCIN: Reinigen, Desinfizieren und Nachspülen in der Lebensmittelindustrie. Chem. Ing. Tech. 50 (1978) 3, S. 188-193
TIEFBAUAMT KARLSRUHE: Pillen rollen in Apotheken zurück. Badische Neueste Nachrichten, Nr. 74 (28.3.1984), S. 21
TIERKÖRPERBESEITIGUNGSGESETZ: Bundesgesetzblatt I, S. 2313, vom 02.09.1975

TIERSEUCHENGESETZ: Bekanntmachung der Neufassung des Tierseuchengesetzes. Bundesgesetzblatt I, S. 386, vom 28.03.1980
TOPPING, B.W., J. WATERS: Monitoring of cationic surfactants in sewage treatment plants. Tenside Detergents, 19 (1982) 3, S. 164-169
TRINKWASSERAUFBEREITUNGSVERORDNUNG: Verordnung über die Verwendung von Zusatzstoffen bei der Aufbereitung von Trinkwasser vom 19.12.1959 Bundesgesetzblatt, Teil I, S. 762
TWVO - TRINKWASSERVERORDNUNG: Verordnung über Trinkwasser und über Brauchwasser für Lebensmittelbetriebe, vom 31.1.1975, Bundesgesetzblatt, Teil I, 1975 Nr. 16, S. 453
UEHLEKE, H.: Toxikologische Bewertung organischer Stoffe im Wasser. In: Organische Verunreinigungen in der Umwelt - Erkennen, Bewerten, Vermindern. Hrsg. K. Aurand. Berlin 1978, S. 271-281
UHL, A., H. SEDLMAYER: Untersuchungen über den Einfluß von quaternären Ammoniumbasen auf den biologischen Abbau bzw. den BSB_5 von Brauereiabwässern und über die biologische Abbaufähigkeit von "Quats" in Brauereiabwässern. Brauwelt 105 (1965) 81, S. 1529 ff
UMWELTBUNDESAMT: Umweltchemikalien, 1.Auflage, Berlin 1980
UMWELTPROGRAMM: Materialien zum Umweltprogramm, Schriftenreihe des BMI, Bundesregierung 1971
VON DER GRÜN, R., S. SCHOLZ-WEIGEL: Marktdaten von Tensiden. Fette und Öle, 108 (1982) 5, S. 121-126
WACHS, B.: Prüfung wassergefährdender Stoffe auf Bioabbaubarkeit und Toxizität. Münchner Beiträge zur Abwasser-, Fischerei- und Flußbiologie, 37 (1983)
WAGNER, F.: Ursachen, Verhinderung und Bekämpfung der Blähschlammbildung in Belebungsanlagen. Dissertation. Oldenbourg 1982; s.a. Wasserwirtschaft, 72 (1982) 6, S. 229-234
WAGNER, F. u.a.: Handbuch der Abbaubarkeitsteste. In Vorbereitung
WALLHÄUSSER, K.H.: Sterilisation-Desinfektion-Konservierung. 3. Aufl. Stuttgart: Georg Thieme 1984
WALLHÄUSSER, K.H.: Hoechst AG, Frankfurt/M.. Persönl. Mitt. vom 28.06.1984a
WALLHÄUSSER, K.H.: Konservierung von Kosmetika. Seifen - Öle - Fette - Wachse, 107 (1981) 7, S. 173-179
WALLHÄUSSER, K.H.: Die Inaktivierung von Konservierungsmitteln durch unverträgliche Bestandteile bei der Formulierung durch Enthemmungsmittel beim Belastungstest und durch Mikroorganismen. Parfümerie und Kosmetik, 60 (1979) 1, S. 1-7
WASCHMITTELGESETZ: Gesetz über die Umweltverträglichkeit von Wasch- und Reinigungsmitteln, vom 20.8.1975, Bundesgesetzblatt, Teil I, S. 2255
WEISS, A.: Die Adsorption kationischer Tenside an Mineraloberflächen. Tenside Detergents, 19 (1982) 157
WELS: Abwasserzweckverband Heidelberg. Pers. Mitt. vom 9.8.1984
WERNER, H.P.: Jodophore zur Desinfektion? I. Mitteilung: Scheinbar bakterizide Wirkung im Suspensionstest. Hygiene und Medizin, 7 (1982) 5, S. 205-212
WERNER, H.P., E. HEUBERGER: Jodophore zur Desinfektion. Hygiene und Medizin, 9 (1984), S. 142-147
WEWALKA, G., W. KOLLER, M. ROTTER: Eine neue PVP-Jod-Flüssigseife auch mit Gehalt von 20 % Alkohol ungeeignet zur Händedesinfektion. Hygiene und Medizin, 8 (1983) 11, S. 460-462
WHG - Wasserhaushaltsgesetz: Wasserhaushaltsgesetz vom 27.07.1957. Neufassung des Gesetzes zur Ordnung des Wasserhaushaltes vom 16.10.1976, BGBl. I, S. 3018; geändert am 14.12.1976, BGBl. I, S. 3341; 5. Novelle in Vorbereitung
WIERICH, P., P. GERIKE: The fate of soluble, recalcitrant, and adsorbing compounds in activated sludge plants. Ecotoxicology and Environmental Safety, 5 (1981) 2, S. 161-170

WILDBRETT, G.: Chemische Komponenten zum Reinigen und Desinfizieren. In: Symposium über Reinigen und Desinfizieren lebensmittelverarbeitender Anlagen. Hrsg. VDI Gesellschaft Verfahrenstechnik und Chemieingenieurwesen. Düsseldorf: 1975
WOLF, P.: Untersuchung zur Verbeserung der Leistung und Wirtschaftlichkeit kommunaler Abwasserreinigungsanlagen. Bayerisches Landesamt für Wasserwirtschaft, 1979
WOLF, P.: Erfahrungen mit der Abwasserreinigung in belüfteten Teichen und Teichen mit zwischengeschalteten Tropfkörpern oder Scheibentauchkörpern. gwf-wasser/abwasser 124 (1983) 3 S. 115-118
WOLF, P.: Kostengünstige Leistungsverbesserungen von Kläranlagen. Korrespondenz Abwasser 30 (1983) 10, S. 700-702
WOLF, P., W. NORDMANN: Untersuchungen über die Nitrifikation und Denitrifikation in einer Belebungsanlage. Korespondenz Abwasser 31 (1984) 3, S. 167-170
WOLFF, E.: Der Einfluß der Temperatur auf die Selbstreinigung und deren Indikatororganismen in einem Modellfließgewässer. Karlsruher Berichte zur Ingenieurbiologie, Heft 14, Institut für Ingenieurbiologie und Biotechnologie des Abwassers, Universität Karlsruhe 1979
WULLINGER, F., E. GEIGER: Chemische Desinfektionsmittel für den Einsatz in Brauereien. Brauwelt 122 (1982) 22, S. 976-985
WUNDERLICH, M.: Studie über den Einfluß von Kühlwasserbehandlungsmitteln auf die Gewässer. Forschungsbericht II A 303. Umweltbundesamt. Februar 1978
ZAHN, R., H. WELLENS: Prüfung der biologischen Abbaubarkeit im Standversuch - weitere Erfahrungen und neue Einsatzmöglichkeiten. Zeitschrift für Wasser- und Abwasser-Forschung, 13 (1980) 1, S. 1-7
ZULLEI, M.: Desinfektionsmittel in Gewässern und ihre Bedeutung für die Trinkwasseraufbereitung. Zeitschrift für Wasser- und Abwasser-Forschung, 11 (1978) 6, S. 187-193
ZZULVO - ZUSATZSTOFF-ZULASSUNGSVERORDNUNG vom 30.12.1981, BGBl. I, Nr. 60, S. 1633 ff

Sachverzeichnis

Abbaubarkeit 186, 190, 217, <u>221</u>, <u>224</u>
Abwasserrelevanz 123, <u>182</u>, <u>209</u>
Adaptation 5, 217, 223, 228, 252
Akkumulation 41, 179, 199, 205, 228, 238
Alarmteste 191
Aldehyde <u>17</u>, 44, <u>46</u>
- Aldehydabspalter <u>17</u>, 114
- Einsatzbereiche 45, <u>47</u>, <u>108</u>, 114, 133, 138
- freie Aldehyde <u>17</u>
- Wirkungsmechanismus 45
Alkalien <u>25</u>, 83, <u>86</u>, 91
- Einsatzbereiche <u>88</u>, 92, <u>108</u>, 141
- Wirkungsmechanismus <u>86</u>
Alkohole <u>22</u>, 73, <u>73</u>
- Einsatzbereiche <u>76</u>, <u>108</u>, 133
- halogenenierte <u>22</u>, <u>74</u>
- Toxizität <u>78</u>
- Wirkungsmechanismus 74
Amphotenside <u>21</u>, 61, <u>62</u>, <u>63</u>
Analysenverfahren 186
Anreicherung (s. Akkumulation)
Anwendung <u>8</u>, 104, 129, 235
- Arzneimittelindustrie 111, 126
- Brauerei <u>146</u>, 148, 185
- Chemisch-Reinigungen 138, 184
- Chemietoiletten <u>108</u>, 137
- Fäkalien 137

- Fleischverarbeitung 149, <u>152</u>, 185
- Gesundheitswesen 104, <u>108</u>, 130
- Haushalte <u>108</u>, 135
- Kosmetikindustrie <u>108</u>, 111
- Lebensmittelindustrie <u>108</u>, 110, 140, 184
- Mälzerei <u>146</u>, 148, 185
- Molkerei 142, <u>144</u>, 185
- Papierherstellung 154, 184
- Schlachthof 149, <u>151</u>
- Schwimmbäder <u>108</u>, 135
- Wäschereien <u>108</u>, 138, 184
- Zellstoffherstellung 154, 184
Bakterien 162, 166, 171, 176, 192, 232, 240
Belebtschlammverfahren 163, <u>164</u>
Benzalkoniumchlorid <u>20</u>, <u>59</u>
Benzamidine <u>25</u>, <u>85</u>
Benzimidazole <u>26</u>, <u>94</u>
Betaine <u>21</u>, <u>62</u>
Bewertungskriterien 6
Biocoenose 4, 165, 203, 228
- Belebtschlamm 165, 168, <u>171</u>
- Tropfkörper 165, 169, <u>172</u>
- Veränderungen 169, 193, 196
Blähschlamm 195, <u>207</u>
BSB (biochemischer Sauerstoffbedarf)
- BSB_5 188, 197

- BSB-Plateau 188, <u>198</u>
- Hemmung 187, <u>199</u>
- Vergiftung 197

Carbonsäuren <u>24</u>, <u>84</u>
- C.-Amide <u>24</u>, <u>85</u>, 116
- C.-Ester <u>24</u>, <u>84</u>, 115
- Einsatzbereiche 87, <u>88</u>, 115
- Wirkungsmechanismus <u>84</u>

Chemikaliengesetz <u>39</u>
Chemietoiletten <u>108</u>, 121, 128, 137
Chemisch-technische Produkte 113, <u>114</u>, 126, 235
Chlor <u>21</u>, <u>65</u>, 101, <u>108</u>, 133, 136
--abspalter <u>21</u>, <u>65</u>
Confirmatory-Test <u>219</u>, 220
CSB (chemischer Sauerstoffbedarf) 187
Desinfektion 103, 108
- Abwasser- 120
- Ausscheidungen- 106, <u>108</u>
- Brauchwasser- 120
- CIP-Verfahren 124, 141, 143
- Fein- 106, <u>108</u>
- Flächen- 106, <u>108</u>, 124
- Füllverfahren 124
- Grob- 106, <u>108</u>
- Hände- 106, <u>108</u>
- Haut- 106, <u>108</u>
- Instrumenten- 106, <u>108</u>
- Naßwischverfahren 124
- Raum- 106, <u>108</u>
- Sprühverfahren 125
- Tauchverfahren 125
- Trinkwasser- 199
- Wäsche- 106, <u>108</u>

Desinfektionsmittel (s. Mikrobizide)
- Abwasserrelevanz 123, <u>204</u>, <u>209</u>
- Einsatzbereiche 106, <u>108</u>, 130, 135

Dithiocarbamate <u>27</u>, 92, <u>94</u>

- Einsatzbereiche 93, <u>95</u>
- Wirkungsmechanismus 93

Eiweißfehler <u>30</u>, 32, 213, 235
Formaldehyd <u>17</u>, <u>46</u>, 97, 101, 133
Fungizide 101
Guanidine <u>21</u>, <u>59</u>
Halogene <u>21</u>, 64, <u>65</u>, <u>66</u>
- Einsatzbereiche 68, <u>69</u>, <u>108</u>
- Wirkungsmechanismus 64

Heterocyclen <u>26</u>, 92, <u>94</u>
- Einsatzbereiche 93, <u>95</u>, <u>108</u>, 116
- Wirkungsmechanismus 93

Hilfsstoffe <u>30</u>, 33, 108, 122
Holzschutzmittel 101, 104
Hygienepläne 132, <u>150</u>, 264
Inaktivierung 208, <u>236</u>, <u>239</u>, 253, 265
- biologische 217, <u>221</u>
- chemische 209, 253, 265
- physikalische 209

Inaktivierungsmittel 36, 217, 253, 265
Indikatoren 193
Indirekteinleiter 180, <u>182</u>
Iod <u>22</u>, <u>66</u>
- Iodophore <u>22</u>, <u>66</u>, 133

Isothiazoline <u>26</u>, <u>94</u>
Kationische Tenside <u>20</u>, <u>59</u>, 218
Kläranlagen 162
- Ablaufschwankungen 200
- Beeinträchtigungen 11, 161, 178, <u>194</u>, 204
- bestimmungsgemäße Einleitungen 180
- Emissionen 240
- Festbettreaktoren 206, 243
- Funktionstüchtigkeit 161, 233, 246, 263
- Gegenmaßnahmen 249, <u>251</u>

- Hochlastverfahren 243, 252
- Immissionen 235, 240
- kontinuierliche Belastungen 180, 204, 244
- mikrobizide Stoffe 237
- Prozeßstabilität 201, 205, 244, 252
- Reinigungsleistung 163, 197, 244, 249
- Sauerstoffzehrung 196
- Schaumbildung 195
- Schwachlastverfahren 243, 252
- Stabilisierungsanlage 205, 243
- Störstoffe 177, 252
- Störungen 177, 200,, 249
- Stoßbelastungen 201, 203, 204, 245
- Trübung 196
- Vorsorgemaßnahmen 254, 255
- Wirkungsgrad 200

Komplexbildung 141, 213
Konservierung 7, 101
- Arzneimittel 111, 126
- chemisch-technische Produkte 113, 144, 126
- Kosmetika 111, 126
- Lebensmittel 103, 110, 125

Konservierungsstoffe (s. Mikrobizide)
- Abwasserrelevanz 125, 204, 209
- Einsatzbereiche 110, 112, 114

Korrosionsinhibitoren 30, 34
Kosmetika 111, 126
Kosmetikverordnung 39
Kresole 18, 50, 51
Kühlschmierstoffe 114, 126
Lebensgemeinschaft (s. Biocoenose)
Meßverfahren 186
Mikrobiostase 7

Mikrobizide 7, 104
- Abbaubarkeit 190, 217, 221, 224
- Abwasserrelevanz 106, 123, 127, 182, 209, 233
- Akkumulation 41, 179, 199, 205, 228, 238
- Einsatzbedingungen 98
- Einsatzbereiche 8, 108, 112, 114
- Einteilung 16, 17,
- Einwirkungszeit 28, 29
- Eiweißfehler 30, 32, 213, 235
- Hemmkonzentration 7, 210, 227, 230
- Hilfsstoffe 30, 33, 108
- Inaktivierung 30, 33, 208, 236, 239, 260, 265
- Nachweisverfahren 35
- Ökotoxikologie 42
- Persistenz 41, 205, 239
- pH-Wert 29, 31, 211, 212
- Produktion 40, 99, 101, 105
- Prüfungsrichtlinien 35
- rechtliche Bestimmungen 38
- Resistenz 30, 32, 233
- Stoffklassen 16, 17
- Toxizität 42, 56, 78, 156, 227, 230
- Verbrauch 99, 104, 106, 133
- Verhalten in der Umwelt 40, 239
- Verteilungskoeffizient 30, 32
- Wirkstoffkonzentration 28, 29, 96, 112
- Wirkstofformulierungen 96, 113
- Wirkungsbedingungen 28
- Wirkungsmodell 234, 236
- Wirkungsspektrum 28, 29
- Wirkungsweise 7, 27

Nachweisverfahren 35
Nitrifikation 164, 171, 172, 173, 197, 206, 240, 242

Ökotoxikologie 5, 42
Organometallverbindungen 23, 80, 108, 114
Oxazolidine 26, 94
Papierhilfsmittel 101, 156
Pestizide 102
Persistenz 41, 205, 239
Per-Verbindungen 22, 70, 71
- Einsatzbereiche 72, 73, 108, 123
- Wirkungsmechanismus 70
Phenole 18, 48, 50, 108
- Einsatzbereiche 49, 52, 108, 133
- Fischtoxizität 56
- halogenierte 18, 51, 53
- Untersuchungsschwerpunkte 55
- Wirkungsmechanismus 49
Produktion(smengen) 40, 99, 101, 105
Protozoen 162, 167, 171, 196, 240, 242, 245
Quaternäre Ammoniumverbindungen 20, 59, 123, 143
Quecksilberverbindungen 23, 80, 108, 114
Resistenz 30, 32, 233
Reinigungsleistung 163
Säuren 24, 83
- anorganische 25, 83, 86, 91
- Carbonsäuren 24, 83, 84
- Einsatzbereiche 88, 108, 141
- Wirkungsmechanismus 84, 86
Salicylanilide 25, 85
Sapromat 187, 227
Sauerstoffzehrung 196
Schaden-Eintritts-Wahrscheinlichkeit 240, 243
Schadstoffe 5, 182, 227
Schadstoffbelastung 4, 8, 175
Schadwirkung 176, 229

Schleimbekämpfungsmittel 7, 102, 120, 128, 156, 157
Schwermetalle 23, 78, 80
- Einsatzbereiche 81, 82, 108, 114
- Komplexbildung 213
- Löslichkeit 181
- Wirkungsmechanismus 79
Schwimmschlamm 195, 207
Screening-Teste 191, 218, 219
Seifen 101, 103
Simulationsteste 219, 220
Sorption 213
Stabilisatoren 30, 33
Stoffeinleitungen 3, 161
Stoßbelastungen 2, 201, 203, 204, 245
Suspensionstest 36
Tenside 20, 57, 106, 206
- amphotere 21, 61, 62, 63, 108, 133
- Einsatzbereiche 60, 62, 108, 140
- kationische 20, 58, 59, 108, 218
- Wirkungsmechanismus 58
Testverfahren, biologische 159, 186, 190, 192, 219
Textilhilfsmittel 101, 103
Toilettenreiniger 101, 121
Toxizität 42, 179, 230
- Aldehyde 46
- Alkohole 75, 78
- Halogene 65, 66
- Heterocyclen und Dithiocarbamate 94
- Papierhilfsstoffe 156
- Per-Verbindungen 71
- Phenole 50, 51, 56
- Säuren und Alkalien 84, 85, 86
- Schleimbekämpfungsmittel 156
- Schwermetallverbindungen 80

- Tenside 59, 63
Toxizitätsregistriergeräte 188, 189
Toxizitätsschwellen 186, 190, 227, 230
Toxizitätsteste 190
Tropfkörperverfahren 163, 164, 173
Trübung 196
Verdünnungstest 36

Vorsorgemaßnahmen 253, 254
Warburg-Verfahren 187, 227
Waschmittel 101, 122, 128, 138
Waschmittelgesetz 39, 128
Wasserbehandlungsmittel 119, 127
Xylenole 18, 50, 51
Zinnverbindungen 23, 80, 108, 114

Printed by Books on Demand, Germany